高等院校机械类创新型应用人才培养规划教材

机电一体化课程设计指导书

主　编　王金娥　罗生梅
副主编　李　娟　方成刚
主　审　陈再良

北京大学出版社
PEKING UNIVERSITY PRESS

内 容 简 介

本书以机电一体化产品设计开发过程为线索，以简明、扼要、实用和系统为宗旨，对于机电一体化产品设计过程中涉及的相关内容结合应用实例进行了系统的阐述。全书共分 7 章，分别介绍了绪论、总体方案设计、机电一体系统机械模块设计、机电一体化系统驱动模块设计、机电一体化系统传感器与测量模块设计、机电一体化控制系统设计和机电一体化综合设计实例。

本书可作为普通高等院校机械制造及自动化、机械电子工程、材料成型与控制工程等专业本科生的通用教材，也可作为机电一体化产品开发设计人员、产品制造人员的学习和参考用书。

图书在版编目(CIP)数据

机电一体化课程设计指导书/王金娥，罗生梅主编. —北京：北京大学出版社，2012.1
(高等院校机械类创新型应用人才培养规划教材)
ISBN 978-7-301-19736-3

Ⅰ. ①机… Ⅱ. ①王… ②罗… Ⅲ. ①机电一体化—课程设计—高等学校—教学参考资料 Ⅳ. ①TH-39

中国版本图书馆 CIP 数据核字(2011)第 231662 号

书　　　名：机电一体化课程设计指导书
著作责任者：王金娥　罗生梅　主编
策 划 编 辑：童君鑫
责 任 编 辑：宋亚玲
标 准 书 号：ISBN 978-7-301-19736-3/TH・0274
出　版　者：北京大学出版社
地　　　址：北京市海淀区成府路 205 号　100871
网　　　址：http://www.pup.cn　http://www.pup6.cn
电　　　话：邮购部 010-62752015　发行部 010-62750672　编辑部 010-62750667
电 子 邮 箱：编辑部 pup6@pup.cn　总编室 zpup@pup.cn
印　刷　者：北京虎彩文化传播有限公司
发　行　者：北京大学出版社
经　销　者：新华书店
787 毫米×1092 毫米　16 开本　18.5 印张　425 千字
2012 年 1 月第 1 版　2024 年 1 月第 6 次印刷
定　　　价：49.00 元

前　　言

科学技术的发展给传统的机械行业带来了深刻的变革，传统的机械产品已经逐渐被机电一体化产品所取代，掌握机电一体化产品的设计开发方法已经成为工程技术人员学习的重要内容，也是机械工程类各专业本科教学的一个重要环节。

本书以机电一体化产品开发的全过程为线索，论述了如何进行整体方案设计、机械模块的设计、驱动和检测模块的设计计算与选型及控制系统的设计，最后通过四种典型的机电一体化产品设计过程对各部分内容进行了综合。

全书共分 7 章，主要内容包括：

第 1 章　绪论，主要介绍了机电一体化课程设计的目的、任务和设计流程等。

第 2 章　总体方案设计，主要介绍了总体方案设计的目标、设计方法和步骤。

第 3 章　机电一体化系统机械模块设计，主要介绍机电一体化系统设计中常用的机械传动装置的设计计算与选型。

第 4 章　机电一体化系统驱动模块设计，主要介绍了机电一体化系统中常用的三种控制电机及其驱动器的设计计算与选用。

第 5 章　机电一体化系统传感器与测量模块设计，主要介绍了机电一体化系统中常用的几种传感器的计算与选型。

第 6 章　机电一体化控制系统设计，主要介绍了机电一体化控制系统中控制器的选择以及常用控制系统的设计方法和设计步骤。

第 7 章　机电一体化综合设计实例，通过四种典型的机电一体化产品介绍机电一体化设计的全过程。

本书的第 3 章、第 4 章的 4.3 节和 4.4 节、第 7 章的 7.1 节由兰州理工大学罗生梅编写，第 7 章的 7.2 节由苏州大学李娟编写，第 7 章的 7.4 节由南京工业大学方成刚编写，其余部分由苏州大学王金娥编写。本书由苏州大学陈再良老师审阅。

本书在编写过程中得到了苏州大学、兰州理工大学和南京工业大学的相关领导和老师们的关心和支持，在此致以诚挚的谢意！本书在编写过程中，参考并引用了国内外同行的教材、参考书、手册、期刊文献和网络资料，限于篇幅，不能在文中一一列举，在此一并对其作者和单位谨致谢意！研究生钟黔、张万里、陆晓明、周震东、张博、杨德宇和牛朝阳为本书的插图、整理做了大量工作，在此表示衷心的感谢！

由于时间仓促，加上作者水平有限，疏漏之处在所难免，敬请读者批评指正。

编　者

2011.10

目　　录

第1章 绪论

机电一体化系统课程设计是一个重要的实践性教学环节，要求学生综合运用所学过的机械、电子、计算机和自动控制等方面的知识，独立进行一次机电结合的综合设计训练。本章主要介绍了机电一体化系统课程设计的目的和任务，设计方法和设计流程，设计内容和时间安排，以及课程设计说明书撰写的内容和要求等。

了解机电一体化课程设计的目的和任务；
掌握机电一体化课程设计的设计方法和设计流程；
了解机电一体化课程设计的内容；
了解课程设计说明书的撰写要求。

1.1 机电一体化课程设计的目的

机电一体化技术又称为机械电子技术，它不是一门独立的工程学科，是机械技术、电子技术、信息技术、自动控制技术等相关技术的综合。机电一体化课程设计是针对机电一体化系列课程的要求，继机电一体化课程后的一门设计实践性课程。它是理论与实践的结合，是培养学生机电一体化产品综合设计能力必不可少的教学环节。

机电一体化课程设计的目的主要包括以下几个方面：

(1) 培养学生综合运用所学的理论知识与实践技能，解决实际问题的能力；树立正确的设计思想，掌握机电一体化产品设计的一般方法和规律，提高机电一体化产品设计的能力。

(2) 通过设计实践，熟悉设计过程，学会设计资料的正确使用；掌握机械传动系统的设计计算方法，控制系统的设计，检测模块和动力驱动模块的计算和选用及工程图纸的绘制等，从而在机电一体化产品设计基本技能的运用上得到训练。

(3) 为学生提供一个较为充分的设计空间，使其在巩固所学知识的同时，强化创新意识，在设计实践中深刻领会机电一体化课程设计的内涵，培养学生的专业技术能力和综合素质。

1.2 机电一体化课程设计的任务

机电一体化产品覆盖面很广，尽管在系统的构成上有着不同的层次，但在系统设计方面有着相同的规律。机电一体化系统设计是根据机电融合的设计思想，运用现代设计方法和设计手段构造产品结构、赋予产品性能、完成产品设计的全过程。机电一体化课程设计的任务是以几种典型的机电一体化产品，如数控机床、机器人等为设计案例，讨论其机械传动系统的设计步骤、设计方法，电机的选用和相关参数的设计计算，控制器的选择及控制方案的制订，工程图的绘制以及编写设计说明书等。使学生通过机电一体化课程设计，掌握机电一体化产品设计的全过程。

1.3 机电一体化课程设计的方法和设计流程

机电一体化课程设计是以典型的机电一体化产品为设计对象所进行的实践教学，在设计方法和设计流程上可遵循通常的机电一体化产品的设计方法和设计流程。

1. 机电一体化产品的设计方法

不论哪一种设计，为了提高产品设计的质量，必须有一个科学的设计程序。机电一体化产品的设计方法可概括为以下几个方面。

(1) 搜集相关领域信息资料。设计前和设计中应注意搜索和掌握设计所必需的各领域信息、文献资料、产品样本与性能等关键信息情报，并做认真的分析和综合。

(2) 按照系统工程的理论和方法去分析处理问题。遵循系统工程的分析方法进行设计过程规划与控制，并按系统管理原理对风险进行分析、阶段滤波与决策，提高设计开发的成功率。

(3) 并行设计。随着机械结构的日益复杂和制造精度的不断提高，机械制造的成本显著增加，仅仅依靠机械本身的结构和加工精度来实现高精度和多功能的要求是不可能的。因此，在机电一体化产品设计的全过程中，应该尽早地把必须考虑的相关科学知识、专业知识、技术和经验反映到设计中，必须考虑把机械工程与电子学和智能化计算机控制集成到机电一体化产品中，站在机电有机结合的高度，对机电一体化产品或系统予以通盘考虑，创造出机械装置与电子设备以及软件等有机结合的新产品。

(4) 模块化设计。机电一体化产品或设备可设计成由相应于五大要素的功能部件组成，也可以设计成由若干功能子系统组成，而每个功能部件或功能子系统又包含若干组成要素。这些功能部件或功能子系统经过标准化、通用化和系列化，就成为功能模块。每一个功能模块可视为一个独立体，在设计时只需了解其性能规格，按其功能来选用，而无须了解其结构细节。

(5) 可靠性设计。从可靠性概念角度出发，将零部件上的载荷和材料性能等看成随机变量，用数学上的分布函数、模糊数学、灰色理论等来描述其变化情况。可靠性设计法认为所设计的任何产品都存在一定的失效可能性，从而定量地解决产品在工作中的可靠程度，弥补常规设计方法的不足。

(6) 虚拟设计。设计者经过调查研究，在计算机上建立产品数字模型，用数字化形式来代替传统的实物原型试验，在数字状态下进行产品的静态和动态性能分析，再对原设计进行集成改进，即用计算机来虚拟完成整个产品的开发过程。由于在虚拟开发环境中的产品实际上只是数字模型，可对它随时进行观察、分析、修改、通信及更新，使新产品开发中的形象构思、分析、可制造性、可装配性、可维护性、运行适应性、易销售性等都能同时相互配合地进行。

(7) 以达到客户满意的设计目标和评价标准为系统设计的最终目的。应该尽力捕捉顾客的需求，倾听他们的意见、要求或愿望。特别注意把功能、产品可靠性、安全性、性能、质量、交货期和成本统一考虑。

2. 机电一体化产品的设计流程

机电一体化产品的设计流程如图 1.1 所示。

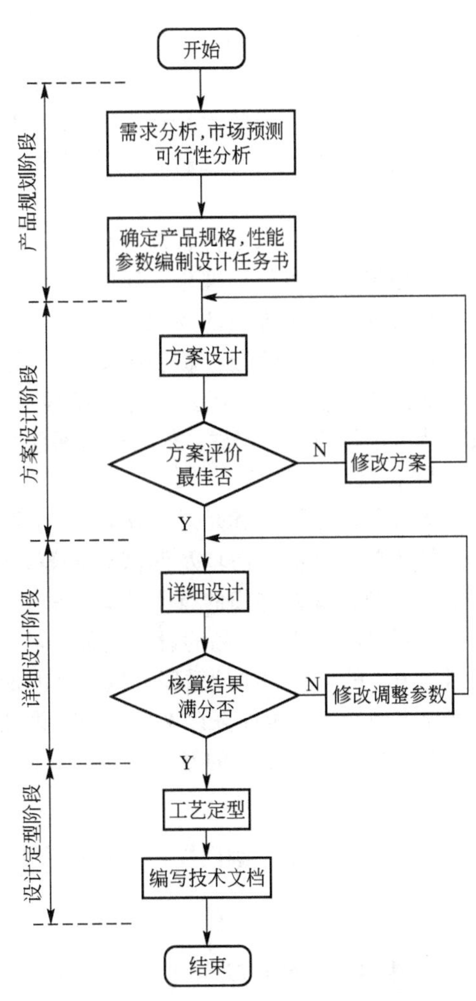

图 1.1 机电一体化产品设计流程图

划分为如下几个阶段。

1）产品规划阶段

产品规划要求进行需求分析、市场预测、可行性分析，对设计对象进行机理分析和理论抽象，确定设计参数及制约条件，确定产品的规格、性能参数等。最后给出详细的设计任务书(或要求表)，作为设计、评价和决策的依据。

2）产品的功能原理方案设计阶段

产品的功能原理方案设计阶段，是对设计任务书提出的一系列设计指标，从机电一体化产品的基本组成入手，从系统功能和方便设计制造的角度出发，进行产品功能模块的划分。即将机电一体化产品划分为机械本体、动力部分、检测传感部分、传动系统与执行机构、信息处理与控制各部分，然后对每个功能模块提出实现该功能的技术方案，即求出各分功能的功能元解。再利用相容矩阵法确定产品的所有可能的功能原理方案。最后利用选择表法从若干种方案中获取最佳产品设计方案。例如，要实现数控机床主轴旋转和变速功能，可以用直流电机或交流调速电机通过带传动或齿轮传动变速实现，也可以采用电机主轴直接驱动；直线进给运动可以用步进电机或伺服电机通过滚珠丝杠传动实现，也可以由直线电机直接驱动；运动控制方式可采用开环、闭环或半闭环方式等。

3）产品详细设计阶段

详细设计是将机电一体化产品功能原理方案(主要是机械传动方案、控制方案)具体转化为产品及其零部件的合理构形。也就是要完成产品的总体结构设计，零部件的设计与选型，控制方案的制定，控制方法的实现，以及全部生产图样、设计说明书和相关技术文件的编制等。

详细设计时要求零件、部件设计满足产品的功能要求；零件结构形状要便于制造加工；常用零件尽可能标准化、系列化、通用化；总体结构设计还应满足人机工程、造型美学、包装和运输等方面的要求。

详细设计时一般先由总装配图分拆成部件、零件草图，经审核无误后，再由零件工作图、部件图绘制出总装图。在这一阶段中首先根据机械、电气图样，制造和装配各功能模块；然后进行模块的调试；最后进行系统整体的安装调试，复核系统的可靠性及抗干扰性。

4）设计定型阶段

该阶段的主要任务是对调试成功的系统进行工艺定型，整理出设计图纸、软件清单、零部件清单、元器件清单及调试记录等；编写设计说明书，为产品投产时的工艺设计、材料采购和销售提供详细的技术档案资料。

纵观机电一体化产品的设计流程，可以看出，每一阶段均构成一个循环体，即以产品的规划为中心的可行性设计循环；以产品的最佳方案为中心的方案设计循环；以产品性能和结构优化为中心的技术性设计循环。循环设计使产品设计在可行性规划和论证的基础上求得最佳方案，再在最佳方案的基础上进行技术优化，使产品设计的效率和质量得以大大提高。

1.4　机电一体化课程设计的内容和时间安排

1. 课程设计的内容

课程设计以典型的机电一体化产品，如数控机床、机器人等为设计对象，设计任务中可给出功能要求、运动参数、精度要求、动力参数以及产品的简图供设计参考。

设计内容主要包括以下几个方面

(1) 设计任务分析。查阅相关文献资料，对资料进行分析总结。

(2) 总体方案论证。根据设计任务书的具体要求，拟定设计对象的技术参数、运动形式、驱动方案、传动方案、控制方案等。

(3) 机械结构设计。将设计对象分解为动力系统、传动系统、执行机构和支承等若干部分，根据设计时间，取其中的部分传动系统和执行机构进行详细设计并校核，绘制相关的零部件图。

(4) 控制方案设计。基于单片机、可编程控制器或工控机控制系统的硬件和软件设计。

(5) 编制课程设计说明书。

2. 课程设计的时间安排

机电一体化课程设计的时间通常为3周，表1-1列出了课程设计进度及内容安排以供参考。

表1-1 课程设计进度及内容安排

序号	设计内容	时间(天)
1	设计任务分析、查阅相关文献资料	1
2	对资料进行分析总结	1
3	总体方案论证	2
4	机械结构设计	2
5	绘制相关的零部件图	3
6	控制系统设计	3
7	编制课程设计说明书	2
8	答辩考核	1

1.5 课程设计说明书的内容

设计计算说明书作为产品设计的重要技术文件之一，是图样设计的基础和理论依据，也是进行设计审核的依据，因此，编写设计说明书是设计工作的重要环节之一。

课程设计说明书主要包括以下内容。

(1) 前言。前言主要是对设计背景、设计目的和意义进行总体描述，让读者对说明书有一个总的了解。

(2) 目录。目录应列出说明书中的各项内容标题及页次，包括设计任务和附录。

(3) 正文。说明书正文为设计的依据和过程，主要包括①设计任务书。一般应附设计目标、使用条件和主要设计参数。②总体方案论证。根据设计要求以及给定的动力和运动要求，进行功能原理方案设计，包括各功能单元方案的详细论证，并针对多种方案的可行性进行比较，通过方案比较、择优，寻找出一种比较好的方案。③详细设计。在功能原理方案确定的基础上，进行机械结构的设计，即传动零件等设计计算，标准件的选择，绘制相关的零部件图。④控制系统设计。控制系统设计包括控制方案的选择，硬件系统框图、原理图，元器件的选择、相关的设计计算，控制系统的软件程序框图及源代码。

(4) 参考文献。参考文献列出设计中所用到的参考书、手册、样本等资料。

(5) 附录。附录中列出在设计过程中使用的非通用设计资料、图表、计算程序等。

1.6 准备答辩和成绩评定建议

学生按照设计任务书的要求，在规定时间内完成设计任务后，应将装订好的设计说明书及折叠好的相关图纸一并放入袋中，准备答辩。

答辩是课程设计的最后环节，通过答辩准备和答辩，学生可以对所设计的内容进行系统地回顾，总结机电一体化产品设计的方法和步骤，找出设计中的不足，培养分析、解决工程实际问题的能力。

学生课程设计的最终成绩可以按照学生的学习态度、设计内容的完成情况、设计说明书撰写的质量以及答辩时回答问题的情况等进行综合评定。成绩评定可以采用五级制。表1-2给出了各级成绩的评定标准以供参考。

表1-2 机电一体化课程设计成绩评定标准

评价单元	评价要素	评价内涵	满分
知识水平 65%	文献查阅与分析总结能力	能独立查阅文献资料，能对文献中的内容进行系统的分析、总结，并合理地运用到课程设计之中。	10
	课程设计方案设计能力	能独立完成课程设计任务书中要求的全部内容；整体思路清晰，设计方案合理可行；能够综合所学的理论知识，并运用于课程设计；设计计算数据准确；图纸质量、数量符合要求。	25
	写作水平	逻辑结构合理，层次分明，思路清晰，语言表达准确，综合概括能力强。	20
	写作规范	图表、公式、单位及各种资料引用符合规范。	10
学习表现 15%	工作量	能按时完成课程设计规定的工作量。	10
	学习态度	学习态度认真，作风严谨，按时完成课程设计规定的阶段性任务。	5
答辩情况 20%	答辩自述	自述思路清晰、简明扼要、重点突出。	8
	回答问题	思路清晰，结果正确。	12

注：五级制评定成绩：优(90～100分)、良(80～89分)、中(70～79分)、及格(60～69分)、不及格(59分以下)。

第2章 总体方案设计

机电一体化系统设计的第一个环节是总体方案设计，它是在具体设计之前，应用系统总体技术，从整体目标出发，对所要设计的机电一体化系统的各方面，本着简单、实用、经济、安全和美观等基本原则进行的综合性设计，是实现机电一体化产品整体优化设计的过程。

了解总体方案设计目标；
掌握系统的功能原理方案设计的步骤和方法；
掌握结构设计的步骤、基本原则和原理；
了解控制系统总体方案的设计步骤；
掌握三种控制电机的特点和选用的原则。

知识要点	能力要求	相关知识
总体方案设计	掌握总体方案设计的设计目标和内容	—
功能原理方案设计	掌握系统功能原理方案设计的步骤和方法	黑箱法
结构总体设计	了解结构总体设计的步骤和内容； 掌握结构总体设计的基本原则和原理	结构设计
控制系统总体设计	了解控制系统总体设计的步骤和内容； 掌握控制器的选型原则	可编程控制器、单片机、工控机
控制电机	掌握对控制电机的基本要求 掌握各种控制电机的特点及应用	—

2.1　总体方案设计的目标

机电一体化系统通常由动力系统、包括机械本体、传动系统和执行机构的机械装置、传感器与检测系统以及信息处理与控制系统组成。机电一体化系统总体方案设计的目标是拟定执行机构和传动系统的功能原理设计方案、结构总体设计、控制系统总体控制方案的设计、控制电机的选择等相关内容，以便为后续机电一体化系统的详细结构设计及控制系统的详细设计提供设计依据。下面针对总体方案设计目标中的各部分设计内容，分别讨论其设计方法和设计步骤。

2.2　系统的功能原理方案设计

2.2.1　功能原理方案设计的步骤

功能是指产品的效能、用途和作用。人们购置的是产品的功能，使用的也是产品的功能。功能分析是总体方案设计的出发点，也是产品设计的第一道工序。功能原理方案设计的任务，就是根据系统预期实现的功能要求，构思出所有可能的功能原理解，加以分析比较，并根据使用要求、工艺要求等，从中选择出一种比较好的方案。

按照功能的重要程度，功能分为基本功能和辅助功能两类。基本功能是实现产品使用价值必不可少的功能，辅助功能即产品的附加功能。例如，洗衣机的基本功能是去污，其辅助功能是甩干；手表的基本功能是计时，其辅助功能是防水、防震、防碰、夜光等。

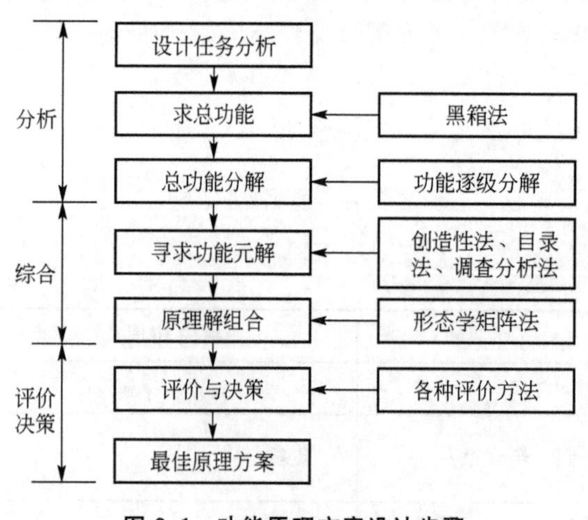

图 2.1　功能原理方案设计步骤

设计时首先应满足基本功能的需求，在保证基本功能实现的基础上，再考虑辅助功能的实现方法。

图 2.1 显示了机电一体化产品功能原理方案设计的步骤。

首先对设计任务书进行分析，获取系统的总功能；然后对总功能分解，获得功能元，求得功能元解；而各功能元解的相互组合，会产生很多种方案，最后通过对各种方案进行比较获得最佳方案。

2.2.2　功能原理方案设计的方法

机电一体化产品功能原理方案设计的过程是一个从设计问题抽象到产品技术方案明了的过程。不同的设计阶段，所使用的设计方法不同。

1. 分析设计任务书

分析设计任务书的目的是为了确定系统的总功能。其分析过程实质上是设计问题的抽象化过程。在抽象化过程中，要抓住本质，突出重点，淘汰次要条件，将定量参数改为定性描述，对主要部分充分地扩展，只描述任务，不涉及具体的解决办法，即将待设计的系统看成是一个内部结构未知的黑箱，利用黑箱法获取系统的总功能。

黑箱法的基本思想是设计者将待设计的系统看成是一个不透明的、不知其内部结构的“黑箱”，如图 2.2 所示。

黑箱法是通过对未知系统的外部观测，分析该系统与外部环境之间的输入输出关系，通过输入与输出关系的相互转换，确定系统的功能、特性，进一步寻求能实现该功能、特性所需具备的工作原理与内部结构，从而使“黑箱”逐渐变成“灰箱”、“白箱”的一种方法。

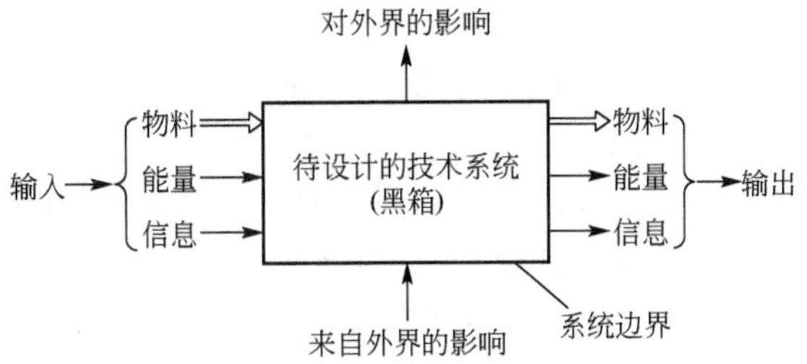

图 2.2　系统的黑箱示意图

图 2.3 为金属切削机床黑箱示意图。图中左右两边输入和输出都有能量、物料和信号三种形式，图下方为周围环境(灰尘、温度和地基震动)对机床工作性能的干扰，图上方为机床工作时，对周围环境的影响，如散发热量、产生振动和噪声。机床的总功能是将输入的毛坯通过毛坯与刀具之间的相对运动，并对毛坯施加一定的切削力使毛坯加工成所需要零件。

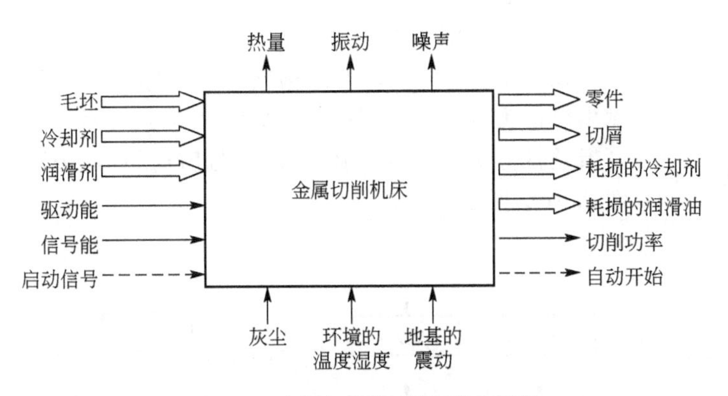

图 2.3　金属切削机床黑箱示意图

2. 总功能分解阶段

总功能的分解包含功能元的确定和创建功能结构图两方面的内容。

1) 确定功能元

首先从机电一体化产品的基本组成入手，按照系统功能，从方便设计制造的角度出发对产品功能模块进行划分，即将总功能分解为分功能；如果某些分功能还太复杂，则还可以进一步分解到更低层次的分功能，逐层分解直至分解为功能上不可再分的功能元，形成功能树。

常用的基本功能元有：物理功能元、数学功能元和逻辑功能元。

物理功能元反映了系统中能量、物料、信号变化的物理基本动作。例如，各种类型能量之间的转变、运动形式的改变、信号种类的转换、物理量的放大或缩小、能量流的分离或结合、能量的储存等。

数学功能元反映数学的基本动作。例如，机械式的加减机构(如差动轮系)和除法机构等。

逻辑功能元包括“与”、“或”、“非”三元的逻辑动作，主要用于控制功能。

这些较简单的分功能和功能元，可以比较容易地与一定物理效应及实现这些效应的实体结构相对应，从而获得实现总功能所需要的实体解答方案。

2) 创建功能结构图

将总功能分解成分功能(功能元)，并找出实现各分功能的原理方案，简化了实现总功能的原理构思。而同一层的分功能(功能元)组合起来应能满足上一层功能的要求，最后组合成的总体应能满足总功能的要求。这种功能的分解与组合关系称为功能结构。

功能结构图的建立是使系统从抽象走向具体的重要环节之一。功能结构图反映了各分功能(功能元)之间的相互关系。通过功能结构图的绘制，明确实现系统的总功能所需要的分功能、功能元及其顺序关系。常用的功能结构有如下三种形式。

(1) 串联结构。串联结构又称顺序结构，它反映了分功能之间的因果关系或时间、空间上的先后顺序关系，基本形式如图 2.4 所示。

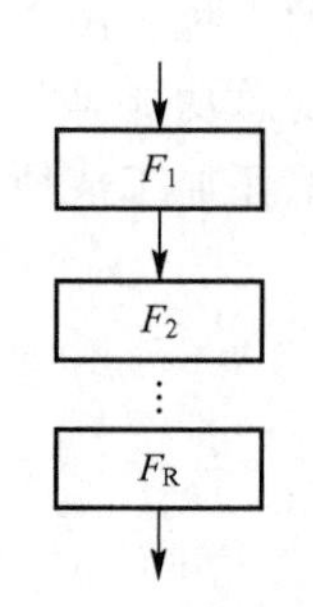

图 2.4 串联结构

(2) 并联结构。并联结构又称选择结构。若几个分功能作为手段共同完成一个目的，或同时完成某些分功能后才能继续执行下一个分功能，则这几个分功能处于并联关系。其一般形式如图 2.5(a)所示。例如，在车床上为了加工出所需要的零件，需要工件与刀具共同运动，如图 2.5(b)所示。

(3) 环形结构。环形结构又称循环结构。有两种情况，一种是输出反馈为输入的循环结构，如图 2.6(a)所示。另一种是首先进行逻辑条件分析，当条件满足时，则进行循环，否则执行下一步，如图 2.6(b)所示。

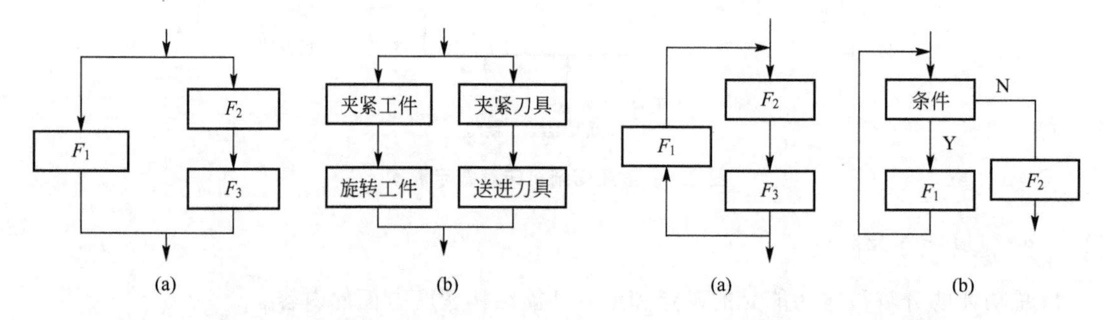

图 2.5 并联结构

图 2.6 环形结构

建立功能结构图时应注意以下要求。

(1) 要体现功能元或分功能之间的顺序关系。

(2) 各分功能或功能元的划分及其排列要有一定的理论依据。物理作用原理或经验支持应确保分功能或功能元有明确解答。

(3) 不能漏掉必要的分功能或功能元，要保证得到预期的结果。

(4) 在实体解答方案可求的前提下，应尽可能简单明了。

实现同一功能的功能结构可以有多种，不同的功能结构将开发出不同的新产品。

3. 寻求功能元解阶段

功能元求解阶段是功能原理方案设计中的关键步骤。功能元求解就是将所需执行的动作，用合适的物理装置或机构来实现。寻找功能元解的方法有以下几种。

1）直觉法

直觉法是设计师凭借个人的智慧、经验和创造能力，来寻求各种分功能(功能元)的原理解。直觉思维是人对设计问题的一种自我判断，往往是非逻辑的、快速的直接抓住问题的实质，但它又不是神秘或无中生有的，而是设计者长期思考而突然获得解决的一种认识上的飞跃。例如，日本富士通用电气公司职工小野，一次雨后散步，在路旁发现一张湿淋淋的展开的卫生纸，由此激发了他的灵感：天晴时，废纸是一团团的，而被雨水淋湿后，都自动伸展开来。后来，他利用“废纸干湿卷伸原理”，研制成功了“纸型自动控制器”，并获得专利。

2）综合分析法

综合分析法是设计师在对同类产品进行分析、调查，在了解了当前国内外技术发展状况和查阅了大量参考文献的基础上，通过对现有技术的综合，诱发出新的、可应用的功能元解或技术方案的方法。例如，美国阿波罗登月计划总负责人直言不讳地说，阿波罗宇宙飞船技术中没有一项是新的突破，都是现代技术，问题是怎样将它们精确无误地组织好，实行系统管理。

3）设计目录法

设计目录法是以清晰的表格形式把设计过程中所需的参考解决方案加以分类、排列，供设计者查找和调用。设计目录不同于传统的设计和标准手册，它提供给设计师的不是零件的设计计算方法，而是提供功能元的原理解，给设计者具体启发，帮助设计者具体构思。

4. 原理解组合阶段

不同的功能元解以不同的顺序组合在一起将获得不同的功能原理方案。为了找出所有可能的方案，需要借助于形态分析法。

形态分析法是一种以系统搜索观念为指导，在对问题进行系统分析和综合基础上用网络方式集合各因素设想的方法。其基本思想是在进行方案构思时，把研究对象或问题分为一些基本组成部分，然后对每一组成部分单独进行处理，分别提供各种解决问题的办法或方案，最后形成解决整个问题的总方案。

在原理解组合阶段，形态分析法的综合应用过程是以系统的功能元为纵坐标，以其对应的原理解为横坐标构成形态矩阵。然后从每个功能元中取出一个对应的解进行有机组合，形成系统的所有解。

5. 评价与决策阶段

对于利用形态分析法获得的众多方案，应该进行整体技术经济评价、设计目标考核和系统优化，挑选出综合性能指标最优的设计方案。筛选的方法有多种，在此介绍将选择表法和简单评价法相结合的方法。评价过程如下。

(1) 先要拟出一些选择标准，如与设计任务书相符的程度、是否满足设计要求明细表上的各项要求、在原理上能否实现等。

(2) 按照这些标准，对每个组合方案加以判断；能满足要求的方案记为“+”；不能满足要求的方案记为“—”，并在说明栏简要说明问题所在；由于信息量不足难以判断的记为“?”；设计要求明细表有问题需要检查的记为“!”。

(3) 对于所有可行的方案，再用简单评价法进行比较，用“++”表示很好，“+”表示好，“—”表示不好，从中选择出最优的方案。

例如，要设计一个油箱储油量测量仪传感器，有多种方案，表 2-1 列举了其中一部分方案的选择表法示例。

表 2-1　选择表法示例

<table>
<tr><td colspan="13">待设计的产品(油箱储油量测量仪传感器)</td></tr>
<tr><td rowspan="7">组合方案号</td><td rowspan="7">方案编号</td><td colspan="7">选择标准</td><td colspan="3">符号说明</td><td rowspan="7">决策</td></tr>
<tr><td rowspan="5">与设计任务书相符</td><td rowspan="5">满足要求明细表</td><td rowspan="5">在原理上可以实现</td><td rowspan="5">成本在允许范围内</td><td rowspan="5">在技术等方面可行</td><td rowspan="5">…</td><td rowspan="5">其他</td><td>符号</td><td>在选择标准栏中</td><td>在决策栏中</td></tr>
<tr><td>+</td><td>满足</td><td>方案可取</td></tr>
<tr><td>—</td><td>不满足</td><td>排出</td></tr>
<tr><td>?</td><td>信息量不足</td><td>增加信息后再判断</td></tr>
<tr><td>!</td><td>检查要求明细表</td><td>检查要求明细表</td></tr>
<tr><td>A</td><td>B</td><td>C</td><td>D</td><td>E</td><td>…</td><td>F</td><td colspan="3">说明</td></tr>
<tr><td>a1</td><td>1</td><td>+</td><td>+</td><td>+</td><td>?</td><td>+</td><td>…</td><td></td><td colspan="3">D——阻尼?</td><td>?</td></tr>
<tr><td>a2</td><td>2</td><td>—</td><td>!</td><td></td><td></td><td></td><td>…</td><td></td><td colspan="3">A——质量块的安放，B——测量容差</td><td>—</td></tr>
<tr><td>a3</td><td>3</td><td>+</td><td>+</td><td>—</td><td></td><td></td><td>…</td><td></td><td colspan="3">C——在原理上无法实现</td><td>—</td></tr>
<tr><td>a4</td><td>4</td><td>+</td><td>+</td><td>+</td><td>+</td><td>+</td><td>…</td><td>+</td><td colspan="3"></td><td>+</td></tr>
<tr><td>a5</td><td>5</td><td>+</td><td>+</td><td>+</td><td>+</td><td>+</td><td>…</td><td>+</td><td colspan="3"></td><td>+</td></tr>
<tr><td>⋮</td><td>⋮</td><td></td><td></td><td></td><td></td><td></td><td></td><td></td><td colspan="3"></td><td></td></tr>
</table>

2.3　结构总体设计

结构设计是将功能原理方案设计具体化成工程图样的过程。从产品的初步总体布局开始到最佳装配图的最终完善及审核通过都属于结构设计范畴。在这一过程中要兼顾各种技术、经济和社会要求，并且应该充分考虑各种可能的方案，从中优选出符合具体产品实际条件的最佳方案。

2.3.1　总体结构设计的步骤和内容

结构设计是从定性到定量，从抽象到具体，从粗略到精细的设计过程。结构设计的设计过程大致分为如下几个阶段。

(1) 设计任务书分析阶段。首先对设计任务书进行分析，了解产品对结构设计的要求。不要急于联想和参考同类产品的具体结构，应该在详细调查研究的基础上，列举能够实现功能原理设计方案的各种具体结构形式，分析它们在力学、运动学、制造工艺、材料、装配、使用、美观、成本、安全等诸方面的性能差异，同时也应考虑其对环境所造成的影响以及环境可能对系统产生的影响。

(2) 确定主要功能载体的初步结构。主要功能载体是指承受主要功能的零件或部件。应该根据经验或粗略估算，确定主要功能载体的几何尺寸和空间位置，并对其零部件的结构形状进行初步确定。

(3) 确定辅助功能载体的初步结构。辅助功能载体指支承、密封、连接、防松和冷却等。

(4) 检查主辅功能载体结构的相互影响及配合性。即主辅功能载体在结构形状、几何尺寸和空间位置方面是否相互干涉，以保证各部分结构之间有合理的联系。

以上称为初步设计阶段，下面是详细设计阶段。

(5) 主辅功能载体的详细结构设计。即确定主辅功能载体的零部件几何尺寸、相互位置、连接尺寸及方式等。在此阶段，设计人员要充分运用所掌握的知识，运用现代设计方法和手段，并对方法和成本及其结构工艺性进行综合考虑。

(6) 技术和经济评价。如果出现几种结构设计方案，就应该进行技术和经济评价，最后确定一种经济可行设计方案。

(7) 结构总体设计的完善和审核。

在初步结构设计阶段，应尽量以简图或示意图来简洁明了地表达设计思维，不必成熟地考虑每一个具体的结构、材料、尺寸等细节。在必要时还应辅以模型实验，验证或观测设计构思的正确性和可行性，并找出问题所在，以便重点突破和解决。

虽然结构设计的最终产品是工程图样，但它并不只是简单地进行具体的设计制图，具有某种特色的先进技术指标，对现代产品的设计显得尤为重要。因此，在进行结构设计时，应该引入优化设计、可靠性设计、有限元设计、计算机辅助设计等各种现代设计方法。充分考虑利用现有的各种条件，如加工条件、现有材料、各种标准零部件、相近机器的通用件等完成设计的全过程。

2.3.2 结构设计的基本原则和原理

为了保证产品预期功能的实现、降低成本以及保障人和环境的安全，明确、简单、安全可靠是结构总体设计阶段必须遵守的三项基本原则。此外，为了提高产品的承载能力、延长寿命、提高刚度和稳定性以及减小摩擦磨损，设计者在结构设计过程中，一些与结构设计相关的其他原理也应该尽量引用。

1) 明确原则

明确原则包含三个方面的含义。

(1) 所选择的结构应能明确无误地、可靠地实现预期的功能。

(2) 被设计的产品所处的工作状况必须明确。因为结构和零部件的材料、形状、尺寸、磨损及腐蚀与工作状况密切相关。

(3) 所设计的产品的结构、工作原理必须明确。

2）简单原则

在满足产品功能要求的前提下，尽量使整机、部件、零件的结构简单，且数目少。同时还要求操作与监控简便，制造与测量容易，安装与调试方便。

3）安全可靠原则

安全可靠性原则包括三个方面。

（1）在产品的寿命期内，零部件应该能够满足可靠性要求，以保证产品可靠运行。

（2）注意对操作者的防护，保证人身安全。

（3）不允许对环境造成污染，同时也要保证产品对环境的适用性。

4）任务分配原理

任务分配原则包含了两个方面的含义。

（1）为了改善零部件的受力状况，有时同一种功能可以由多个零部件共同承担，如卸荷皮带轮的应用。

（2）为了使产品的结构简单化，有时不同的功能可以由同一种零部件承担。

5）自补偿原理

自补偿原理包括自增强、自平衡和自保护。它是指通过系统本身的结构或相互配置关系，产生加强功能、减载和平衡作用。例如，摩擦离合器中的摩擦片，当超载时会打滑，使得离合器的输入和输出端脱开，停止运动。

6）力传递原理

为了使零件尺寸缩小、节省材料、变形小、刚度好，应该按照力流直接而最短的传递原理设计零件；为了减小应力集中，在结构设计时应采取措施，使力流方向变化平缓。

7）力平衡原理

通过相应的结构措施，使一些无用的力在其产生处立即被部分或全部平衡掉，以减轻或消除不良的影响。例如，将斜齿轮改用人字齿轮，以消除附加的轴向力。

8）等强度原理

为了使材料得到充分利用，提高经济效益，在许可的条件下，让同一个零件各处应力相等，各处寿命相同。

此外，在机电一体化系统设计过程中，将微处理器引入传统的机械结构中，可使机械结构得到简化；将正常设计的机械结构与闭环控制回路相结合，可以增强机械装置的运动速度、精度以及柔性，并且使有些相关部件做得更轻、惯性更小。

2.4　控制系统总体方案设计

机电一体化产品与非机电一体化产品的本质区别在于前者是以计算机或微控制器作为控制系统的控制器。与模拟控制器相比，能够实现更加复杂的控制理论和算法，具有更好的柔性和抗干扰能力。控制系统作为机电一体化产品的核心，必须具备以下基本条件。

（1）实时的信息转换和控制功能。与普通的信息处理系统及用作科学计算的信息处理机不同，机电一体化产品的控制系统应能提供各种数据实时采集和控制功能，并且稳定性好、反应速度快。

（2）人机交互功能。一般的控制系统应有输入指令、显示工作状态的界面。较复杂的系统还应该有程序调用、编辑处理等功能，以利于操作者方便地用接近于自然语言的方式来控制机器，使机器的功能更加完善。

(3) 机电部件接口的功能。这里机电部件主要是指被控制对象的传感器和执行机构。接口包括机械和电气的物理连接。按信号的性质分有开关量、数字量和模拟量接口；按接口的功能分有主要完成信息连接传递的通信接口和能独立完成部分信息处理的智能接口；按通信方式来分又可分成串行接口和并行接口等，控制系统必须提供与被控制的机电设备运动部件、检测部件进行连接的所有接口。

(4) 对控制软件运行的支持功能。简单的控制系统经常采用汇编语言实现控制功能；对于较复杂的控制要求，需要有监控程序或操作系统支持，以利于充分利用现有的软件产品，缩短开发周期，完成复杂的控制任务。

控制系统控制方案的设计包括系统控制类型和控制形式的确定、控制器的选择、控制算法的确定以及软件和硬件的设计。

2.4.1 控制系统总体方案设计的内容和步骤

控制系统控制方案的分析与制定对最终系统的控制效果至关重要。不同的机电一体化产品所要满足的控制要求不同，其控制系统的设计方法和步骤也不尽相同，必须根据具体情况而定。但就总体而言，机电一体化产品控制系统的设计步骤如下。

1. 编制控制任务说明书

首先应根据用户提出的产品功能要求，了解被控对象的控制要求，用流程图或文字描述控制过程和控制任务，编制任务说明书，确定控制系统的设计参数和性能指标。

2. 确定系统的控制类型和控制形式

由于机电一体化技术应用范围很广，复杂程度各不相同，由此而设计的控制系统种类繁多，但可以归为以下四种基本类型。

(1) 过程控制系统。过程控制系统是根据生产流程进行设备的状态数据采集与巡回检测，然后根据预定的控制规律对生产过程进行控制。过程控制系统一般都是开环系统，在轻工业、食品、制药、机械等行业广泛应用。

(2) 伺服系统。这是基本的机电一体化控制系统。伺服系统要求输出信号能够稳定、快速、准确地复现输入信号的变化规律。输入信号是数字或模拟电信号，输出的则是位移、速度等机械量。

(3) 顺序控制系统。顺序控制系统按照动作的逻辑次序来安排操作顺序。

(4) 数字控制系统。数字控制系统根据零件编程或路径规划，由计算机生成数字形式的指令，再驱动机器运动。如果系统的控制器使用计算机，则称为计算机数控系统。

控制系统的控制形式是指采用开环控制还是闭环控制。如果是闭环控制，要选择检测元件。系统的执行元件是采用电动、气动、液动还是组合形式。将不同的传动形式进行比较，确定最佳方式。在选择元件或部件时，除了考虑技术指标外，经济性也同样不容忽视。

3. 建立数学模型并确定控制算法

对任何一个具体控制系统进行分析、综合或设计，首先应建立该系统的数学模型，确定其控制算法。所谓数学模型就是系统动态特性的数学表达式。它反映了系统输入、内部状态和输出之间的数量和逻辑关系。控制算法的正确与否直接影响控制系统的品质，甚至决定整个系统的成败。随着控制理论和计算机控制技术的不断发展，控制算法越来越多。对于有些问题，建立数学模型很难或者计算机难以实现，这时可以采用神经网络、专家系统、模糊控制等智能控制算法。

4. 确定系统的硬件功能模块

设计者应根据被控对象的特点、控制任务要求、设计周期等合理地确定各种功能的硬件模块，如确定控制器的类型、所需的接口电路模块、操作控制台的设计等。选择控制器时不仅要考虑字长、运行速度、存储容量、外围接口，还要考虑市场的供应、价格等诸多因素。

5. 确定软件功能模块或程序结构

在软件设计工作中任务最重的是应用程序设计。在控制系统中，软件设计大体遵循以下两种方式。

(1) 模块化设计。模块化设计是将任务进行划分，每个子任务就是一个模块，用于完成一个具体的、独立的功能。每个模块独立编写和调试，最后将各个模块组合起来进行联调，形成控制程序。

(2) 结构化设计。结构化程序设计是给应用程序施加一定的约束，限定采用规定的结构类型和操作顺序。因此，在程序开发前，先设计程序结构流程图，按照程序结构流程图开发应用程序。常用的结构有顺序结构、条件结构、循环结构。结构化设计的特点是易于用程序框图描述，操作顺序易于跟踪，便于查找错误和测试。

6. 输出总体方案的技术文档

综合上述各方面，输出控制系统总体方案的技术文档。总体控制方案是后续控制系统设计的纲要。与机械结构的功能原理方案设计类似，在控制系统的总体方案设计过程中，每一阶段都有多种设计方案供选择，应该从技术性、可实施性、经济性、可靠性和使用条件等方面进行综合评价，择优而选。

在控制系统的控制方案确定后，将进行控制系统的详细设计。在详细设计过程中，硬件和软件的设计过程往往需要并行进行，以便随时协调二者的设计内容和工作进度。特别应注意计算机控制系统中软件与硬件所承担功能的实施方案划分有很大的灵活性，往往对于同一项任务，利用软件和硬件都可以完成，经常到了具体设计时利弊才会明显发现，因此，在这个设计阶段需要反复考虑，认真平衡软硬件比例，及时择优调整设计方案。

控制系统的硬件和软件设计完成后，要对整个系统进行调试。调试步骤为：硬件调试+软件调试+系统调试。硬件调试包括对元件的筛选、优化、印刷电路板制作、元器件的焊接和实验，安装完毕后要经过连续考机运行；软件调试主要指在计算机上将各模块分别进行调试，使其正确无误；系统调试主要是指将硬件与软件组合起来，进行模拟实验，正确无误后进行现场实验，直至正常运行为止。

2.4.2 控制器选型

由于机电一体化技术的应用范围很广，复杂程度也不一样，因此有各种各样的控制器。设计机电一体化控制系统，选用的控制器类型通常有三种：可编程控制器、单片机和标准的工业控制计算机。

1. 可编程序控制器

可编程控制器(PLC)是以微处理器为核心，综合了计算机技术、自动控制技术和通信技术而发展起来的一种通用的自动控制装置。它具有体积小、功能强、程序设计简单、灵活通用、维护方便等优点，它的可靠性高，能较强地适用恶劣工业环境。可编程序控制器采用梯形图编程语言，形象直观，适合于从事逻辑电路设计的工程技术人员学习和使用。最初，可编程控制器主要用于实现顺序控制。随着可编程控制器功能的增强，其应用范围越来越广泛，如能实现模拟量调节、定时/计数控制、数据处理，甚至多台可编程控制器联网，能够实现网络化过程控制等。

常用的可编程序控制器使用 8 位或 16 位微处理器。在选择可编程控制器时，应该了解它的应用范围。

2. 单片机

单片机是把中央处理器(CPU)、随机存取存储器(RAM)、只读存储器(ROM)、定时器/计数器和 I/O 接口电路等主要计算机部件集成在一块集成电路芯片上的微型计算机(Single Chip Microcomputer)，又称为单片微控制器。

现代人类生活中，许多电子和机械产品都集成了单片机。由单片机构成的嵌入式控制器广泛应用于手机、电话、计算器、家用电器、电子玩具、掌上电脑等家用电器和工业设备中。汽车上一般配有 40 多部单片机，复杂的工业控制系统上甚至可能有数百台单片机在同时工作。

当代单片机系统已经不仅仅是在裸机环境下的开发和使用，大量专用的嵌入式操作系统被广泛应用在全系列的单片机上。作为掌上电脑和手机核心处理的高端单片机甚至可以直接使用专用的 Windows 和 Linux 操作系统。

3. 工业控制计算机

工业控制计算机是指具有一定的抗干扰能力，能适应工厂恶劣环境，能实现工业生产过程控制和管理的计算机，又称过程计算机。它是自动化技术工具中最重要的设备之一。工业控制计算机与一般通用计算机相比，具有以下特点。

(1) 实时响应性好。工业控制计算机的控制对象都是实时变化的，为了及时应对被控对象随时发生的变化，计算机在某一限定的时间内必须完成规定处理的动作，通常要求工业控制计算机具有严格的实时处理能力。

(2) 配备完善的过程接口子系统。工业控制计算机为完成对生产过程的检测和控制，必须配有完善的过程接口子系统(过程输入输出设备)。

(3) 比较完善的实时控制软件。包括实时操作系统和实时控制软件包，借以完成严格的实时处理功能。

(4) 极高的可靠性。避免因计算机故障而引起质量事故或生产事故。

了解各种控制器的特点后，在选择控制器之前还需要考虑是采用专用控制器还是通用控制器，以及硬件和软件如何协调工作这两个问题。

专用控制器适合于大批量生产已经定型的机电一体化产品。在开发新产品时，如果对产品的体积、重量、价格等有严格的要求，应考虑使用嵌入式控制器。专用控制器的设计，需要从电路板制作、电子元器件选购、安装调试等做起，对设计人员的要求高，开发周期长，开发成本高且风险大。

对于多品种、中小批量生产的机电一体化产品，由于还在不断改进，结构还不十分稳定，特别是对现有设备进行改造时，采用通用控制器比较合理。通用控制器的设计，主要是合理选择计算机的机型，设计与其执行元件和检测传感器之间的接口，并在系统软件的支持下编制相应软件，选择通用控制器，硬件设计简单、开发周期短、可供利用的资源多，但是产品的成本相应较高、体积大。

不管是采用通用控制器还是专用控制器，都存在硬件和软件的平衡问题。对于数字控制系统而言，软件硬化和硬件软化都是可能的。因此，在具体选择控制器及其外围设备时要仔细考虑。对于某些功能，既可用硬件来实现，也可用软件来实现。在选择硬件还是软件时通常要根据经济性和可靠性的标准来权衡决定。采用硬件方案，增加系统的成本和体积，但可靠性和运行速度提高了。采用软件方案，系统的成本和体积都下降，控制系统的柔性增加，抗干扰能力增强，对于系统的维护有利，但在某些情况下实时较差。如何权衡硬件和软件的利弊，需要设计者根据自己的知识和经验来决定，没有现成的答案可供选择。

2.5　控制电机的选择

2.5.1　对控制电机的基本要求

在机电一体化产品的运动控制中，很多情况下都以控制电机作为其动力驱动装置。控制电机是在普通旋转电机的基础上发展起来的一种小功率电机，其基本原理与普通旋转电机并无本质区别。但是，普通电机的主要功能是完成能量的转换，注重电机在启动、运行和制动等方面的性能指标；而控制电机输出功率小，具有以下一些基本要求。

(1) 体积小、重量轻、响应速度快。

(2) 位置控制精度要求高、调速范围广、稳定性好。

(3) 适用于启、停频繁的工作要求。

(4) 可靠性高。

2.5.2　常用控制电机的分类及特点

常用的控制电机有直流伺服电机、交流伺服电机和步进电机，它们的分类及特点见表2-2。

表2-2　常用控制电机的分类及特点

<table>
<tr><th>种类</th><th colspan="2">主要特点</th></tr>
<tr><td>有刷直流伺服电机</td><td>结构简单，可控性好，有电刷接触，维护困难</td><td rowspan="2">响应快，调速范围宽，启动转矩大，控制容易，可短时过载；控制精度比步进电机高；但是直流伺服电机需要直流电源供电，结构复杂，制造困难，制造成本高，常用于闭环或半闭环控制</td></tr>
<tr><td>无刷直流伺服电机</td><td>体积小，重量轻，转动惯量小，无电刷接触，寿命长</td></tr>
</table>

（续）

种类	主要特点	
同步型交流伺服电机	外部负载变化时对转速的影响较小，控制精度高，在许多应用场合逐渐取代直流伺服电机	运行平稳，脉动小，低速无振动，调速范围宽，可短时过载，力矩特性好，控制精度高；控制方法复杂，价格贵；在同样体积下，交流伺服电机输出功率可比直流伺服电机提高 10%～70%，常用于闭环或半闭环控制
异步型交流伺服电机	主要用于大功率范围	
反应式步进电机	启动和运行频率较高，断电时无定位，消耗功率较大	适合于中小力矩，一般在 20Nm 以下；转速一般在 2000r/min 以下，大力矩电机小于 1000r/min；体积小，动态响应快；低速时有振动，速度不够均匀，但使用细分型驱动器可明显改善；高速时，力矩下降快，短时过载时会失步，价格便宜；主要用于开环控制
永磁式步进电机	消耗功率较反应式步进电机小，需要正负脉冲供电，启动和运行频率较低，有定位转矩	
混合式步进电机	启动和运行频率较高，需要正负脉冲供电，消耗功率较小，有定位转矩	
直线步进电机	提供直线运动，结构简单，惯量小	

不同的应用场合，对控制电机的要求也有所不同。直流伺服电机、交流伺服电机一般用于要求精度高、低速运行平稳、扭矩脉动小、高速时振动和噪声小的闭环或半闭环伺服控制系统中，如数控机床的伺服控制、机器人的运动控制。步进电机主要用于精度、速度要求不高，成本较低的开环控制系统中，如雕刻机、阀门控制、高速打印机、绘图机等。此外，随着 20 世纪 90 年代以来超声波电机研究的进一步发展，超声波电机已成功应用于机械手的运动控制中。超声波电机因低速、大扭矩、响应速度快、无电磁干扰等特点，在机器人、汽车、航空航天、精密仪器仪表等行业具有广泛的应用前景。

2.6　应用举例

【例 2.1】 波轮式全自动洗衣机的功能原理方案设计。

解：（1）寻找总功能。

全自动洗衣机的黑箱示意图如图 2.7 所示，总功能是洗涤衣物。

（2）总功能分解。

首先根据机电一体化产品的基本组成将洗衣机划分成五大部分：起连接与支承作用的机械本体(机壳)部分，进行能量输入和转换的动力部分(电机)，进行能量传递与分配、搅动衣物的传动系统和执行机构，监控洗涤工作状态的传感器与检测部分，以及信息处理控制部分。再将各分功能根据人工洗衣物的常识进一步划分，直至分解到不能再分的功能元，形成功能树，如图 2.8 所示。

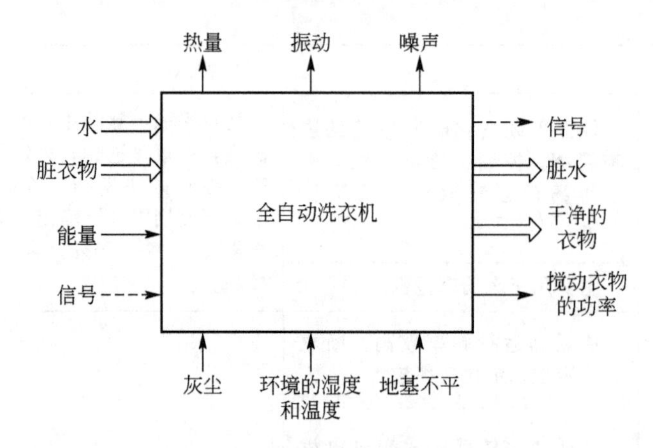

图 2.7　全自动洗衣机的黑箱示意图

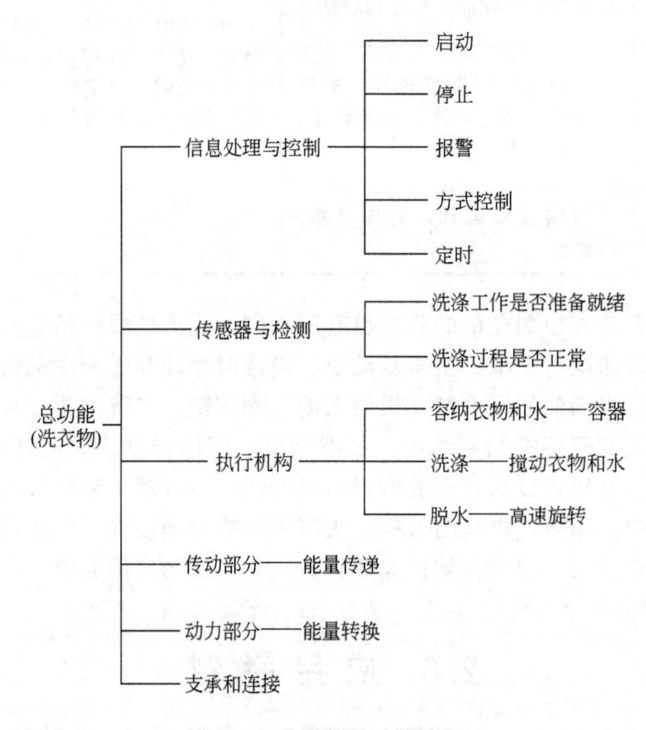

图 2.8　洗衣机总功能分解

(3) 创建功能结构图。

通过对各分功能的功能顺序关系及信号传递方式进行分析，得出洗衣机的功能结构图如图 2.9 所示。

每一种功能元都有多种答案，在此，动力装置采用电机，能量的分配与传递采用带传动和行星齿轮减速器，用波轮作为衣物搅拌器，信息的处理与控制采用基于单片机的微控制系统。

【例 2.2】 试设计挖掘机的功能原理方案。

解： (1) 寻找总功能。

结合人工采煤过程，推想出挖掘机的黑箱示意图如图 2.10 所示，总功能是挖煤和运煤。

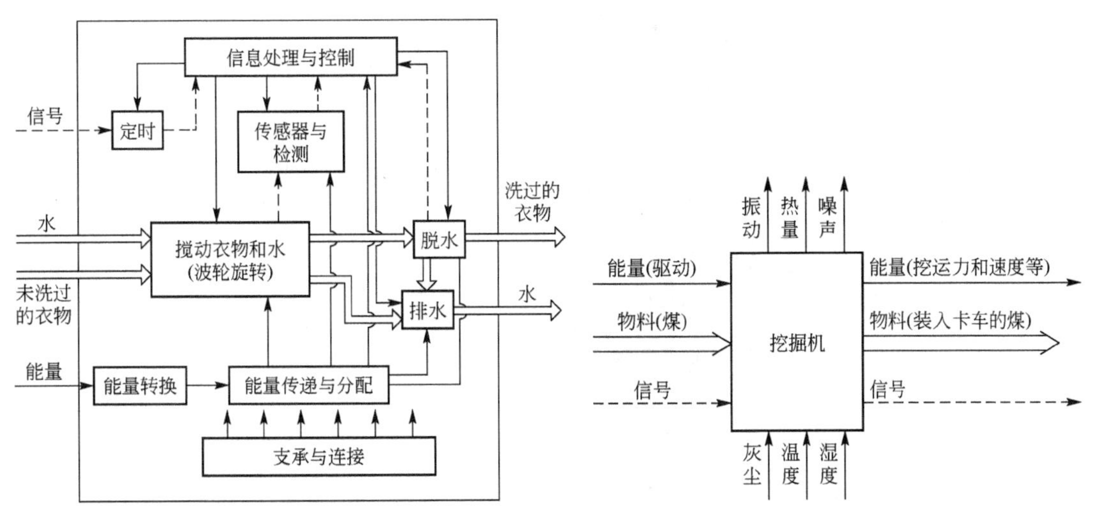

图 2.9 洗衣机功能结构图

图 2.10 挖掘机黑箱示意图

(2) 总功能分解。

首先将待设计的挖掘机分解成原动机、传动系统、控制系统、执行机构和支承系统五部分。然后仿照人工挖煤和运煤的过程将总功能进一步分解，形成各分功能直至功能元，见表 2-3。

表 2-3 原理解组合

分功能	原理解 / 方案号	1	2	3	4
A	推压	齿轮齿条	丝杠螺母	油缸	蜗轮蜗杆
B	铲斗	正铲斗	反铲斗	抓斗	—
C	提升	油缸	绳索	—	—
D	回转	内齿轮传动	外齿轮传动	叶轮	—
E	能量转换	柴油机	—	—	—
F	能量传递与分配	齿轮箱	油泵	带传动	—
G	制动	带式制动	闸瓦制动	片式制动	—
H	变速	液压式	齿轮式	—	—
I	行走	履带	轮胎	迈步式	轨道车轮

(3) 建立功能结构图。

首先建立总功能的输入输出转换关系图，再逐级建立各分功能的功能结构图。在建立功能结构图的过程中，要先画出每个分功能或功能元的输入和输出，然后建立各分功能或功能元功能结构图，如图 2.11(a)、图 2.11(b)所示。

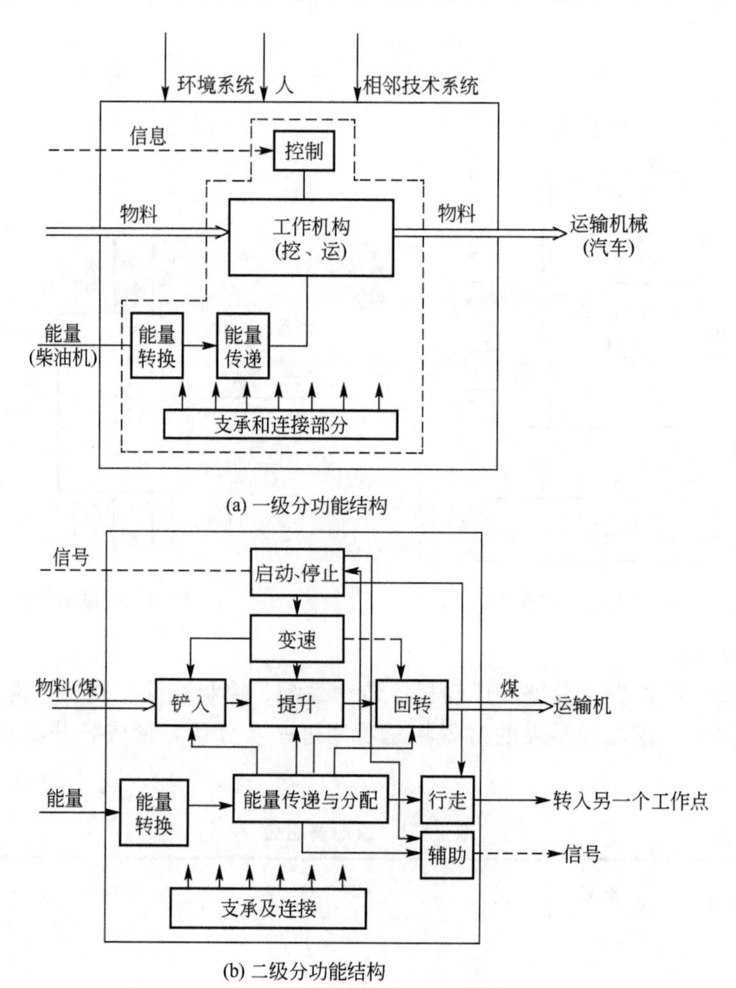

(a) 一级分功能结构

(b) 二级分功能结构

图 2.11　挖掘机功能结构图

(4) 寻找原理解和原理解组合。

对于每一种功能元，设法找出其所有可能的原理解，并由分功能或功能元的原理解组成形态矩阵，见表 2-3。

该例中可能组合的方案数：$N=4\times3\times2\times3\times1\times3\times3\times2\times4=5285$。

通过形态学矩阵虽然可以得到许多方案，但不是所有的方案都具有实际意义，也不是所有的功能元解都能互相匹配和适应。因此，应首先根据不相容性删去不可行方案和明显不理想的方案，选择较好的几个方案，然后通过选择表法或其他综合评价方法进行比较，求得最佳方案。例如，方案 1：履带式正铲机械挖掘机(A1+B1+C2+D2+E1+F1+G2+H2+I1)；方案 2：轮胎式正铲液压挖掘机(A3+B1+C1+D2+E1+F2+G3+H1+I2)。

第3章 机电一体化系统机械模块设计

根据机电有机结合的原则，机电一体化系统(或产品)的机械结构设计已经得到了很大的简化，这些机构结构属于传统的技术范畴，但为了适应高精度、高响应速度和稳定性好的总体要求，具体设计时又有不同的侧重。本章主要讨论：齿轮系传动副传动比的确定方法、回差控制；滚珠丝杠螺母副的工作原理、选型与计算；同步带传动的选型与计算；导轨的选型与设计等。

本章学习目标

掌握齿轮系传动副传动比的确定方法、回差控制方式；
掌握滚珠丝杠螺母副的工作原理、选型方法；
掌握同步带传动的选型与计算；
掌握导轨的工作原理、结构特征、选型方法。

本章教学要求

知识要点	能力要求	相关知识
机电一体化系统机械模块	掌握机电一体化系统机械模块的特点、种类； 了解机电一体化系统机械模块的机械要求	机电一体化系统机械模块
齿轮系传动副	掌握总传动比的确定方法； 掌握齿轮传动回差控制方法	传动比、回差控制
滚珠丝杠螺母副	了解滚珠丝杠螺母副的选型方法； 掌握滚珠丝杠螺母副的支承方式与预紧方式； 掌握滚珠丝杠螺母副的动载荷计算与直径估算，承载能力校核	支承方式、选型与计算、动载荷计算、承载能力校核
同步带传动的设计	了解同步带轮的类型及特点； 掌握同步带传动的设计计算	选型、设计与计算
导轨的设计	了解导轨副工作原理及结构特点； 掌握滚动直线导轨特点和选用	直线滑动导轨 直线滚动导轨，设计选型
联轴器的选用	了解联轴器的选用	联轴器

3.1　齿轮传动副的选用

齿轮传动副是一种应用非常广泛的传动机构，各种机床中的传动装置几乎都离不开齿轮传动。因此，齿轮传动装置的设计是整个机电系统的一个重要的组成部分，它的精度直接影响整个系统的精度。齿轮传动装置是转矩、转速和转向的变换器。对齿轮传动装置的总体要求是传动精度高、稳定性好、灵敏度高、响应速度快。对于开环伺服系统，传动误差将直接影响工作精度，因此，要尽可能缩短传动链的长度，消除传动间隙，以提高传动精度和传动刚度。

小知识： 在机电一体化进给伺服系统中，采用齿轮传动装置的主要目的有二：一是降速，将伺服电机的高速、小转矩输出变成克服负载所需的低速、大转矩；二是使滚珠丝杠和工作台的转动惯量在传动系统中所占比重减小，以保证传动精度。

3.1.1　总传动比的确定

总传动比的确定根据负载特性和工作条件不同，可有不同的最佳传动比选择方案，如“负载峰值力矩最小”的最佳传动比方案、“负载均方根力矩最小”的最佳传动比方案、“转矩储备最大”的最佳传动比方案等。在伺服系统中，通常根据负载角加速度最大原则来选择总传动比，以提高伺服系统的响应速度。齿轮传动机构的最佳总传动比有不同的确定原则，这里介绍以下两种方法。

1. 根据负载角加速度最大原则确定总传动比

图 3.1 所示为电机驱动齿轮系统和负载的计算模型。

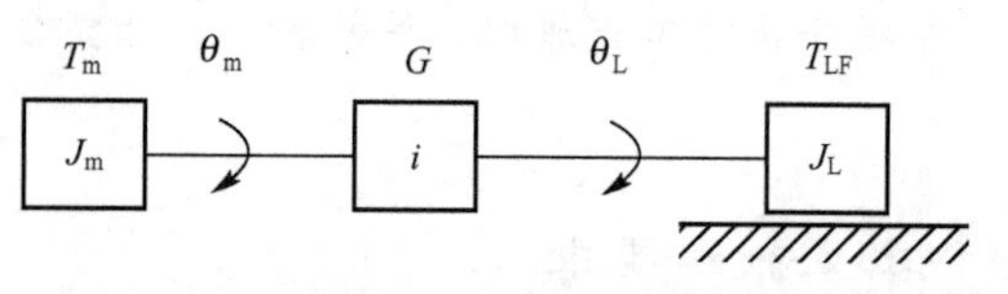

图 3.1　电机驱动齿轮系统和负载的计算模型

J_m—电机 M 转子的转动惯量；θ_m—电机 M 的角位移；J_L—负载 L 的转动惯量；θ_L—负载 L 的角位移；T_{LF}—摩擦阻力转矩；i—齿轮系 G 的总传动比。

根据传动关系，有

$$i=\frac{\theta_m}{\theta_L}=\frac{\dot{\theta}_m}{\dot{\theta}_L}=\frac{\ddot{\theta}_m}{\ddot{\theta}_L} \tag{3-1}$$

式中：θ_m、$\dot{\theta}_m$、$\ddot{\theta}_m$——电机的角位移、角速度、角加速度；

θ_L、$\dot{\theta}_L$、$\ddot{\theta}_L$——负载的角位移、角速度、角加速度。

T_{LF} 换算到电机轴上的阻抗转矩为 T_{LF}/i；J_L 换算到电机轴上的转动惯量为 J_L/i^2。设 T_m 为电机的转矩，根据旋转运动方程，电机轴上的合转矩 T_a 为

$$T_a=T_m-\frac{T_{LF}}{i}=\left(J_m+\frac{J_L}{i^2}\right)\ddot{\theta}_m=\left(J_m+\frac{J_L}{i^2}\right)i\,\ddot{\theta}_L \tag{3-2}$$

则：
$$\ddot{\theta}_L=\frac{T_m i-T_{LF}}{J_m i^2+J_L}=\frac{iT_a}{J_m i^2+J_L} \tag{3-3}$$

根据负载角加速度最大的原则，令 $d\ddot{\theta}_L/di=0$，解得

$$i=\frac{T_{LF}}{T_m}+\sqrt{\left(\frac{T_{LF}}{T_m}\right)^2+\frac{J_L}{J_m}} \tag{3-4}$$

若不计摩擦，即 $T_{LF}=0$，有

$$i=\sqrt{\frac{J_L}{J_m}} \quad 或 \quad \frac{J_L}{i^2}=J_m \tag{3-5}$$

式(3-5)表明，齿轮系传动比的最佳值就是 J_L 换算到电机轴上的转动惯量正好等于电机转子的转动惯量 J_m，此时，电机的输出转矩一半用于加速负载，一半用于加速电机转子，达到了惯性负载和转矩的最佳匹配。

2. 按给定脉冲当量或伺服电机确定总传动比

对于开环控制系统，当系统的脉冲当量及步进电机的步距角已确定时，可计算相应的传动比。设采用图 3.2 所示的伺服传动系统，可用以下公式计算齿轮的总传动比：

$$i=\frac{360°\delta}{\theta_b L_0} \tag{3-6}$$

式中：i——齿轮总传动比；

δ——脉冲当量，m；

L_0——丝杠导程，m；

θ_b——步距角。

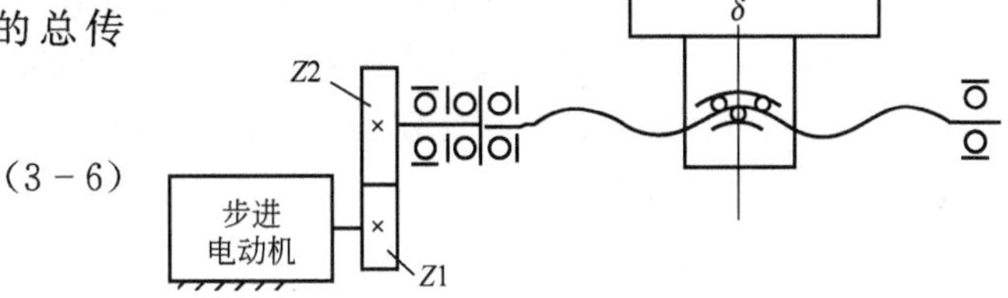

图 3.2　伺服传动系统

对于闭环系统，则按伺服驱动电机的额定转速及所要求的移动部件的速度计算总传动比，计算公式为

$$i=\frac{n_{max}L_0}{V_{max}} \tag{3-7}$$

式中：i——齿轮总传动比；

n_{max}——电机额定转速，r/min；

L_0——丝杠导程，m；

V_{max}——最大移动速度，m/min。

按以上公式确定总传动比时，还需要进行转动惯量方面的验算，以保证折算到电机轴上的负载转动惯量不至于过大，以获得较大的加速能力。设计时一般需要改变有关参数，按上述公式及要求反复试算。

小提示： 要提高传动精度，就应减少传动级数，并使末级齿轮的传动比尽可能大、制造精度尽量高。

综上所述，在设计中应根据上述的原则并结合实际情况的可行性和经济性对转动惯量、结构尺寸和传动精度提出适当要求。具体讲有以下几点：①对于要求体积小、质量轻的齿轮传动系统可用质量最小原则。②对于要求运动平稳、启停频繁和动态性能好的伺服系统的减速齿轮系，可按最小等效转动惯量和总转角误差最小的原则来处理。对于变负载的传动齿轮系统的各级传动比最好采用不可约的比数，避免同期啮合以降低噪声和振动。③对于提高传动精度和减小回程误差为主的传动齿轮系，可按总转角误差最小原则。对于增速传动，由于增速时容易破坏传动齿轮系工作的平稳性，应在开始几级就增速，并且要求每级增速比最好大于 1∶3，以有利于增加轮系刚度、减小传动误差。④对以较大传动比

传动的齿轮系，往往需要定轴轮系和行星轮系巧妙结合为混合轮系，对于相当大的传动比，并且要求传动精度与传动效率高、传动平稳、体积小重量轻时，可选用新型的谐波齿轮传动。

3.1.2 齿轮传动的回差及其控制

在齿轮传动过程中，当主动轮突然改变旋转方向时，从动轮不能马上随之反转，而是有一个滞后量，此时主动轮空转的转角和对应的从动轮的滞后转角即为齿轮传动的回差。

小提示：回差的大小随齿轮转角的位置而变。

回差产生的主要原因是齿轮副的侧隙和加工装配误差。侧隙的大小取决于载荷作用下摩擦温升引起的热变形、制造装配误差和储存润滑油的需要。保证最小侧隙的齿厚极限偏差是在加工齿轮时，加大径向切深使齿厚减薄得到的，由此引起的齿高变化一般不计。消除回差的方法有以下几种。

1. 偏心套(轴)调整法

如图 3.3 所示，将相互啮合的一对齿轮中的小齿轮装在电机输出轴上，并将电机安装在偏心套(轴)上，通过转动偏心套(轴)的转角，就可调节两啮合齿轮的中心距，从而消除圆柱齿轮正、反转时的齿侧间隙。这种方法的特点是结构简单，但其侧隙不能自动补偿。

2. 轴向垫片调整法

如图 3.4 所示，齿轮 1 和齿轮 2 相啮合，其分度圆弧齿厚沿轴线方向略有锥度，这样就可以用轴向垫片使齿轮 2 沿轴向移动，从而消除两齿轮的齿侧间隙。在装配时，轴向垫片的厚度应使得齿轮 1 和齿轮 2 之间齿侧间隙小、运转灵活。这种方法的特点与偏心套(轴)调整法相同。

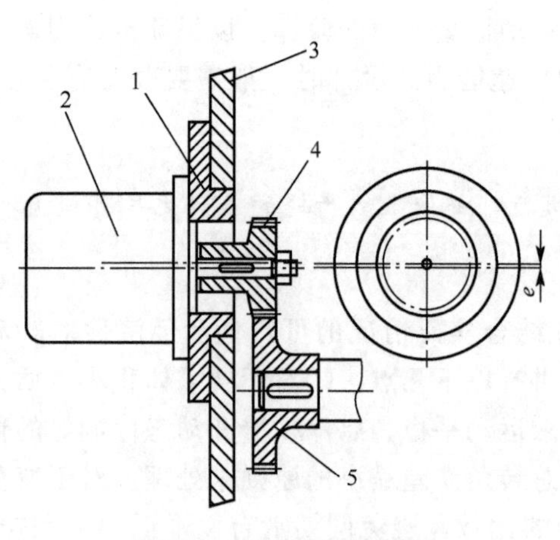

图 3.3 偏心套(轴)调整

1—偏心套；2—电机；3—外壳；4—小齿轮；5—大齿轮

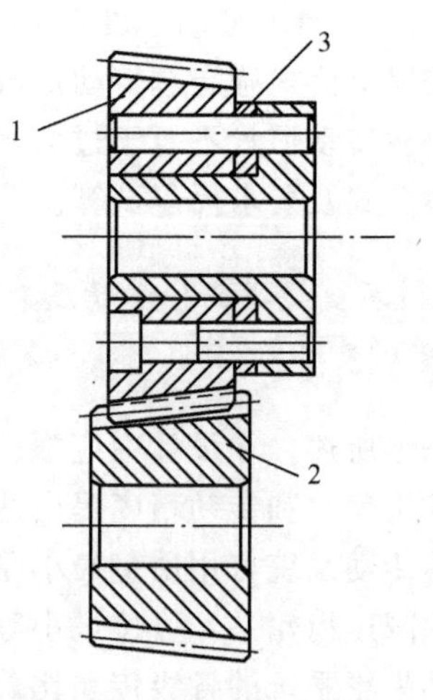

图 3.4 轴向垫片式调整

1、2—齿轮；3—轴向垫片

3. 双片薄齿轮错齿调整法

如图 3.5 所示，这种消除齿侧间隙的方法是将两个啮合的直齿圆柱齿轮中的一个做成宽齿轮，另一个用两片薄齿轮组成。薄片齿轮 1 和 2 套装在一起，通过弹簧 4 和拉力使两个薄片齿轮错位，使两薄片齿轮的左右齿面分别贴在与其啮合的齿轮的左右面上。

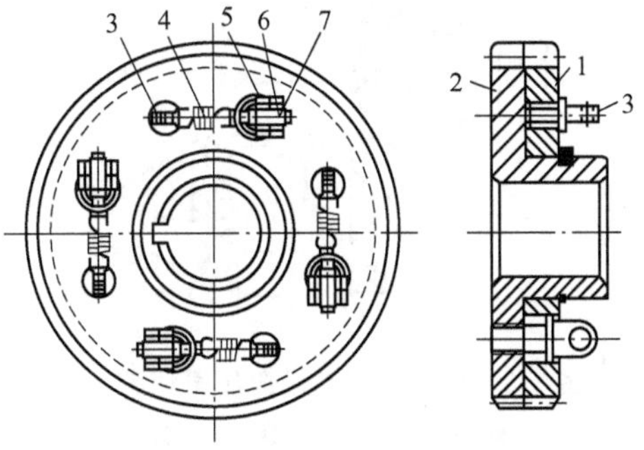

4. 斜齿轮垫片调整法

如图 3.6 所示，消除斜齿轮传动时齿轮侧隙的方法与双片薄齿轮错齿调整法基本相同，也是用两个薄片齿轮与一个宽齿轮啮合，只是在两个薄片斜齿轮的中间隔开了一小段距离，这样它的螺旋线便错开了。

图 3.5　双片薄齿轮错齿调整

1、2—薄片齿轮；3—凸耳；4—弹簧；5、6—螺母；7—螺钉

5. 斜齿轮轴向压簧调整法

如图 3.7 所示，该方法是用弹簧的轴向力来获得薄片斜齿轮 1、2 之间的错位，使其齿侧面分别紧贴宽齿轮的齿槽的两侧面。弹簧的轴向力用螺母来调节，其大小必须恰当。该方法的特点是齿侧间隙可以自动补偿，但轴向尺寸较大，结构不紧凑。

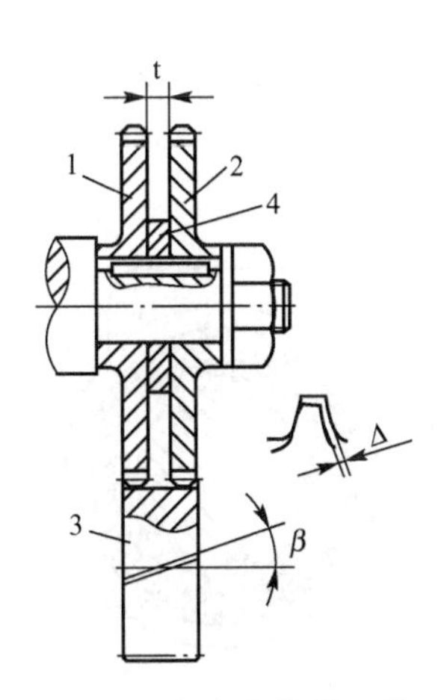

图 3.6　斜齿轮垫片调整

1、2—薄片斜齿轮；3—斜齿轮；4—垫片

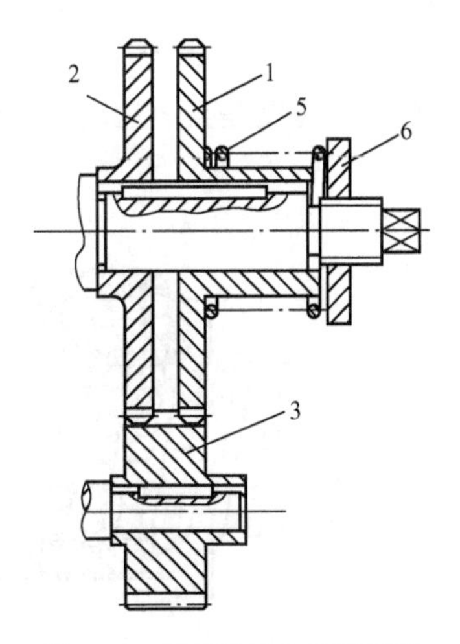

图 3.7　斜齿轮轴向压簧调整

1、2—斜齿轮；3—宽齿轮；4—轴；5—弹簧；6—螺母

6. 锥齿轮传动轴向压簧调整法

锥齿轮传动轴向压簧调整法的原理如图 3.8 所示，在锥齿轮 4 的传动轴上装有压簧，其轴向力的大小由螺母调节。锥齿轮 4 在压簧的作用下可轴向移动，从而消除了其与啮合的锥齿轮 1 之间的齿侧间隙。

当传动负载大时，可采用双齿轮调整法，如图 3.9 所示。小齿轮 1、6 分别与齿条啮合，与小齿轮 1、6 同轴的大齿轮 2、5 分别与齿轮 3 啮合，通过预载装置 4 向齿轮 3 上预加负载，使大齿轮 2、5 同时向两个相反方向转动，从而带动小齿轮 1、6 转动，其齿便分

别紧贴在齿条上齿槽的左、右侧，消除了齿侧间隙。

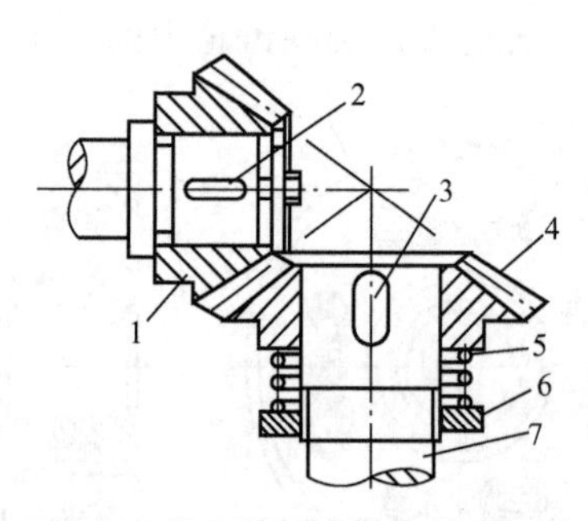

图 3.8　锥齿轮传动轴向压簧调整

1、4—锥齿轮；2、3—键；5—弹簧；6—螺母；7—轴

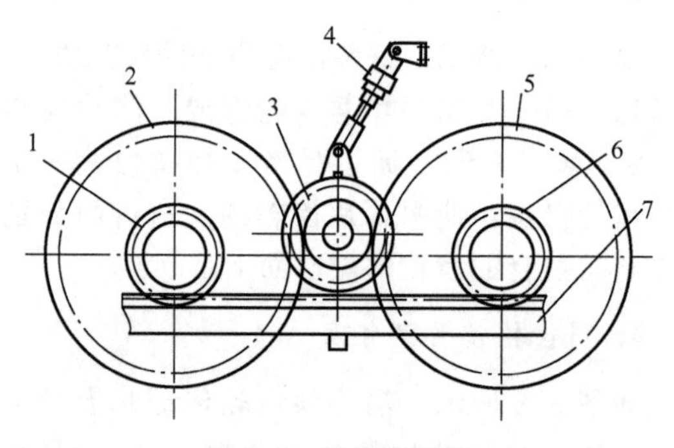

图 3.9　双齿轮调整

1、6—小齿轮；2、5—大齿轮；3—齿轮；4—预载装置；7—齿条

3.2　滚珠丝杠螺母传动副的选型与计算

3.2.1　滚珠丝杠螺母副的工作原理与特点

1. 滚珠丝杠螺母副的工作原理

滚珠丝杠螺母副是直线运动与回转运动能相互转换的新型传动装置，其结构如图 3.10 所示。

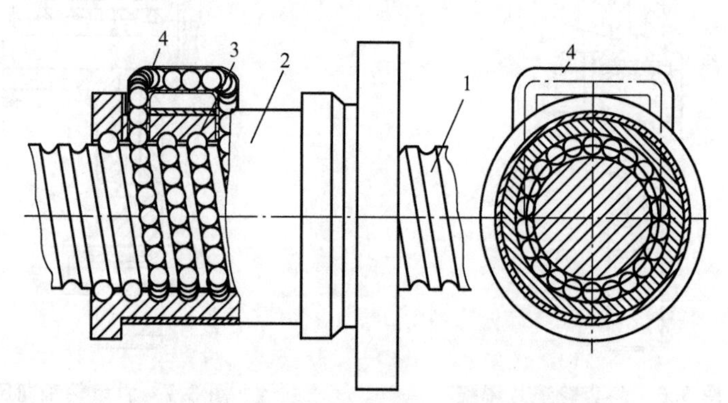

图 3.10　滚珠丝杠螺母副的结构原理

1—丝杠；2—螺母；3—滚珠；4—滚珠回路通道

在丝杠 1 和螺母 2 上都有半圆弧形的螺旋槽，当它们套装在一起时便形成了滚珠的螺旋滚道。螺母上有滚珠的回路管道 4，将几圈螺旋滚道的两端连接起来构成封闭的螺旋滚道，并在滚道内装满滚珠 3。当丝杠旋转时，滚珠在滚道内既自转又沿滚道循环转动，因而迫使螺母(或滚珠丝杠)轴向移动。

2. 滚珠丝杠螺母副的特点

滚珠丝杠螺母副的特点如下。

(1) 传动效率高，摩擦损失小。滚珠丝杠螺母副的传动效率为0.92～0.98，比普通丝杠(梯形丝杠)高3～4倍。因此，功率消耗只相当于普通丝杠的1/4～1/3。

(2) 能够预紧。若给予适当预紧，可以消除丝杠和螺母之间的螺纹间隙，反向时还可以消除空载死区，预紧后可消除间隙产生过盈，提高接触刚度和传动精度，从而使丝杠的定位精度高，刚度好；同时增加的摩擦力矩相对不大。

(3) 运动平稳，传动精度高。滚动摩擦系数接近常数，启动与工作的摩擦力矩差别很小，启动时无冲击，低速时无爬行。

(4) 具有可逆性，既可以从旋转运动转换成直线运动，也可以从直线运动转换成旋转运动，也就是说，丝杠和螺母都可以作为主动件。

(5) 磨损小，使用寿命长。滚珠丝杠螺母副的摩擦表面为高硬度(HRC58～62)、高精度，具有较长的工作寿命和精度保持性，寿命为滑动丝杠副的4～10倍以上。

(6) 制造成本较高。滚珠丝杠和螺母等元件的加工精度要求高，表面粗糙度也要求高，由于滚珠丝杠副的结构和制造工艺复杂，故制造成本高，价格往往以长度mm为单位计算。

(7) 不能自锁。特别是垂直安装的丝杠，由于其自重和惯性力的作用，下降时当传动切断后，不能立即停止运动，故必须在系统中附加自锁或制动装置。

(8) 定位精度和重复定位精度高。由于滚珠丝杠螺母副摩擦小、温升少、无爬行、无间隙，通过预紧可以进行预拉伸的热膨胀补偿，因此能达到较高的定位精度和重复定位精度。

(9) 同步性好。用几套相同的滚珠丝杠螺母副同时传动几个相同的运动部件，可得到较好的同步运动。

(10) 可靠性高。润滑密封装置结构简单，维修方便。

3.2.2 滚珠丝杠螺母副的参数与标注

1. 滚珠丝杠螺母副的结构参数

滚珠丝杠螺母副的主要参数(图3.11)包括：公称直径d_0、基本导程L_0、接触角β、滚珠直径d_b、滚珠的工作圈数i、滚珠的总数N。其他参数包括：丝杠螺纹大径d、丝杠螺纹底径d_2、丝杠螺纹全长L_1、螺母螺纹大径D、螺母螺纹小径D_1、滚道圆弧偏心距e和滚道圆弧半径R等。

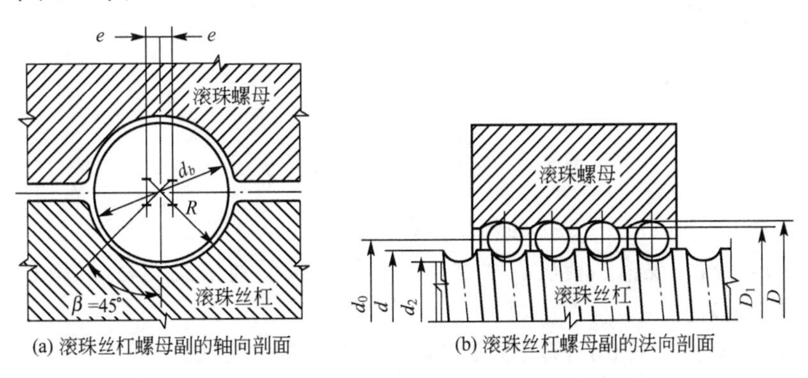

(a) 滚珠丝杠螺母副的轴向剖面　(b) 滚珠丝杠螺母副的法向剖面

图3.11 滚珠丝杠螺母副的主要参数

滚珠丝杠螺母副基本参数的含义如下。

公称直径 d_0：是指滚珠与螺纹滚道在理论接触角状态时包络滚珠球心的圆柱直径，它是滚珠丝杠螺母副的特征尺寸。公称直径 d_0 越大，承载能力和刚度越大。

滚珠的总数 N：一般情况下，$N \leqslant 150$。若设计计算时超过规定的最大值，则易因流通不畅产生堵塞现象。若出现此种情况，可以采取把单回路式改为双回路式或加大滚珠丝杠的公称直径 d_0 或加大滚珠直径 d_b 等方法来解决；反之，若工作滚珠的总数 N 太小，将使得每个滚珠的负载加大，引起过大的弹性变形。

基本导程 L_0：是指丝杠相对螺母旋转 2π 弧度时，螺母上基准点的轴向位移。

接触角 β：是指在螺纹滚道法向剖面内，滚珠球心与滚道接触点的连线与螺纹轴线的垂直线之间的夹角，理想接触角 β 等于 45°。

滚珠直径 d_b：滚珠直径 d_b 应根据轴承厂提供的尺寸选用。滚珠直径 d_b 越大，则承载能力越强。但在导程已经确定的情况下，滚球的直径 d_b 受到丝杠相邻两螺纹间过渡部分最小宽度的限制。在一般情况下，滚球的直径 $d_b \approx 0.6L_0$，但这样算出 d_b 值后，要按滚珠直径的标准尺寸系列圆整。

滚珠的工作圈数 i：试验结果已经表明，在每一个循环回路中，各圈滚珠所受的轴向负载是不均匀的，第一圈滚珠承受总负载的50％左右，第二圈约承受 30％，第三圈约承受 20％。因此，滚珠丝杠副中的每个循环回路的滚珠工作圈数取为 $i=2.5\sim3.5$，工作圈数大于 3.5 没有实际意义。

2. 滚珠丝杠螺母副的标注

不同生产厂家对滚珠丝杠螺母副的标注方法略有不同，通常用图 3.12 格式进行标注。

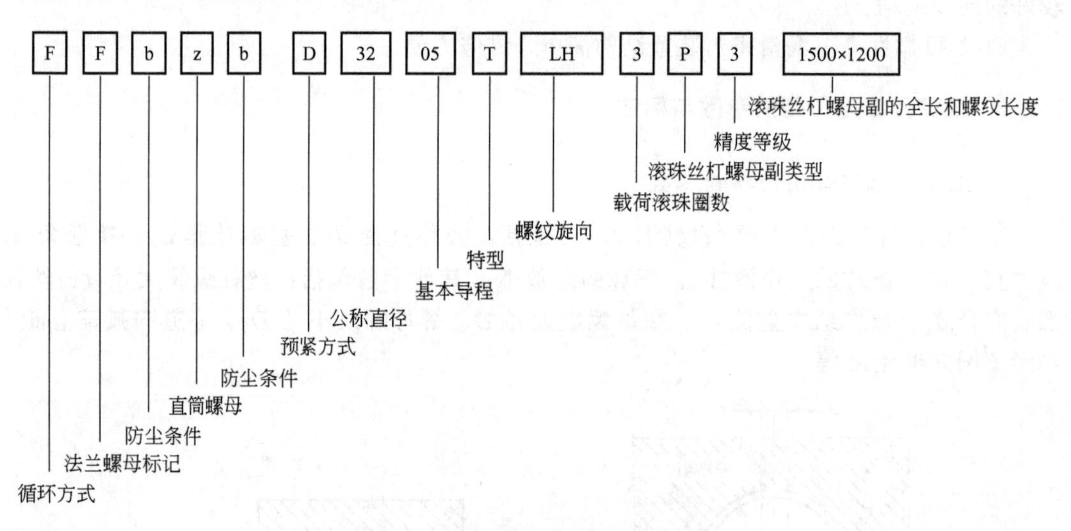

图 3.12　滚珠丝杠螺母副标注方法

根据标准 JB/T 3162.1—1991 的规定，在滚珠丝杠螺母副的标记中，滚珠丝杠螺母副的型号要根据其结构、规格、精度、螺纹旋向等特征按下列格式编写(以南京工艺装备制造有限公司的产品为例)：

FFbZbD3205TLH－3－P3/1500×1200

标记代号的意义见表 3－1。其中，循环方式见表 3－2，预紧方式见表 3－3，结构特征见表 3-4，精度等级标号及选择见表 3-5。螺纹旋向为右旋者不标，为左旋者标记代号为“LH”。滚珠丝杠螺母副类型分为 P 类和 T 类。P 类为定位滚珠丝杠螺母副，即通过旋转角度和导程控制轴向位移量的滚珠丝杠螺母副，其精度等级要求较高；T 类为传动滚珠丝杠螺母副，它与旋转角度无关，是用于传递动力的滚珠丝杠螺母副，其精度等级要求相对较低。

表 3-1　南京工艺装备制造有限公司滚珠丝杠螺母副的标记意义

标记代号	意　义
F	表示循环方式
F	法兰螺母标记
b	表示防尘条件(带防尘圈不标，不带防尘圈的为 b)
Z	直筒螺母标记
b	表示防尘条件(带防尘圈不标，不带防尘圈的为 b)
D	表示预紧方式
32	公称直径
05	基本导程
T	特型(与样本系列中尺寸不同时标，相同时不标)
LH	表示螺纹旋向(右旋不标，左旋标 LH)
3	载荷滚珠圈数(分 2、2.5、3、3.5、4、5 共 6 种)
P	滚珠丝杠螺母副类型(P 型为定位型，T 型为传动型)
3	精度等级(1、2、3、4、5、7、10 等七个等级)
1500×1200	表示滚珠丝杠的全长(mm)和螺纹长度(mm)

表 3-2　循环方式

循环方式		标记代号
内循环	浮动式	F
	固定式	C
外循环	插管式	C

表 3-3　预紧方式

预紧方式	标记代号	预紧方式	标记代号
单螺母变位导程预紧	B	双螺母螺纹预紧	L
双螺母垫片预紧	D	单螺母无预紧	W
双螺母齿差预紧	C	—	—

表 3-4　结构特征

结构特征	代号	结构特征	代号
导珠管埋入式	M	导珠管凸出式	T

表 3-5　精度等级标号及适用范围

精度等级标号	应用范围
5	普通机床
4，3	数控钻床、数控车床、数控铣床、机床改造
2，1	数控磨床、数控线切割机床、数控镗床、坐标镗床、加工中心、仪表机床

例如，CDM5010-3-P3 表示外循环插管式、双螺母垫片预紧、导珠管埋入式的滚珠丝杠螺母副，公称直径为 50mm，基本导程为 10mm，螺纹旋向为右旋，载荷总圈数为 3 圈，精度等级为 3 级。

3.2.3　滚珠丝杠螺母副的精度等级

1. 滚珠丝杠的精度等级

国家标准 GB/T 17587.3—1998 将滚珠丝杠分为定位滚珠丝杠副(P 型)和传动滚珠丝杠副(T 型)两大类。滚珠丝杠的精度等级分为 7 个等级，即 1、2、3、4、5、7、10 级，1 级精度最高，依次降低。

滚珠丝杠副的精度指标如下。

(1) 2π 行程内允许的行程变动量 $V_{2\pi p}$；300mm 行程内允许的行程变动量 V_{300p}；见表 3-6。

表 3-6　2π 弧度内行程变动量 $V_{2\pi p}$ 和任意 300mm 行程内行程变动量 V_{300p}　　单位：μm

精度等级	1	2	3	4	5
$V_{2\pi p}$	4	5	6	7	8
V_{300p}	6	8	12	16	23

(2) 有效行程 L_u 内的目标行程公差 e_p；有效行程 L_u 内允许的行程变动量 V_{up}；见表 3-7。

表 3-7　有效行程 L_u 内的目标行程公差 e_p 和允许的行程变动量 V_{up}　　单位：μm

有效行程/mm	精度等级									
	1		2		3		4		5	
	e_p	V_{up}	e_p	V_{up}	e_p	V_{up}	e_p	V_{up}	e_p	V_{up}
≤315	6	6	8	8	12	12	16	16	23	23
>315～400	7	6	9	8	13	12	18	17	25	25
>400～500	8	7	10	10	15	13	20	19	27	26
>500～630	9	7	11	11	16	14	22	21	30	29
>630～800	10	8	13	12	18	16	25	23	35	31
>800～1000	11	9	15	13	21	17	29	25	40	33
>1000～1250	13	10	18	14	24	19	34	29	46	39

有效行程 L_u 按下式计算：

$$L_u = L_l - 2L_e \tag{3-8}$$

式中：L_l——丝杠螺纹全长；

L_e——余程。

(3) 有效行程 L_u 内的补偿值 C。滚珠丝杠副各项精度指标的关系如图 3.13 所示。

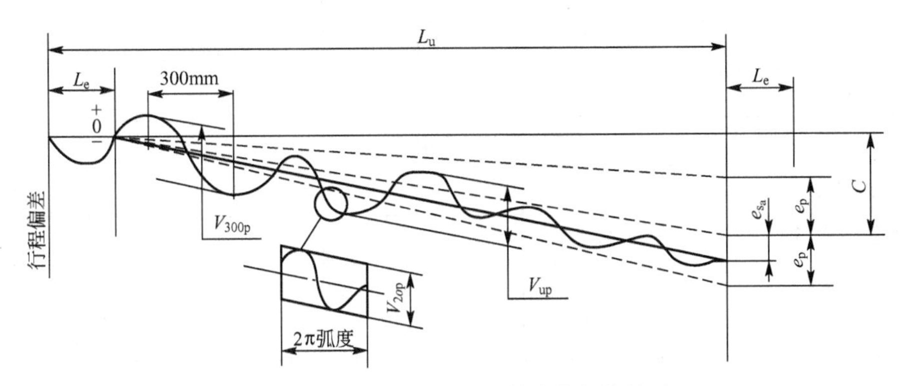

图 3.13　滚珠丝杠副各项精度指标的关系

2. 跳动和位置公差

跳动和位置公差项目有：滚珠丝杠螺纹外径对丝杠螺纹轴线的径向圆跳动；滚珠丝杠支承轴颈对丝杠螺纹轴线的径向圆跳动；滚珠丝杠轴颈对支承轴颈的径向圆跳动；滚珠丝杠支承轴颈肩面对丝杠螺纹轴线的圆跳动；有预加载荷的滚珠螺母安装端面对螺纹轴线的圆跳动；有预加载荷的滚珠螺母安装直径对丝杠螺纹轴线的径向圆跳动；有预加载荷的滚珠螺母定位面对丝杠螺纹轴线的平行度等。按规定的测试方法、精度等级，从有关标准表中可查得公称直径、多次测量间隔、螺母直径等参数的允差。滚珠丝杠螺母副的精度等级及应用范围见表 3-8，各种机床所用滚珠丝杠螺母副推荐精度等级见表 3-9。

表 3-8　滚珠丝杠螺母副的精度等级及应用范围

精度等级		应用范围
代号	名称	
P	普通级	普通机床
B	标准级	一般数控机床
J	精密级	精密机床、精密数控机床、加工中心、仪表机床
C	超精级	精密机床、精密数控机床、仪表机床、高精度加工中心

表 3-9　各种机床所用滚珠丝杠螺母副推荐精度等级

机床种类	坐标方向			
	X	Y	Z	W
	(纵向)	(升降)	(横向)	(刀杆、镗杆)
数控车床	B、J	—	B	—
数控磨床	J	—	J	—
数控线切割机床	J	—	J	—

（续）

机床种类	坐标方向			
	X	Y	Z	W
	（纵向）	（升降）	（横向）	（刀杆、镗杆）
数控钻床	B	P	B	—
数控铣床	B	B	B	—
数控镗床	J	J	J	—
数控坐标镗床	J、C	J、C	J、C	J
加工中心	J、C	J、C	J、C	B
坐标镗床、螺纹磨床	J、C	J、C	J、C	—

3.2.4 滚珠丝杠螺母副的结构类型

滚珠丝杠螺母副的结构类型，表示了其不同的结构，见表3-10。滚珠丝杠螺母副的圈数和列数见表3-11。

表3-10 滚珠丝杠螺母副的结构类型代号

结构类型代号	意　义
W	外循环单螺母式滚轴丝杠螺母副
C	外循环插管型的单螺母式滚轴丝杠螺母副
W1	外循环不带衬套的单螺母式滚轴丝杠螺母副
W1CH	外循环不带衬套齿差调隙式的双螺母式滚轴丝杠螺母副
W1D	外循环不带衬套垫片调隙式的双螺母式滚轴丝杠螺母副
W1L	外循环不带衬套螺纹调隙式的双螺母式滚轴丝杠螺母副
CCH	插管型齿差调隙式的双螺母式滚轴丝杠螺母副
CD	插管型垫片调隙式的双螺母式滚轴丝杠螺母副
CL	插管型螺纹调隙式的双螺母式滚轴丝杠螺母副
WCH	外循环齿差调隙式的双螺母式滚轴丝杠螺母副
WD	外循环垫片调隙式的双螺母式滚轴丝杠螺母副
N	内循环单螺母式滚轴丝杠螺母副
NCH	内循环齿差调隙式的双螺母式滚轴丝杠螺母副
ND	内循环垫片调隙式的双螺母式滚轴丝杠螺母副
NL	内循环螺纹调隙式的双螺母式滚轴丝杠螺母副

表3-11　滚珠丝杠螺母副的圈数和列数

循环方式	单螺母	双螺母
外循环	2.5圈×1列	2.5圈×1列
	2.5圈×2列	—
	2.5圈×1列	3.5圈×1列
内循环	—	1圈×2列
	1圈×3列	1圈×3列
	1圈×4列	1圈×4列

例如，WD3005—3.5×1/B左—900×1000，表示外循环垫片调隙式的双螺母滚珠丝杠螺母副，公称直径为30mm，螺距为5mm，一个螺母的工作滚珠为3.5圈，单列B级精度，左旋，丝杠的螺纹部分长度为900mm，丝杠总长度为1000mm；又如，NCh5006—1×3/J—1300×1500，表示内循环齿差调隙式双螺母滚珠丝杠螺母副，公称直径为50mm，螺距为6mm，一个螺母的工作滚珠为1圈3列，J级精度，右旋，丝杠的螺纹部分长度为1300mm，丝杠总长度为1500mm。

3.2.5　滚珠丝杠螺母副的尺寸系列

滚珠丝杠螺母副的尺寸系列主要是指公称直径和导程，国际标准化组织(ISO)对滚珠丝杠螺母副的公称直径和导程都进行了规定，见表3-12。

表3-12　滚珠丝杠螺母副的尺寸系列　　单位：mm

名称	尺寸系列	备注
公称直径	6，8，10，12，16，20，25，32，40，50，63，80，100，120，125，160，200	—
导程	1，2，2.5，3，4，5，6，8，10，12，16，20，25，32，40	尽量选用2.5、5、10、20、40

3.2.6　滚珠丝杠螺母副支承方式及制动装置的选择

为了满足数控机床进给系统高精度、高刚度的需要，必须充分重视支承的设计。应注意选用轴向刚度高、摩擦力矩小、运转精度高的轴承，同时选用合适的支承方式，并保证支承座有足够的刚度。

1. 滚珠丝杠螺母副支承方式的选择

支承的作用是限制两端固定轴的轴向窜动。较短的滚珠丝杠或竖直安装的滚珠丝杠，可以一端固定一端自由(无支承)。水平安装的滚珠丝杠较长时，可以一端固定一端游动。用于精密和高精度机床(包括数控机床)的滚珠丝杠副，为了提高滚珠丝杠的拉压刚度，可以两端固定。为了减少滚珠丝杠因自重下垂和补偿热膨胀，两端固定的滚珠丝杠还可以进行预拉伸。

1）单支承形式

（1）双向推力固定（F），可供双向圆锥滚子轴承或两个单向圆锥滚子轴承反向成组使用；可供双向推力角接触球轴承或两个单向推力角接触球轴承反向成组使用；可供双向推力球轴承或两个单向推力球轴承反向成组使用；可用于滚针和推力滚子轴承组合或60°接触角的推力角接触球轴承组合。

（2）轴向游动简支（S），指的是径向有约束，轴向无约束（例如装有深沟球轴承、圆柱滚子轴承）。

（3）单向推力，可用于单向圆锥滚子轴承、单向推力角接触球轴承等。

（4）自由端（O），对轴和径向均无约束。

2）两端支承形式

（1）两端固定（双推-双推，F－F），这种形式轴向刚度最高，预拉伸安装时，必须加载荷较小，轴承寿命较高，适宜高速、高刚度、高精度的工作条件。这种形式结构复杂，工艺困难，成本最高。

（2）一端固定、一端游动（双推-简支，F－S），这种形式轴向刚度不高，与螺母位置有关，双推端可预拉伸安装，适宜中速、精度较高的长丝杠。

（3）两端均为单向推力（单推-单推，J－J），这种形式轴向刚度较高，预拉伸安装时，必须加载荷较大，轴承寿命比采用双推-双推形式的低，适宜中速、精度高，并可用双推-单推组合。

（4）一端固定、一端自由（双推-自由，F－O），这种形式轴向刚度低，双推端可预拉伸安装，适宜中小载荷与低速，更适宜竖直安装，短丝杠。

2. 制动装置的选择

由于滚珠丝杠副的传动效率高，又无自锁能力，为了防止当传动停止或者电机断电后，由于部件重量等原因而产生逆转动，需要安装制动装置以满足其传动要求。

小知识：防止滚珠丝杠副的逆转动可以采用超越离合器或者不能逆转动的电机，也可以采用不能逆转动的传动装置（如可以自锁的蜗杆传动）、电磁或液压制动器等措施。

图3.14为典型的单向超越离合器结构简图。当星形轮有顺时针转动的趋势（即逆转）时，若在外环上施加一个适当的阻力矩使其大于逆转力矩，即可防止与内环装在一起的滚珠丝杠沿顺时针方向逆转。

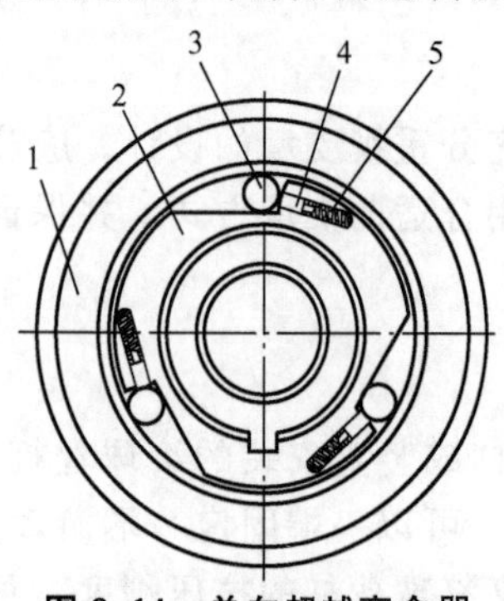

图3.14　单向超越离合器

1—套筒；2—星轮；3—滚柱；4—弹簧顶杆；5—弹簧

图3.15为防止滚珠丝杠双向逆转的结构。图中G表示作用于滚珠丝杠螺母上的重力，G'表示作用在螺母上的平衡力。当$G-G'>0$时，则摩擦片3和单向离合器5就起制动作用，从而防止滚珠螺母往下移动；当$G-G'<0$时，摩擦片4和单向离合器6就起制动作用，从而防止滚珠螺母向上移动。

图3.16为卧式镗铣床主轴箱采用电磁离合器制动装置示意图。当机床工作时，电磁铁线圈4通电吸住弹簧3，打开电磁离合器5，此时步进电机1接收指令脉冲，将旋转运动通过减速齿轮2传动、滚珠丝杠6旋转，转换为主轴箱7的垂直方向的移动。当步进电机1停止转动时，电磁铁线圈也同时断电，在弹簧3的作用下电磁离合器5被压紧，使滚珠

丝杠不能自由转动，则主轴箱就不会因自重而下滑。

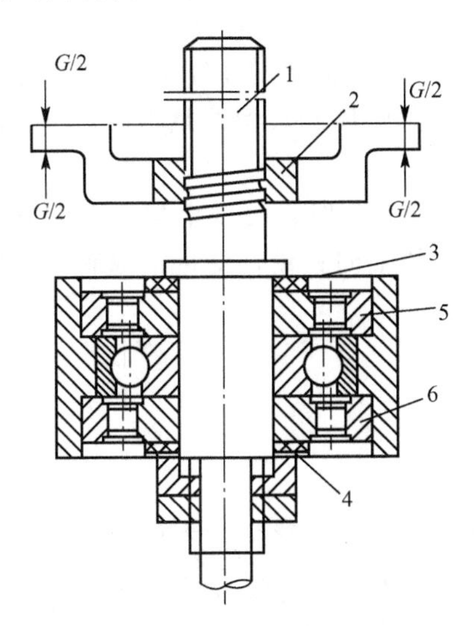

图 3.15　防止滚珠丝杠双向逆转结构

1—滚珠丝杠；2—螺母；3，4—摩擦片；
5，6—单向离合器

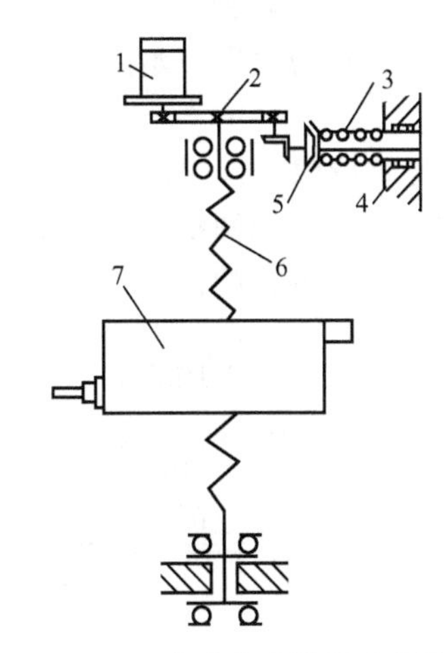

图 3.16　电磁离合器制动装置

1—步进电机；2—减速齿轮；3—弹簧；
4—电磁铁线圈；5—电磁离合器；
6—滚珠丝杠；7—主轴箱

3. 润滑和密封

1) 润滑

润滑剂可提高滚珠丝杠副的耐磨性和传动效率。润滑剂分为润滑油、润滑脂两大类。润滑油为一般全损耗系统用油或 90－180 号透平油或 140 号主轴油，可通过螺母上的油孔将其注入螺纹滚道，润滑脂可采用锂基油脂，它加在螺纹滚道和安装螺母的壳体空间内。

2) 密封

滚珠丝杠副在使用时常采用一些密封装置进行防护。为防止杂质和水进入丝杠(这些会增加摩擦或造成损坏)，对于预计会带进杂质之处使用波纹管或伸缩罩，以完全盖住丝杠轴。对于螺母，应在其两端进行密封。密封防护材料必须具有防腐蚀和耐油性能。

3.2.7　滚珠丝杠螺母副预紧方式的选择与预紧力确定

1. 滚珠丝杠螺母副消除间隙的方法

为了保证滚珠丝杠反向传动精度和轴向刚度，必须消除滚珠丝杠螺母副的轴向间隙。目前，常采用双螺母消除间隙方法和单螺母消除间隙方法。

1) 双螺母消除间隙方法

双螺母消除间隙方法是利用两个螺母的相对轴向位移，使两个滚珠螺母中的滚珠分别贴紧在螺旋滚道的两个相反的侧面上，以消除轴向间隙。采用双螺母消除间隙方法并对滚珠丝杠螺母副预紧时，应注意预紧力不宜过大。

小提示： 预紧力过大会使空载力矩增大，从而降低传动效率，缩短使用寿命。

目前常用的双螺母消除间隙方法有以下三种。

(1) 垫片调隙式：如图 3.17 所示，修磨垫片厚度，使两螺母的轴向距离改变。根据垫片厚度不同分成两种形式，当垫片厚度较厚时即产生“预拉应力”，而当垫片厚度较薄时即产生“预压应力”以消除轴向间隙。后者垫片预紧刚度高，但调整不便，不能随时调隙预紧。

(2) 螺纹调隙式：如图 3.18 所示，螺母 1 的外端有凸缘，另一个螺母 7 的外端有螺纹。调整时只要转动圆螺母 6，可使螺母 7 产生向右的轴向移动，即可消除轴向间隙，并达到产生预紧力的目的。

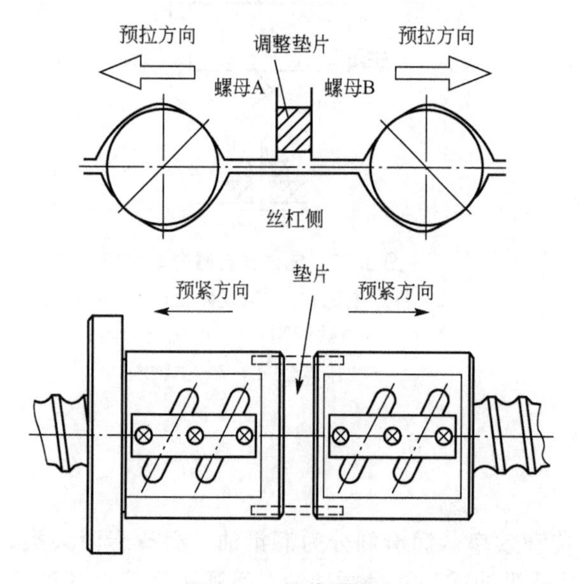

图 3.17　垫片调隙式

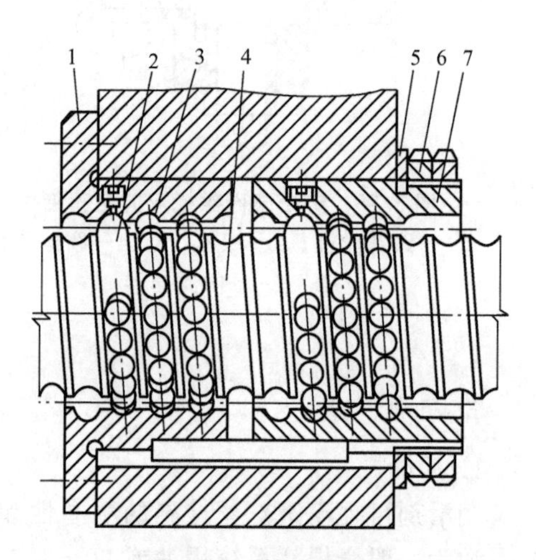

图 3.18　螺纹调隙式

1、7—螺母；2—反向反向器；3—钢球；4—丝杠；5—垫圈；6—圆螺母

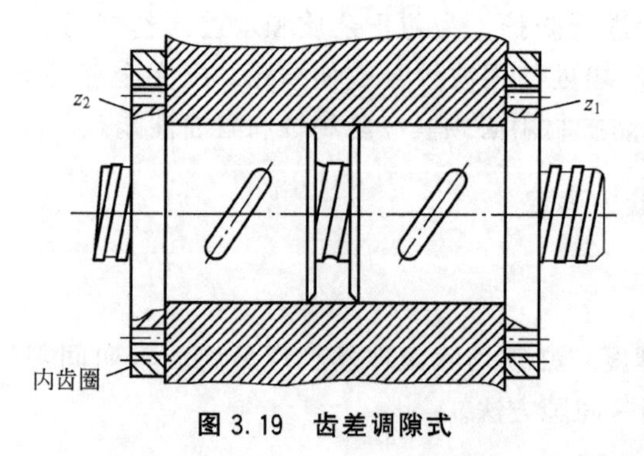

图 3.19　齿差调隙式

(3) 齿差调隙式：如图 3.19 所示，在两个螺母的凸缘上各制有圆柱外齿轮。分别与固定在套筒两端的内齿圈相啮合，该内齿圈的齿数分别为 z_1 和 z_2，并相差一个齿。调整时，先取下内齿圈。让两个螺母相对套筒同方向都转动一个齿，然后再插入内齿圈。此时，两个螺母便产生相对角位移(因为 $z_1 \neq z_2$，当两个螺母相对套筒同方向都转动一个齿时，转过的角位移不相等，所以两个螺母便产生相对角位移)。其轴向位移量可以由下式求出：

$$s=\left(\frac{1}{z_1}-\frac{1}{z_2}\right)L_0 \qquad (3-9)$$

式中：s——两螺母的相对位移量；

z_1、z_2——两个螺母凸缘上的圆柱外齿轮的齿数；

L_0——滚珠丝杠的基本导程。

由此可见，这种调整方法可以精确调整预紧量，而且调整方便、可靠，但结构尺寸较复杂，多用于高精度的传动中。

2）单螺母消除间隙方法

目前常用的单螺母消除间隙方法主要是单螺母变位螺距预加载荷和单螺母螺钉预紧。

（1）单螺母变位螺距预加载荷，如图3.20所示。它是在滚珠螺母体内的两列循环滚珠链之间，使内螺母滚道在轴向产生一个 ΔL_0 的导程突变量，从而使两列滚珠在轴向错位而实现预紧。这种调隙方法结构简单，但载荷量须预先设定而且不能改变。

（2）单螺母螺钉预紧，如图3.21所示。该螺母在专业厂完成精磨之后，沿径向开一个薄槽，通过内六角螺钉实现间隙调整和预紧。该项技术不仅使开槽后滚珠在螺母中具有良好的通过性，而且还具有结构简单、调整方便和性价比高的特点。

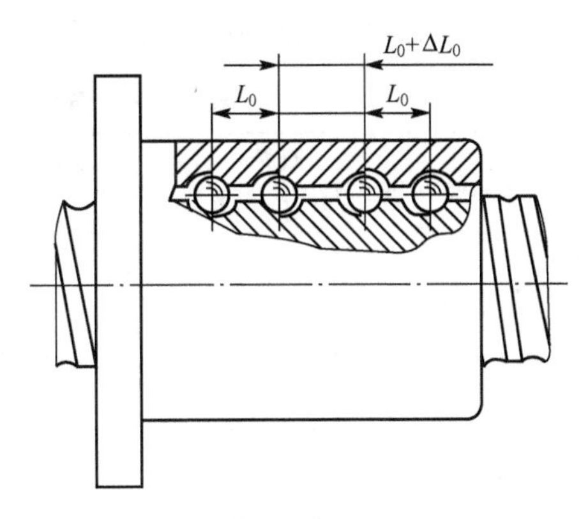

图3.20　单螺母变位螺距预加载荷

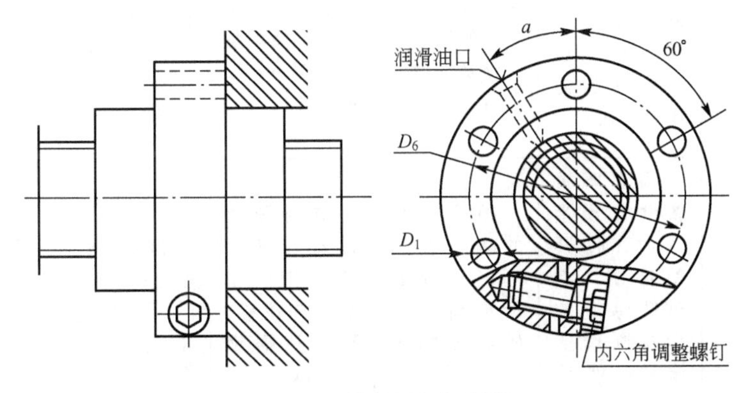

图3.21　单螺母螺钉预紧

2. 滚珠丝杠螺母副的预紧力的确定

为了保证滚珠丝杠螺母副的传动精度和刚度，必须对滚珠丝杠螺母副实施预紧措施。

小提示： 预紧的目的有两个：一是消除轴向间隙，二是为了提高轴向刚度。

目前常采用以下两种方法来确定预紧力 F_p 的大小。

（1）根据最大轴向工作载荷 F_{amax} 来确定：

$$F_p=\frac{1}{3}F_{amax} \tag{3-10}$$

（2）根据额定动载荷来确定：

$$F_p=\xi C_a \tag{3-11}$$

式中：ξ——额定动载荷系数，其值根据表3-13选取；

C_a——额定动载荷，可在样本上查取。

表3-13　额定动载荷系数

预加载荷类型	轻载荷	中载荷	重载荷
ξ	0.05	0.075	0.1

3. 滚珠丝杠螺母副的预紧方式及其特点

滚珠丝杠螺母副的预紧方式及其特点见表3-14。

表3-14　滚珠丝杠螺母副的预紧方式及其特点

预加载荷方式	双螺母齿差预紧	双螺母垫片预紧	双螺母螺纹预紧	单螺母导程自预紧	单螺母导钢珠过盈预紧
JB/T 3162.1—1911（行业标准代号）	C	D	L	B	Z
螺母受力方式	拉伸式	拉伸式 压缩式	拉伸式(外) 压缩式(内)	拉伸式(+ΔL) 压缩式(−ΔL)	—
结构特点	可以实现0.222mm以下的精密微调，预紧可靠不会松弛，调整预紧力比较方便	结构简单，刚度高，预紧可靠及不易松弛，使用中不方便随时调整预紧力	预紧力调整方便，使用中可以随时调整，不能定量微调螺母，轴向尺寸长	结构最简单，尺寸最紧凑，避免了双螺母形位误差的影响，使用中不能随时调整	结构简单，尺寸紧凑，不需要任何附加预紧结构，预紧力大时，装配困难，使用中不能随时调整
调整方法	当需要重新调整预紧力时，脱开差齿圈，相对螺母上的齿在圆周上错位，然后复位	改变垫片的厚度尺寸，可以使双螺母重新获得所需要的预紧力	旋转预紧螺母，使双螺母产生相对轴向位移，预紧后需锁紧螺母	调整载荷产生一个ΔL的导程变化量	拆下滚珠螺母，精确测量原装钢球直径，然后根据预紧力需要重新更换装入比原来大若干微米的钢球
适用场合	要求获得准确预紧力的紧密定位系统	高刚度，重载荷的传动定位系统，目前使用较普遍	不要求得到正确的预紧力，但希望随时可以调节预紧力大小的场合	中等载荷，对预紧力要求不大，又不经常调整预紧力的场合	—
备注	—	—	—	我国目前刚开始发展的结构	双圆弧齿形钢球四点接触，摩擦力矩较大

3.2.8　滚珠丝杠螺母副支承所用的轴承规格与型号

1. 确定滚珠丝杠副支承所用的轴承规格与型号的步骤

一般来讲，滚珠丝杠的支承方式、预紧方式以及是否采用预拉伸确定以后，确定滚珠丝杠副支承所用的轴承规格与型号是十分必要的。具体步骤如下所述。

(1) 计算轴承所受的最大轴向载荷 F_{Bmax}，有预拉伸的滚珠丝杠副应考虑到预拉伸力 F_p 的影响，可按下式计算：

$$F_{Bmax}=\frac{1}{2}F_{amax}+F_p \quad (N) \tag{3-12}$$

式中：F_{Bmax}——轴承承受的最大轴向负载力，N。

(2) 根据滚珠丝杠副支承要求选择轴承型号。

(3) 确定轴承内径。为了便于丝杠加工，轴承内径最好不大于滚珠丝杠的底径 d_2。其次，轴承样本上规定的预紧力应大于轴承所受最大轴向载荷 F_{Bmax}的 1/3。

(4) 有关轴承的其他验算项目可以查轴承样本。

2. 滚珠丝杠螺母副所用轴承的选择

由于滚珠丝杠轴承所受载荷主要是轴向载荷，径向除丝杠的自重外，一般无外载荷。因此，对滚珠丝杠轴承的要求是轴向精度和轴向刚度要高。另外，丝杠转速一般不会很高，或高速运转的时间很短，因此发热不是主要问题。

小提示： 机电一体化设备进给系统要求运动灵活，对微小的位移(丝杠微小的转角)要响应灵敏。因此所用轴承的摩擦力矩要尽量低。

滚珠丝杠所用轴承的类型根据滚珠丝杠螺母副支承方式的不同而不同。一般情况下，游动轴承多用深沟球轴承，固定轴承可以选 60°接触角推力角接触球轴承；也可以选双向推力角接触球轴承；或是圆锥滚子轴承；滚针轴承和推力滚子轴承的组合；深沟球轴承和推力球轴承的组合等。表 3－15 是这些轴承的特点比较。

表 3－15　各类滚动轴承特点比较

滚动轴承类型	轴向刚度	轴承安装	预载调整	摩擦力矩
60°触角推力角接触球轴承	大	简单	不需要	小
双向推力角接触球轴承	中	简单	不需要	小
圆锥滚子轴承	小	简单	如内圈之间有隔圈，则不需调整	大
滚针和推力滚子组合轴承	特大	简单	不需要	特大
深沟球轴承和推力球轴承的组合	大	复杂	麻烦	小

目前，在以上各类轴承中用得最多的是 60°接触角推力角接触球轴承，其次是表 3－15 中所列举的滚针和推力滚子组合轴承。后者多用于大牵引力、要求高刚度的大型、重型机床。

3.2.9　滚珠丝杠螺母副的动载荷计算与直径估算

1. 确定滚珠丝杠的导程 L_0

滚珠丝杠的导程 L_0 的计算公式为

$$L_0=\frac{v_{max}}{i n_{max}} \quad (mm) \tag{3-13}$$

式中：v_{max}——移动部件的最高移动速度(mm/min)；

i——传动比，当滚珠丝杠与电机直接连接时 $i=1$；

n_{max}——电机的最高转速(r/min)。

2. 滚珠丝杠的当量载荷 F_m 与当量转速 n_m 的计算

数控机床上使用的滚珠丝杠，应该是在变动转速和变动载荷的条件下工作，因此，在进行滚珠丝杠寿命计算时，必须将滚珠丝杠的变动转速和变动载荷折算成当量转速 n_m 和当量载荷 F_m。假设滚珠丝杠副在 n_1，n_2，n_3，…，n_n 各种转速下工作，各种转速的工作时间占总时间的百分比分别为 $q_1\%$，$q_2\%$，…，$q_n\%$，所受载荷为 F_1，F_2，…，F_n，则

$$n_m=\frac{q_1}{100}n_1+\frac{q_2}{100}n_2+\cdots+\frac{q_n}{100}n_n \quad (\text{r/min}) \tag{3-14}$$

$$F_m=\left(F_1^3\frac{n_1}{n_m}\frac{q_1}{100}+F_2^3\frac{n_2}{n_m}\frac{q_2}{100}+\cdots+F_n^3\frac{n_n}{n_m}\frac{q_n}{100}\right)^{\frac{1}{3}} \quad (\text{N}) \tag{3-15}$$

当载荷与转速接近正比变化，各种转速使用机会均等时，可采用下列公式计算：

$$n_m=\frac{n_{max}+n_{min}}{2} \tag{3-16}$$

$$F_m=\frac{2F_{amax}+F_{amin}}{3} \tag{3-17}$$

式中：F_{amin}——机床空载时滚珠丝杠所受的轴向力(此时的轴向力最小，N)；

F_{amax}——机床切削时滚珠丝杠所受的轴向力(此时的轴向力最大，N)；

n_{max}——滚珠丝杠的最高转速(r/min)；

n_{min}——滚珠丝杠的最低转速(r/min)。在进行滚珠丝杠初选时，必须了解各种切削方式下轴向负载力、进给速度的大小以及各种转速的时间占总时间的百分比，目的是计算当量转速 n_m 和当量载荷 F_m 的大小。

一般情况下，计算滚珠丝杠的当量转速 n_m 和当量载荷 F_m 时，只取滚珠丝杠的最大、最小轴向载荷 F_{amax}、F_{amin}，粗加工和精加工时的轴向载荷 F_2、F_3 以及相应的转速 n_2、n_3 (表 3-16)。

表 3-16　滚珠丝杠在各种切削方式下轴向载荷、进给速度以及时间比例的数值

切削方式	轴向载荷/N	进给速度/(m·min^{-1})	时间比例(%)
强力切削	$F_1=F_{amax}$	$n_1=0.6$	10
一般切削(粗加工)	F_2	$n_2=0.8$	30
精细切削(精加工)	F_3	$n_3=1$	50
快移和钻镗定位	$F_4=F_{amax}$	$n_4=n_{max}$	10

3. 确定预期的额定动载荷 C_{am}

确定预期的额定动载荷 C_{am}的方法有以下三种。

1) 根据滚珠丝杠螺母副的预期工作时间 L_h(h)计算：

$$C_{am}=\sqrt[3]{60n_mL_h}\frac{F_mf_w}{100f_nf_c} \quad (\text{N}) \tag{3-18}$$

式中：n_m——滚珠丝杠的当量转速(r/min)；

L_h——数控机床的预期工作时间(h)，查表 3-17；

F_m——滚珠丝杠的当量载荷(N)；

f_w——载荷性质系数，根据载荷性质查表 3-18；

f_n——精度系数，根据初步的精度等级查表 3-19；

f_c——可靠性系数，查表 3-20，一般情况下取 $f_c=1$。

表 3-17　各类机械预期工作时间 L_h

机械类型	工作时间/h	备注
普通机械	5000～10000	—
普通机床	10000～15000	—
数控机床	20000	L_h=250(天)×16(小时)×10(年)×0.5(开机率)=20000h
精密机床	20000	
测试机械	15000	—
航空机械	1000	—

表 3-18　载荷性质系数 f_w

载荷性质	无冲击(很平稳)	轻微冲击	伴有冲击或振动
f_w	1～1.2	1.2～1.5	1.5～2

表 3-19　精度系数 f_n

精度等级	1、2、3	4、5	7	10
f_n	1	0.9	0.8	0.7

表 3-20　可靠性系数 f_c

可靠性(%)	90	95	96	97	98	99
f_c	1	0.62	0.53	0.44	0.33	0.21

2) 根据滚珠丝杠螺母副的预期运行距离 L_s(km)计算：

$$C_{am}=\frac{F_m f_w}{f_n f_c}\sqrt[3]{\frac{L_s}{L_0}} \tag{3-19}$$

式中：L_s——数控机床的预期运行距离(km)；

L_0——滚珠丝杠螺母副的基本导程(mm)。

3) 对于有预加载荷的滚珠丝杠螺母副，需要根据最大轴向载荷 F_{amax} 计算：

$$C_{am}=f_e F_{amax} \quad (N) \tag{3-20}$$

式中：f_e——预加载荷系数，按表 3-21 选取。将以上三种计算结果中的较大值作为滚珠丝杠螺母副预期的额定动载荷 C_{am}。

表 3-21　预加载荷系数 f_e

预加载荷类型	轻预载	中预载	重预载
f_e	6.7	4.5	3.4

4. 根据位置精度要求确定滚珠丝杠螺母副允许的最小螺纹底径

1）估算滚珠丝杠螺母副允许的最大轴向变形量 δ_{max}

在进给传动系统中，当移动部件处于不同的位置时，系统的刚度 K 是不同的。最小处的刚度用 K_{min} 表示。当滚珠丝杠螺母副轴向有工作载荷 F 作用时，传动系统中便产生轴向弹性变形 δ，并且 $\delta=F/K$，从而影响了系统的传动精度。而在最小刚度 K_{min} 处，系统具有最大的弹性变形量 δ_{max}。

由于进给传动系统的定位精度和重复定位精度是在空载时检测的，此时作用在滚珠丝杠螺母副上的轴向载荷是由移动部件的重量产生的摩擦力 F_0 引起的。当移动部件在传动系统的最小刚度 K_{min} 处启动和返回时，由于 F_0 方向的变化，系统将分别在两个不同的方向上产生弹性变形量 δ_{max}，其总误差(该误差又称为系统的死区误差)为

$$\Delta=2\delta_{max}=\frac{2F_0}{K_{min}}\quad(\mu m) \tag{3-21}$$

该误差是影响进给传动系统重复定位精度最主要的因素，一般占重复定位精度的1/3～1/2。所以，在初选滚珠丝杠时，从重复定位精度的角度考虑，规定滚珠丝杠螺母副允许的最大轴向变形量 δ_{max} 必须满足下式：

$$\delta_{max}=(1/3\sim1/2)\text{重复定位精度}\quad(\mu m) \tag{3-22}$$

小知识：影响定位精度最主要的因素是滚珠丝杠螺母副的螺距误差、滚珠丝杠本身的弹性变形(因为这种变形是随滚珠丝杠螺母在滚珠丝杠上的不同位置而变化的)和滚珠丝杠螺母副所受摩擦力矩的变化(因为该变化影响系统的死区误差)。

所以，在初选滚珠丝杠时，从定位精度的角度考虑，规定滚珠丝杠螺母副允许的最大轴向变形量 δ_{max} 必须满足下式：

$$\delta_{max}=(1/5\sim1/4)\text{定位精度}\quad(\mu m) \tag{3-23}$$

根据式(3-22)和式(3-23)分别计算 δ_{max}，取两者中较小值为估算滚珠丝杠螺母副允许的最大轴向变形量 δ_{max}(mm)。

2）估算滚珠丝杠螺母副螺纹的底径 d_{2m}

滚珠丝杠螺母副的螺纹底径估算是根据滚珠丝杠螺母副的支承方式进行的。对于不同的支承方式，其计算方法不同。

(1) 当滚珠丝杠螺母副的安装方式为一端固定，一端自由或游动时，有

$$d_{2m}\geqslant2\times10\times\sqrt{\frac{10F_0L}{\pi\delta_{max}E}}=0.078\sqrt{\frac{F_0L}{\delta_{max}}}\quad(mm) \tag{3-24}$$

式中：E——弹性模量(MPa)，一般滚珠丝杠取 $E=2.1\times10^5$ MPa；

δ_{max}——估算的滚珠丝杠螺母副允许的最大轴向变形量；

F_0——导轨的静摩擦力(N)，$F_0=\mu_0W$，其中，μ_0 为静摩擦系数，W 为移动部件的总重量(N)；

L——滚珠丝杠螺母至丝杠固定端支承的最大距离(mm)，L=行程+安全行程+余程+螺母长度+支承长度≈(1.2～1.4)行程+(25～30)L_0。

(2) 当滚珠丝杠螺母副的安装方式为两端支承或两端固定时，有

$$d_{2m} \geqslant 10 \times \sqrt{\frac{10F_0L}{\pi\delta_{max}E}} = 0.039\sqrt{\frac{F_0L}{\delta_{max}}} \quad (mm) \tag{3-25}$$

式中：L——滚珠丝杠螺母副的两个固定支承之间的距离(mm)，L=行程+安全行程+2×余程+螺母长度+支承长度≈(1.2～1.4)行程+(25～30)L_0。

5. 滚珠丝杠螺母副螺纹底径 d_{2m} 应满足的基本条件

根据上述已经计算出的基本导程 L_0、预期额定动载荷 C_{am} 和滚珠丝杠的螺纹底径 d_{2m}，应使

$$d_2 \geqslant d_{2m}, \quad C_a \geqslant C_{am} \tag{3-26}$$

小提示： 在这里应该注意，并非 d_2 越大越好。d_2 太大，会使滚珠丝杠螺母副的转动惯量偏大，结构尺寸也偏大。

3.2.10 滚珠丝杠螺母副的承载能力校验

1. 滚珠丝杠螺母副临界压缩载荷 F_c 的校验

本校验的目的是验算滚珠丝杠承受压缩载荷 F_c 时的稳定性，可按以下公式计算：

$$F_c = K_1K_2\frac{d_2^4}{L_1^2} \times 10^5 \geqslant F_{amax} \quad (N) \tag{3-27}$$

式中：d_2——滚珠丝杠螺母副的螺纹底径(mm)，取样本数据；

L_1——滚珠丝杠螺母副的最大受压长度(mm)，见表 3-22；

F_{amax}——滚珠丝杠螺母副承受的最大轴向压缩载荷(N)；

K_1——安全系数，丝杠垂直安装时取 $K_1=1/2$，丝杠水平安装时取 $K_1=1/3$；

K_2——安全系数，与支承方式有关，见表 3-22。

2. 滚珠丝杠螺母副临界转速 n_c 的校验

滚珠丝杠螺母副转动时不产生共振的最高转速称为临界转速 n_c。对于数控机床来说，滚珠丝杠螺母副的最高转速是指快速移动时的转速。因此，只要此时的转速不超过临界转速就可以了。

小提示： 为安全起见，一般滚珠丝杠螺母副的最高转速应低于临界转速。

临界转速 n_c 按以下公式计算：

$$n_c = K_1\frac{60\lambda^2}{2\pi L_2^2}\sqrt{\frac{EI}{\rho A}} \quad (r/min) \tag{3-28}$$

式中：L_2——临界转速的计算长度(mm)，见表 3-22；

E——滚珠丝杠弹性模量(MPa)，一般取 $E=2.1\times10^5$ MPa；

ρ——滚珠丝杠密度(g/mm³)，一般取 $\rho=\frac{1}{g}\times7.8\times10^{-5}$ N/mm³；

g——重力加速度($\mathrm{mm/s^2}$)，$g=9.8\times10^3\mathrm{mm/s^2}$；

I——滚珠丝杠的最小惯性矩($\mathrm{mm^4}$)，一般取 $I=\frac{\pi}{64}d_2^4$；

A——滚珠丝杠的最小截面积($\mathrm{mm^2}$)，一般取 $A=\frac{\pi}{4}d_2^2$；

K_1——安全系数，取 $K_1=0.8$；

λ——与支承方式有关的系数，见表 3－22。

表 3－22　与支承方式有关的系数

支承方式	简　图	K_2	λ	f
一端固定 一端自由 (F－O)	支承间距离L_2(临界转速) 轴向载荷 支承间距离L_1(压曲载荷)	0.25	1.875	3.4
一端固定 一端游动 (F－S)	支承间距离L_2(临界转速) 支承间距离L_1(压曲载荷) 轴向载荷	2	3.927	15.1
两端固定 (F－F)	支承间距离L_2(临界转速) 支承间距离L_1(压曲载荷) 轴向载荷	4	4.73	21.9

3. 滚珠丝杠螺母副额定寿命的校验

滚珠丝杠螺母副的寿命，主要是指疲劳寿命。它是指一批尺寸、规格、精度相同的滚珠丝杠螺母副在相同的条件下回转时，其中90％不发生疲劳剥落的情况下运转的总转数。滚珠丝杠螺母副的疲劳寿命 L 和时间寿命 L_h 按以下公式计算：

$$L=\left(\frac{C_a}{F_a f_w}\right)^3\times10^6\quad(\mathrm{r})\tag{3-29}$$

$$L_h=\frac{L}{60n}\quad(\mathrm{h})\tag{3-30}$$

式中：C_a——额定动载荷(N)；

F_a——轴向载荷(N)；

n——滚珠丝杠螺母副转速(r/min)；

f_w——运转条件系数。无冲击平稳运转时，取 1.0～1.2；一般运转时，取 1.2～

1.5；有冲击振动运转时，取 1.5～3.0。考虑到数控机床的轴向载荷 F_a 是变化的，而且时间分配也不明确这一情况，F_a 和 n 可取轴向平均载荷 F_m 和平均转速 n_m，即

$$F_a=F_m=\frac{2F_{amax}+F_{amin}}{3}\quad(N) \tag{3-31}$$

$$n=n_m=\frac{n_{max}+n_{min}}{2}\quad(r/min) \tag{3-32}$$

式中：F_{amax}、F_{amin}——滚珠丝杠螺母副的最大轴向载荷(即在切削状态下，各坐标轴的轴向负载力)、最小轴向载荷(即在空载状态下，各坐标轴的轴向负载力)，单位为 N。一般来讲，在设计数控机床时，应保证其总时间寿命 $L_h \geqslant 20000h$。如果不能满足这一条件，并且滚珠丝杠螺母副的轴向载荷 F_a 又不能减小，则只有选取直径较大，即额定动载荷 C_a 较大的滚珠丝杠，以保证 $L_h \geqslant 20000h$。

3.2.11　滚珠丝杠螺母副的刚度计算

1. 进给传动系统的综合拉压刚度的计算

在进给传动系统中，进给传动系统的综合拉压刚度 K 在机床执行部件的行程范围内是变化的，其变化产生的弹性变形是影响系统定位精度的主要原因。K 的大小与多种因素有关，按照影响程度的大小排列如下：滚珠丝杠螺母副的拉压刚度 K_s、滚珠丝杠螺母副支承轴承的刚度 K_b、滚珠与滚道的接触刚度 K_c、折合到丝杠轴上的伺服刚度 K_R、联轴节刚度 K_t、丝杠的扭转刚度 K_ϕ、丝杠螺母座与轴承座的刚度 K_h。但是，对 K 影响较大的是前三项，其他因素可忽略不计，所以 K 可按下式计算：

$$\frac{1}{K}=\frac{1}{K_s}+\frac{1}{K_b}+\frac{1}{K_c}\quad(N/\mu m) \tag{3-33}$$

2. 滚珠丝杠螺母副的拉压刚度 K_s 的计算

计算滚珠丝杠螺母副的拉压刚度与丝杠的支承方式有关，不同的支承方式，其拉压刚度是不同的。

(1) 丝杠支承方式为一端固定，一端自由或游动时，有

$$K_s=\frac{\pi d_2^2 E}{4a}\times10^{-3}=1.65\times10^2\frac{d_2^2}{a}\quad(N/\mu m) \tag{3-34}$$

式中：E——弹性模量(MPa)，一般 $E=2.1\times10^5$ MPa；

d_2——滚珠丝杠的底径(mm)；

a——滚珠丝杠的螺母中心至固定端支承中心的距离(mm)。当 $a=L_y$，即滚珠丝杠的螺母中心至固定端支承中心的距离最大时，滚珠丝杠螺母副具有最小拉压刚度 K_{smin}：

$$K_{smin}=\frac{\pi d_2^2 E}{4L_y}\times10^{-3}=1.65\times10^2\frac{d_2^2}{L_y}\quad(N/\mu m) \tag{3-35}$$

当 $a=L_j$，即滚珠丝杠的螺母中心至固定端支承中心的距离最小时，滚珠丝杠螺母副具有最大拉压刚度 K_{smax}：

$$K_{smax}=\frac{\pi d_2^2 E}{4L_j}\times10^{-3}=1.65\times10^2\frac{d_2^2}{L_j}\quad(N/\mu m) \tag{3-36}$$

(2) 丝杠支承方式为两端支承或两端固定时，则

$$K_s=\frac{\pi d_2^2 EL_1}{4a(L_1-a)}\times10^{-3}=6.6\times10^2\frac{d_2^2 L_1}{4a(L_1-a)}\quad(\text{N}/\mu\text{m})\qquad(3-37)$$

当 $a=L_1/2$ 时，即滚珠丝杠的螺母中心位于滚珠丝杠两支承距离的中心，此时，滚珠丝杠螺母副具有最小拉压刚度 K_{smin}：

$$K_{smin}=\frac{\pi d_2^2 EL_1}{4a(L_1-a)}\times10^{-3}=6.6\times10^2\frac{d_2^2 L_1}{4\times\frac{1}{2}\times L_1\times\left(L_1-\frac{1}{2}\times L_1\right)}=6.6\times10^2\frac{d_2^2}{L_1}\quad(\text{N}/\mu\text{m})\qquad(3-38)$$

当 $a=L_0$ 时，即滚珠丝杠的螺母中心位于行程的两端，此时，滚珠丝杠螺母副具有最大拉压刚度 K_{smax}：

$$K_{smax}=\frac{\pi d_2^2 EL_1}{4a(L_1-a)}\times10^{-3}=6.6\times10^2\frac{d_2^2 L_1}{4L_0(L_1-L_0)}\quad(\text{N}/\mu\text{m})\qquad(3-39)$$

3. 滚珠丝杠螺母副支承轴承的刚度 K_b 计算

滚珠丝杠螺母副支承轴承的刚度 K_b 与选用轴承的类型、轴承是否预紧有关，还与滚珠丝杠螺母副支承方式有关。因此，滚珠丝杠螺母副支承轴承的刚度 K_b 分两步进行计算。第一，先根据所选用的轴承类型、轴承是否有预紧，从表 3-23 中选取合适的公式计算出一个未预紧的轴承刚度 K_B 或一对预紧轴承的组合刚度 K_{B0}；第二，再根据滚珠丝杠螺母副的支承方式，从表 3-24 中选取合适的公式，从而得到滚珠丝杠螺母副支承轴承的刚度 K_b。

表 3-23　一个未预紧的轴承 K_B 或一对预紧的轴承的组合刚度 K_{B0} 的计算公式

轴承类型	未预紧 $K_B/(\text{N}\cdot\mu\text{m}^{-1})$	有预紧 $K_{B0}/(\text{N}\cdot\mu\text{m}^{-1})$
角接触球轴承(6000 型)	$2.34\times\sqrt[3]{d_Q Z^2 F_a \sin^5\beta}$	$2\times2.34\times\sqrt[3]{d_Q Z^2 F_{amax}\sin^5\beta}$
圆锥滚子轴承(7000 型)	$7.8\sin^{1.9}\beta L_r^{0.8}Z^{0.9}F_a^{0.1}$	$2\times7.8\sin^{1.9}\beta L_r^{0.8}Z^{0.9}F_{amax}^{0.1}$
推力球轴承(8000 型)	$1.95\times\sqrt[3]{d_Q Z^2 F_a}$	$2\times1.95\times\sqrt[3]{d_Q Z^2 F_{amax}}$
推力圆柱滚子轴承(9000 型)	$7.8\beta L_r^{0.8}Z^{0.9}F_a^{0.1}$	$2\times7.8\beta L_r^{0.8}Z^{0.9}F_{amax}^{0.1}$
备注	1. 表中公式的使用条件：(1)球轴承的预紧力 $F_p=\frac{1}{3}F_{amax}$；(2)滚子轴承的预紧力 $F_p=\frac{1}{2}F_{amax}$； 2. 表中各公式字母的意义：β——轴承接触角(°)；d_Q——滚动体直径(mm)；L_r——滚子的有效长度(mm)；Z——滚动体个数；F_a——工作载荷(N)；F_{amax}——最大轴向工作载荷(N)。	

表 3-24　滚珠丝杠螺母副支承刚度 K_b 的计算公式

滚轴丝杠螺母副支承方式	支承刚度 K_b 的计算公式
一端固定，一端自由	$K_b=K_{B0}$
一端固定，一端游动	固定端预紧时：$K_b=K_{B0}$
两端支承	预紧时：$K_b=K_{B0}$ 未预紧时：$K_b=K_B$
两端固定	固定端预紧时：$K_b=2K_{B0}$

4. 滚珠与滚道的接触刚度 K_c 的计算

滚珠与滚道的接触刚度 K_c 与滚珠丝杠螺母副是否采取预紧措施有关。因此，滚珠与滚道的接触刚度 K_c 在滚珠丝杠螺母副预紧时和不预紧时是不同的。

(1) 滚珠丝杠螺母副不预紧时

$$K_c=K\left(\frac{F_a}{0.3C_a}\right)^{\frac{1}{3}} \quad (\mathrm{N}/\mu\mathrm{m}) \tag{3-40}$$

式中：K——从滚珠丝杠样本上查取的刚度值(N/μm)；

C_a——额定动载荷(N)；

F_a——滚珠丝杠上所承受的轴向工作载荷(N)。

(2) 滚珠丝杠螺母副预紧时

$$K_c=K\left(\frac{F_a}{0.1C_a}\right)^{\frac{1}{3}} \quad (\mathrm{N}/\mu\mathrm{m}) \tag{3-41}$$

5. 滚珠丝杠螺母副的最大、最小综合拉压刚度计算

因为滚珠丝杠螺母副的拉压刚度 K_s 不仅与丝杠的支承方式有关，而且还与滚珠丝杠螺母中心的位置有关。所以，在每种滚珠丝杠的支承方式下，滚珠丝杠螺母副都可以得到最大拉压刚度 K_{smax} 和最小拉压刚度 K_{smin}。相应地，也将得到进给传动系统的最大综合拉压刚度 K_{max} 和最小综合拉压刚度 K_{min}。

$$\frac{1}{K_{max}}=\frac{1}{K_{smax}}+\frac{1}{K_b}+\frac{1}{K_c} \quad (\mathrm{N}/\mu\mathrm{m}) \tag{3-42}$$

$$\frac{1}{K_{min}}=\frac{1}{K_{smin}}+\frac{1}{K_b}+\frac{1}{K_c} \quad (\mathrm{N}/\mu\mathrm{m}) \tag{3-43}$$

6. 滚珠丝杠螺母副的扭转刚度计算

滚珠丝杠螺母副的扭转刚度 K_ϕ 对定位精度的影响较拉压刚度对定位精度的影响要小得多，一般可以忽略。但是，对于细长滚珠丝杠螺母副来说，扭转刚度 K_ϕ 是不可忽略的因素。因为扭转引起的扭转变形会使轴向移动量产生滞后。

(1) 滚珠丝杠螺母副的扭转刚度 K_ϕ 的计算。

$$K_\phi=\frac{\pi d_2^4 G}{32L_2} \quad (\mathrm{N\cdot m/rad}) \tag{3-44}$$

式中：L_2——扭矩作用点之间的距离(cm)，对数控机床使用的滚珠丝杠螺母副来说，是指从丝杠端部装联轴器处到滚珠丝杠螺母的中心之间的距离，此时该距离是丝杠螺母中心位于距离丝杠端部装联轴器处的最远位置；

G——剪切模量(MPa)，一般滚珠丝杠取 $G=8.1\times10^4$ MPa；

d_2——滚珠丝杠的底径(mm)。

(2) 由扭矩引起的滚珠丝杠螺母副的变形量 θ 的计算。

$$\theta=\frac{32TL_2}{\pi d_2^4 G}\times\frac{360}{2\pi}=7.21\times10^{-2}\frac{TL_2}{d_2^4} \quad (^\circ) \tag{3-45}$$

式中：θ——扭转角(°)；

T——丝杆承受的扭矩(N·mm)。

由扭转变形 θ 引起的轴向移动滞后量 δ 可以用下式计算：

$$\delta = L_0 \frac{\theta}{360} \quad (\mathrm{mm}) \tag{3-46}$$

式中：L_0——滚珠丝杠螺母副的基本导程(mm)。

3.4 同步带传动的设计计算与选型

3.4.1 同步带传动的特点与应用

同步带传动属于啮合型带传动，工作时，依靠带的凸齿与带轮齿槽相啮合，来传递运动和动力，同步带与带轮间没有相对滑动，从而使主动轮与从动轮间基本保证无滑差的同步传动。同步带传动的基本结构如图 3.22 所示。同步带传动主要由小带轮、大带轮和同步带通过带齿间的啮合连接而成，同时还有其他的辅件，如张紧带轮等。同步带是一根内周表面具有等间距齿的封闭环行传动带，带轮则具有相应齿的圆轮。

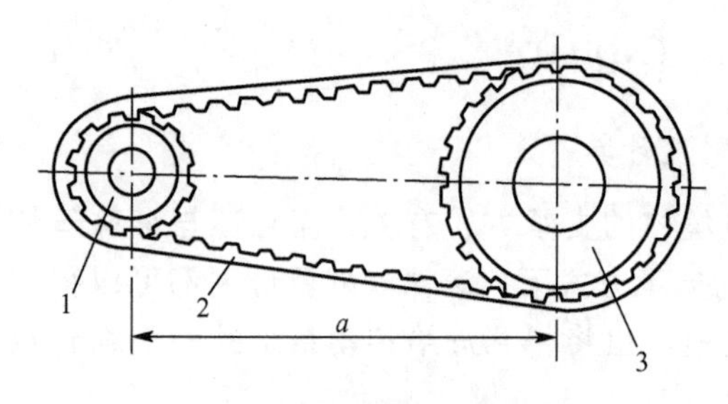

图 3.22 同步带的基本结构

1—小带轮；2—同步带；3—大带轮

同步带传动综合了带传动、链传动和齿轮传动各自的优点，几种常用的机械传动性能比较见表 3-25。

表 3-25 常用机械传动性能比较

性能	同步带	三角带	平皮带	链条	齿轮	同步带传动具有本性能的原因
传动确定，无滑移	好	差	差	好	好	齿带与轮啮合传动，中心骨架保证节距不变，传动基本上不依靠摩擦
瞬时速度均匀，同步性好	好	差	差	差	好	
速比范围	大	大	中	大	中	
允许线速度	高	中	中	低	中	质轻、带薄、柔韧性好、抗拉强度高
传动噪声	小	小	小	大	中	传动接触为橡胶与金属
功率/重量比值	大	中	中	小	中	胶带薄而韧，传动中心距短，同轮直径小，可用塑料及轻金属
传递功率	中	中	中	中	大	受橡胶及中心骨架层强度的限制
效率	98%～99.5%	85%～95%	85%～95%	96%～98%	98%～99%	滑动摩擦损失少
初张紧力	小	大	大	小	—	不依靠摩擦传动，不需要很大初张紧力
轴承压力	小	大	大	小	小	初张紧力小
突然超载及耐冲击性能	中	好	好	差	中	弹性体能吸收冲击

(续)

性能	同步带	三角带	平皮带	链条	齿轮	同步带传动具有本性能的原因
低速时转矩大，不需润滑	好	好	好	差	差	传动接触为橡胶与金属
寿命	长	长	长	中	长	耐磨损
维修	简便	简便	简便	尚方便	不方便	系标准件，更换方便
防污秽和灰尘	好	好	好	中	差	橡胶材料特点
安装误差对传动性能影响	大	中	小	中	大	两轴平行度要求高，必要时可装张紧轮调整

由上述比较可以看出同步带传动具有如下明显的优点：①钢丝绳制成的强力层受载后变形极小，齿形带的周节基本不变，传动准确，工作时无滑动，具有恒定的传动比。②传动平稳，具有缓冲、减振能力，噪声低。③传动效率高，可达0.98，节能效果明显。④结构紧凑，耐磨性好，适宜于多轴传动。⑤不需润滑，无污染，维护保养方便，维护费用低。⑥同步带薄且轻，可用于速度较高的场合，线速度可达50m/s，速比范围大，一般可达10。⑦具有较大的功率传递范围，可达几瓦到几百千瓦。⑧可用于长距离传动，中心距可达10m以上。

当然，同步带也存在着不可避免的缺点：①制造和安装的精度要求较高；②中心距要求严格；③生产制造成本较高。

3.4.2 同步带的主要结构及分类

1. 同步带的材料

同步带主要由橡胶、抗拉体线绳、齿面包布组合而成，其结构如图3.23所示。橡胶使用的主要为氯丁橡胶，有些特殊场合下使用的同步带，则根据使用具体环境条件的要求选用不同的橡胶品种，如氯磺聚乙烯橡胶、氯醇橡胶、乙丙橡胶聚脲弹性体或其并用胶等。抗拉体线绳为同步带的主要强力材质，它一般用高强度和高韧性的钢丝绳、芳纶(芳香族聚酰胺)线绳或玻璃纤维制成。齿面包布一般采用加有氯纶或氨纶的耐磨尼龙布，也叫变形纱。

2. 同步带的主要类型

同步带按用途分，主要有以下四种类型。

(1) 一般工业用同步带，即梯形齿工业同步带。它主要用于中、小功率的同步带传动，如各种仪器、计算机、轻工机械中均采用这种同步带传动。如图3.24所示。

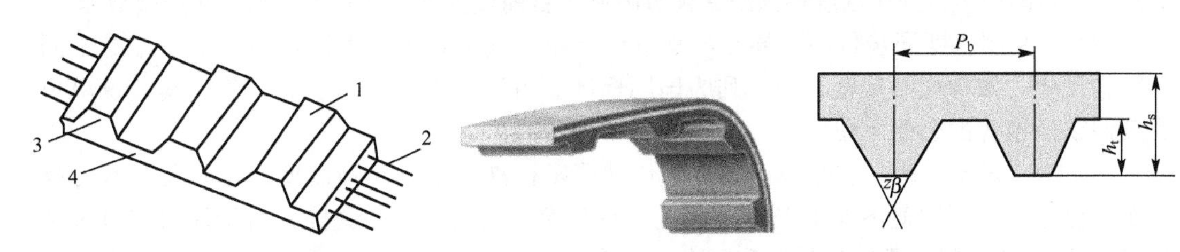

图3.23 同步带结构示意图

1—齿面包布；2—抗拉体线绳；3—带齿胶；4—带背胶

图3.24 梯形齿同步带

小知识：同步带有单面齿和双面齿两种，简称为单面带和双面带。双面带按带齿的排列不同，又可分为DI型(对称齿型)和DII型(交错齿型)，如图3.25所示。

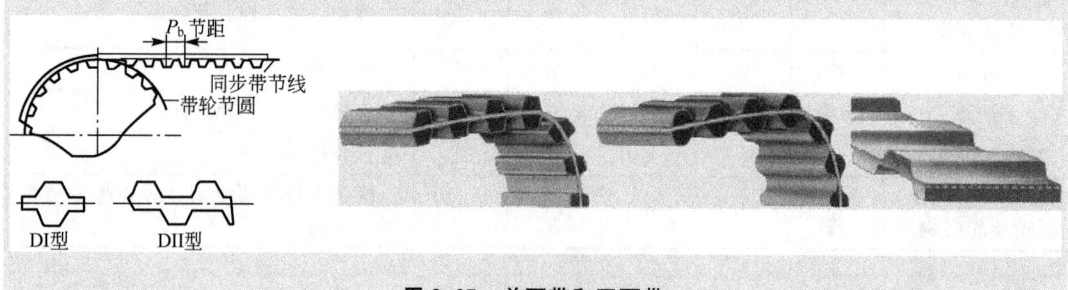

图3.25 单面带和双面带

(2) 高转矩同步带，又称HTD带(High Torque Drive)或STPD带(Super Torque Positive Drive)。由于其齿形呈圆弧状，在我国通称为圆弧齿同步带。它主要用于重型机械的传动中，如运输机械(飞机、汽车)，石油机械和机床，发电机等的传动，如图3.26所示。

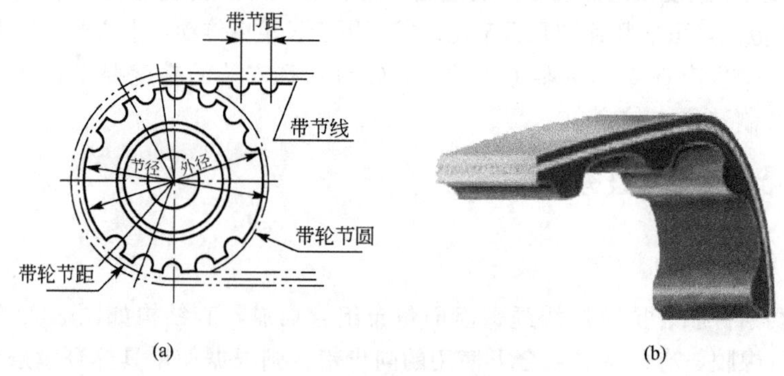

图3.26 圆弧齿同步带

(3) 特种规格同步带，这是根据某种机器特殊需要而采用的特种规格同步带，如工业缝纫机用的、汽车发动机用的同步带传动。

(4) 特殊用途的同步带，即适应特殊工作环境制造的同步带。

同步带按规格制度来分，主要有以下三种类型。

(1) 模数制。同步带主要参数是模数 m(与齿轮相同)，根据不同的模数数值来确定带的型号及结构参数。在20世纪60年代该种规格制度曾应用于日、意、苏等国，后随国际交流的需要，各国同步带规格制度逐渐统一到节距制，目前仅前苏联及东欧各国仍采用模数制。

(2) 节距制。即同步带的主要参数是带齿节距，按节距大小不同，相应带、轮有不同的结构尺寸。该种规格制度目前被列为国际标准。由于节距制来源于英、美，其计量单位为英制或经换算的公制单位。

(3) DIN米制节距。它是德国同步带传动国家标准制定的规格制度。其主要参数为齿节距，但标准节距数值不同于ISO节距制，计量单位为公制。在我国，由于德国进口设备较多，故DIN米制节距同步带在我国有较多应用。

3. 标准同步带的规格

标准梯形齿同步带的型号及齿形尺寸系列见表3-26，梯形齿同步带的节线长度系列和极限偏差见表 3－27。

表 3－26　梯形齿同步带的型号和齿形尺寸系列

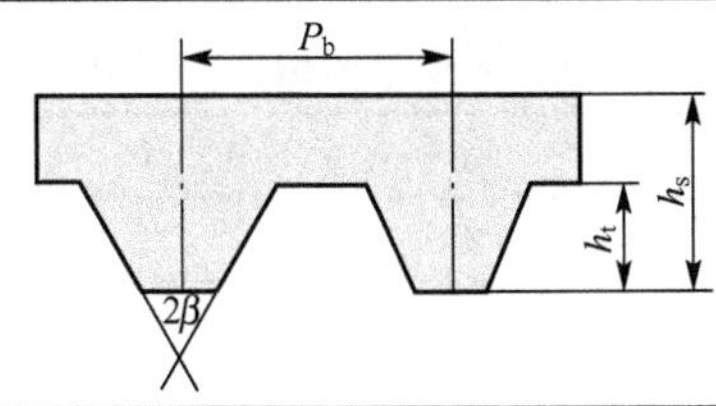

齿型类别	型号	节距 P_b/mm	齿高 h_t/mm	带高 h_s/mm	角度 2β(°)
英制梯形齿	MXL(最轻型)	2.032	0.51	1.14	40
	XXL(超轻型)	3.175	0.76	1.73	50
	XL(特轻型)	5.080	1.27	2.30	50
	L(轻型)	9.525	1.91	3.60	40
	H(重型)	12.70	2.29	4.30	40
	XH(特重型)	22.225	6.35	11.20	40
	XXH(超重型)	31.750	9.53	15.70	40
公制梯形齿	T2.5	2.5	0.7	1.30	40
	T5	5	1.20	2.20	40
	T10	10	2.50	4.50	40
	T20	20	5.00	8.00	40
	AT5	5	1.20	2.70	50
	AT10	10	2.50	5.00	50
	AT20	20	5.00	8.00	50

表 3－27　梯形齿同步带的节线长度系列和极限偏差

规格代号	节线长 L_p/mm		不同带型节线长上的齿数 z													
	基本尺寸	极限偏差	MXL	XXL	XL	L	H	XH	XXH	T2.5	T5	T10	T20	AT5	AT10	AT20
36	91.44	±0.41	45													
40	101.60		50													
44	111.76		55	—												
48	121.92		60	—												
50	128.02		—	40												
56	142.24		70	—												
60	152.40		75	48	30											
64	162.56		80	—	—											
1445	3669.79	±1.22					280	160	112		289		72			
1446	3672.84						—		—							
1500	3810.00											150	75	300	150	75
1504	3820.16	±1.32														

注：只取一部分，其余略。

标准圆弧齿同步带的型号及齿形尺寸系列见表 3-28，节线长度系列及其极限偏差见表 3-29，带宽系列见表 3-30，宽度极限偏差见表 3-31。

表 3-28　圆弧齿同步带的型号和齿形尺寸系列

齿型代号	型号	节距 P_b/mm	齿高 h_t/mm	带高 h_s/mm
HTD	2M	2	0.75	1.36
	3M	3	1.17	2.4
	5M	5	2.06	3.8
	8M	8	3.36	6.00
	14M	14	6.02	10.00
	20M	20	8.4	13.20
STPD/STS	S2M	2	0.76	1.36
	S3M	3	1.14	2.20
	S4.5M	4.5	1.71	2.81
	S5M	5	1.91	3.4
	S8M	8	3.05	5.3
	S14M	14	5.3	10.2
RPP/HPPD	2M	2	0.76	1.36
	3M	3	1.15	1.9
	5M	5	1.95	3.5
	8M	8	3.2	5.5
	14M	14	6.00	10

表 3-29　圆弧齿同步带的节线长度系列和极限偏差

规格代号	节线长 L_p/mm		不同带型节线长上的齿数 z																
			HTD						STPD/STS						RPP/HPPD				
	基本尺寸	极限偏差	2M	3M	5M	8M	14M	20M	S2M	S3M	S4.5M	S5M	S8M	S14M	2M	3M	5M	8M	14M
60	60.00	±0.40		20					30										
90	90.00			30															
102	102.00		51	34															
112	112.00														56				
120	120.00			40					60	40									
128	128.00		64						64										
150	150.00			50						50		30							
154	154.00		77																
165	165.00			55						55									
174	174.00															58			
180	180.00		90	60	36				90	60	40								
3850	3850.00	±1.32					275												
6860	6860.00	±1.94					490												
7000	7000.00				1400														

注：只取一部分，其余略。

表 3-30　圆弧齿同步带的宽度系列

<table>
<tr><th colspan="2">带宽 b_s</th><th colspan="5">带型(HTD)</th></tr>
<tr><th>代号</th><th>尺寸系列/mm</th><th>3M</th><th>5M</th><th>8M</th><th>14M</th><th>20M</th></tr>
<tr><td>6</td><td>6.0</td><td rowspan="3">3M</td><td></td><td></td><td></td><td></td></tr>
<tr><td>9</td><td>9.0</td><td rowspan="6">5M</td><td></td><td></td><td></td></tr>
<tr><td>15</td><td>15.0</td><td></td><td></td><td></td></tr>
<tr><td>20</td><td>20.0</td><td></td><td rowspan="5">8M</td><td></td><td></td></tr>
<tr><td>25</td><td>25.0</td><td></td><td></td><td></td></tr>
<tr><td>30</td><td>30.0</td><td></td><td rowspan="2">14M</td><td></td></tr>
<tr><td>40</td><td>40.0</td><td></td><td></td></tr>
<tr><td>50</td><td>50.0</td><td></td><td></td><td></td><td></td></tr>
<tr><td>55</td><td>55.0</td><td></td><td></td><td></td><td>14M</td><td></td></tr>
<tr><td>60</td><td>60.0</td><td></td><td></td><td rowspan="3">8M</td><td></td><td></td></tr>
<tr><td>70</td><td>70.0</td><td></td><td></td><td></td><td rowspan="10">20M</td></tr>
<tr><td>85</td><td>85.0</td><td></td><td></td><td rowspan="6">14M</td></tr>
<tr><td>100</td><td>100.0</td><td></td><td></td><td></td></tr>
<tr><td>115</td><td>115.0</td><td></td><td></td><td></td></tr>
<tr><td>130</td><td>130.0</td><td></td><td></td><td></td></tr>
<tr><td>150</td><td>150.0</td><td></td><td></td><td></td></tr>
<tr><td>170</td><td>170.0</td><td></td><td></td><td></td></tr>
<tr><td>230</td><td>230.0</td><td></td><td></td><td></td><td></td></tr>
<tr><td>290</td><td>290.0</td><td></td><td></td><td></td><td></td></tr>
<tr><td>340</td><td>340.0</td><td></td><td></td><td></td><td></td></tr>
</table>

表 3-31　圆弧齿同步带的宽度极限偏差　(mm)

带宽	节线长 L_p		
	<800	≥800～1650	>1650
≤6	±0.4	±0.4	—
>6～10	±0.6	±0.6	—
>10～35	±0.8	±0.8	±0.8
>35～50	±0.8	±1.2	±1.2
>50～65	±1.2	±1.2	±1.6
>65～75	±1.2	±1.6	±1.6
>75～100	±1.6	±1.6	±2.0
>100～180	±2.4	±2.4	±2.4
>180～290	—	±4.8	±4.8
>290～340	—	±5.6	±5.6

4. 标准同步带的标注

根据国家标准 GB/T 11616—1989、GB/T 11362—1989，我国同步带型号及标记方法分别如下例所示。

单面带：

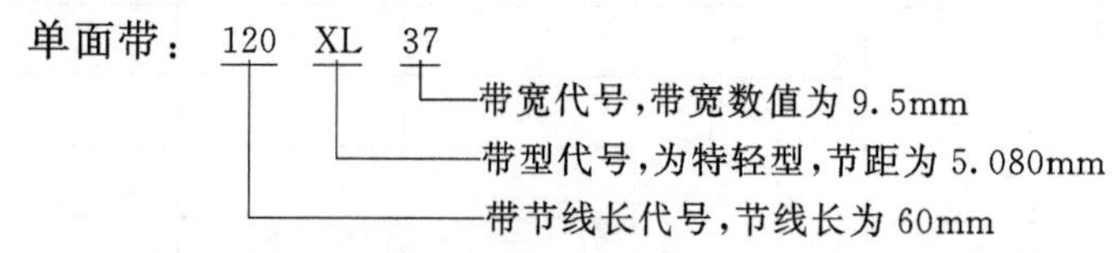

3.4.3 同步带轮的主要类型及规格

1. 同步带轮的材料

同步带轮一般由钢、铝合金、灰铸铁、黄铜和工程塑料等材料制造，其中灰铸铁的应用最广，当带轮速 $v \leqslant 30$m/s 时常采用 HT200，$v \geqslant 25 \sim 45$m/s 时宜采用球墨铸铁或铸钢；小功率传动的带轮可采用铸铝或工程塑料。

2. 同步带轮的主要类型及重要尺寸

同步带轮与同步带是配合使用来完成动力和运动的传递，根据同步带的相关分类，同步带轮主要有如下几种。

按带轮的齿形分，有渐开线齿形和直边齿形两种。

按带轮上挡圈的类型分，有双边挡圈型，单边挡圈型和无挡圈型三种。分别如图 3.27 (a)、(b)和(c)所示。

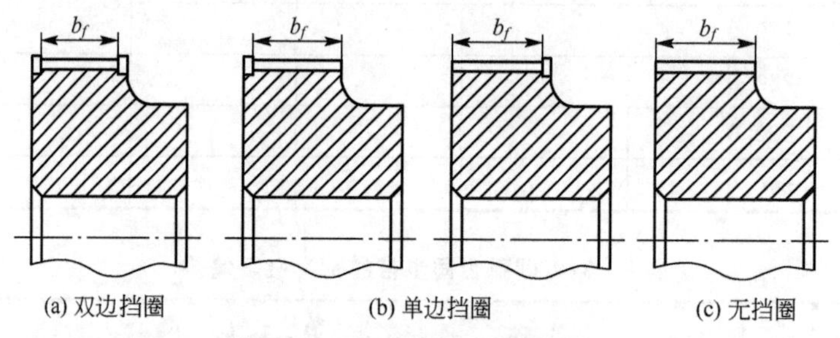

图 3.27　同步带轮上挡圈类型

按带轮上挡圈和台阶类型分，有如图 3.28 所示的几种类型。

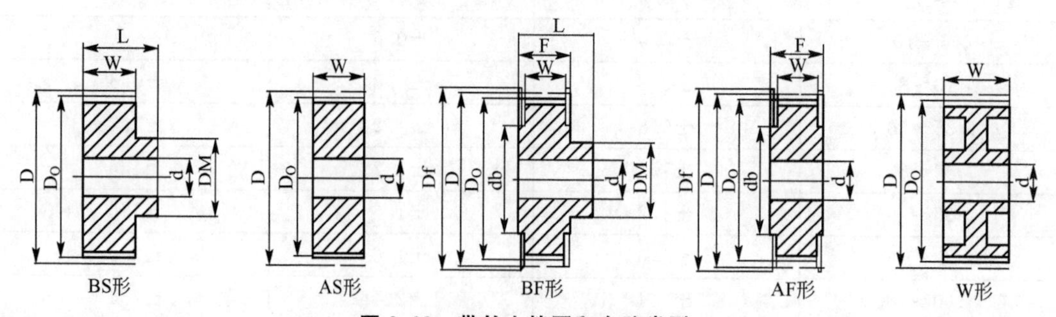

图 3.28　带轮上挡圈和台阶类型

A—同步带轮不带台阶；B—同步带轮带台阶；W—同步带轮两端有掏空孔(减重量结构)；F—同步带轮带挡片；S—同步带轮不带挡片

同步带轮的重要尺寸、外径及节圆外径，如图 3.29 所示。

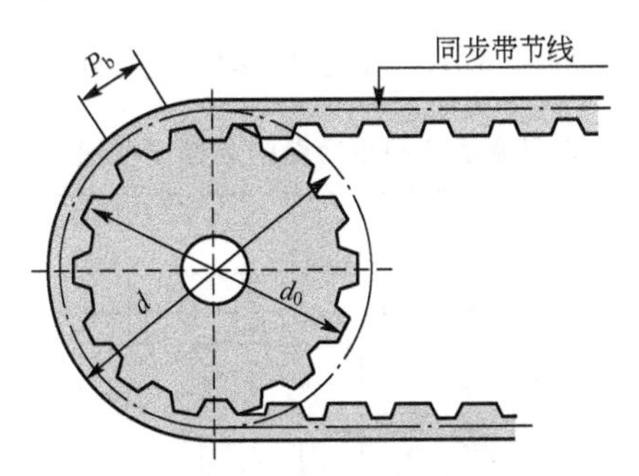

图 3.29　同步带轮的外径及节圆外径

P_b—同步轮节圆或同步带节线上测得相邻两齿的距离；

d—同步轮的节圆直径；d_0—同步轮实际外圆直径

3. 同步带轮的技术要求

同步带轮的技术要求主要包括同步带轮的公差和表面粗糙度(表 3 - 32)以及同步带传动轴间距公差和轴线的平行度(表 3 - 33)。

表 3 - 32　同步带轮的公差和表面粗糙度　(mm)

<table>
<tr><th colspan="2" rowspan="2">项目</th><th rowspan="2">符号</th><th colspan="9">带轮外径 d_a</th></tr>
<tr><th><25.4</th><th>25.4～50.8</th><th>50.8～101.6</th><th>101.6～177.8</th><th>177.8～203.2</th><th>203.2～254.0</th><th>254.0～304.8</th><th>304.8～508.0</th><th>>508.0</th></tr>
<tr><td colspan="2">外径极限偏差</td><td>Δd_a</td><td>0.05</td><td>0.08</td><td>0.10</td><td>0.13</td><td colspan="3">0.15</td><td>0.18</td><td>0.20</td></tr>
<tr><td rowspan="2">节距偏差</td><td>任意两相邻齿</td><td>Δp</td><td colspan="9">0.03</td></tr>
<tr><td>90°弧内累积</td><td>Δp_Σ</td><td>0.05</td><td>0.08</td><td>0.10</td><td>0.13</td><td colspan="3">0.15</td><td>0.18</td><td>0.20</td></tr>
<tr><td colspan="2">外圈径向圆跳动</td><td>δ_{t2}</td><td colspan="5">0.13</td><td colspan="4">0.13+(d_a−203.2)×0.0005</td></tr>
<tr><td colspan="2">端面圆跳动</td><td>δ_{t1}</td><td colspan="3">0.10</td><td colspan="3">0.001d_a</td><td colspan="3">0.25+(d_a−254.0)×0.0005</td></tr>
<tr><td colspan="2">轮齿与轴孔平行度</td><td>—</td><td colspan="9"><0.001B(B 为带轮宽度)</td></tr>
<tr><td colspan="2">外圆圆度</td><td>—</td><td colspan="9"><0.001B</td></tr>
<tr><td colspan="2">轴孔直径极限偏差</td><td>Δd_0</td><td colspan="9">H7 或 H8</td></tr>
<tr><td colspan="2">外圆、齿面表面粗糙度</td><td>R_a</td><td colspan="9">3.2～6.3</td></tr>
</table>

表 3 - 33　同步带传动轴间距公差和轴线的平行度　(mm)

<table>
<tr><th>带长 L_p</th><th><250</th><th>250～500</th><th>500～1000</th><th>1000～1500</th><th>1500～2000</th><th>2000～2500</th><th>2500～3000</th><th>3000～4000</th><th>>4000</th></tr>
<tr><td>中心距极限偏差 $\Delta\alpha$</td><td>±0.20</td><td>±0.25</td><td>±0.30</td><td>±0.35</td><td>±0.40</td><td>±0.45</td><td>±0.50</td><td>±0.60</td><td>±0.70</td></tr>
<tr><td>带轮轴线平行度 ΔZ</td><td colspan="9">0.1～0.15/每 100mm 测量长度</td></tr>
</table>

4. 标准同步带轮的规格

梯形直边齿同步带轮的齿形尺寸图、型号及规格系列分别见表 3－34 和表 3－35。

表 3－34　梯形直边齿同步带轮的齿形尺寸图及部位尺寸　　(mm)

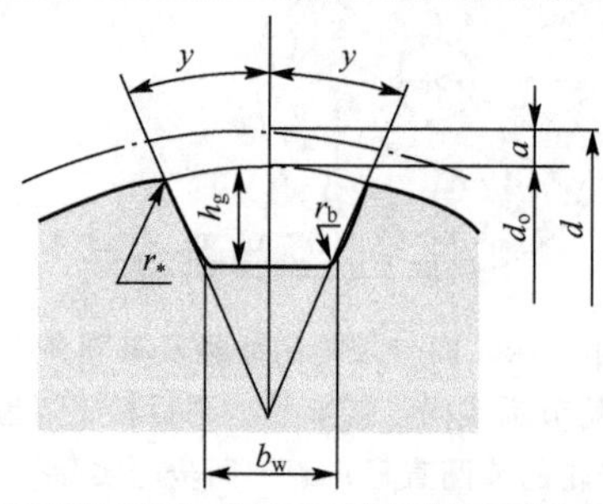

型号	节距 P_b/mm	齿槽底宽 b_w	齿高 h_g	槽半角 $y+1.5°$	槽根圆角半径 r_b	齿顶圆角半径 r_1	节顶距 $2a$
MXL(最轻型)	2.032	0.84±0.05	0.69	20	0.35	0.13	0.508
XXL(超轻型)	3.175	1.14±0.05	0.84	25	0.35	0.3	0.508
XL(特轻型)	5.080	1.32±0.05	1.65	25	0.41	0.64	0.508
L(轻型)	9.525	3.05±0.10	2.67	20	1.19	1.17	0.762
H(重型)	12.70	4.19±0.13	3.05	20	1.6	1.6	1.372
XH(特重型)	22.225	7.90±0.15	7.14	20	1.98	2.39	2.794
XXH(超重型)	31.750	12.17±0.18	10.31	20	3.96	3.18	3.048

表 3－35　梯形直边齿同步带轮的规格、型号及主要部位理论尺寸　　(mm)

8°~25°　锐角倒钝　(k)　R　d_f　d_w　d_0　D　h

规格	齿数	节径 d	外径 d_0	挡边直径 d_f	挡边内径 D	挡边厚度 h
22MXL	22	14.23	13.72	18	12	1
23MXL	23	14.88	14.37	18	12	1
24MXL	24	15.52	15.02	18	12	1
25MXL	25	16.17	15.66	18	12	1

（续）

规格	齿数	节径 d	外径 d_0	挡边直径 d_f	挡边内径 D	挡边厚度 h
26MXL	26	16.82	16.31	22	11	1
27MXL	27	17.46	16.96	22	11	1
28MXL	28	18.11	17.6	22	11	1
29MXL	29	18.76	18.25	22	11	1
30MXL	30	19.4	18.9	22	11	1
32MXL	32	20.7	20.19	25	15	1

注：只取一部分，其余略。

T 形齿同步带轮的齿形尺寸图、型号及规格系列分别见表 3 - 36 和表 3 - 37。

表 3 - 36 T 形齿同步带轮的齿形尺寸图及部位尺寸 （mm）

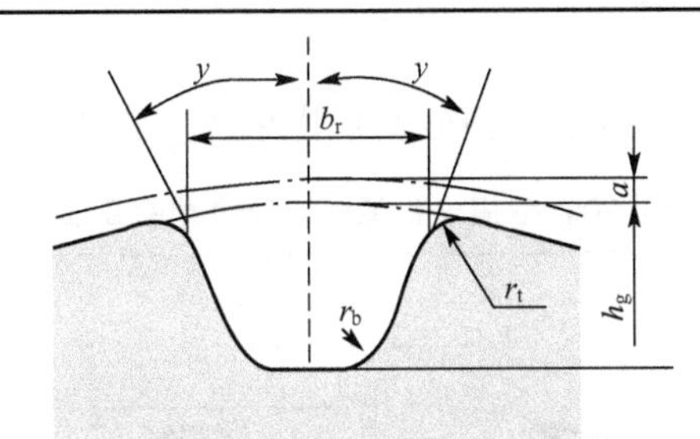

型号	节距 P_b	形状				形状			y	r_b	r_1		2a
		SE b_r		N b_r		SE h_g		N h_g	grad				
			偏差		偏差		偏差	mix	±15°	max		偏差	
T2.5	2.5	1.75	$^{+0.05}_{0}$	1.83	$^{+0.05}_{0}$	0.75	$^{+0.05}_{0}$	1	25	0.2	0.3	$^{+0.05}_{0}$	0.6
T5	5.0	2.96	$^{+0.05}_{0}$	3.32	$^{+0.05}_{0}$	1.25	$^{+0.05}_{0}$	1.95	25	0.4	0.6	$^{+0.05}_{0}$	1
T10	10.0	6.02	$^{+0.1}_{0}$	6.57	$^{+0.1}_{0}$	2.6	$^{+0.1}_{0}$	3.4	25	0.6	0.8	$^{+0.1}_{0}$	2
T20	20.0	11.65	$^{+0.15}_{0}$	12.6	$^{+0.15}_{0}$	5.2	$^{+0.13}_{0}$	6	25	0.8	1.2	$^{+0.1}_{0}$	3

注：表中的 SE 表示带轮齿数小于等于 20 齿；N 表示带轮的齿数大于 20 齿。

表 3-37　T 形齿同步带轮的规格、型号及主要部位理论尺寸　　(mm)

规格	齿数	节径 d	外径 d_0	挡边直径 d_f	挡边内径 D	挡边厚度 h
18-T2.5	18	14.32	13.79	18	12	1
19-T2.5	19	15.12	14.59	18	12	1
20-T2.5	20	15.92	15.39	18	12	1
21-T2.5	21	16.71	16.18	18	12	1
22-T2.5	22	17.51	16.98	22	11	1
23-T2.5	23	18.3	17.77	22	11	1
24-T2.5	24	19.1	18.57	22	11	1

注：只取一部分，其余略。

HTD 型同步带轮的齿形尺寸图、型号及规格系列分别见表 3-38 和表 3-39。

表 3-38　HTD 型同步带轮的齿形尺寸图及部位尺寸　　(mm)

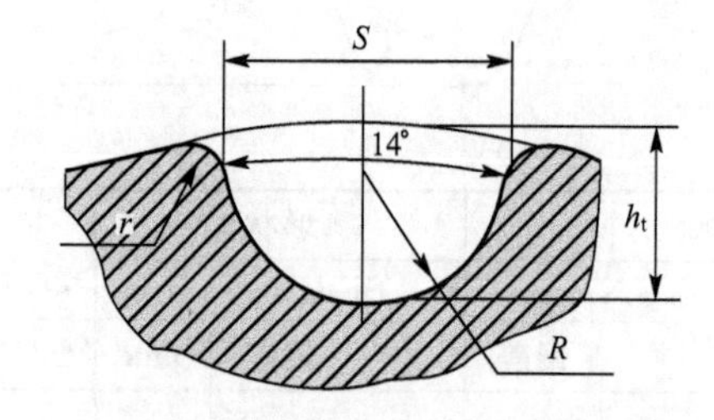

型号	节距	齿高	底圆半径	齿槽宽	齿顶圆半径	齿形角
3M	3	1.28	0.91	1.9	0.3	≈14°
5M	5	2.16	1.56	3.25	0.48	≈14°
8M	8	3.54	2.57	5.35	0.8	≈14°
14M	14	6.2	4.65	9.8	1.4	≈14°

表3-39　HTD型同步带轮的规格、型号及主要部位理论尺寸　　(mm)

规格	齿数	节径 d	外径 d_0	挡边直径 d_f	挡边内径 D	挡边厚度 h
15-3M	15	14.32	13.56	18	10	1
16-3M	16	15.28	14.52	18	10	1
17-3M	17	16.23	15.47	22	11	1
18-3M	18	17.19	16.43	22	11	1
19-3M	19	18.14	17.38	22	11	1

注：只取一部分，其余略。

3.4.4　同步带传动的设计计算

1. 同步带传动的设计准则

同步带传动扭矩时，带将受拉力作用，带齿承受剪力，而带齿的工作表面在进入和退出啮合的过程中将被磨损，因此，其主要失效形式为同步带的疲劳断裂、带齿剪断、齿面压馈和磨损，据此提出同步带的设计准则主要是限制单位齿宽的拉力，必要时校核工作齿面的压力。

2. 同步带传动的设计计算步骤

同步带传动设计的目的是确定带的型号、节距、带长(节线长度)、中心距带宽及主、从动带轮齿数、直径等相关参数。

在设计计算时，一般已知同步带传动所需传递的名义功率 p_m，主动带轮转速 n_1，传动比 i 以及对传动中心距的要求，传动工作条件等，其设计计算步骤如下：

1) 确定同步带传动的设计功率 P_d

$$P_d = k_A \times P_m \tag{3-47}$$

式中：k_A——载荷修正系数，或者是工况系数，取值见表3-40；

P_m——同步带所传递的名义功率或额定功率，单位为kW。

表 3-40　同步带传动的工况系数 k_A

载荷性质		每天工作小时数/h		
变化情况	瞬时峰值载荷及额定工作载荷	≤10	10～16	>16
平衡	—	1.20	1.40	1.50
小	≈150%	1.40	1.60	1.70
较大	≥150%～250%	1.60	1.70	1.85
很大	≥250%～400%	1.70	1.85	2.00
大而频繁	≥400%	1.85	2.00	2.05

注：下列情况应对 k_A 值进行修正：经常正反转或使用张紧轮装置时，k_A 取为 $1.1k_A$；间断性工作时，k_A 取为 $0.9k_A$；增速传动时，k_A 乘以下列修正系数：

增速比	修正系数
1.25～1.74	1.05
1.75～2.49	1.10
2.50～3.49	1.18
≥3.50	1.25

2）选定带型和节距 P_b

根据同步带传动的设计功率 P_d 和主动带轮转速 n_1，由同步带选型图来确定所需采用的带的型号和节距。同步带选型图如图 3.30 所示。

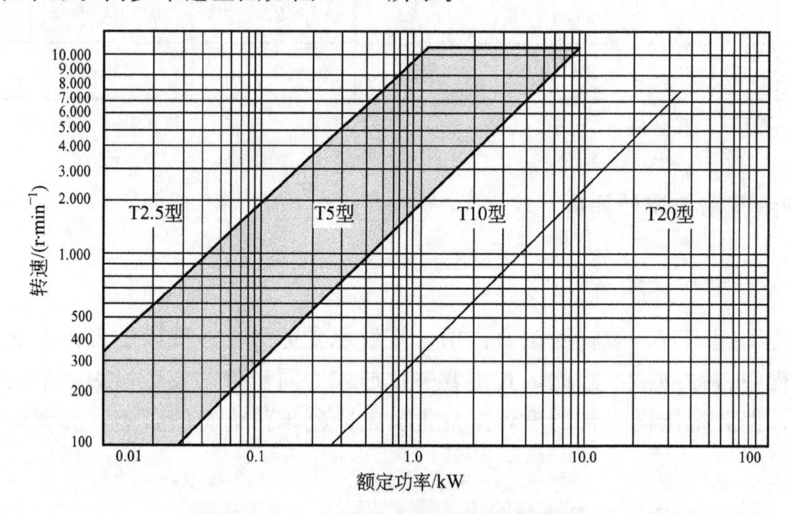

图 3.30　T 行齿同步带和带轮选型图

3）选择小带轮齿数 z_1

同步带传动中小带轮的最少许用齿数 z_{min} 可按表 3-41 来选用，主动带轮的齿数 $z_1 \geq z_{min}$。

表 3-41　同步带传动中小带轮的最少许用齿数 z_{min}

小带轮转速 $n_1/(r \cdot min^{-1})$	带型											
	MXL	XXL	XL	L	H	XH	XXH	3M	5M	8M	14M	20M
<900	10	10	10	12	14	18	18	12	12	22	34	38
900～1200	12	12	10	12	16	24	24	12	12	24	38	40

（续）

小带轮转速 $n_1/(\mathrm{r}\cdot\mathrm{min}^{-1})$	带型											
	MXL	XXL	XL	L	H	XH	XXH	3M	5M	8M	14M	20M
1200～1800	14	14	12	14	18	26	26	14	14	26	40	—
1800～3600	16	16	12	16	20	30	—	—				
1800～3500	—							14	14	28	—	—
≥3500								15	16	30	—	—
≥3600	18	18	15	18	22	—	—	—				

4）确定小带轮节圆直径 d_1

在同步带传动的节距和带轮齿数确定后，可根据式(3-48)来求得小带轮的节圆直径。

$$d_1 = z_1 \times P_b / \pi \tag{3-48}$$

式中：P_b——同步带节距。

5）确定大带轮齿数 z_2

$$z_2 = i \times z_1 = \frac{n_1}{n_2} \times z_1 \tag{3-49}$$

式中：i——传动比；

n_2——大带轮的转速。

6）确定大带轮节圆直径 d_2

$$d_2 = z_2 \times P_b / \pi \tag{3-50}$$

7）确定带速 v

$$v = \frac{\pi d_1 n_1}{60 \times 1000} \leqslant v_{max} \tag{3-51}$$

确定小带传动的带速，并按要求验证是否满足所选带型的最大带速限制，一般来说 XL 和 L 型同步带的 $v_{max}=50\mathrm{m/s}$，XH 和 XXH 型同步带的 $v_{max}=30\mathrm{m/s}$，H 型同步带的 $v_{max}=40\mathrm{m/s}$。

8）初定轴间距 a_0

主动与从动带轮间距可以根据同步带传动的设计要求选定，也可以根据如下公式初步计算轴间距。

$$0.7(d_1+d_2) \leqslant a_0 \leqslant 2(d_1+d_2) \tag{3-52}$$

9）确定带长 L_0 以及带齿数 z

根据前面的计算和选定的参数，由如下公式计算带的节线长。

$$L_0 = 2a_0 + \frac{\pi}{2}(d_1+d_2) + \frac{(d_2-d_1)^2}{4a_0} \tag{3-53}$$

由结果查表选定标准的节线长度 L_p 以及带的齿数 Z。

10）计算实际轴间距 a

中心距可调时，

$$a=a_0+\frac{L_p-L_0}{2} \tag{3-54}$$

中心距不可调整时，

$$a=(d_2-d_1)/2\cos\frac{\alpha_1}{2}$$

$$inv\frac{\alpha_1}{2}=\tan\frac{\alpha_1}{2}-\frac{\alpha_1}{2}=(L_p-\pi d_2)/(d_2-d_1) \tag{3-55}$$

11）计算小带轮啮合齿数 z_m

$$z_m\approx\left(\frac{1}{2}-\frac{d_2-d_1}{6a}\right)\times z_1 \tag{3-56}$$

一般同步带传动中小带轮啮合齿数 $z_{mmin}\geqslant 6$。

12）计算基本额定功率 P_0

$$P_0=\frac{(T_a-mv^2)v}{1000} \tag{3-57}$$

基本额定功率是各种带型对应于基准宽度 b_{s0} 的额定功率，T_a 为各带型的许用工作拉力，m 为宽度为 b_{s0} 的带单位长度的质量，各参数见表 3-42。

表 3-42 同步带的基准宽度、许用工作拉力和单位长度的质量

参数	带型						
	MXL	XXL	XL	L	H	XH	XXH
b_{s0}/mm	6.4	6.4	9.5	25.4	76.2	101.6	127.0
T_a/N	27	31	50	245	2100	4050	6400
m/(kg·m^{-1})	0.007	0.01	0.022	0.096	0.448	1.484	2.473

13）确定带宽 b_s

$$b_s\geqslant b_{s0}\sqrt[1.14]{\frac{P_d}{K_z P_0}} \tag{3-58}$$

式中：K_z——啮合齿数系数，$z_m\geqslant 6$ 时，取为 1；$z_m=5$ 时，取为 0.8；$z_m=4$ 时，取为 0.6。

b_s——同步带宽度的标准值，一般应小于 d_1。

14）计算作用在轴上的力 F_r

$$F_r=\frac{1000P_d}{v} \tag{3-59}$$

15）确定带轮的结构和尺寸

同步带传动带轮结构与尺寸选择参考本节表。

3.4.5 同步带传动的选型与计算实例

设计一精密车床的梯形齿同步带传动，已知电机额定功率 $p_m=5.5$kW，额定转速 $n_1=1440$r/min，传动比 $i=2.4$，轴间距约为 450mm，每天两班制工作(按 16h 计)。其设计与计算的完整过程如下：

计算或选型项目	计算依据	计算或选型结果
1. 确定设计功率 p_d	$P_d=k_A\times P_m=1.6\times5.5$	取 $k_A=1.6$ 已知 $P_m=5.5$kW，$P_d=8.8$kW
2. 选定带型和节距	根据 P_d 和 n_1	H型梯形齿同步带 $P_b=12.70$mm
3. 选择小带轮齿数	根据带型和转速 n_1	$z_{min}=18$，故取 $z=20$
4. 确定小带轮节圆直径	$d_1=z_1\times P_b/\pi=\frac{20\times12.7}{\pi}$	$d_1=80.85$mm，查得小带轮外径 $d_{01}=79.48$mm
5. 确定大带轮齿数	$z_2=iz_1=2.4\times20$	$z_2=48$
6. 确定大带轮节圆直径	$d_2=z_2\times P_b/\pi=\frac{48\times12.7}{\pi}$	$d_2=194.04$mm，查得大带轮外径 $d_{02}=192.67$mm
7. 确定带速	$v=\frac{\pi d_1 n_1}{60000}=\frac{\pi\times80.85\times1440}{60000}$	$v=6.1$m/s
8. 初定轴间距	$0.7(d_1+d_2)\leqslant a_0\leqslant2(d_1+d_2)$	$a_0=450$mm
9. 确定带长以及带齿数	$L_0=2a_0+\frac{\pi}{2}(d_1+d_2)+\frac{(d_2-d_1)^2}{4a_0}$ $=2\times450+\frac{\pi}{2}(80.85+194.04)+\frac{(194.04-80.85)^2}{4\times450}$	$L_0=1338.91$mm，选取代号510的H型同步带，标准节线长 $L_p=1295.40$，齿数 $z=102$
10. 计算实际轴间距	$a=a_0+\frac{L_p-L_0}{2}$ $=450+\frac{1295.4-1338.91}{2}$	$a=428.25$mm
11. 计算小带轮啮合齿数	$z_m\approx\left(\frac{1}{2}-\frac{d_2-d_1}{6a}\right)\times z_1$ $\approx\left(\frac{1}{2}-\frac{194.04-80.85}{6\times428.25}\right)\times20$	$z_m\approx9.12$，取整为9
12. 计算基本额定功率	$P_0=\frac{(T_a-mv^2)v}{1000}$ $=\frac{(2100-0.448\times6.1^2)\times6.1}{1000}$	$T_a=2100$N，$m=0.448\text{kg}\cdot\text{m}^{-1}$，$P_0=12.71$kW
13. 确定带宽	$b_s\geqslant b_{s0}\sqrt[1.14]{\frac{P_d}{K_zP_0}}=76.2\times\sqrt[1.14]{\frac{8.8}{1\times12.71}}$	$b_{s0}=76.2$mm $K_z=1$ $b_s\geqslant55.19$mm
14. 计算作用在轴上的力	$z_m=9>6$ $F_r=\frac{1000P_d}{v}=\frac{1000\times8.8}{6.1}$	取代号为300的H型同步带，标准带宽 $b_s=76.20$mm， $F_r=1442.6$N
15. 确定带轮的结构和尺寸	—	根据相关参数确定带轮的尺寸以及零件图

3.5　导轨的设计与选型

机电一体化系统对导轨的基本要求是导向精度高、刚性好、运动轻便平稳、耐磨性好、温度变化影响小以及结构工艺性好等。对精度要求高的直线运动导轨，还要求导轨的承载面与导向面严格分开；当运动件较重时，必须设有卸荷装置，运动件的支承，必须符合三点定位原理。

小知识：导轨主要用来支承和引导运动部件沿一定的轨道运动。在导轨副中，运动的一方为动导轨，不动的一方称为支承导轨。动导轨相对于支承导轨运动，通常作直线运动和回转运动。

3.5.1　导轨的技术要求

1. 导轨的精度要求

滑动导轨，不管是 V -平型还是平-平型，导轨面的平面度通常取 0.01～0.015mm，长度方向的直线度通常取 0.005～0.01mm；侧导向面的直线度取 0.01～0.015mm，侧导向面之间的平行度取 0.01～0.015mm，侧导向面对导轨底面的垂直度取 0.005～0.01mm。镶钢导轨的平面度必须控制在 0.005～0.01mm 以下，其平行度和垂直度控制在 0.01mm 以下。

2. 导轨的热处理

数控机床的开动率普遍都很高，这就要求导轨具有较高的耐磨性，以提高其精度保持性。为此，导轨大多需淬火处理。导轨淬火的方式有中频淬火、超音频淬火、火焰淬火等，其中用的较多的是前两种方式。铸铁导轨的淬火硬度，一般为 50～55HRC，个别要求 57HRC；淬火层深度规定经磨削后应保留 1.0～1.5mm。镶钢导轨，一般采用中频淬火或渗氮淬火方式，淬火硬度为 58～62HRC，渗氮层厚度为 0.5mm。

3.5.2　直线滑动导轨

导轨的分类方法有多种：按运动轨迹可以分为直线导轨和圆导轨；按工作性质可分为主运动导轨、进给导轨和调整导轨；按受力情况可以分为开式导轨和闭式导轨；按摩擦性质可以分为滑动导轨和滚动导轨。下面首先介绍直线滑动导轨的有关内容。

1. 直线滑动导轨的截面形状

直线滑动导轨有若干个平面，从制造、装配和检验来说，平面的数量应尽可能少。常用的直线滑动导轨的截面形状有矩形、三角形、燕尾形和圆形(图 3.31)，各个平面所起的作用也各不相同。在矩形导轨和三角形导轨中，M 面主要起支承作用，N 面是保证直线移动精度的导向面，J 面是防止运动附件抬起的压板面；在燕尾形导轨中，M 面起导向和压板作用，J 面起支承作用。根据支承导轨的凹凸状态，又可以将导轨分成凸形导轨和凹形导轨。其中，凸三角形导轨称为山形导轨，凹三角形导轨称为 V 形导轨。凸形导轨不易存储润滑油，但易清除导轨面的切屑等杂物。凹形导轨易存储润滑油，但易落入切屑和杂物，必须设防护装置。

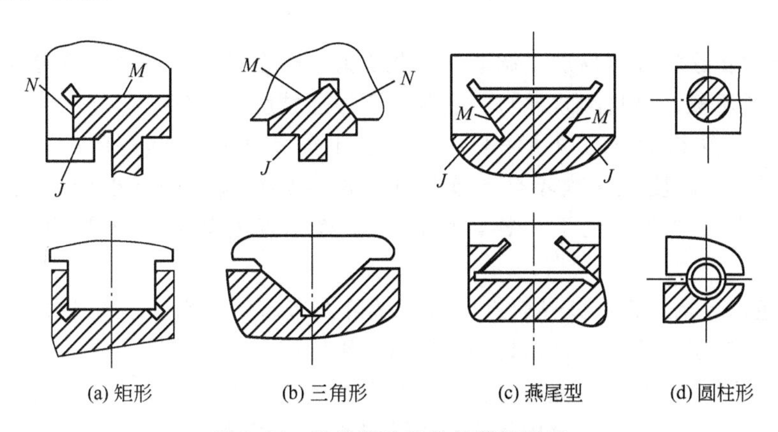

(a) 矩形　(b) 三角形　(c) 燕尾型　(d) 圆柱形

图 3.31　直线滑动导轨的截面形状

1）矩形导轨

矩形导轨易加工制造，刚度和承载能力大，安装调整方便。矩形导轨中 M 面起支承兼导向作用，起主要导向作用的 N 面磨损后不能自动补偿间隙，需要有间隙调整装置。它适用于载荷大且导向精度要求不高的机床。

2）三角形导轨

此导轨由 M、N 两个平面组成，起支承和导向作用。在垂直载荷作用下，导轨磨损后可以自动补偿，不产生间隙，导向精度高，但仍需设置压板面间隙调整装置。三角形顶角夹角一般为 90°。若重型机床承受载荷大时，为增大承载面积，夹角可取 110°～120°，但导向精度差。精密机床可以采用小于 90°的夹角，以提高导向精度。

3）燕尾形导轨

这是闭式导轨中接触面最少的一种结构，磨损后不能自动补偿间隙，需要用镶条调整。燕尾面(M 面)起导向和压板作用。燕尾导轨制造、检验和维修较复杂，摩擦阻力大，可以承受颠覆力矩，刚度较差。导轨面的夹角为 55°，用于高度小的多层移动部件。

4）圆柱形导轨

这种导轨刚度高，易制造，外圆可磨削，内孔可以通过珩磨达到精密配合，但磨损后间隙调整困难。它适用于受轴向载荷的场合，如压力机、珩磨机、攻螺纹机和机械手等。

2. 直线滑动导轨的组合形式

小提示： 机床上一般都采用两条导轨来承受载荷和导向。重型机床承载大，常采用 3～4 条导轨。

导轨的组合形式取决于载荷大小、导向精度、工艺性、润滑和防护等因素。常见的导轨组合形式有以下五种。

双三角形导轨：双三角形导轨，导轨面同时起支承和导向作用。磨损后可以自动补偿，导向精度高。但装配时要对四个导轨面进行刮研，难度很大。由于过定位，所以制造、检验和维修都困难，它适用于精度要求高的机床，如坐标镗床、丝杠车床。

双矩形导轨：这种导轨易加工制造、承载能力大，但导向精度差。侧导向面需设调整镶条，还需设置压板，呈封闭式导轨。它常用于普通精度的机床。

三角形-平导轨组合：三角形-平导轨组合不需要用镶条调整间隙，导轨精度高，加工装配较方便，温度变化也不会改变导轨面的接触情况，但热变形会使移动部件水平偏移，两条导轨的磨损也不一样，因而对位置精度有影响，通常用于磨床、精密镗床。

三角形-矩形导轨组合：该导轨组合常用做卧式车床的导轨。三角形导轨面作为主要导向面。矩形导轨面承载能力大，易加工制造，刚度高，应用普遍。

平-平-三角形导轨组合：当龙门铣床工作台宽度大于3000mm，龙门刨床工作台宽度大于5000mm时，为了使工作台中间挠度不致过大，可以用平-平-三角形导轨组合。重型龙门刨床工作台导轨，三角形导轨主要起导向作用，平导轨主要起承载作用。

小提示： 一般来说，中小型机床导轨常采用三角形-矩形导轨的组合，而重型机床常采用双矩形导轨的组合。

3. 直线滑动导轨的选择原则

根据以上所述，各种导轨的特点各不相同，因此在选择使用时，应把握以下原则：①当要求导轨具有较大的刚度和承载能力时，用矩形导轨。②当要求导轨的导向精度高时，机床常采用三角形导轨。此时，三角形导轨工作面同时起承载和导向作用，磨损后能自动补偿间隙，导向精度高。③矩形导轨、圆柱形导轨工艺性好，制造、检验都方便；三角形导轨、燕尾形导轨工艺性差。④当用于要求结构紧凑、高度小及调整方便的机床时，用燕尾形导轨。

4. 圆运动导轨

它主要用于圆形工作台、转盘和转塔等旋转运动部件，常见的有平面圆环导轨、锥形圆环导轨和V形圆环导轨。

3.5.3 贴塑滑动导轨

贴塑滑动导轨一般与铸铁导轨或淬硬的钢导轨相配合使用，是在与铸铁导轨或淬硬的钢导轨相配合的导轨(即由工作台导轨面、镶条面、压板面组成的导轨面)上贴上一层塑料导轨软带制成的。贴塑滑动导轨已经得到广泛使用。近年来，国内外已经研制了数十种塑料基体的复合材料用于机床导轨。其中应用比较广泛的有两种：一种是美国霞板(Shanban)公司研制的得尔赛(Turcite－B)塑料导轨软带；另一种则是我国研制的TSF软带。

Turcite－B塑料导轨软带由可以自润滑的复合材料制成，它主要是在聚四氟乙烯中填充50%的青铜粉，还加有一定量的二硫化钼、玻璃纤维和氧化物制成的带状复合材料。它具有优异的减磨、抗咬伤性能，不会损坏配合面，吸振性能好，低速无爬行，并可以在干摩擦下工作。

塑料导轨软带与其他导轨相比，具有以下特点：①摩擦系数低而稳定，比铸铁导轨副低一个数量级；②动、静摩擦系数相近，运动平稳性和爬行性较铸铁导轨副好；③吸收振动，具有良好的阻尼性，优于接触刚度较低的滚动导轨和易漂浮的静压导轨；④耐磨性、抗撕伤能力强，有自润滑作用，无润滑油也能工作，灰尘、磨粒的嵌入性好；⑤化学稳定性好，耐磨、耐低温，耐强酸、强碱、强氧化剂及各种有机溶剂；⑥维护修理方便，软带耐磨，损坏后更换容易；⑦加工性和化学稳定性好，工艺简单，经济性好，结构简单，成本低，其成本约为滚动导轨成本的 1/20。

3.5.4　导轨的维护

1. 导轨间隙的调整

导轨间隙的调整是导轨维护的重要工作之一，其任务是使导轨副经常保持合理的间隙。间隙过小，则摩擦阻力大，导轨磨损加剧；间隙过大，则运动失去准确性和平稳性，使导向精度降低。间隙调整的方法有以下几种。

1）压板调整间隙

图 3.32 所示为矩形导轨上经常使用的几种压板装置。压板用固定螺钉固定在动导轨上，常用钳工配合刮研及选用调整垫片、平镶条等机构，使导轨面与支承面之间的间隙均匀，达到规定的接触点数。对于如图 3.32 所示的压板结构，如间隙过大，应修磨或刮研 B 面；如间隙过小或压板与导轨压得太紧，则可刮研或修磨 A 面。

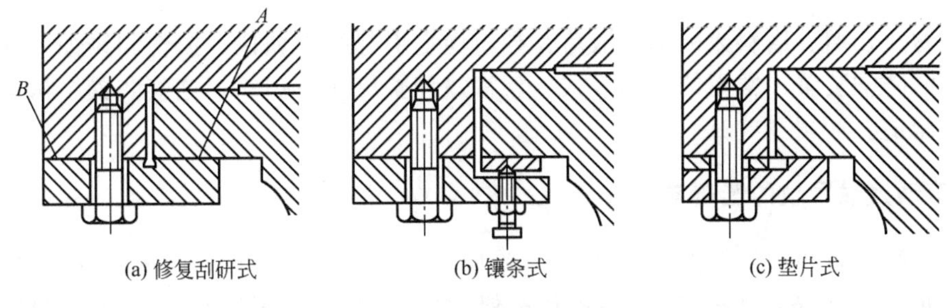

(a) 修复刮研式　(b) 镶条式　(c) 垫片式

图 3.32　压板调整间隙

2）镶条调整间隙

图 3.33(a)所示是一种全长厚度相等、横截面为平行四边形(用于燕尾导轨)或矩形的平镶条，通过侧面的螺钉调节和螺母锁紧，以其横向位移来调整间隙。由于收紧力不均匀，故在螺钉的着力点有翘曲。图 3.33(b)所示是一种全长厚度有变化的斜镶条及三种用于斜镶条的调节螺钉，以其斜镶条的纵向位移来调整间隙。斜镶条在全长上支承，其斜度一般为 1∶40 或 1∶100，由于楔形的增压作用会产生过大的横向压力，使导轨面的摩擦力加大而加速导轨磨损。因此，调整时应该细心。

3）压板镶条调整间隙

图 3.34 所示 T 形压板用螺钉固定在运动部件上，运动部件的内侧和 T 形压板之间放置斜镶条，镶条不是在纵向有斜度，而是在高度方向有斜度。调整时，借助压板上几个推拉螺钉，使镶条上下移动，从而调整间隙。

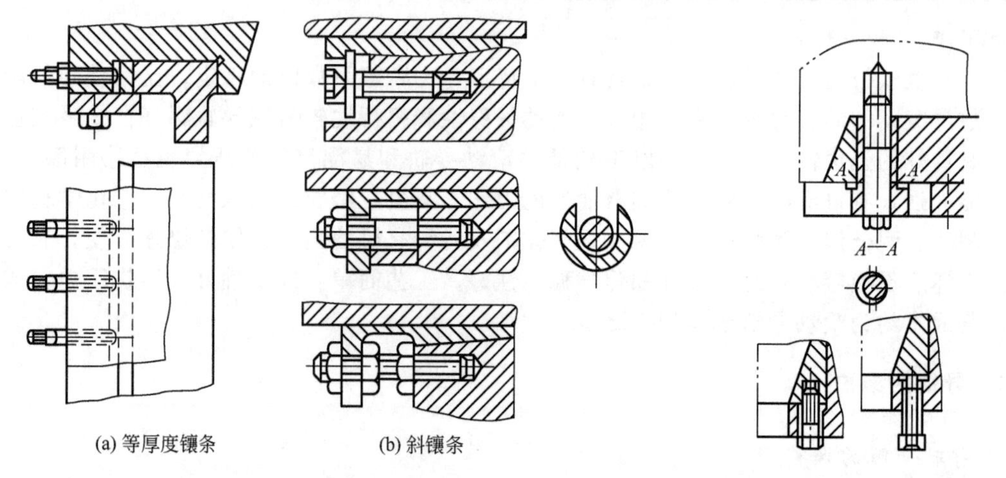

(a) 等厚度镶条　　(b) 斜镶条

图 3.33　镶条调整间隙　　　图 3.34　压板镶条调整间隙

2. 导轨的润滑

对导轨面进行润滑后，可以降低摩擦系数，减少磨损，并且可以防止导轨面锈蚀。因此，必须对导轨面进行润滑。导轨常用的润滑剂有润滑油和润滑脂，前者用于滑动导轨，而滚动导轨两者都能用。对贴塑导轨，常采用的润滑方式是油槽形式。为了把润滑油均匀地分布到导轨的全部工作表面，须在导轨面上开出油槽，油经运动导轨上的油孔进入油槽而达到均匀润滑的目的。

3. 导轨的防护

为了防止切屑、磨料或冷却液散落在导轨面上引起磨损加快、擦伤和锈蚀，导轨面上应有可靠的防护装置，常用的有刮板式、卷帘式和叠层式防护罩。这些装置结构简单，有专业厂家制造。

3.5.5　滚动直线导轨的选型与优点

目前，滚动直线导轨的类型很多，主要使用的有日本 THK 公司的系列产品、德国 INA 公司的系列产品，还有国产的 GGB 系列(南京工艺装备制造有限公司)、HJG—D 系列(汉江机床厂)、HTPM 系列(凯特精机公司)等产品。

1. 滚动直线导轨结构

滚动直线导轨是由导轨、滑块、钢球、反向器、保持架、密封端盖及挡板组成的，如图 3.35 所示。当导轨与滑块作相对运动时，钢球就沿着导轨上的滚道滚动(导轨上有四条经过淬硬和精密磨削加工而成的滚道)。在滑块的端部，钢球又通过反向装置(反向器)进入反向孔后再进入导轨上的滚道。钢球就这样周而复始地进行滚动运动。反向器两端装有防尘密封端盖，可以有效防止灰尘、屑末进入滑块内部。

2. 滚动直线导轨优点

滚动直线导轨具有以下优点。

(1) 滚动直线导轨副是在滑块与导轨之间放入适当的钢球，使滑块与导轨之间的滑动摩擦变为滚动摩擦，大大降低了两者之间的运动摩擦阻力，从而可获得以下优异性

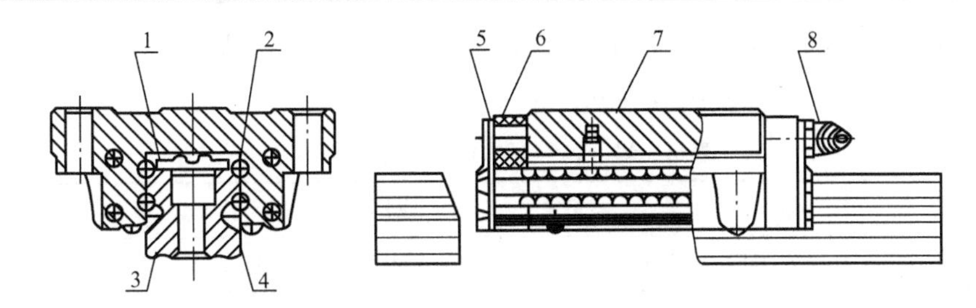

图 3.35　滚动直线导轨的结构和组成

1—保持架；2—钢球；3—导轨；4—侧密封垫；
5—密封端盖；6—反向器；7—滑块；8—油杯

能：①导轨的动、静摩擦系数差别小，随动性极好，即驱动信号与机械动作滞后的时间间隔极短，有效提高了数控系统的响应速度和灵敏度；②驱动功率大大下降，只相当于普通机械的 1/10；③与滑动导轨和滚子导轨相比，摩擦力可下降约 40 倍；④适用于高速直线运动，运动速度比滑动导轨提高约 10 倍；⑤可以实现较高的定位精度和重复定位精度。

(2) 可以实现无间隙运动，提高机械系统的运动刚度。

(3) 成对使用导轨副时，具有“误差均化效应”，从而可以降低基础件(导轨安装面)的加工精度要求，降低基础件的机械制造成本与难度。

(4) 简化了机械结构的设计和制造。

滚动直线导轨除了具有上述优点外，还具有安装和维修都比较方便的特点。由于它是一个独立的部件，对机床支承导轨部分的技术要求不高，所以既不需要淬硬也不需要磨削或刮研，只需要精铣或精刨。由于这种导轨可以预紧，因而比滚动体不循环的滚动导轨刚度高、承载能力大，但不如滑动导轨，抗震性也不如滑动导轨。为了提高抗震性，有时装有阻尼滑座。有过大振动和冲击载荷的机床不宜使用滚动直线导轨副。滚动直线导轨副的移动速度可以达到 60m/min，在数控机床和加工中心上得到了广泛应用。

3.5.6　滚动直线导轨副的精度及选用

滚动直线导轨副分 4 个精度等级，即 2 级、3 级、4 级、5 级，其中 2 级精度最高，依次递减。

由于滚动直线导轨副具有“误差均化效应”，在同一平面内使用两根或两根以上滚动直线导轨时，可以选用精度等级较低的导轨而达到较高的导轨运动精度，一般可以提高 20％～50％。各类机床和机械推荐的精度等级见表 3-43。

表 3-43　各类机床和通用机械推荐的精度等级

精度等级	数控机床							普通机床	通用机械
	车床	铣床，加工中心	坐标镗床，坐标磨床	磨床	电加工机床	精密冲箭机	绘图机		
2	√	√	√	√	—	—	—	—	—
3	√	√	√	√	—	—	√	√	—
4	√	√	—	—	√	√	√	√	√
5	—	—	—	—	√	√	—		√

各种规格的滚动直线导轨副分4种预加载荷，每种预加载荷的适用场合见表3-44。各种预加载荷与精度等级的关系见表3-45。

表3-44 各种预加载荷的适用场合

预载种类	应用场合
P_0（重预载）	大刚度并有冲击和振动的场合，常用于重型机床的主导轨等
P_1（中预载）	重复定位精度要求较高、承载侧悬载荷、扭转载荷和单根导轨使用时，常用于精度定位的运动机构和测量机构上
P（普通预载）	有较小的振动和冲击，两根导轨并用时，并且要求运动轻便处
P_3（间断预载）	用于输送机构中

表3-45 各种预加载荷的适用精度等级

精度等级	预载级别			
	P_0	P_1	P	P_3
2、3、4	√	√	√	—
5	—	√	√	√

3.5.7 滚动直线导轨的选型与计算

1. 滚动直线导轨的选型

一般是依照导轨的承载量，先根据经验确定导轨的规格，然后进行寿命计算。导轨的承载量与导轨规格一般有表3-46中所列出的经验关系。该表列出的只是经验数据，有时还要根据结构的具体尺寸综合考虑。

表3-46 导轨承载量与导轨规格对应的经验关系

承载量/N	3000以下	3000～5000	5000～10000	10000～25000	25000～50000	50000～80000
导轨规格	30	35	45	55	65	85

2. 滚动直线导轨的计算

滚动直线导轨的计算就是计算其距离额定寿命或时间额定寿命。而额定寿命主要与导轨的额定动载荷 C_n 和导轨上每个滑块所承受的工作载荷 F 有关。额定动载荷 C_n 值可以从样本上查到。每个滑块所承受的工作载荷 F 则要根据导轨的安装形式和受力情况进行计算。额定动载荷 C_n 是指导轨在一定的载荷下行走一定的距离，90%的支承不发生点蚀的载荷，这个行走距离称为滚动直线导轨的距离额定寿命。如果把这个行走距离换算成时间，则得到时间额定寿命。

(1) 距离额定寿命 L 和时间额定寿命 L_h 可以用以下公式计算：

$$L=50\left(\frac{f_h f_t f_c f_a}{f_w}\cdot\frac{C_n}{F}\right)^3 \quad (\text{km}) \tag{3-60}$$

式中：f_h——硬度系数，一般要求滚道的硬度不得低于58HRC，故通常可取 $f_h=1$；

f_t——温度系数，见表3-47；

f_c——接触系数，见表3-48；

f_a——精度系数，见表3-49；

f_w——载荷系数，见表3-50；

C_n——额定动载荷(N)；

F——计算载荷(N)。

$$L_h=\frac{L\times10^3}{2\times l\times n\times60}\approx\frac{8.3L}{l\times n}\quad(\text{h})\tag{3-61}$$

式中：l——行程长度(m)；

n——每分钟往返次数。

表3-47 温度系数

工作温度/℃	<100	≥100～150	≥150～200	≥200～250
f_t	1.00	0.90	0.73	0.60

表3-48 接触系数

每根导轨上的滑块数	1	2	3	4	5
f_c	1.00	0.81	0.72	0.66	0.61

表3-49 精度系数

精度等级	2	3	4	5
f_a	1.0	1.0	0.9	0.9

表3-50 载荷系数

工作条件	无外部冲击或振动的低速运动(速度小于15m/min)场合	无明显冲击或振动的中速运动(速度小于15～60m/min)场合	有外部冲击或振动的高速运动(速度大于60m/min)
f_w	1～1.5	1.5～2.0	2.0～3.5

(2) 作用于滚动直线导轨载荷的计算。

一般把滚动直线导轨的距离额定寿命定为50km，时间额定寿命可以根据式(3-61)来折算。在设计中，如果根据经验已经选定了某种型号的滚动直线导轨，则根据样本可以查出该滚动直线导轨的额定动载荷C_n，再计算距离额定寿命L和时间额定寿命L_h。若L或L_h大于滚动直线导轨的额定寿命，则满足设计要求，初选的滚动直线导轨副可以采用。反之，如果用户给定了滚动直线导轨的期望寿命，则可以计算滚动直线导轨的额定动载荷C_n，据此选择滚动直线导轨的型号。

小知识：滚动直线导轨支承系统所受的载荷，受到下列各种因素的影响：导轨的配置形式(如水平、垂直、横排等)，移动部件的重心和受力点位置，导轨上移动部件牵引力的作用点，启动及终止时的惯性力以及运动阻力等。

3. 滚动直线导轨的标记

以南京工艺装备制造有限公司生产的GGB型滚动直线导轨为例，标记如下：

GGB25AALT2$P_1$2×3600(2)－4

标记的意义见表3-51。

表3-51 南京工艺装备制造有限公司生产的滚动直线导轨标记的意义

标记代号	意义	备注
GGB	四方向等载荷型滚动直线导轨代号	—
25	导轨公称尺寸	分为16、20、25、30、35、45、55、65、85等九种
A	滑块宽度形式代号	A为宽形，B为窄形
A	滑块上连接孔形式	A为螺孔，B为通孔
L	滑块长度形式代号	标准形式滑块不标，L为加长型
T	有特殊要求的滑块类型代号	标准系列滑块不标
2	每根导轨上使用的滑块数	—
P_1	预加载荷类型代号	分为P_0、P_1、P_2、P_3
2×3600(2)	同一平面内使用的导轨数、导轨长度，括号中的数字表示单根导轨的接长件数	导轨不接长时不标
4	精度等级	分为2级、3级、4级、5级

3.6 联轴器的选用

联轴器是一种常用的机械传动装置，主要用来连接轴与轴(或连接轴与其他回转零件)以传递运动和转矩。此外，联轴器还具有补偿两轴相对位移、缓冲和减振，以及安全防护等功能。

选用联轴器时会遇到各种问题，如联轴器的传递扭矩、转速、两轴的位移度、热变形、振动、安装位置和制造成本等。各类联轴器都有它一定的适用范围。

3.6.1 刚性联轴器

刚性联轴器两轴轴线的许用相对位移量甚微，通常的许用相对径向位移为0.002～0.05mm，许用相对角位移在1m长度上不超过0.05mm。但这类联轴器具有构造简单、成本低廉、能保持准确的传动比等优点，因此，在需要使两轴牢固地刚性连接、启动频繁、速度变化大的场合仍常使用。

刚性联轴器的主要形式有凸缘联轴器、套筒联轴器、夹壳联轴器等。

1. 凸缘联轴器

图3.36示为YL型凸缘联轴器(GB 5843—86)，适用于连接两同轴线的圆柱形传动轴系，传递公称扭矩为10～20000N·m。联轴器由两个带凸缘的半联轴器1、4，螺栓2和

尼龙锁紧螺帽 3 组成。联轴器靠预紧普通螺栓在凸缘接触表面产生的摩擦力传递扭矩。半联轴器也可用铰孔精制螺栓连接，螺栓与孔之间无间隙，传递扭矩时螺栓受挤压和剪切力。联轴器的材料为铸铁或钢，如材料为铸铁 HT20—40 时，其外缘的极限速度不超过 30m/s，材料为 35、45 或 ZG45 铸钢时，外缘极限速度不超过 50m/s。凸缘联轴器在安装时要求把联轴器压配到轴上之后，检验其端面跳动，不得超差。

2. 刚性套筒式联轴器

图 3.37 所示为套筒式联轴器的几种结构。套筒式联轴器结构简单、径向尺寸小，但装拆困难，且要求两轴轴线严格对中，使用受到一定限制。其中，图 3.37(a)结构简单，但锥销防松不太可靠；图 3.37(b)加工、安装均容易，但消除周向间隙不可靠；图 3.37(c)完全靠摩擦力传递转矩，结构简单，安装容易，但传递转矩不大。

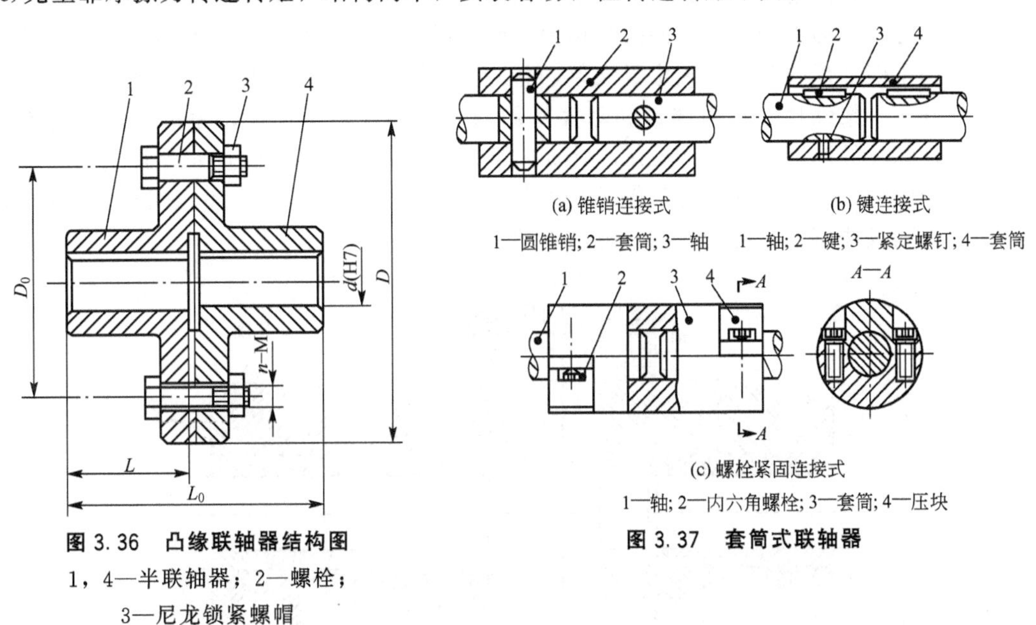

图 3.36　凸缘联轴器结构图

1，4—半联轴器；2—螺栓；3—尼龙锁紧螺帽

(a) 锥销连接式

1—圆锥销; 2—套筒; 3—轴

(b) 键连接式

1—轴; 2—键; 3—紧定螺钉; 4—套筒

(c) 螺栓紧固连接式

1—轴; 2—内六角螺栓; 3—套筒; 4—压块

图 3.37　套筒式联轴器

3. 夹壳联轴器

图 3.38 示为无定位环的夹壳联轴器，用以连接在联轴器以外具有纵向定位的两轴。外围蒙有防护罩。

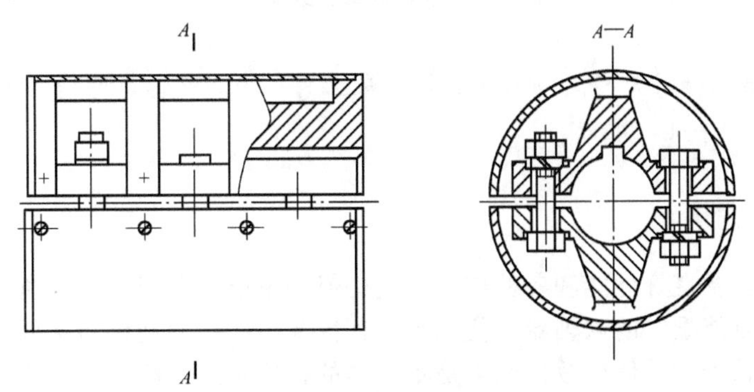

图 3.38　夹壳联轴器

该联轴器由两个部分的半联轴器构成。安装时联轴器套接两轴端，两轴端均有槽供半环卡入，此时轴间纵向连接。再拧紧螺栓，使接触表面产生摩擦力以传递扭矩(键仅作为补充连接用)。主要用于低速、载荷平稳的立轴传动。不需润滑，两面对称可互换，装卸时轴不需要轴向移动。缺点是被连接的轴端和夹壳加工较复杂，安装时两轴轴线不能很好对中，保持平衡困难，不适用于有冲击载荷条件。

3.6.2 挠性联轴器

挠性联轴器结构原理如图 3.39 所示，压圈用螺钉与连轴套相连，通过拧紧压圈上的螺钉，可使压圈对锥环施加轴向压力。锥环又分为内锥环和外锥环，它们成对使用；由于锥环之间的楔紧作用，压圈上的轴向压力使内锥环和外锥环分别产生径向收缩和胀大的弹件变形，从而消除配合间隙。同时，在被连接的轴与内锥环、内锥环与外锥环、外锥环与联轴套之间的接合面上产生很大的接触压力，就是依靠这个接触压力产生的摩擦力来传递扭矩的。为了能补偿两轴的安装位置误差(同轴度及垂直度误差)引起的“干涉”现象，采用柔性片结构。柔性片分别用螺钉和球面垫圈与两边的连轴套相连，通过柔性片传递扭矩。柔性片每片的厚度约为 0.25mm，材质一般为不锈钢。两端的位置偏差就是由柔性片的变形来抵消的。采用这种挠性联轴器把伺服电机与丝杠直接连接，不仅可以简化结构，减少噪声，而且能够消除传动间隙，提高传动刚度。

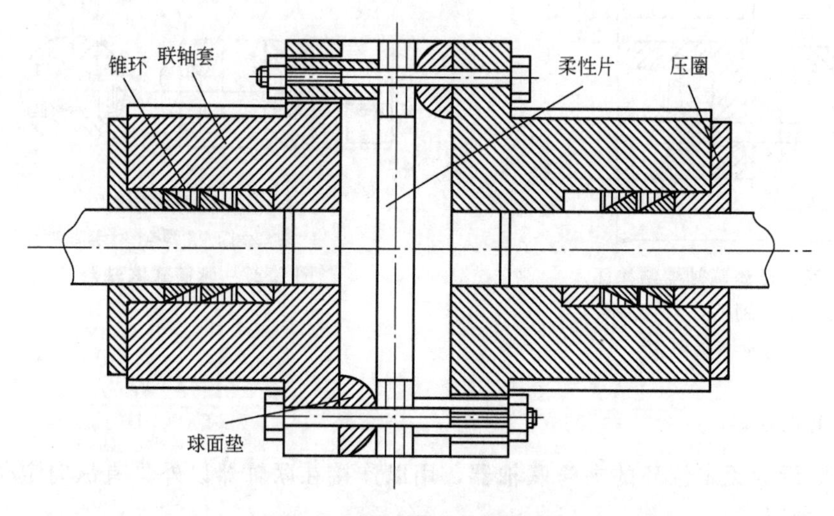

图 3.39　挠性联轴器结构原理

小知识：挠性联轴器是广泛应用在数控机床上的一种联轴器，它能补偿因同轴度及垂直度误差引起的“干涉”现象。

3.6.3 联轴器的选用

尽管联轴器具备良好性能和各种结构形式，但并不能适合于所有的机械传动装置，也就是说不存在“万能型”的联轴器。往往有这种情况，同一发动机与不同的负载装置间用同一种形式的联轴器，其使用效果经常是不一样的，这是因为联轴器的工作好坏，除其本身结构、几何尺寸等是否设计合理外，还与其传动装置的动力特性、载荷状况和工作环境等有关。

联轴器的选用依据是工作条件和结构形式，正确地选择能满足使用目的并能安全运转的联轴器需要考虑的因素很多，主要有以下几点：①根据传递的扭矩大小、转速、缓冲和振动要求选择类型；②计算传递的扭矩；③确定联轴器型号；④校核最高转速；⑤协调轴孔直径。

3.6.4 联轴器传递扭矩的计算

在计算联轴器所传递的扭矩时，必须考虑传动装置的负荷状态、转速以及两轴轴线偏移量的诸因素。

联轴器所需传递的扭矩 T_n 为

$$T_n = 9550 \times \frac{N}{n} \quad (\mathrm{N \cdot m}) \tag{3-62}$$

式中：N——传递功率(kW)；

n——转速(r/min)。

联轴器的计算扭矩 T_c 应取机械不稳定运转时的动载荷及过载状态下的最大扭矩，同时要考虑两轴轴线的偏移量及工作转速等因素。如果不能精确计算时，计算扭矩可按下列公式求得：

$$T_c = KT_n \quad (\mathrm{N \cdot m}) \tag{3-63}$$

式中：K——工作情况系数(表 3－52)。

表 3－52　工作情况系数

原动机		各类工作机 K 值					
		Ⅰ类	Ⅱ类	Ⅲ类	Ⅳ类	Ⅴ类	Ⅵ类
电机、汽轮机		1.3	1.5	1.7	1.9	2.8	3.1
内燃机	四缸及四缸以上	1.5	1.7	1.9	2.1	2.5	3.3
	二缸	1.8	2.0	2.2	2.4	2.8	3.6
	单缸	2.2	2.4	2.6	2.8	3.2	4.0

表 3－52 中工作机分类如下。

Ⅰ类：转矩变化很小的机械，如发电机、小型通风机、小型离心泵。Ⅱ类：转矩变化小的机械，如透平压缩机、木工机床、运输机。Ⅲ类：转矩变化中等的机械，如搅拌机、增压泵、有飞轮的压缩机、冲床。Ⅳ类：转矩变化和冲击载荷中等的机械，如织布机、水泥搅拌机、拖拉机。Ⅴ类：转矩变化和冲击载荷大的机械，如造纸机械、挖掘机、起重机、碎石机。Ⅵ类：转矩变化大并有极强烈冲击载荷的机械，如压延机、无飞轮的活塞泵、重型初轧机。工作情况系数 K 是反映传递扭矩变动状态的系数，因原动机和工作机械的种类不同而不同。除负荷特性外，连续工作 16h 以上的还应适当加大系数。但不能任意选取较大的工况系数，否则会导致联轴器的尺寸加大，从而增加两轴及其支承上的载荷，这样会引起附加动载荷的增大，对传动轴系是非常不利的。对弹性元件挠性联轴器，由于弹性元件一般有较大过载能力和减缓冲击的能力，所以在选取工作情况系数时可比刚性联轴器小。

根据计算扭矩设计制造出的联轴器，其实际所能承受的扭矩即为联轴器的许用传递扭矩(经过系列化的称为公称扭矩)。而根据计算扭矩选用已知联轴器时，已知联轴器的许用传递扭矩或公称扭矩应大于或等于计算扭矩。

联轴器转速超过规定的联轴器的基准转速时，则应降低联轴器的许用传递扭矩，但对于具有挠性材料不产生滑动磨损的联轴器，如橡胶弹性元件挠性联轴器、金属弹性元件挠性联轴器可不予考虑。对于可能产生两轴轴线偏移的联轴器，应取较小的许用传递扭矩。因为当两轴轴线偏移时，接触面的压力增加或滑动部位的滑动速度增加，都会引起附加载荷的增加，对于联轴器、轴和轴承的使用寿命都会产生不良影响。其影响的程度，对不同的联轴器在相同的轴线偏移量情况下也是不同的。

在确定联轴器结构形式，按计算扭矩选择联轴器型号后，根据所提供的各项参数，在必要时应进行复核。例如弹性元件挠性联轴器的最大冲击扭矩、通过共振转速时的最大扭矩等数值是否超过所选择联轴器的许用扭矩，如果超过时，则必须选择大一档的型号，并再一次进行核算。

3.7　机械模块应用实例——镗铣加工中心工作台(*X* 轴)设计

3.7.1　镗铣加工中心工作台(*X* 轴)设计

1. 技术要求

工作台行程(X)：600mm；快速移动速度：15000mm/min；工作台承载工件最大重量：300kg；定位精度 *X* 坐标：0.05mm；重复定位精度：0.02mm。

2. 总体方案设计

工作台是拖动被加工零件沿 *X*，*Y* 方向作进给运动以完成切削加工的关键部件。其结构如图 3.40 所示。为了满足为了满足以上技术要求，采用以下技术方案：机床坐标的进给传动采用伺服电机通过高精度无齿隙联轴器与精密级滚珠丝杠副直联，丝杠轴承采用高精度、高刚性成组角接触球轴承，稳定性好、精度高。保证了机床的传动刚性、位置精度和高传动精度。机床三个进给方向的基础导轨全部中频淬火，磨削加工，硬度可达到 HRC48 以上，与其相配合的导轨面粘贴塑料板，并采用手动润滑装置对导轨进行间歇润滑，因此导轨副摩擦小、精度保持性好。机床各向坐标运动的丝杠副全部消除间隙，提高了机床运动部件的运动刚性。工作台沿 *X* 向的进给运动是由安装在电机座上的伺服进给电机通过弹性联轴器驱动纵向滚珠丝杠旋转，从而拖动工作台来实现的。为了提高机床运动部件的运动刚性，在滑鞍的下侧用背板，镶条来消除运动间隙。从而实现机床坐标的无间隙运动，使机床有关的精度更加稳定可靠。图 3.40 为作台结构示意图。

3.7.2　设计计算

1. 主切削力及其切削分力计算

(1) 计算主切削力 F_z。主轴转速 $n=272\text{r/min}$，切削状况见表 3-53。

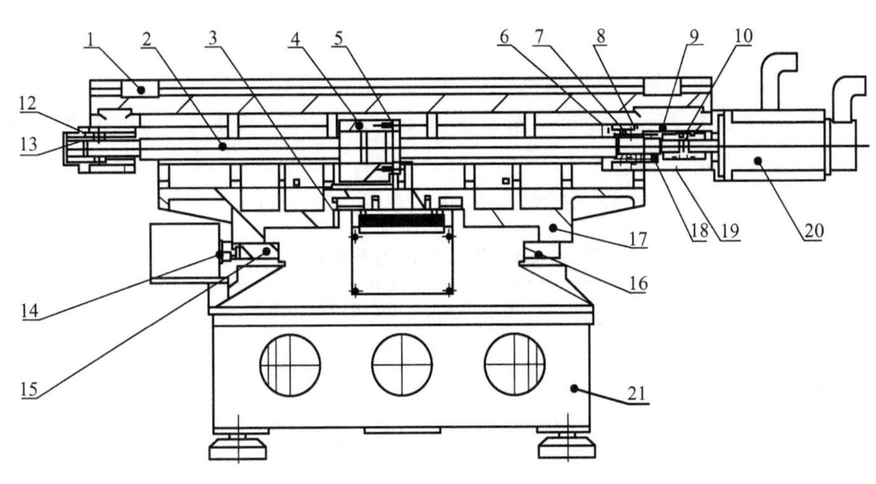

图 3.40　工作台结构示意图

1—工作台；2—丝杠；3—镶条；4—丝母座；5—丝母；6—法兰盘；7—轴承；8—隔垫；9—电机座；10—联轴器；11—轴承座；12—丝杠端盖；13—轴承；14—撞块；15、16—背板；17—滑鞍；18—锁紧螺母；19—盖板；20—X 向电机；21—底座

表 3-53　镗铣加工中心的切削状况

切削方式	进给速度/(m · min^{-1})	时间比例(%)
强力切削	0.6	10
一般切削	0.9	50
精切削	0.8	28
快速进给	15	12

工作台、工件和夹具的总质量 $m=600\text{kg}$(所受的重力 $W=5882\text{N}$)，采用端面铣刀在主轴计算转速下进行强力切削(铣刀直径 $D=125\text{mm}$，主轴转速 $n=272\text{r/min}$)时，主轴具有最大扭矩，并能传递主电机的全部功率。此时，铣刀的切削速度为

$$v=\frac{\pi Dn}{60}=\frac{3.14\times125\times10^{-3}\times272}{60}=1.78\text{m/s}$$

若主传动链的机械效率 $\eta_m=0.8$，电机的功率 $P_E=5.5\text{kW}$，计算主切削力 F_z：

$$F_z=\frac{\eta_m P_E}{v}\times10^3=\frac{0.8\times5.5\times10^3}{1.78}=2471.91\text{N}$$

(2) 计算各切削分力。

根据工作台工作载荷与切向铣削力的经验比值可得工作台纵向切削力 F_e、横向切削力 F_c 和垂直切削力 F_v 分别为

$$F_e=0.4F_z=0.4\times2471.91=988.76\text{N}$$

$$F_c=0.95F_z=0.95\times2471.91=2348.31\text{N}$$

$$F_v=0.55F_z=0.55\times2471.91=1359.55\text{N}$$

2. 导轨摩擦力的计算

(1) 计算在切削状态下的导轨摩擦力 F_{μ}。

此时，导轨动摩擦系数 $\mu=0.15$，静摩擦系数 $\mu_0=0.2$，查表 3-54(镶条紧固力推荐值)镶条紧固力 $f_g=1500\text{N}$，则

$$F_{\mu}=\mu(W+f_g+F_c+F_v)=0.15\times(5882+1500+2348.31+1359.55)=1663.48\text{N}$$

表 3-54　镶条紧固力推荐值

导轨形式	主电机功率/kW						
	2.2	3.7	5.5	7.5	11	15	18
贴塑滑动导轨	500	800	1500	2000	2500	3000	3500
滚动直线导轨	25	40	75	100	125	150	175

(2) 计算在不切削状态下的导轨摩擦力 $F_{\mu0}$ 和导轨静摩擦力 F_0。

$$F_{\mu0}=\mu(W+f_g)=0.15\times(5882+1500)=1107.3\text{N}$$
$$F_0=\mu_0(W+f_g)=0.2\times(5882+1500)=1476.4\text{N}$$

3. 计算滚珠丝杠螺母副的轴向负载力

(1) 计算最大轴向负载力 F_{amax}。

$$F_{amax}=F_1+\mu(W+f_g+F_c+F_v)=F_1+F_{\mu}=988.76+1663.48=2652.24\text{N}$$

(2) 计算最小轴向负载力 F_{amin}。

$$F_{amin}=F_{\mu0}=\mu(W+f_g)=1107.3\text{N}$$

4. 滚珠丝杠的动载荷计算与直径估算

(1) 确定滚珠丝杠的导程。

根据已知条件，取电机的最高转速 $n_{max}=1500\text{r/min}$，得

$$L_0\geqslant\frac{v_{max}}{in_{max}}=\frac{15000}{1\times1500}=10\text{mm}$$

所以 $L_0=10\text{mm}$

(2) 计算滚珠丝杠螺母副的平均转速和平均载荷。

估算在各种切削方式下滚珠丝杠的轴向载荷，将强力切削时的轴向载荷定为最大轴向载荷 F_{amax}，快速移动和钻镗定位时的轴向载荷定为最小轴向载荷 F_{amin}。一般切削(粗加工)和精细切削(精加工)时，滚珠丝杠螺母副的轴向载荷 F_2、F_3 分别可按 $F_2=F_{amin}+20\%F_{amax}$，$F_3=F_{amin}+5\%F_{amax}$ 计算，并将计算结果填入表 3-55。

表 3-55　滚珠丝杠的计算

切削方式	轴向载荷/N	进给速度/(m·min^{-1})	时间比例(%)	备注
强力切削	2652.24	$\nu_1=0.6$	10	$F_1=F_{amax}$
一般切削(粗加工)	1637.75	$\nu_2=0.9$	50	$F_2=F_{amin}+20\%F_{amax}$
精细切削(精加工)	1239.91	$\nu_3=0.8$	28	$F_3=F_{amin}+5\%F_{amax}$
快速进给	1107.3	$\nu_4=\nu_{max}$	12	$F_4=F_{amin}$

计算滚珠丝杠螺母副在各种切削方式下的转速 n_i。

$$n_1=\frac{v_1}{L_0}=\frac{0.6}{10\times10^{-3}}=60\text{r/min}\quad n_2=\frac{v_2}{L_0}=\frac{0.9}{10\times10^{-3}}=90\text{r/min}$$

$$n_3=\frac{v_3}{L_0}=\frac{0.8}{10\times10^{-3}}=80\text{r/min}\quad n_4=\frac{v_4}{L_0}=\frac{15}{10\times10^{-3}}=1500\text{r/min}$$

计算滚珠丝杠螺母副的平均转速 n_m。

$$n_m=\frac{q_1}{100}n_1+\frac{q_2}{100}n_2+\cdots+\frac{q_n}{100}n_n=\frac{10}{100}\times60+\frac{50}{100}\times90+\frac{28}{100}\times80+\frac{12}{100}\times1500=253.4\text{r/min}$$

计算滚珠丝杠螺母副的平均载荷 F_m。

$$F_m=\sqrt[3]{F_1^3\frac{n_1}{n_m}\frac{q_1}{100}+F_2^3\frac{n_2}{n_m}\frac{q_2}{100}+\cdots+F_n^3\frac{n_n}{n_m}\frac{q_n}{100}}$$

$$=\sqrt[3]{2652.24^3\times\frac{60}{253.4}\times\frac{10}{100}+1637.75^3\times\frac{90}{253.4}\times\frac{50}{100}+1239.91^3\times\frac{80}{253.4}\times\frac{28}{100}+1107.3^3\times\frac{1500}{253.4}\times\frac{12}{100}}$$

$$=1240.06\text{N}$$

5. *确定滚珠丝杠预期的额定动载荷 C_{am}*

(1) 按预定工作时间估算。查本章表得载荷性质系数 $f_w=1.3$。已知初步选择的滚珠丝杠的精度等级为2级，查表得精度系数 $f_n=1$，查表得可靠性系数 $f_c=0.44$。

$$C_{am}=\sqrt[3]{60n_mL_h}\frac{F_mf_w}{100f_nf_c}=\sqrt[3]{60\times253.4\times20000}\times\frac{1240.06\times1.3}{100\times1\times0.44}=24636.12\text{N}$$

(2) 因对滚珠丝杠螺母副将实施预紧，可估算最大轴向载荷。查表得预加载荷系数 $f_e=4.5$，则

$$C_{am}=f_eF_{amax}=4.5\times2652.24=11935.08\text{N}$$

(3) 确定滚珠丝杠预期的额定载荷 C_{am}：取以上两种结果的最大值，即 $C_{am}=24636.12\text{N}$。

6. *按精度要求确定允许的滚珠丝杠的最小螺纹底径 d_{2m}*

(1) 根据定位精度和重复定位精度的要求估算允许的滚珠丝杠的最大轴向变形。

已知工作台的定位精度为50μm，重复定位精度为20μm，得

$$\delta_{max}=\left(\frac{1}{3}\sim\frac{1}{2}\right)\times20\mu\text{m}=(6.67\sim10)\mu\text{m}\quad\delta_{max}=\left(\frac{1}{5}\sim\frac{1}{4}\right)\times50\mu\text{m}=(10\sim12.5)\mu\text{m}$$

取上述计算结果的较小值，即 $\delta_{max}=6.67\mu\text{m}$。

(2) 估算允许的滚珠丝杠的最小螺纹底径 d_{2m}。

本机床工作台(X轴)滚珠丝杠螺母副的安装方式拟采用一端固定、一端游动支承方式。

滚珠丝杠螺母副的两个支撑之间的距离为 L

L=行程+安全行程+2×余程+螺母长度+支撑长度≈(1.2～1.4)行程+(25～30)L_0

取 L=1.4×行程+30L_0=(1.4×600+30×10)mm=1104mm

又 $F_0=1476.4\text{N}$，$d_{2m}\geqslant0.039\sqrt{\frac{F_0L}{\delta_{max}}}=0.039\times\sqrt{\frac{1476.4\times1140}{6.67}}\text{mm}=19.59\text{mm}$

7. *初步确定滚珠丝杠螺母副的规格型号*

根据计算所得的 L_0、C_{am}、d_{2m} 初步选择FFZD型内循环垫片预紧螺母式滚珠丝杠螺母副FFZD3210—5其公称直径 d_0、基本导程 L_0、额定动载荷 C_a 和丝杠底径 d_2 如下：$d_2=$

32mm，$L_0=10$mm，$C_a=40000\text{N}>C_{am}=24636.12$N，$D_2=27.3\text{mm}>d_{2m}=19.59$mm。故满足的要求。

确定滚珠丝杠螺母副的预紧力 F_p：

$$F_p=\frac{1}{3}F_{amax}=\frac{1}{3}\times2652.24=884.08\text{N}$$

确定滚珠丝杠螺母副支承轴承的规格型号

(1) 计算轴承所承受的最大轴向载荷 F_{Bmax}。

$$F_{Bmax}=\frac{1}{2}F_{amax}+F_p=2210.2\text{N}$$

(2) 计算轴承的预紧力 F_{Bp}。

$$F_{Bp}=\frac{1}{3}F_{Bmax}=\frac{1}{3}\times2210.2=736.7\text{N}$$

(3) 计算轴承的当量轴向载荷 F_{Bam}。

$$F_{Bam}=F_{Bp}+F_m=736.7+1240.06=1976.7\text{N}$$

(4) 计算轴承的基本额定动载荷 C。

已知轴承的工作转速与滚珠丝杠的当量转速 n_m 相同，取 $n=n_m=129.8$r/min；轴承所承受的轴向载荷 $F_{Ba}=F_{Bam}=2381$N。轴承的径向载荷 F_r 和轴向载荷 F_a 分别为

$$F_r=F_{Bam}\cos60°=1976.7\times0.5=988.3\text{N}$$

$$F_a=F_{Bam}\sin60°=1976.7\times0.87=1719.7\text{N}$$

因为$\frac{F_a}{F_r}=\frac{1719.7}{988.3}=1.74<2.17$，径向系数 X、轴向系数 Y 分别为 $X=1.9$，$Y=0.54$，故

$$P=XF_r+YF_a=1.9\times988.3+0.54\times1719.7=2806.4\text{N}$$

$$C=\frac{P}{100}\sqrt[3]{60nL_h}=\frac{2806.4}{100}\times\sqrt[3]{60\times253.4\times20000}=18869\text{N}$$

(5) 确定轴承的规格型号。

因为滚珠丝杠螺母副拟采用一端固定、一端游动的支承方式，所以将在固定端选用60°角接触球轴承组背对背安装，以承受两个方向的轴向力。由于滚珠丝杠的螺纹底径 d_2 为27.3mm，所以选择轴承的内径 d 为25mm，以满足滚珠丝杠结构的需要。选择国产60°角接触球轴承两件一组背对背安装，型号为760205TNI/P4DFA，尺寸(内径×外径×宽度)为25mm×52mm×15mm，选用油脂润滑。该轴承的预载荷能力为1250N，大于计算所得的轴承预紧力 $F_{Bp}=736.7$N。在油脂润滑状态下的极限转速为2600r/min，高于本机床滚珠丝杠的高速转速1500r/min，故满足要求。该轴承的额定动载荷为 $C'=22000$N，而该轴承在20000h工作寿命下的额定动载荷 $C=18869$N，故也满足要求。

3.7.3 工作台部件设计

将以上计算结果用于工作台部件设计，计算简图如图3.41所示。

3.7.4 滚珠丝杠螺母副的承载能力校验

1. 滚珠丝杠螺母副临界压缩载荷 F_c 的校验

滚珠丝杠螺母副的最大的受压长度 $L_1=661$mm，丝杠水平安装时，$K_1=1/3$，查表得 $K_1=2$。

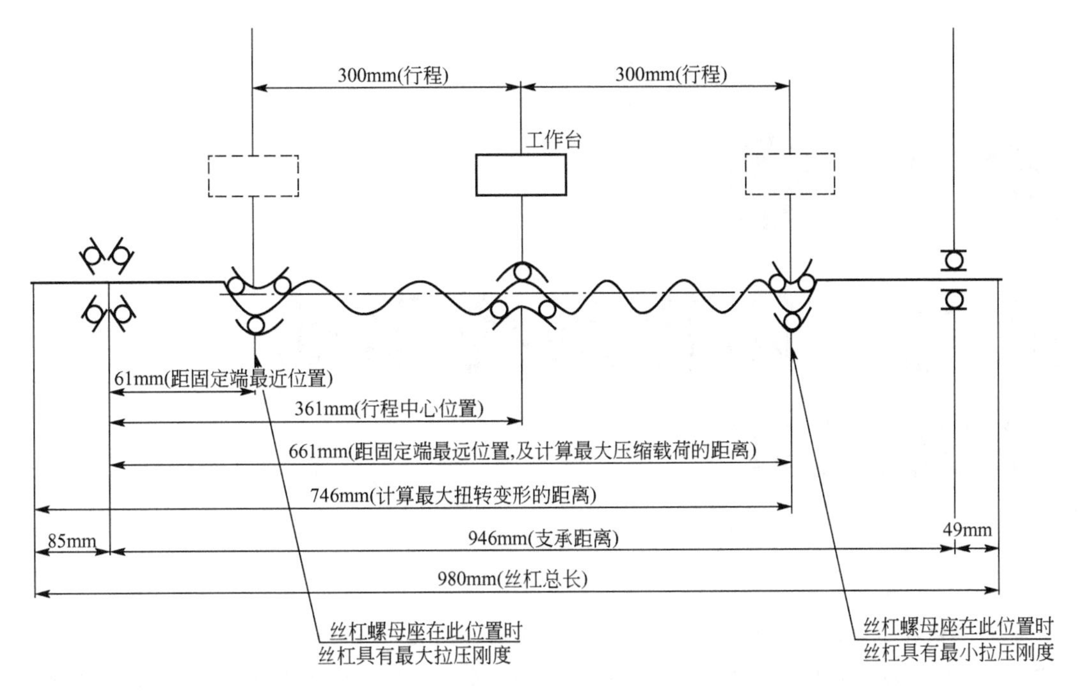

图 3.41　工作台计算简图

$$F_c = K_1 K_2 \frac{d_2^4}{L_1^2} \times 10^5 = \frac{1}{3} \times 2 \times \frac{27.3^4}{661^2} \times 10^5 = 84753.26\text{N}$$

本工作台滚珠丝杠螺母副的最大轴向压缩载荷为 $F_{amax} = 2652.24\text{N}$，远小于其临界压缩载荷 F_c 的值，故满足要求。

2. 滚珠丝杠螺母副临界转速 n_c 的校验

根据图 3.41 得滚珠丝杠螺母副临界转速的计算长度 $L_2 = 785\text{mm}$。已知弹性模量 $E = 2.1 \times 10^5 \text{MPa}$，材料密度 $\rho = 1/g \times 7.8 \times 10^{-5} \text{N/mm}^3$，重力加速度 $g = 9.8 \times 10^3 \text{mm/s}^2$，安全系数 $K_1 = 0.8$。由表 3-22 得与支承有关的系数 $\lambda = 3.927$。

滚珠丝杠的最小惯性矩为

$$I = \frac{\pi}{64} d_2^4 = \frac{3.14}{64} \times 27.3^4 = 27252.12\text{mm}^4$$

滚珠丝杠的最小截面积为

$$A = \frac{\pi}{4} d_2^2 = \frac{3.14}{4} \times 27.3^2 = 585.05\text{mm}^2$$

故可得

$$n_c = K_1 \frac{60\lambda^2}{2\pi L_2^2} \sqrt{\frac{EI}{\rho A}} = 0.8 \times \frac{60 \times 3.927^2}{2 \times 3.14 \times 785^2} \sqrt{\frac{2.1 \times 10^5 \times 27252.12 \times 9.8 \times 10^3}{7.8 \times 10^{-5} \times 585.05}}$$
$$= 6705.68\text{r/min}$$

本工作台滚珠丝杠螺母副的最高转速为 1500r/min，远远小于其临界转速，故满足要求。

第4章 机电一体化系统驱动模块设计

驱动模块指由电机及其驱动电路组成的技术模块。机电一体化系统中常用的控制电机有步进电机、直流伺服电机和交流伺服电机。本章主要讨论这三种控制电机的工作原理、分类和特点，这三种控制电机选用的设计过程及步骤，以及与这三种控制电机相匹配的驱动及控制。

了解三种控制电机的分类、特点和应用领域；
掌握步进电机选用的设计计算过程和步骤；
掌握直流伺服电机选用的设计计算过程和步骤；
掌握交流伺服电机选用的设计计算过程和步骤；
了解三种控制电机与相应驱动器的匹配；
了解三种控制电机的标注、产品规格和型号。

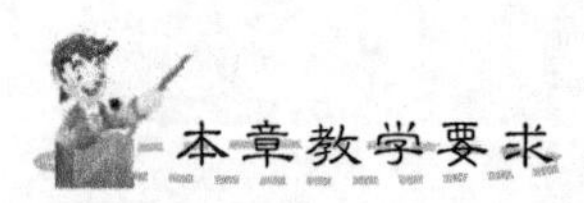

知识要点	能力要求	相关知识
步进电机	了解步进电机的分类、特点、应用领域； 掌握步进电机的主要技术参数； 掌握步进电机的选用方法和步骤； 了解步进电机的驱动和控制、规格和型号	步进电机驱动器、负载的等效计算、升降频控制，细分电路
直流伺服电机	了解直流伺服电机的分类、特点、应用领域； 掌握直流伺服电机工作原理和特性； 掌握直流伺服电机的选用方法和步骤； 了解直流伺服电机的标注规格和型号	直流伺服电机的驱动与控制
交流伺服电机	了解交流伺服电机的工作原理、特点； 掌握交流伺服电机选用的设计方法和步骤	交流伺服电机的驱动与控制

4.1 步进电机

步进电机是将电脉冲信号转换成机械角位移信号的执行元件，每接收一个电脉冲信号，步进电机转过一个步距角。步进电机转子的角位移与输入脉冲的个数成正比，转速与输入脉冲的频率成正比，转向取决于绕组的通电相序。因此，只要控制输入电脉冲的数量、频率以及电机绕组通电相序即可获得所需的转角、转速及转向。

4.1.1 步进电机的分类及其特点

步进电机按其工作原理可以分为反应式、永磁式和混合式步进电机三种类型。

1. 反应式步进电机

反应式步进电机又称为磁阻式步进电机。它的转子和定子都不含永久磁铁，转子由软磁钢制成，转子表面有很多小齿，定子上有线圈绕组。当给定子的线圈绕组轮流通电时，会产生一个旋转磁场，该磁场力会吸引转子随磁场旋转，从而带动负载转动。这种步进电机的优点是结构简单、制造容易、转子材料成本低、步距角小、输出转矩大。缺点是噪声大、效率低、动态特性差。而且线圈绕组断电后，磁场消失，即反应式步进电机断电后不能自锁。

目前反应式步进电机，由于其噪声和振动较大的原因，有些生产厂家已经不生产了。

2. 永磁式步进电机

永磁式步进电机的转子由永久磁钢制成，定子上有通电绕组。当给定子绕组轮流通电时，定子绕组产生的励磁磁场与转子磁场的相互吸引与排斥使得转子旋转。这种电机的优点是动态性能好、输出转矩大、电机不容易发热、断电时转子具有自锁能力。与反应式步进电机相比，其缺点是步距角大、价格高，与之相配的驱动器一般要求具有细分功能。

3. 混合式步进电机

混合式步进电机也叫永磁感应式步进电机。它的转子上嵌有永久磁铁，但其导磁性与反应式步进电机相似，故是反应式和永磁式步进电机的混合。这种步进电机的优点是输出转矩大、动态特性好、步距角小、驱动电流小、功耗低；缺点是制造工艺复杂、成本高。

小提示： 混合式步进电机驱动器的电源电压一般范围较宽，通常根据电机的工作转速和响应要求来选择。如果电机工作转速较高或响应要求较快，那么电压取值也高，但注意电源电压的纹波不能超过驱动器的最大输入电压，否则可能损坏驱动器。

4.1.2 步进电机的主要参数及选择

步进电机的主要参数有：步距角、转速、最大静转矩、定位转矩、启动转矩、启动频率、运行频率和矩频特性。

1. 步距角

步进电机的步距角是指每输入一个电脉冲信号，转子转过的角位移。步距角的大小不仅

与步进电机转子的齿数有关，还与步进电机的相数以及绕组的通电方式有关，其计算公式为

$$\theta_b = \frac{360°}{Z_r \cdot m \cdot c} \tag{4-1}$$

式中：Z_r——转子的齿数；

m——步进电机绕组的相数；

c——与绕组通电方式有关的系数，当相数与拍数相同时取 1，相数与拍数不同时取 2。

对于反应式和混合式步进电机，常见的步距角有：0.36°/0.72°，0.6°/1.2°，0.75°/1.5°，0.9°/1.8°。

永磁式步进电机的步距角较大，常见的有 3.6°、7.5°、15°、18°。

2. 步进电机的转速

当步进电机的步距角和通电频率确定后，步进电机的转速计算公式为

$$n = \frac{\theta_b}{360°} \times 60f = \frac{\theta_b \cdot f}{6} \tag{4-2}$$

式中：f——控制脉冲的频率(Hz)；

n——步进电机的转速(r/min)。

3. 最大静转矩

步进电机的最大静转矩又称为保持转矩，指步进电机在通电但没有转动时，定子锁住转子的力矩，是步进电机的重要参数之一。最大静转矩越大带载的能力越强。步进电机在低速时的力矩通常接近于最大静转矩。在没有特别指明的情况下，人们所说的步进电机的转矩就是指它的最大静转矩，该数值的大小可从产品样本说明书中查得。

4. 定位转矩

步进电机的定位转矩指步进电机在没有通电的情况下，定子锁住转子的力矩。反应式步进电机断电时不具备自锁能力，所以无定位转矩。

5. 启动转矩

步进电机的启动转矩又称为最大负载转矩。它是指步进电机单相绕组励磁时所能带动的极限负载转矩。可根据表 4-1 查取，也可根据式(4-3)计算。

$$T_q = T_{jmax} \cdot \cos\frac{180°}{m \cdot c} \tag{4-3}$$

式中：T_q——启动转矩；

T_{jmax}——最大静转矩；

m——步进电机绕组的相数；

c——与绕组通电方式有关的系数。

表 4-1　步进电机启动转矩与最大静转矩的关系

步进电机	相数	三相		四相		五相		六相	
	拍数	3	6	4	8	5	10	6	12
启动转矩/最大静转矩		0.5	0.866	0.707	0.707	0.809	0.951	0.866	0.866

6. 启动频率、运行频率和矩频特性

在负载转矩等于零的条件下，步进电机由静止状态突然启动，不失步地进入正常运行状态所允许的最高频率称为启动频率。当步进电机启动后，维持步进电机不失步的最高频率，称为运行频率。运行频率会随着负载的增加而下降。启动频率与机械系统的等效转动惯量、电机转子的转动惯量以及负载转矩有关。产品样本中给出的运行频率和启动频率分别为空载情况下的运行频率和极限启动频率。设计时可以根据产品的惯频特性曲线确定带载时的启动频率。例如，图 4.1 为某电机的启动惯频特性曲线，根据此曲线可以查出当负载的转动惯量为 0.04kg·cm^2 时，其启动频率约 350Hz。在实际应用中，由于负载转矩的存在，可采用的启动频率要比由惯频特性曲线查得的还要低。

步进电机的矩频特性指步进电机的输出转矩与控制脉冲频率之间的关系。步进电机的矩频特性有两种：启动矩频特性和运行矩频特性，如图 4.2 所示。图中纵坐标为电机的输出转矩，横坐标为电机的控制脉冲频率。对于给定的负载转矩 T_L，要求所选择的步进电机能够使得启动点在启动矩频特性曲线以下，工作点是在运行矩频特性曲线以下。

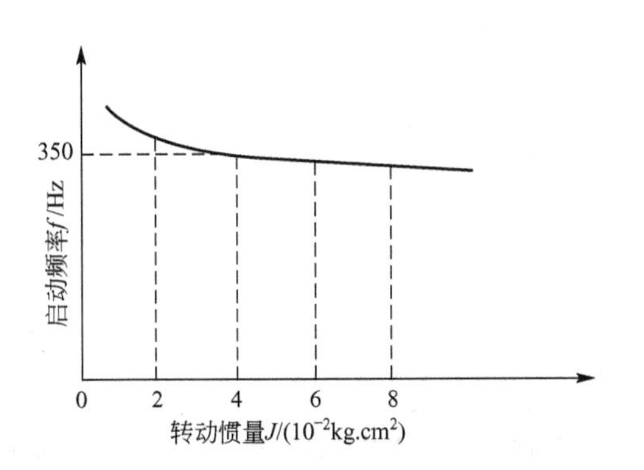

图 4.1　步进电机的启动惯频特性曲线

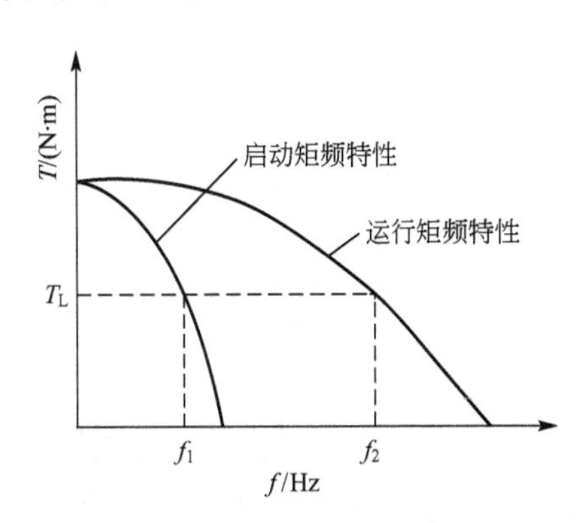

图 4.2　步进电机的矩频特性

小知识：步进电机低速转动时振动和噪声大是其固有的缺点，一般可采用以下方法克服：采用带有细分功能的驱动器，这是最常用、最简便的方法；换成步距角更小的步进电机；换成交流伺服电机，交流伺服电机几乎可以完全克服振动和噪声，但成本较高；在电机轴上加磁性阻尼器，市场上已有这种产品，但机械结构改变较大。

4.1.3　步进电机的型号标注

对于步进电机的型号标注，目前没有完全统一的标准，不同的生产厂家，其标注方法有所不同，但也有其共同之处。通常可以将步进电机的型号标注分为三段：前段、中段和后段，如图 4.3 所示。前段一般 2～3 位，表示步进电机的基座号(电机外径或外轮廓尺寸，单位是 mm)；中段 2～3 位，表示步进电机的类型：BY 为永磁式步进电机，BYG 为混合式步进电机，BF 或 BC 为反应式步进电机；后段 3～6 位，表示

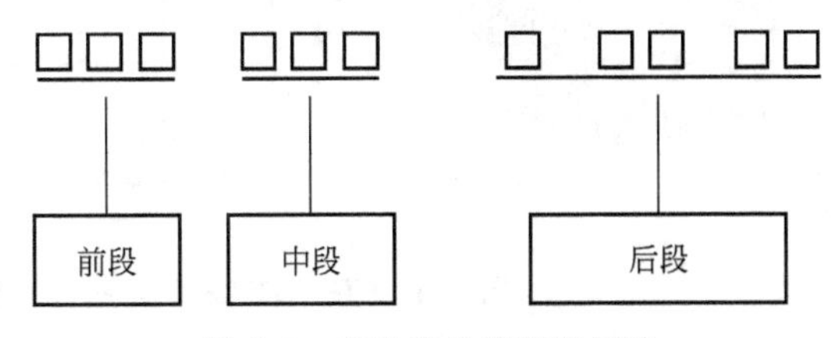

图 4.3　步进电机的型号标注

步进电机励磁绕组的相数、转子的齿数或其他代号。

表4－2、表4－3列举了杭州日升电器设备有限公司生产的部分步进电机的型号及相关技术参数，其外形图及安装尺寸如图4.4、图4.5所示。其中，57BYG250F系列与57BYG350F系列的外形基本尺寸相同，输出轴为ϕ6.35mm或ϕ8mm。表4－4是常州宝来电器有限公司生产的永磁式步进电机型号及相关技术参数，其中，型号中的25表示电机的外径，BY表示永磁式步进电机，24或45表示电机每转的步数，H或B表示厚薄，H是厚型，B是薄型，01、02等是序列号；其外形图及安装尺寸如图4.6所示。

表4－2　57BYG250F、57BYG350F系列混合式步进电机的技术参数

电机型号	相数	电流/A	电阻/Ω	电感/MH	步距角(°)	保持转矩/(N·m)	定位转矩/(N·m)	转动惯量/(kg·cm^2)	重量/kg	尺寸说明 L/mm
57BYG250FA	2	2.0/2.8	1.4	1.4	0.9/1.8	0.4	0.021	0.120	0.45	41
57BYG250FB	2	2.0/2.8	1.8	2.5	0.9/1.8	1.0	0.040	0.145	0.65	56
57BYG250FC	2	2.0/2.8	2.25	3.6	0.9/1.8	1.5	0.068	0.230	1.00	79
57BYG350FA	3	3.0	1.30	1.4	0.6/1.2	0.45	0.021	0.110	0.50	42
57BYG350FB	3	3.2	0.70	1.7	0.6/1.2	1.0	0.040	0.300	0.75	56
57BYG350FC	3	3.35	1.05	2.4	0.6/1.2	1.5	0.068	0.480	1.10	79

注：型号后段中的50表示转子的齿数是50，F表示电机的外形为方形，A、B、C为序号。

表4－3　110BC380系列反应式步进电机的技术参数

电机型号	相数	电流/A	电阻/Ω	电感/mH	步距角(°)	保持转矩/(N·m)	定位转矩/(N·m)	转动惯量/(kg·cm^2)	重量/kg	尺寸说明 L/mm
110BC380	3	5.0	0.37	12.5	0.75/1.5	5.5	—	4.1	6	154
110BC380A	3	6.0	0.44	13.5	0.75/1.5	8	—	5.0	8.5	184
110BC380B	3	6.0	0.56	13.5	0.75/1.5	10	—	6.5	11	204

注：型号后段中的80表示转子的齿数是80，A、B、C为序列号。

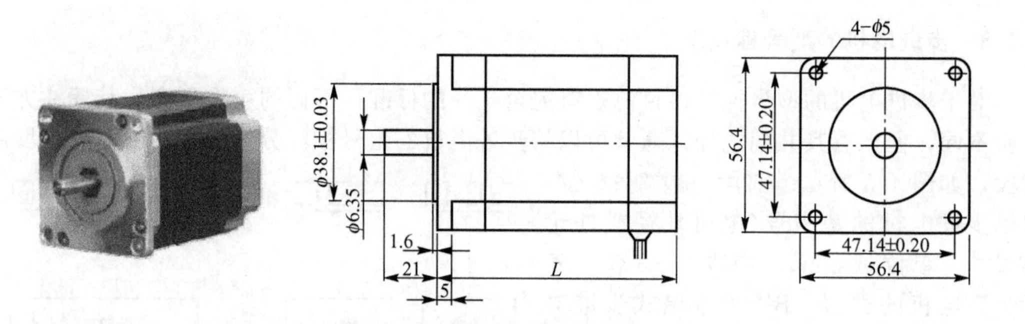

图4.4　57BYG350F系列混合式步进电机外形图及安装尺寸

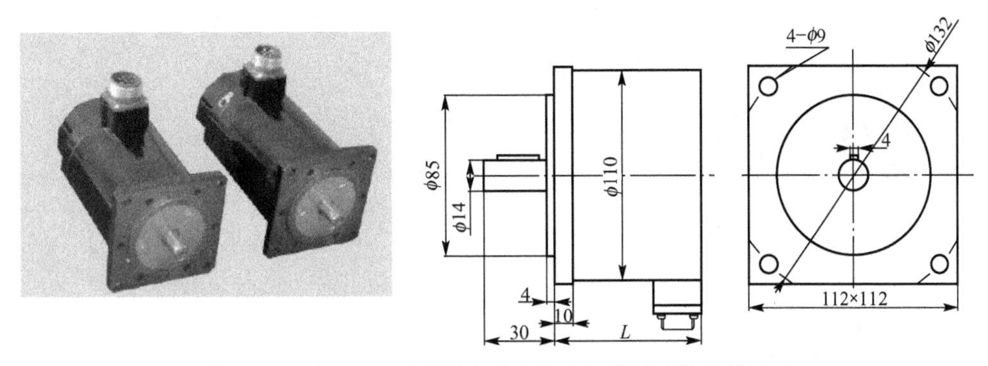

图 4.5　110BC380 系列反应式步进电机外形图及安装尺寸

表 4-4　25BY 系列永磁式步进电机的技术参数

电机型号	相数	电流/A	电阻/Ω	电压/V	步距角(°)	最大静转矩/(g·cm)	定位转矩/(g·cm)	转子转动惯量/(g·m²)	重量/g
25BY24B03	4	0.4	30	12	15	120	48	0.6	35
25BY45H01	4	0.5	10	5	7.5	100	45	1.0	35
25BY45H02	4	0.24	50	12	7.5	110	45	1.0	35
25BY45H04	4	0.28	15	5	7.5	90	45	1.0	35
25BY45H08	2	0.33	15	5	7.5	110	45	1.0	35

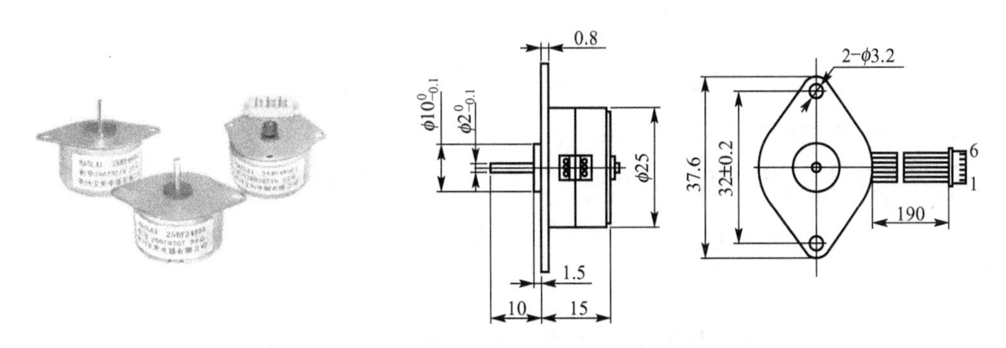

图 4.6　25BY 系列永磁式步进电机的外形图及安装尺寸

4.1.4　步进电机的选用

选用步进电机时，首先根据机械结构草图，计算机械传动装置及负载折算到电机轴上的等效转动惯量，然后分别计算各种工况下所需的等效负载力矩，再根据步进电机最大静转矩和启动、运行矩频特性等选择合适的步进电机，具体步骤如图 4.7 所示。

1. 等效负载转动惯量和等效负载转矩的计算

如图 4.8 所示，设电机驱动的某一机械传动装置由 p 个移动构件和 q 个转动构件组成。若 m_j、v_j 和 F_j 分别为第 j 个移动构件的质量(kg)、运动速度(m/min)和所受的负载力(N)；J_i、n_i(或 ω_i)和 T_i 分别为第 i 个转动构件的转动惯量(kg·m²)、转速(r/min 或

rad/min)和所受负载力矩(N·m)。若忽略传动链的效率，根据《机械原理》，折算到电机轴上的等效负载转动惯量 J_{eq}和等效负载转矩 T_{eq}分别为

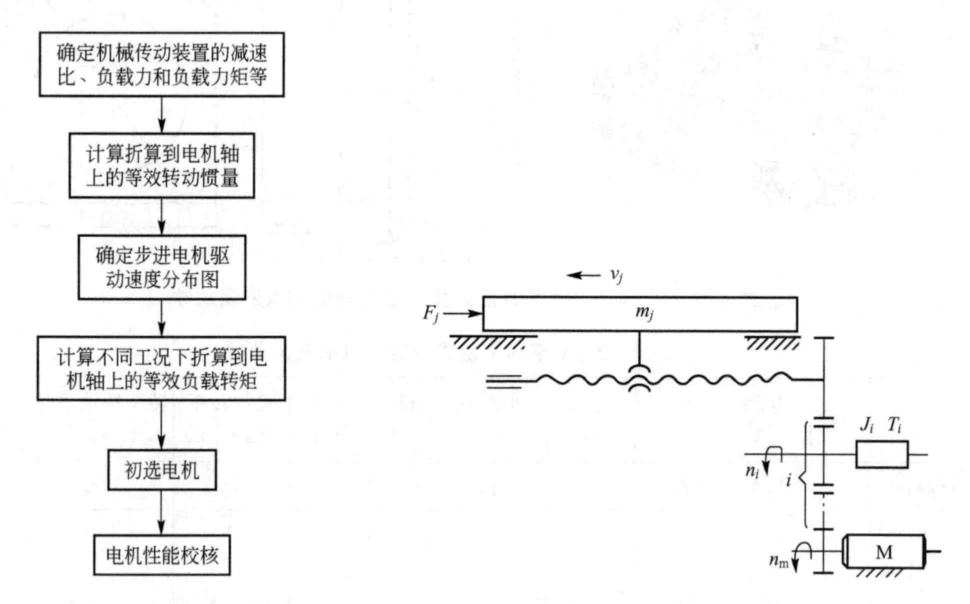

图 4.7 步进电机选用步骤

图 4.8 传动系统示意图

$$J_{eq}=\sum_{j=1}^{p}m_j\left(\frac{v_j}{\omega_m}\right)^2+\sum_{i=1}^{q}J_i\left(\frac{\omega_i}{\omega_m}\right)^2 \quad \mathrm{kg\cdot m^2} \tag{4-4}$$

$$T_{eq}=\sum_{j=1}^{p}F_j\cdot v_j/\omega_m+\sum_{i=1}^{q}T_i\cdot\omega_i/\omega_m \quad \mathrm{N\cdot m} \tag{4-5}$$

式中：ω_m——电机轴的角速度(rad/min)。

用工程上常用的转速单位时，式(4-4)和式(4-5)改写为

$$J_{eq}=\frac{1}{4\pi^2}\sum_{j=1}^{p}m_j\cdot\left(\frac{v_j}{n_m}\right)^2+\sum_{i=1}^{q}J_i\cdot\left(\frac{n_i}{n_m}\right)^2 \quad \mathrm{kg\cdot m^2} \tag{4-6}$$

$$T_{eq}=\frac{1}{2\pi}\sum_{j=1}^{p}F_j\cdot v_j/n_m+\sum_{i=1}^{q}T_i\cdot n_i/n_m \quad \mathrm{N\cdot m} \tag{4-7}$$

式中：n_m——电机轴的转速(r/min)。

工程中常见的齿轮和丝杠的转动惯量，可按照《工程力学》中圆柱体转动惯量的计算公式计算，即

$$J=\frac{m\cdot D^2}{8} \quad \mathrm{kg\cdot m^2} \tag{4-8}$$

式中：m——齿轮或丝杠的质量(kg)；

D——齿轮的分度圆直径或丝杠的公称直径(m)。

小提示：若机械传动装置中包含平面运动的构件，则首先需要将该构件的运动分解成两部分：随构件质心的平动和绕质心的转动，然后代入式(4-6)和(4-7)进行计算。

2. 绘制步进电机速度线图

根据执行机构的速度要求，确定步进电机的加减速时间、运行速度等，以便为后续步进电机选用时的相关计算做准备。例如，图 4.9 为步进电机的常加速度分布线图，表示步进电机先由静止状态加速到运行速度 n_m，然后维持等速运行，最后又等减速到静止状态。

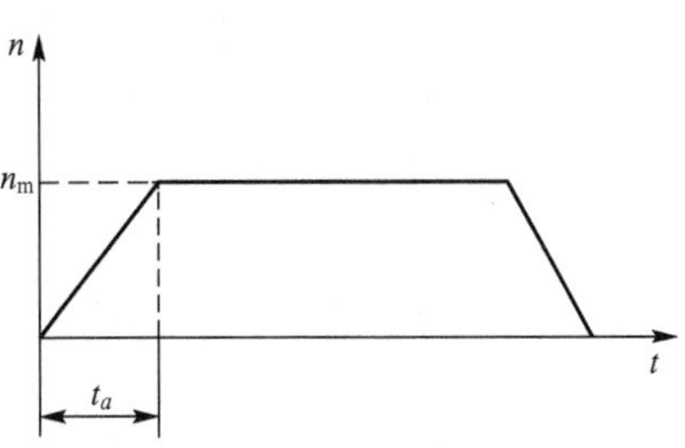

图 4.9　步进电机的常加速度分布线图

3. 步进电机等效负载转矩的计算

步进电机转轴在不同工况下所承受的负载转矩是不同的。通常考虑两种情况：快速空载启动(工作负载为 0)和承受最大工作负载。下面分别进行讨论。

1) 快速空载启动

设电机转轴所承受的等效负载转矩为 T_{eq1}，则

$$T_{eq1}=T_{amax}+T_{f0}+T_0 \tag{4-9}$$

式中：T_{amax}——快速空载启动时折算到电机轴上的加速转矩(N·m)；

T_{f0}——快速空载启动时折算到电机轴上的摩擦转矩(N·m)；

T_0——其他附加转矩(N·m)，例如滚珠丝杠预紧后折算到电机轴上的附加摩擦转矩。

(1) 加速转矩 T_{amax}的计算。

若电机轴本身的转动惯量为 J_m，则电机轴上总的转动惯量 J_L为

$$J_L=J_{eq}+J_m \tag{4-10}$$

$$T_{amax}=J_L\varepsilon=\frac{2\pi J_L n_m}{60t_a\cdot\eta} \tag{4-11}$$

式中：ε——电机转轴的角加速度(rad/s^2)；

n_m——电机的转速(r/min)；

t_a——电机加速所用的时间(s)，一般在 0.3～1s 之间选取；

η——传动链的总效率，一般取 0.7～0.85。

(2) 折算到电机轴上的摩擦力矩。

摩擦力矩 T_{f0}可按下式计算：

$$T_{f0}=\frac{1}{2\pi}\cdot\sum_{j=1}^{p}F_{fj}\left(\frac{v_j}{n_m}\right)\cdot\frac{1}{\eta_j}=\frac{1}{2\pi}\cdot\sum_{j=1}^{p}N_j\cdot f_{vj}\left(\frac{v_j}{n_m}\right)\cdot\frac{1}{\eta_j} \tag{4-12}$$

式中：N_j、F_{fj}——移动构件 j 对滑道产生的正压力和摩擦力(N)；

f_{vj}——构件 j 处滑动副的当量摩擦系数；

η_j——构件 j 传动的效率；

v_j——构件 j 的相对滑动速度。

对于由步进电机驱动的滚珠丝杠副，T_0和 T_{f0}为

$$T_0=\frac{F_{YJ}\cdot L_0}{2\cdot\pi\cdot\eta\cdot i}(1-\eta_0^2) \tag{4-13}$$

$$T_{f0}=\frac{G_j f_{vj} L_0}{2\pi\eta i} \tag{4-14}$$

式中：F_{YJ}——滚珠丝杠的预紧力，一般取滚珠丝杠工作载荷的1/3(N)；

G_j——移动部件 j 的重量(N)；

η_0——滚珠丝杠副未预紧时的传动效率，一般取 $\eta_0 \geqslant 0.9$；

f_{vj}——导轨的当量摩擦系数，滑动导轨取0.15～0.18，滚动导轨取0.003～0.005；

L_0——丝杠的导程(m)；

η——传动链的总效率，一般取0.7～0.85；

i——总的传动比，$i=n_m/n_s$，其中 n_m 为电机轴的转速，n_s 为丝杠的转速。

由式(4-13)计算出的 T_0 相对于 T_{f0} 和 T_{amax} 很小，通常可以忽略不计。

2）最大工作负载

设电机转轴所承受的等效负载转矩为 T_{eq2}，则

$$T_{eq2}=T_L+T_f+T_0 \tag{4-15}$$

式中：T_L——最大工作负载折算到电机轴上的等效负载转矩(N·m)；

T_f——最大工作负载时折算到电机轴上的摩擦转矩(N·m)。

根据式(4-7)，并计入效率，则

$$T_L=\frac{1}{2\pi}\cdot\sum_{j=1}^{p}F_j\cdot\left(\frac{v_j}{n_m}\right)\cdot\frac{1}{\eta_j}+\sum_{i=1}^{q}T_i\cdot\frac{n_i}{n_m\cdot\eta_i} \tag{4-16}$$

式中：η_j、η_i——分别为从电机轴到第 j 和第 i 个构件传动链的效率，其他变量的含义同式(4-7)。

$$T_f=\frac{1}{2\pi}\cdot\sum_{j=1}^{p}F_{fj}\left(\frac{v_j}{n_m}\right)\cdot\frac{1}{\eta_j}=\frac{1}{2\pi}\cdot\sum_{j=1}^{p}(N_j+F_{Vj})\cdot f_{vj}\left(\frac{v_j}{n_m}\right)\cdot\frac{1}{\eta_j} \tag{4-17}$$

式中：F_{Vj} 为第 j 个移动构件上所承受的垂直于滑道方向的载荷，其他参数的含义同式(4-12)。

对于由步进电机驱动的滚珠丝杠副，T_f 的计算方法为

$$T_f=\frac{G_j f_{vj} L_0}{2\pi\eta i} \tag{4-18}$$

在计算出 T_{eq1} 和 T_{eq2} 后，以两者中的较大者作为选择步进电机的依据，即

$$T_{eq}=\max\{T_{eq1},\ T_{eq2}\} \tag{4-19}$$

4. 初选步进电机

可以根据计算出的等效负载转矩以及负载的等效转动惯量，按照步进电机的最大静转矩及转动惯量初选步进电机，然后对电机的其他参数进行校核。

在实际应用中，当电网电压下降时，步进电机的输出转矩会下降，可能造成失步，甚至堵转。为了避免此现象的发生，也为了使电机具有良好的启动能力和较快的响应速度，通常推荐

$$T_{jmax}\geqslant(2.5\sim4)T_{eq} \quad 及 \quad J_L/J_m\leqslant4 \tag{4-20}$$

小提示：J_L/J_m 比值过大，会延长加减速时间，失去快速性，甚至难以启动。

5. 步进电机的校核

由于步进电机的矩频特性是在空载下做出的，随着负载的增加，启动频率会有所下降。因此，应该对带载下的启动频率、运行频率以及输出转矩进行校核。

1）工作机最高转速时电机输出转矩的校核

设工作机的最高工作转速为n_{max}(r/min)，则步进电机对应此转速的运行频率为

$$f_{max}=\frac{i\cdot n_{max}}{\theta_b\cdot 60}\cdot 360°\text{Hz} \tag{4-21}$$

式中：i——传动装置的传动比；

θ_b——步进电机的步距角。

对于由步进电机驱动的直线进给运动，若最大工作进给速度为v_{max}(mm/min)，系统的脉冲当量为δ(mm/脉冲)，则运行频率为

$$f_{max}=\frac{v_{max}}{60\delta}\text{Hz} \tag{4-22}$$

从初选的步进电机矩频特性曲线上找出运行频率f_{max}对应的输出转矩，检查其是否大于最大工作负载时的转矩，若是，则满足要求，否则重新选择电机。

2）启动频率、启动转矩和启动时间的校核

步进电机的启动频率是随其轴上负载转动惯量的增加而下降，所以需要根据初选出的步进电机的启动惯频特性曲线，找出电机转轴上总转动惯量J_L所对应的启动频率f_L，然后再查其启动转矩和启动时间。当产品不提供惯频特性曲线时，可用下式近似计算

$$f_L=\frac{f_m}{\sqrt{1+J_L/J_m}}\text{Hz} \tag{4-23}$$

式中：f_m——电机的空载启动频率(Hz或p/s)，产品样本提供；

J_m——电机转子转动惯量(kg·m^2)；

J_L——电机轴上的总等效转动惯量(kg·m^2)。

要想保证步进电机不失步，在任何工况下启动，其启动频率都应该小于f_L，若满足不了要求，则需要重新选择电机或采用升降频控制方式。

4.1.5　步进电机的驱动与控制

步进电机的驱动控制原理如图4.10所示。来自脉冲信号源(计算机或专门的硬件电路)的脉冲信号，经环形分配器按照要求的配电方式进行脉冲分配，再经功率放大器(驱动器)进行信号放大后，自动地循环供给电机各相绕组，以驱动电机转子正反向旋转。

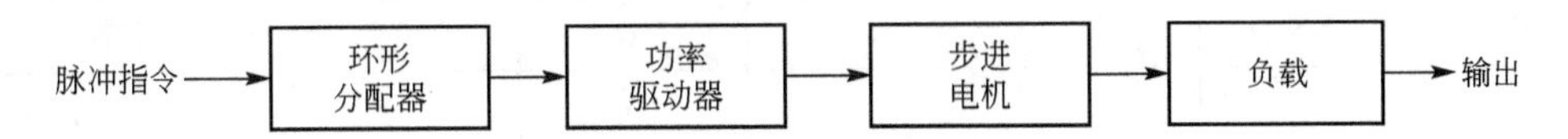

图4.10　步进电机的驱动控制原理

1. 环形脉冲分配器

环形脉冲分配器的功能是将接收到的脉冲信号，按照要求的配电方式，自动地循环供给电机各相绕组，以驱动电机转子正、反向旋转。环形脉冲分配既可以通过硬件也可以用软件实现。

软件实现的方法是按照电机运转的通电顺序，列出各项绕组的脉冲分配表，表中的每一个存储单元存放步进电机的一种通电状态。并且为每一个步进电机设置一个指针寄存器，初始化时使指针指向分配表的表首。步进电机每运行一步，指针指向表中的下一个存

储单元，当一个通电循环完成后，表针又自动回到表首，周而复始，如此循环下去。软件脉冲分配流程图如图 4.11 所示。通电脉冲的频率可以通过软件延时子程序控制。

硬件环形脉冲分配器通常由专用的集成芯片或可编程逻辑芯片组成。CH250 是三相反应式步进电机环形分配器的专用芯片，其引脚排列和接线方式如图 4.12 所示，真值表见表 4－5。

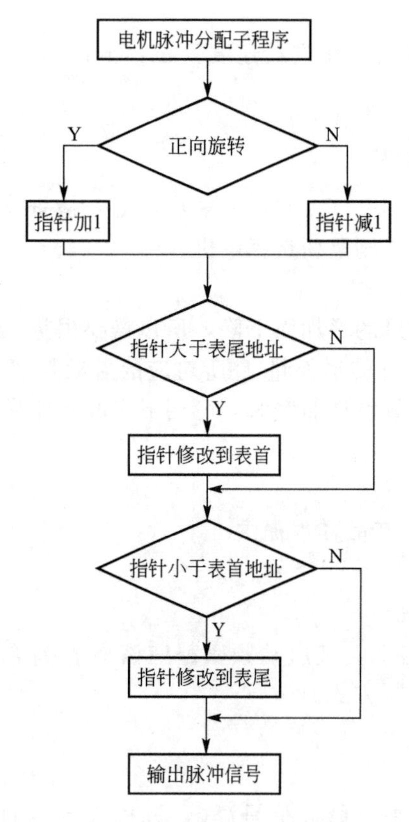

图 4.11　软件脉冲分配流程

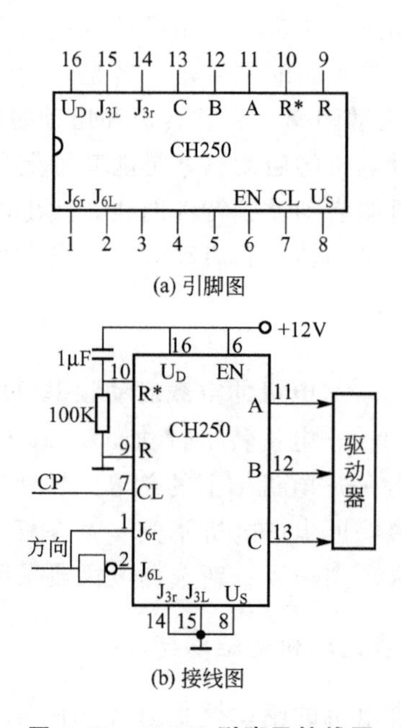

图 4.12　CH250 引脚及接线图

表 4－5　CH250 真值表

CP	EN	J_{3r}	J_{3L}	J_{6r}	J_{6L}	功能
↑	1	1	0	0	0	双三拍正转
↑	1	0	1	0	0	双三拍反转
↑	1	0	0	1	0	三相六拍正转
↑	1	0	0	0	1	三相六拍反转
0	↓	1	0	0	0	双三拍正转
0	↓	0	1	0	0	双三拍反转
0	↓	0	0	1	0	三相六拍正转
0	↓	0	0	0	1	三相六拍反转
↓	1	×	×	×	×	不变

（续）

CP	EN	J_{3r}	J_{3L}	J_{6r}	J_{6L}	功能
×	0	×	×	×	×	不变
0	↑	×	×	×	×	不变
1	×	×	×	×	×	不变

各引脚的功能如下：

A、B、C——三相输出端。

CL、EN——进给脉冲输入端。当输入端CL或EN加上时钟脉冲后，输出波形将符合三相反应式步进电机的要求。若采用CL脉冲输入端时，是上升沿触发，同时EN为使能端，EN=1时工作，EN=0时禁止。反之，采用EN作时钟端，则下降沿触发，此时CL为使能端，CL=0时工作，CL=1时禁止。不符合上述规定时，环形分配器的状态锁定(保持)。

J_{3r}、J_{3L}、J_{6r}、J_{6L}——三拍、六拍工作方式的控制端。

R、R^*——双三拍运行和六拍运行的复位端。当刚加上12V时，R^*为12V(逻辑1)，R的逻辑为0，按照CH250芯片的功能，此时A相输出为1，B、C输出为0，说明步进电机锁定在A相，电机不转。当电容充电结束后，$R^*=R=0$。

对于图4.12(b)的接线方式，$J_{3r}=J_{3L}=0$，根据CH250的真值表(表4-5)，当$J_{6r}=1$时，步进电机就按三相六拍正转，即每来一个CP脉冲，其上升沿触发该电路改变状态，步进电机转过一个步距角。而$J_{6L}=0$时，就按三相六拍反转。

另外，还有PMM8713芯片，是控制三相或四相步进电机的脉冲分配器，PMM8714是控制五相步进电机的专用芯片，L297是控制两相步进电机的专用芯片。

小提示：步进电机通常应用于低速场合，转速不超过1000r/min，当转速较高时，可通过减速装置使其与负载匹配。负载惯量达到甚至超过转子惯量的5倍时，会使步进电机驱动器的灵敏度和响应时间受到很大的影响，甚至不能在正常调节范围内工作。

2. 步进电机驱动器

来自脉冲信号源的脉冲信号，电流通常只有几个毫安，对于一些小型或微型的步进电机，由于其要求的驱动电流很小，脉冲信号经环形分配器分配后可直接驱动电机。但是，对于工业中常用的步进电机，几个毫安的电流不足以驱动。因此，需要一个功率放大器将脉冲电流进行放大，使其增加到几安培甚至十几安培后，才能驱动步进电机运转。这个功率放大器被称为步进电机驱动器，也叫驱动电源。驱动器性能的好坏对步进电机的运行特性起着至关重要的作用。适用的驱动器中通常包含环形脉冲分配器。图4.13为杭州日升电气设备有限公司生产的HB203S两相混合式步进电机驱动器，其输入输出端子的功能说明见表4-6。它适用于该公司生产的42、57和86BYG系列的步进电机。

图4.13　HB203S两相混合式步进电机驱动器

表 4-6　HB203S 两相混合式步进电机驱动器输入/输出端子

端子标记	功能	说明
CP＋	步进脉冲信号正输入端	最小脉宽 2μm
CP－	步进脉冲信号负输入端	
DIR＋	方向控制信号正输入端	光耦关断时为正转，开通时为反转
DIR－	方向控制信号负输入端	
FREE＋	脱机控制信号正输入端	光耦开通时输出电流为 0，电机无锁定转矩
FREE－	脱机控制信号负输入端	
POWER	电源指示	电源正常时发光管亮(红色)
TIMING	相原点指示	相原点时发光管亮(绿色)
ERROR	故障指示	驱动器故障时发光管亮(红色)
A	A 相头输出	—
/A	A 相尾输出	—
B	B 相头输出	—
/B	B 相尾输出	—
AC40V	电源输入	额定电压 AC40V(AC20～50V 或 DC24～70V)，3A

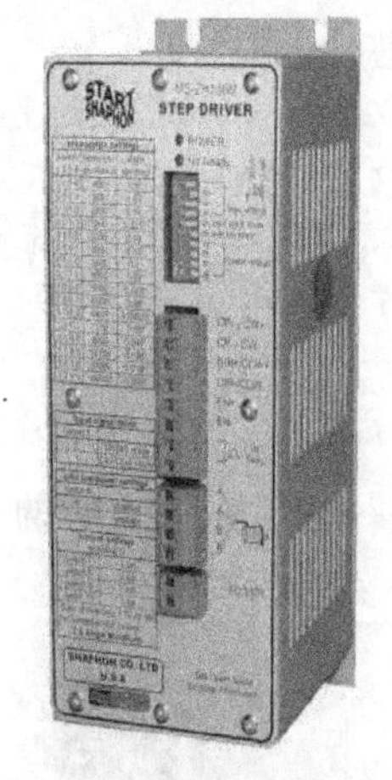

图 4.14　MS-2H-130 步进电机驱动器

步进电机生产厂家为了制造方便、降低成本，设计的步距角通常都比较大。然而步距角大分辨率就会降低。为了减小步距角，通常在驱动器内部设置细分电路。细分电路是通过控制电机各相绕组中电流的大小和比例，使步距角减小到原来的几分之一甚至几十分之一。它不仅能够提高步进电机的分辨率，平滑步进运动，而且能够减弱甚至消除振荡。图 4.14 是具有细分电路的步进电机驱动器 MS-2H-130。该驱动器的输入/输出端子功能见表 4-7。

该驱动器的脉冲输入方式有以下两种。

(1) 单脉冲方式。脉冲输入信号 CP，方向信号 DIR(电平信号)，当 DIR=0 时，每来一个 CP 脉冲，步进电机正方向转动一步；当 DIR=1 时，每输入一个 CP 脉冲，步进电机反方向转动一步。

表 4-7　MS-2H-130 步进电机驱动器输入输出端子

端子标记		功能
(P11) 信号接口	CP＋	步进脉冲信号正端
	CP－	步进脉冲信号负端

（续）

端子标记		功能
（P11）信号接口	DIR＋	方向电平信号正端
	DIR－	方向电平信号负端
	EN＋	使能电平信号正端
	EN－	使能电平信号负端
	CW＋	正向步进脉冲信号正端
	CW－	正向步进脉冲信号负端
	CCW＋	反向步进脉冲信号正端
	CCW－	反向步进脉冲信号负端
（P14）指示灯	Power	电源指示灯(绿色)
	No ready	未准备好指示灯(红色)
（P10，P13）拨位开关设定	1－4 位	设定电机每转步数(细分数)
	5 位	设定步进脉冲信号方式，0—单脉冲，1—双脉冲
	6 位	设定是否允许半电流，0—不允许，1—允许
	7－10 位	设定输出电流值(有效值)
（P13）电机接口	A、A、B、B	连接两相混合式电机
电源接口	—	AC110 交流电源供电(－％15、＋％10)，功率不小于 600W，50～60Hz，请勿直接接入电网，应使用隔离变压器供电
未准备好输出	—	为一继电器的触点，准备好(P13)为闭合，未准备好为打开

(2) 双脉冲方式。驱动器接收两路脉冲信号(标注为 CW 和 CCW)，当其中一路(如CW)有脉冲信号时，电机正向运行，当另一路(如 CCW)有脉冲信号时，电机反向运行。由拨位开关的第 5 位决定使用何种方式。

该驱动器通过前 4 位拨位开关设定步数/转，故有 16 种细分，从 400 步/转(步距角 0.9°)、1000 步/转、3000 步/转、10000 步/转到 40000 步/转(步距角 0.009°)。

为了使控制系统和驱动器能够正常通信，避免相互干扰，在驱动器内部采用光耦器件对输入信号进行隔离。

小知识：以二相电机为例，说明细分如何改善电机的运行性能。假如电机的额定相电流为 3A，如果使用常规驱动器(如常用的恒流斩波方式)驱动该电机，电机每运行一步，其绕组内的电流将从 0 突变为 3A 或从 3A 突变到 0，相电流的巨大变化，必然会引起电机运行的振动和噪声。如果使用细分驱动器，在 10 细分的状态下驱动该电机，电机每运行一微步，其绕组内的电流变化只有 0.3A，这样就大大改善了电机的振动和噪声，电机性能得到改善。

4.1.6　步进电机的升降频方式

1. 升降频的重要性

根据图 4.2，对于给定的负载转矩 T_L，当步进电机的运行频率低于其启动频率 f_1 时，步进电机可以在运行频率下直接启动，并以该频率连续运行，需要停止的时候，只要从运行频率直接降到零速即可。但是，当步进电机的运行频率大于带载时的启动频率时，若直接启动，步进电机会因为频率过高而产生失步现象，甚至停转。因此，当运行频率高于步进电机的启动频率或带动大惯量负载时，通常利用自动升、降频控制线路先在不大于启动频率的低频下使电机启动，然后逐渐升频到工作频率，使电机处于连续运行状态。采用升降频控制方式不仅可以避免步进电机失步和过冲、减小噪声，而且可以提高停止的定位精度。

2. 升降频方式

步进电机常用的升降频方式有三种：梯形曲线升降频、抛物线曲线升降频和指数曲线升降频。

1）梯形曲线升降频

如图 4.15 所示，其中 f_a 为步进电机的带载启动频率，f_b 为电机稳定运行频率。这种方式是以恒定的加速度进行升降，平稳性好，适用于速度变化较大的快速定位方式，软件实现比较简单，但是加、减速时间较长。

2）指数曲线升降频

如图 4.16 所示。指数升降频控制方式能充分利用步进电机的有效转矩，快速响应性能较好，升降时间短，具有较强的跟踪能力。但是，当速度变化较大时平衡性较差，一般适用于跟踪响应要求较高的切削加工中。

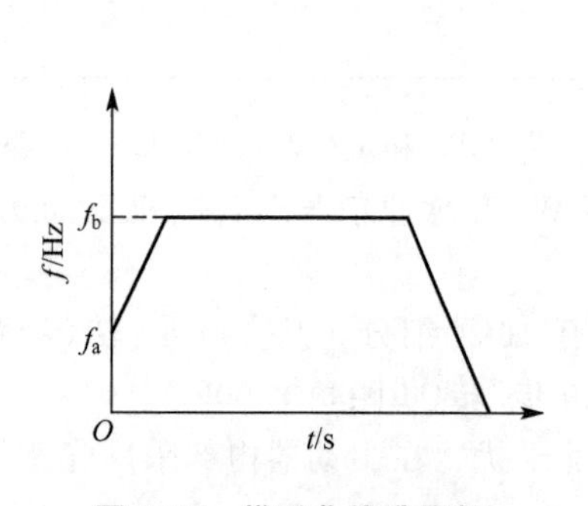

图 4.15　梯形曲线升降频

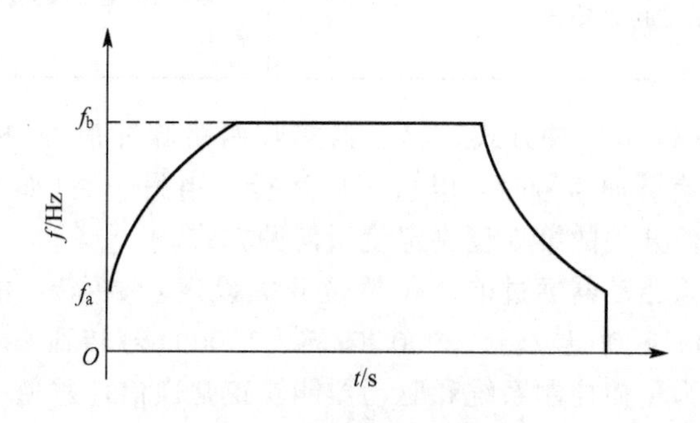

图 4.16　指数曲线升降频

3）抛物线曲线升降频

如图 4.17 所示，抛物线升降频能充分利用步进电机低速时的有效转矩，缩短升降速时间，具有较强的跟踪能力。

除上述三种升降频曲线外，有人提出了 S 型曲线，如图 4.18 所示。S 型曲线是对指数曲线的改进。即在电机启动初期，应该以较小的加速度升频；而当步进电机停止时，也应该以较小的加速度降频。前者是考虑到启动初期，静态转动惯量较大，后者是考虑到停机阶段，输出转矩已大幅降低，若加速度比较大易发生过冲。

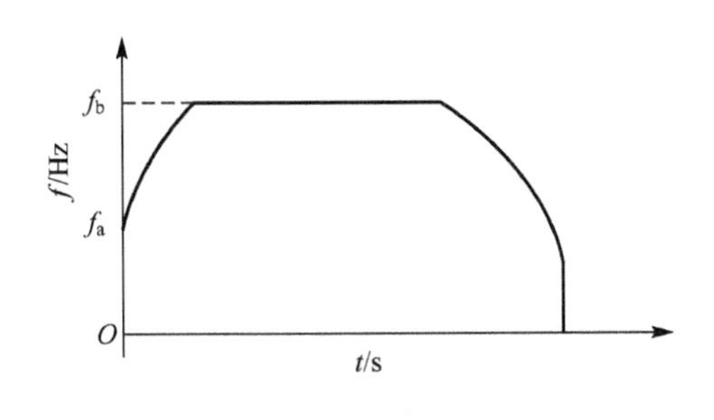

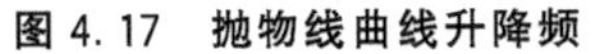
图4.17　抛物线曲线升降频

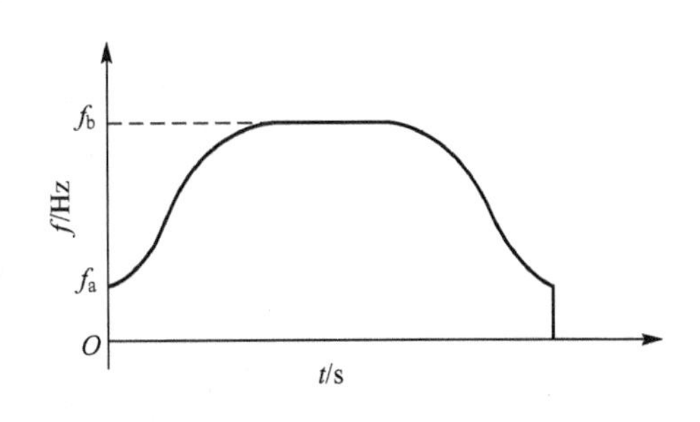

图4.18　S型曲线升降频

3. 升降频的软件实现

升降频的软件实现方法有多种，在此仅介绍查表法。

由步进电机的矩频特性可知，转矩 T 是频率 f 的函数，且 T 随着 f 的上升而下降。当频率较低时，转矩 T 较大，对应的角加速度 $\mathrm{d}\omega/\mathrm{d}t$ 也较大，所以升频的脉冲频率的增加率 $\mathrm{d}f/\mathrm{d}t$ 应该取得大一些；当频率较高时，T 较小，$\mathrm{d}\omega/\mathrm{d}t$ 也较小，此时升频的脉冲频率的增加率 $\mathrm{d}f/\mathrm{d}t$ 应该取得小一些，否则，会由于没有足够的转矩而失步。即在步进电机的升频过程中，应遵循“先快后慢”的原则。按此要求，选定步进电机升降频曲线，并对该曲线进行离散化，组成“频率-时间”数据表(阶梯频率表)，见表4-8。

考虑到步进电机的惯性作用，在升速过程中，如果速率变化太大，电机响应将跟不上频率的变化，出现失步现象。因此，每改变一次频率，要求电机持续运行一定的步数(称阶梯步长)，使步进电机慢慢适应变化的频率，从而进入稳定的运行状态。因此，根据最佳升降频控制规律，设计步进电机的“频率-步长”关系曲线，并对“频率-步长”曲线进行离散化，获得另外一个数据表(阶梯步长表)，见表4-9。

表4-8 阶梯频率表

序号	频率(时间)	备注
k_1	$f_a(t_a)$	最低频率
k_1+1	$f_1(t_1)$	生频↑ 降频↓
k_1+2	$f_2(t_2)$	
⋮	⋮	
k_1+n	$f_n(t_n)$	最高频率

表4-9　阶梯步长表

序号	步长(频率)
k_2	$\Delta L_a(f_a)$
k_2+1	$\Delta L_1(f_1)$
k_2+2	$\Delta L_2(f_2)$
⋮	⋮
k_2+n	$\Delta L_n(f_n)$

此外，设置两个表指针 P_1、P_2，分别指向两个表的表头 k_1 和 k_2，从而从两个表中查得 $f_i(t_i)$ 和所对应的 $\Delta L_i(f_i)$，以实现升降频控制。设步进电机运行过程中的总步长为 M，从开始升频到开始降频所需的步长数为 M_1，则以梯形曲线升降频为例，步进电机升降频控制软件流程图如图4.19所示。

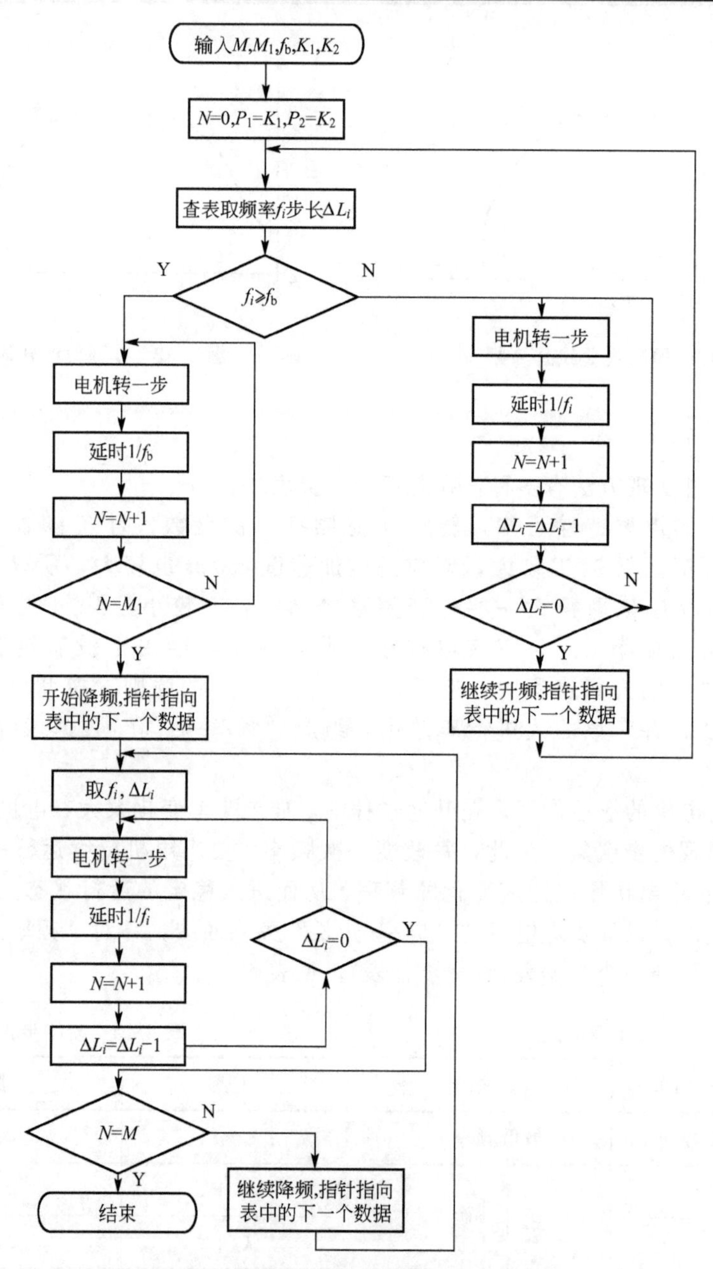

图 4.19　步进电机升降频控制软件流程图

4.2　直流伺服电机

4.2.1　直流伺服电机的分类和特点

直流伺服电机是一种靠直流供电，其输出转速或转矩能够受输入电压或电流信号控制，并快速响应的电机。它具有良好的启动特性，驱动力矩大，调速范围宽，堵转转矩与控制电压成正比，转速随转矩的增加而近似线性下降，当控制电压为零时能立即停转。因此，在对调速性能要求较高的生产设备中经常采用。

直流伺服电机的品种很多，按照激磁方式，直流伺服电机分为电磁式(他励式)和永磁式。永磁式直流伺服电机的磁极由永磁材料制成，即励磁磁场由永久磁铁产生；而电磁式直流伺服电机的磁极由冲压硅钢片冲压叠压而成，外绕线圈通以直流电流便产生恒定磁场。按照控制方式，直流伺服电机可分为磁场控制式和电枢控制式。永磁直流伺服电机采用电枢控制方式，电磁式直流伺服电机多用磁场控制式。按照结构形式，直流伺服电机分为有刷直流伺服电机和无刷直流伺服电机两大类。

有刷电机成本低，结构简单，启动转矩大，调速范围宽，控制容易，需要维护，会产生电磁干扰，对环境有要求。无刷电机体积小，重量轻，出力大，响应快，速度高，惯量小，电机免维护，效率高，运行温度低，电磁辐射很小，长寿命，可用于各种环境，但控制复杂。

4.2.2　有刷直流伺服电机

有刷直流伺服电机在结构上与普通直流电机完全相同，只是普通直流电机一般作为动力部件，着重于启动和运行状态性能指标的要求，而直流伺服电机侧重于特性的高精度和快速响应。在控制方面，普通直流电机属于开环控制，而直流伺服电机属于闭环控制系统。

1. 工作原理

有刷直流伺服电机主要由定子磁极、电枢、电刷及换向器四部分组成。定子部分用于产生励磁磁场，绕有通电线圈的转子即电枢部分用于输出电磁转矩，而与直流电源相连的电刷和换向器则保证转子能沿要求的方向旋转。其工作原理如图 4.20 所示，当在电刷 A 和 B 两端通以直流电压 u_a 后，便有直流电流 i_a 经过电刷进入电枢绕组。根据载流导体在磁场中受电磁力作用的安培定律，ab 段所受电磁力向左，而 cd 段所受的电磁力向右，该两个力对电枢产生转矩，使电枢逆时针旋转，当电枢旋转到 ab 段与 cd 段位置互换时，由于电刷和换向器的作用，仍然能保证电枢沿逆时针方向旋转。

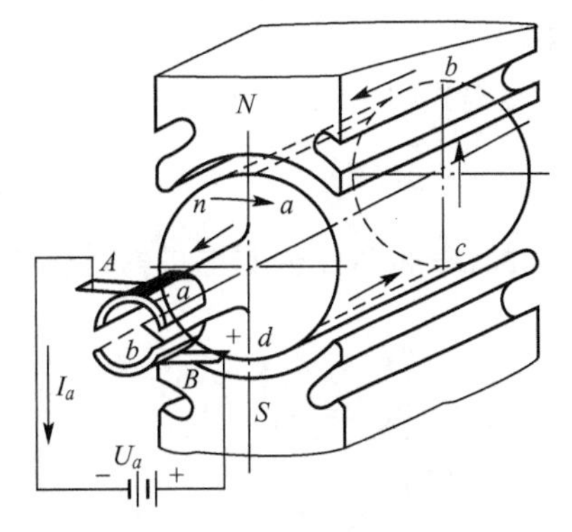

图 4.20　有刷直流伺服电机的工作原理

电机输出的电磁转矩 T_{em} 可表示为

$$T_{em}=K_t i_a \tag{4-24}$$

式中：K_t——电机的转矩系数(N·m/A)，仅与电机本身结构参数有关；

i_a——电枢电流(A)。

当电机拖动负载时，电磁转矩既要克服由于负载机械摩擦及阻尼带来的负载阻转矩、电机自身的摩擦转矩，又要克服电枢中的磁滞、涡流产生的电磁阻转矩，还要使负载产生加速度，其转矩平衡方程式为

$$T_{em}=T_0+T_f+J\frac{d\omega}{dt} \tag{4-25}$$

式中：T_0——电机阻转矩(N·m)；

T_f——负载阻转矩(N·m)；

J——电机转子及负载等效到电机轴上的转动惯量(kg·m²)；

ω——电机转动的角速度(rad/s)。

施加在电机电枢上的电压，一部分消耗在电枢电阻及电感上，另一部分抵消电机转动时电枢上产生的反电动势。电机电枢反电动式 E_a 为

$$E_a = K_e \omega \tag{4-26}$$

式中：K_e——电机的反电动势系数(V·s)，仅与电机本身结构参数有关。

因此，电机的电压平衡方程式为

$$u_a = R_a i_a + L_a \frac{di_a}{dt} + E_a \tag{4-27}$$

式中：u_a——电枢电压(V)；

R_a——电枢电阻(Ω)；

L_a——电枢电感(H)；

i_a——电枢电流(A)。

2. 静态特性

直流伺服电机的静态特性是指电机稳定运转时反映出来的特性。可以通过电机的机械特性和调节特性描述。

机械特性：当保持控制电压恒定时，电机的电磁转矩与输出转速之间的关系。

调节特性(控制特性)：当电机的电磁转矩恒定时，电机的输出转速与控制电压之间的关系。

根据式(4-24)～式(4-27)可得直流伺服电机的转速公式为

$$\omega = \frac{u_a}{K_e} - \frac{R_a}{K_e K_t} T_{em} \tag{4-28}$$

由此获得直流伺服电机的机械特性与调节特性曲线，如图 4.21、图 4.22 所示。

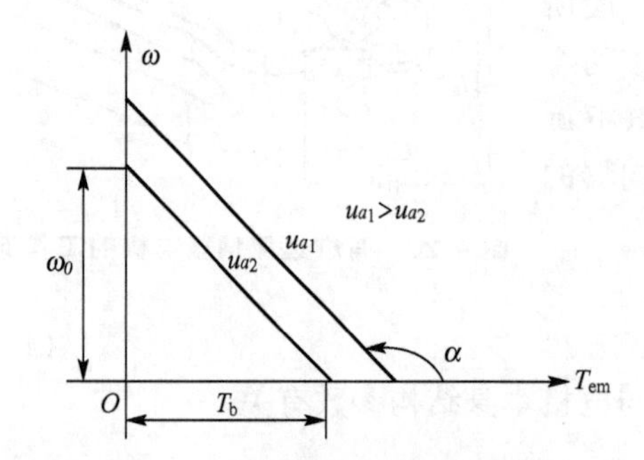

图 4.21　直流伺服电机的机械特性

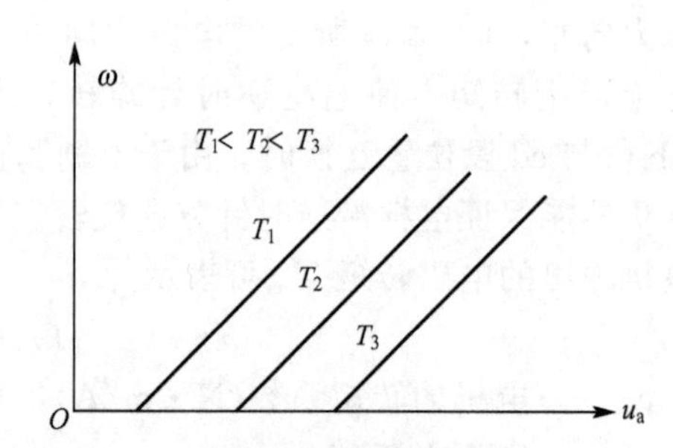

图 4.22　直流伺服电机的调节特性

理想的空载转速 ω_0 为

$$\omega_0 = \frac{u_a}{K_e} \tag{4-29}$$

电机的堵转转矩(静转矩) T_b 为

$$T_b=\frac{K_t}{R_a}u_a \tag{4-30}$$

机械特性的硬度用$|\tan\alpha|$表示。

$$|\tan\alpha|=\frac{\omega_0}{T_b}=\frac{R_a}{K_eK_t} \tag{4-31}$$

$|\tan\alpha|$越小，表明机械特性越硬。在机电一体化系统中，希望机械特性尽量硬。

3. 动态特性

直流伺服电机的动态特性是指在电机过渡过程中反映出来的特性，可用下列方程组描述。

$$\begin{cases}u_a=R_ai_a(t)+L_a\dfrac{\mathrm{d}i_a(t)}{\mathrm{d}t}+E_a(t)\\E_a(t)=K_e\omega(t)\\T_{em}=K_ti_a(t)\\T_{em}=J\dfrac{\mathrm{d}\omega(t)}{\mathrm{d}t}+B\omega(t)+T_d(t)\end{cases} \tag{4-32}$$

式中：B——等效到电机轴上的黏性阻尼系数；

$T_d(t)$——电机阻转矩与负载转矩之和。

若以电枢的输入电压$u_a(t)$为输入变量，以电机的转速$\omega(t)$为输出变量，根据方程组(4-32)可得直流伺服电机的传递函数为

$$\frac{\Omega(s)}{U_a(s)}=\frac{K_t}{L_aJs^2+(L_aB+R_aJ)s+R_aB+K_eK_t} \tag{4-33}$$

若忽略电枢电感及黏性阻尼系数，则直流伺服电机的传递函数可近似为

$$\frac{\Omega(s)}{U_a(s)}=\frac{1/K_e}{T_ms+1} \tag{4-34}$$

式中：$T_m=\dfrac{R_aJ}{K_eK_t}$——电机的机电时间常数。

由此可见，直流伺服电机通常可以近似为一阶惯性环节，其过渡过程的快慢主要取决于机电时间常数T_m，为了加快系统的响应速度，应该设法减小T_m。可采取以下技术措施：设计良好的机械系统，以减小等效转动惯量J；给电机供电的电源内阻尽可能小，以降低电枢回路的电阻R_a；附加速度负反馈，以加大等效的反电动势系数K_e。

4. 驱动电路

直流伺服电机的驱动电路，即功率放大器，是用于放大控制信号，并向电机提供必要能量的电子装置。其性能的好坏对机电一体化系统的性能至关重要。常用的有直流线性功率放大器和PWM(脉宽调制)功率放大器。

线性功率放大器中的功率元件工作于线性状态，如图4.23所示。放大器的输出电压或电流与控制信号成比例关系，它通常用于控制小功率的电机或要求电

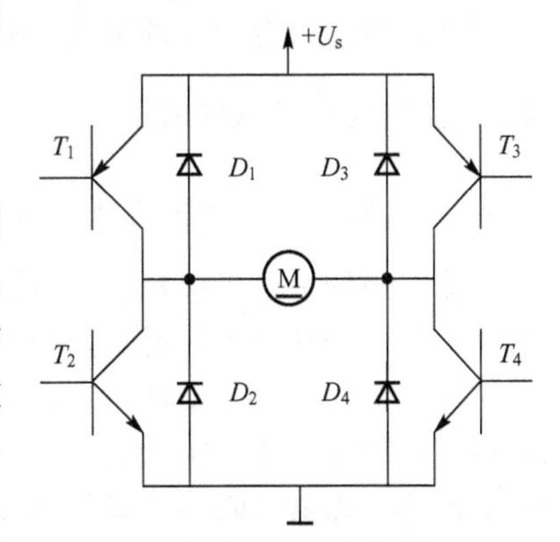

图 4.23　线性直流功率放大器控制原理图

磁干扰较小的系统中。驱动电路中的二极管起续流作用。

PWM 功率放大器包括电压-脉宽变换器和开关式功率放大器两部分。其中，电压-脉宽变换器由三角波发生器和比较器组成，而开关式功率放大器则由四个大功率 IGBT 管组成，如图 4.24 所示。四个 IGBT 管分成两组，VT1 和 VT4 一组，VT2 和 VT3 为另一组，VD1～VD4 为四个续流二极管。同一组的两个 IGBT 管同时导通，同时关断。两组管子之间轮流导通和截止。施加在 IGBT 栅极上的信号为由脉宽调制器产生的脉冲信号。

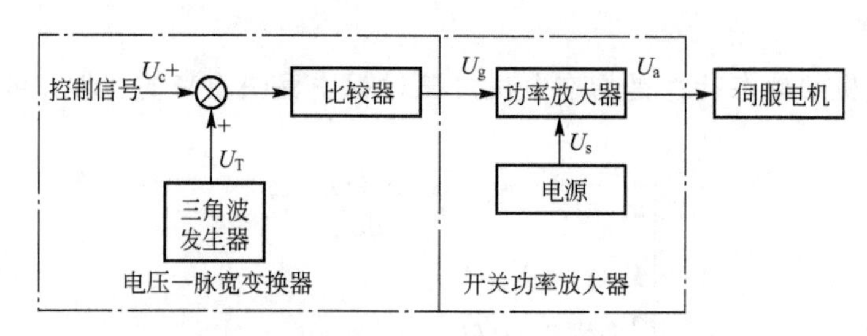

(a) PWM功率放大器的组成

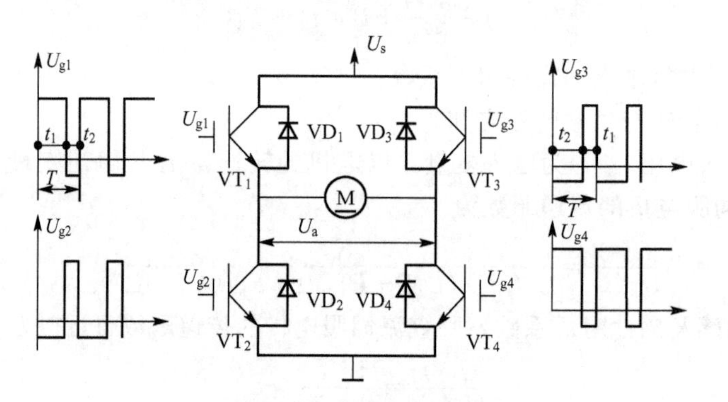

(b) PWM开关功率放大器控制原理图

图 4.24　PWM 功率放大器

电机的控制电压 U_a 为

$$U_a = U_s(2\alpha - 1) \tag{4-35}$$

式中：α——占空比 $\alpha = t_1/T(0 \leqslant \alpha \leqslant 1)$。

因此，通过改变脉冲的宽度，就可以改变电机的控制电压 U_a 的大小。

4.2.3　直流无刷伺服电机

1. 直流无刷伺服电机的结构和特点

直流无刷伺服电机包括电机本体、位置传感器和电子换向开关三个基本组成部分。电机本体包括定子和转子。但是，在结构方面，与传统的直流电机有很大的区别。传统的直流电机的电枢为转子，磁极固定在定子上；而直流无刷伺服电机的转子为两极或多极的永久磁钢，控制绕组位于定子上。位置传感器是一种无机械接触的检测转子位置的装置，如旋转变压器、光电编码器及霍尔元件等。各功率元件的导通与截止取决于位置传感器的信号。电子换向开关用于控制流向定子绕组电流的导通与关断。驱动电机的各功率开关元件分别与相应的定子绕组串联。

由于直流无刷伺服电机用电子换向取代了传统直流电机的电刷换向。它既保持了传统直流电机的优点，又避免了直流电机因电刷而引起的缺陷。因此，调速范围广、启动迅速、机械特性和调节特性线性度好、寿命长、维护方便、可靠性高、噪声较小、不存在换向火花，可用于有刷直流伺服电机不能应用的易燃、易爆场合；但其控制结构复杂、成本较高，低速时转速均匀性较差。

2. 直流无刷伺服电机的工作原理

为了方便起见，设直流无刷电机以光电式传感器作为位置检测装置，如图 4.25 所示。旋转遮光板与电机转轴同轴连接。在图示位置光电元件 PT_1 受到光的照射，而 PT_2 和 PT_3 被遮光板遮住，对应的开关管 V_1 导通，V_2 和 V_3 截止，因此，定子绕组 A 上有电流流过，而绕组 B 和 C 上没有电流，当转子逆时针转过 60°后，光电元件 PT_2 受到光的照射，而 PT_1 和 PT_3 被遮光板遮住，对应的开关管 V_2 导通，V_1 和 V_3 截止，因此，定子绕组 B 上有电流流过，而绕组 A 和 C 上没有电流，当电机继续旋转，转过 180°时，光电元件 PT_3 受到光的照射，而 PT_1 和 PT_2 被遮光板遮住，对应的开关管 V_3 导通，V_1 和 V_2 截止，因此，定子绕组 C 上有电流流过，而绕组 A 和 B 上没有电流，周而复始，各绕组上的波形如图 4.26 所示。

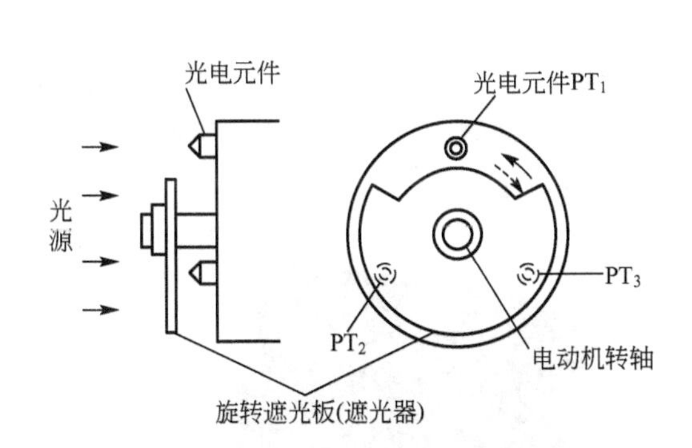

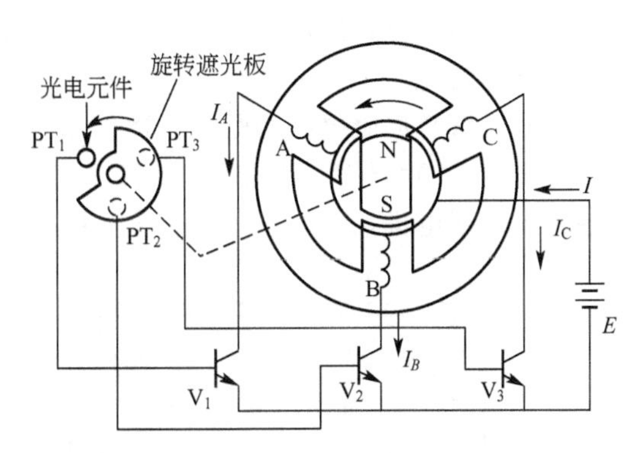

图 4.25　直流无刷电机原理示意图

在实际应用中，直流无刷伺服电机通常是以霍尔元件作为位置传感器。根据电压波形可知，直流无刷伺服电机的电磁转矩是脉动的，而且低转速的平滑性较差。

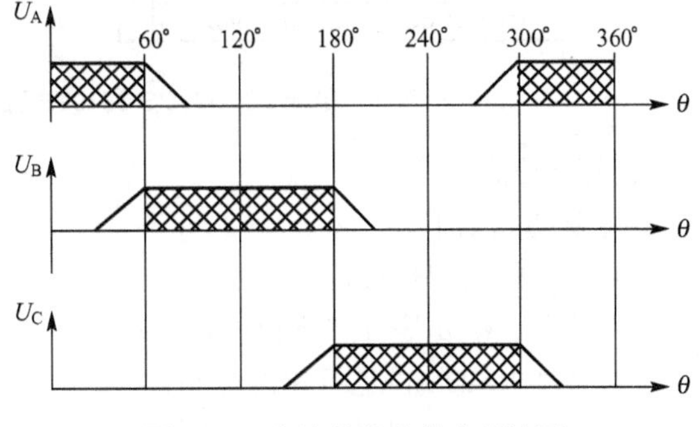

图 4.26　各个绕组上的电压波形

4.2.4　直流伺服电机的驱动电路

直流无刷伺服电机驱动电路包括电源及控制器两部分，如图 4.27 所示。电源可以选用直流电源(一般为 24V)，也可以选用交流电源(110V/220V)，如果采用交流电源，则需要先将交流变成直流，再经过逆变器转换成三相电压驱动电机旋转。逆变器一般由 6 个功率晶体管组成(Q1～Q6)，作为控制流经电机线圈的开关。控制器则实现脉冲宽度调制(PWM)，它决定了功率晶体管开关的频率以及开关的时间。电机内部安装的霍尔传感器能够感应磁场的变化，为电机的相序控制和速度控制提供信号。

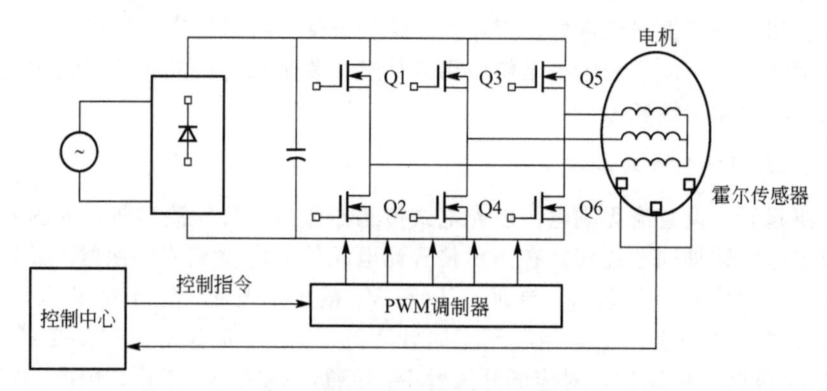

图 4.27　直流无刷伺服电机的驱动电路

直流无刷电机本质上属于同步电机。在控制原理上，它是在同步电机的基础上加上电子式控制器，控制定子旋转磁场的频率，改变了定子旋转磁场的频率也就改变了转子的转速，并将电机转子的转速回馈至控制中心进行反复校正，达到接近直流电机运行特性的控制方式。在转子极数固定的情况下，直流无刷电机能够在额定负载范围内，控制电机转子维持一定的转速。

目前，直流伺服电机的驱动器通常由专门的厂家生产。图 4.28 为西安铭朗电子科技有限公司生产的型号为 MLDS3810TE 的直流伺服电机驱动器。该驱动器适用于驱动有刷、永磁直流伺服电机，空心杯永磁直流伺服电机和力矩电机。

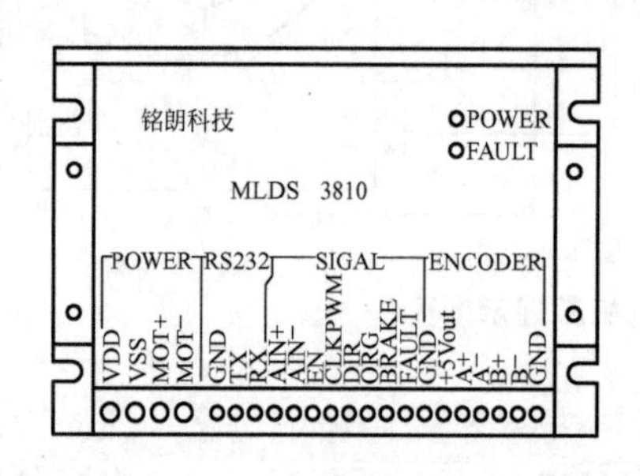

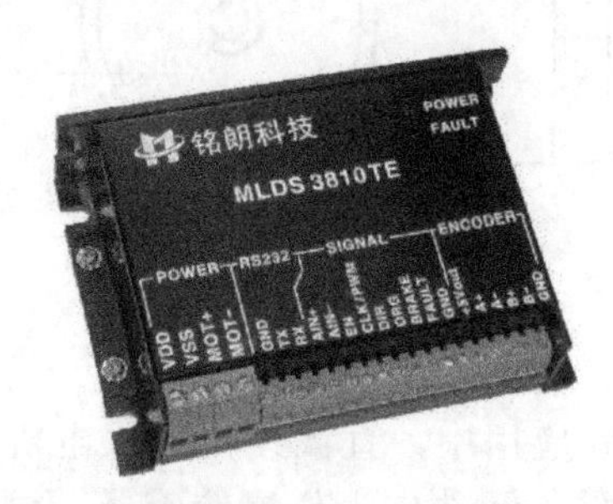

图 4.28　MLDS 3810TE 直流伺服电机驱动器

1）主要功能

其主要功能如下。

（1）输入模拟信号进行速度控制；

（2）输入 PWM 信号进行速度控制；

（3）通过 RS232 口进行速度控制；

（4）通过 RS232 口进行位置控制；

（5）输入脉冲、方向信号进行步进模式控制；

（6）外部零位信号输入；

（7）外部制动信号输入；

（8）通过 RS232 实现 PC 控制、参数调整、在线监测；

(9) 实时读取驱动器内部温度；

(10) 过流、过载、过压、欠压保护等。

2) 技术参数

其部分技术参数见表 4-10。

表 4-10　部分技术参数

参数		标号	参数值	单位
电源电压		U	12～38	VDC
PWM 开关频率		fPWM	DS3810E/DS3810：62.5DS3810TE/DS3810T：20	kHz
效率		—	95	%
最大连续输出电流		Idauer	10	A
最大峰值输出电流		Imax	20	A
硬件保护电流		Ip	26	A
电源保险		—	30	A
静态功耗(待机电流)		Iel	115/12V，65/24V，45/38V	mA
可控速度范围		—	1～30000	r/min
输出编码器电源		VCC	5	VDC
		ICC	60	mA
模拟输入端输入阻抗		—	25	kΩ
模拟信号速度控制输入电压范围		—	±10	V
PWM	信号标准	—	—	—
	频段	—	—	—
	占空比范围	—	1%≤占空比≤99%	—
	占空比=50%	—	0	—
	占空比<50%	—	电机反转	—
	占空比>50%	—	电机正转	—
步进脉冲最高频率		fmax	800	kHz
编码器输入		逻辑电平	低电平 0～0.3，高电平 3～5	V
		最高频率	200	kHz

3) 接口说明

其接口说明如下。

(1) AIN+/AIN-模拟差分输入信号，实现速度控制；输入电压=(AIN+)-(AIN-)。

(2) CLK/PWM 控制信号输入端，是步进脉冲、PWM 信号共用端口(如不用此端口，可将其悬空)，通过 RS232 串口设置信号属性。用户根据需要，可以选择下列其中一种控制组合：

PWM，GND：脉宽信号输入，实现速度控制；

CLK，DIR，GND：脉冲＋方向信号的步进模式控制；

CLK 是步进脉冲信号，上升沿有效。脉冲宽度≥15μs，脉冲频率≤200kHz。

(3) DIR 是方向信号，高电平控制电机正转，低电平控制电机反转。此信号只在步进模式时有效，其余模式时无效。

(4) TX，RX，GND：RS232 接口，实现速度、位置控制，以及参数设置、运行状态监测等。

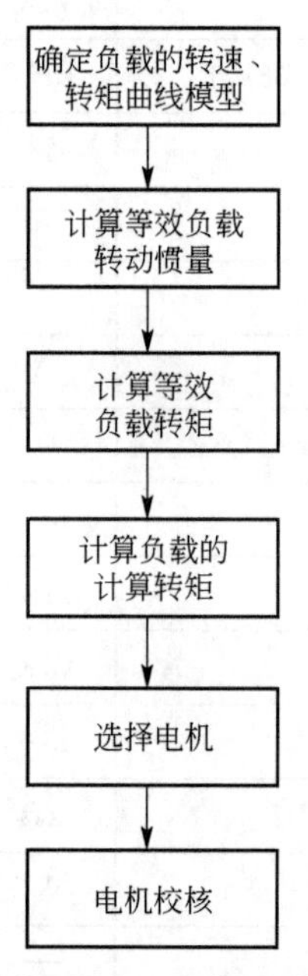

图 4.29　直流伺服电机的选用步骤

(5) EN 信号为外部使能控制，在任何模式下都有效。EN 高电平时，驱动器加载电机。当 EN 低电平时，驱动器释放电机，电机处于无力矩状态。此信号在悬空时为高电平状态，这时驱动器向电机加载。

(6) FAULT 是驱动器向外部输出的出错信号，集电极开路，用户最高可以上拉到 30V。当系统产生保护时，输出低电平；正常状态时，输出高电平。输入电流小于 5mA。

(7) ORG 是位置清零信号，下降沿时将驱动器内部的位置计数器清零，正常时应为高电平。因电机旋转方向的不同，ORG 信号的下降沿左右两个旋转方向都存在。有效 ORG 信号至少应保持 20μs 低电平时间，在寻找零位时，要求电机运转速度越低越好。

(8) BRAKE 是驱动器急停信号，当置为低电平时，驱动器将迅速停止并保持使能状态。置为高电平时，驱动器取消急停状态。

4.2.5　直流伺服电机的选择

直流伺服电机的选用步骤如图 4.29 所示。

(1) 确定负载的转速、转矩曲线模型。在伺服电机控制系统中，常见的负载转速、转矩曲线模型如图 4.30 所示。

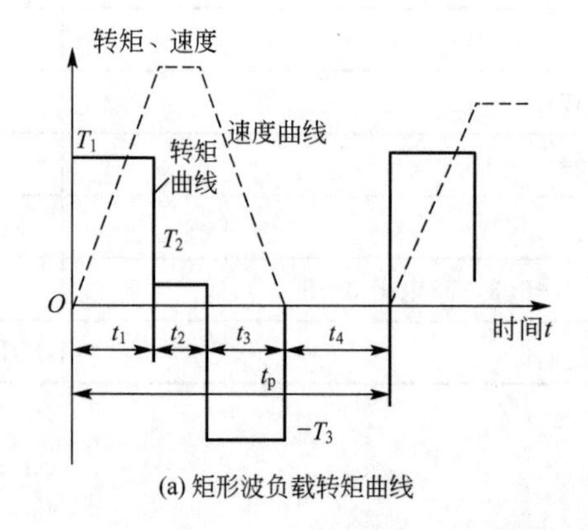

(a) 矩形波负载转矩曲线

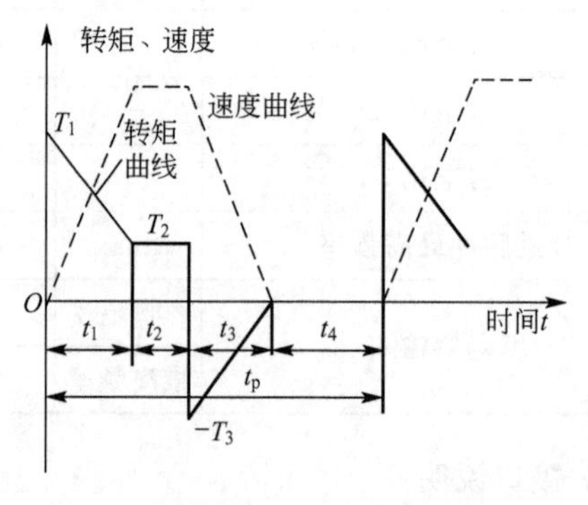

(b) 三角波负载转矩曲线

图 4.30　变转矩-加减速控制计算模型

(2) 计算等效负载转动惯量。等效负载转动惯量可根据式(4－6)进行计算。

(3) 计算等效负载转矩。等效负载转矩可以根据式(4－7)进行计算。

(4) 计算负载的计算转矩。

如果要求电机在峰值负载转矩下以峰值转速不断地驱动负载，则计算转矩取峰值转矩。如果电机连续工作在负载不变的场合时，计算转矩取负载转矩。如果电机长期连续工作在变负载之下时，计算转矩可按式(4-36)或式(4-37)取均方根转矩。

对于图 4.30(a)所示的矩形波负载转矩、加减速模型，其均方根计算转矩 T_{Lr} 为

$$T_{Lr}=\sqrt{\frac{T_1^2 \cdot t_1+T_2^2 \cdot t_2+T_3^2 \cdot t_3}{t_p}} \tag{4-36}$$

对于图 4.30(b)所示的三角形波在加减速时的均方根转矩 T_{Lr} 为

$$T_{Lr}=\sqrt{\frac{T_1^2 \cdot t_1+3T_2^2 \cdot t_2+T_3^2 \cdot t_3}{3 \cdot t_p}} \tag{4-37}$$

式中：t_p——负载一个工作周期的时间(s)，即 $t_p=t_1+t_2+t_3+t_4$。

式(4-36)、式(4-37)只有在 t_p 比温度上升热时间常数 t_{th} 小得多$\left(t_p \leqslant \frac{1}{4}t_{th}\right)$、且 $t_{th}=t_g$ 时才能成立，其中 t_g 为冷却时的热时间常数，通常均能满足这些条件。

(5) 初选电机。按照功率初选电机。

当电机在峰值负载转矩下以峰值转速不断地驱动负载时，电机功率为

$$P_m=(1.5\sim2.5)\frac{T_{LP}n_{LP}}{159\eta} \tag{4-41}$$

当电机长期连续工作在变负载之下时，按负载均方根功率估算电机功率

$$P_m=(1.5\sim2.5)\frac{T_{Lr}n_{Lr}}{159\eta} \tag{4-42}$$

根据估算出的 P_m，选择电机时应使电机的额定功率 P_N 满足：$P_N>P_m$，且满足转速的要求。由此确定电机的型号和规格。

(6) 电机校核。

① 发热校核。

对于连续工作在负载不变的场合的电机，要求

$$T_N \geqslant T_L \tag{4-43}$$

对于长期连续工作在变负载之下时，要求

$$T_N \geqslant K_1 K_2 T_{Lr} \tag{4-44}$$

式中：K_1——安全系数，一般取 $K_1=1.2$；

K_2——转矩波形系数，矩形转矩波取 $K_2=1.05$，三角转矩波取 $K_2=1.67$。

② 过载能力校核。

转矩过载能力的校核公式为

$$(T_L)_{max} \leqslant (T_m)_{max} \tag{4-45}$$

而

$$(T_m)_{max}=\lambda T_N \tag{4-46}$$

式中：$(T_L)_{max}$——折算到电机轴上的负载力矩的最大值(N·m)；

$(T_m)_{max}$——电机输出转矩的最大值(过载转矩)(N·m)；

T_N——电机的额定力矩(N·m)；

λ——电机的转矩过载系数。对直流伺服电机，一般取 $\lambda \leqslant 2.0 \sim 2.5$；对交流伺服电机，一般取 $\lambda \leqslant 1.5 \sim 3$。

③ 转动惯量匹配检验。

实践与理论分析表明，J_L/J_m 比值的大小对伺服系统性能有很大的影响，且与伺服电机种类及其应用场合有关，通常分为两种情况：

对于采用惯量较小的伺服电机驱动的伺服系统(电机惯量低达 $J_m \approx 5 \times 10^{-5}\text{kg} \cdot \text{m}^2$)，其比值通常推荐为

$$1 < J_L/J_m < 3 \tag{4-47}$$

对于采用大惯量伺服电机驱动的伺服系统($J_m = 0.1 \sim 0.6\text{kg} \cdot \text{m}^2$)，其比值通常推荐为

$$0.25 \leqslant J_L/J_m \leqslant 1 \tag{4-48}$$

例如，在龙门刨床工作台的自动控制中，伺服电机驱动工作台往复运动，其加工切削速度-时间与力矩-时间曲线如图 4.31 所示。切削速度 $v>0$ 为电机正转工作行程，$v<0$ 为反转行程。工作行程包括起始阶段Ⅰ，切削加工阶段Ⅱ，和制动阶段Ⅲ。返回行程也包含三个阶段。T_F 为折算到电机轴上的摩擦负载转矩；T_a 为伺服电机转子的转动惯量和往复运动部件的总质量所形成的惯性转矩(略去减速器的转动惯量)。

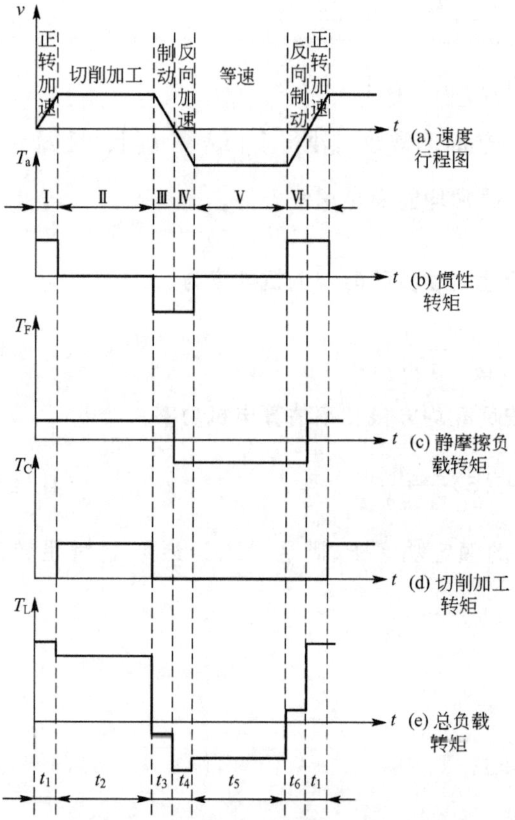

图 4.31　龙门刨床加工过程电机负载曲线

$$T_a = \left(J_m + \frac{mr^2}{i^2 \eta}\right) \frac{i}{r} \frac{\mathrm{d}v}{\mathrm{d}t} \tag{4-38}$$

式中：r——与工作台齿条相啮合齿轮的节圆半径(m)；

η——传动总效率；

i——电机轴与齿条相啮合齿轮轴间的传动比($i>1$)。

T_c 为折算到电机轴上的切削加工负载转矩(N·m)

$$T_c = \frac{F_c r}{i \eta} \tag{4-39}$$

式中：F_c——切削加工时轴向切削力(N)。

T_L 为 T_a、T_F、T_c 三者的合成。

该系统的总负载力矩是时间的周期函数，所以其计算转矩可按照一个周期内负载转矩的均方根计算。

$$T_{Lr} = \sqrt{\frac{T_1^2 \cdot t_1 + T_2^2 \cdot t_2 + T_3^2 \cdot t_3 + T_4^2 \cdot t_4 + T_5^2 \cdot t_5 + T_6^2 \cdot t_6}{0.75 \cdot t_1 + t_2 + (t_3 + t_4) \cdot 0.75 + t_5 + 0.75 \cdot t_6}} \tag{4-40}$$

式(4-40)中的系数 0.75 是考虑了启动和制动期间电机散热条件变差的影响。

小知识：大惯量宽转速伺服电机的特点是惯量大、转矩大，且能在低速下提供额定转矩，常常不需要传动装置而直接与滚珠丝杠相连，且受惯性负载的影响小，调速范围大，允许的过载时间较长。

4.2.6　直流伺服电机的标注

由于直流伺服电机的类型较多，不同的生产厂家，其标注方式也略有不同。现以博山山特电机厂生产的 SZ 系列直流伺服电机为例说明其标注方式。

例如：型号为 130SZ05F/H1 的直流伺服电机，各参数的含义如图 4.32 所示。其中，机座号 130 表示机座的外径是 130mm。产品代号用字母“SZ”表示电磁式直流伺服电机。产品规格序号由数字组成，在同一机座号中“01～49”表示短铁心产品；“51～99”表示长铁心产品；“101～149”表示特长铁心产品。激磁方式用字母表示，“C”为串激式，“F”为复激式，不注明者，则为他激(并激)式。

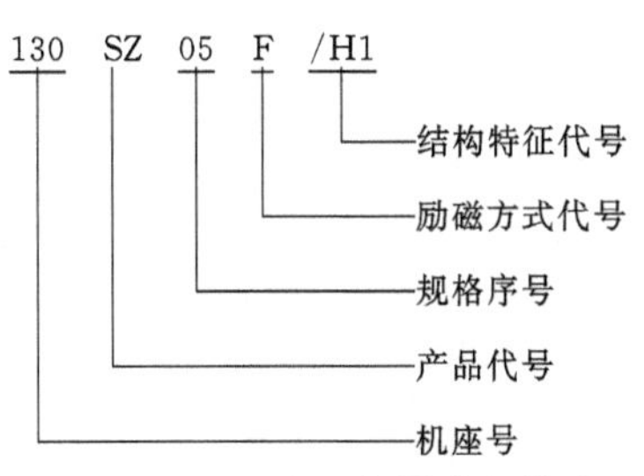

图 4.32　SZ 直流伺服电机代号

表 4-11 列出了该公司生产的部分 SZ 系列直流伺服电机的型号、相关技术参数。

表 4-11　SZ 系列直流伺服电机的型号及技术参数

型号	转矩/(mN·m)	转速/($r \cdot min^{-1}$)	功率/W	电压/V		电流/A(不大于)		允许顺逆转速差/($r \cdot min^{-1}$)	转动惯量(不大于)/($mN \cdot m \cdot s^2$)
				电枢	激磁	电枢	激磁		
110SZ01	784	1500	123.0	110	110	1.80	0.270	100	0.560
70SZ101	167	7500～9500	148.0	110	110	1.95	0.120	400	—
90SZ51	510	1500	80.0	110	110	1.10	0.230	100	0.250
90SZ01	323	1500	80.0	110	110	1.10	0.200	100	0.180
110SZ51	1177	1500	185.0	110	110	2.50	0.32	100	0.76

相关型号电机的外形及安装尺寸如图 4.33 及表 4-12。

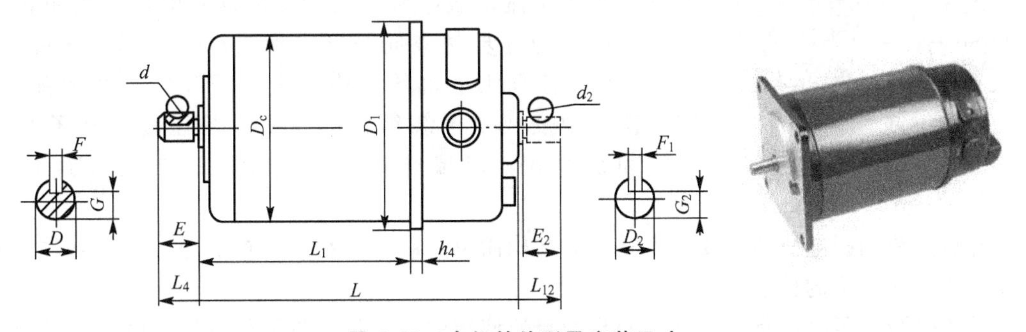

图 4.33　电机的外形及安装尺寸

表 4-12 伺服电机的安装尺寸(安装形式 A5 AA5) mm

型号	D_C	D_1	h_4	L_1	L	D	E	L_4	F	G	d	D_2	E_2	L_{12}	F_1	G_2	d_2	重量/kg(不大于)
	—	—	—	—	—	(h6)	—	—	+0.005 −0.015	—	—	—	—	—	+0.005 −0.015	h_{11}	H_{11}	
55SZ01-49	55	60	4.5	54.5	91	5	12	13.5	2	3.3	7	4	12	13.5	光轴			0.75
55SZ51-99				64.5	101													0.9
70SZ01-49	70	74	5	72	114	6	14	16	2	4.3	7	5	12	13.5	2	3.3	7	1.5
70SZ51-99				82	124													1.7
70SZ101-149				94	136													2
90SZ01-49	90	95	6.5	79.5	127	8	16	18	2	5.2	10	6	14	16	2	4.3	7	2.8
90SZ01-99				99.5	147													3.6
110SZ01-49	110	115	7	109	164	10	20	22	3	7.3	10	8	16	18	2	5.2	10	5.8
110SZ01-99				139	194													7.6

4.3 交流伺服电机

4.3.1 交流伺服电机的特点、分类和结构

交流伺服电机是用交流电信号控制的执行电机。其主要优点是运行平稳、脉动小、低速无振动、调速范围宽、可短时过载、力矩特性好、控制精度高，但是控制方法复杂、价格贵。在同样体积下，交流伺服电机输出功率可比直流伺服电机提高10%～70%。因此，在数控机床、工业机器人以及其他运动和位置控制精度要求比较高的场合得到了广泛应用。

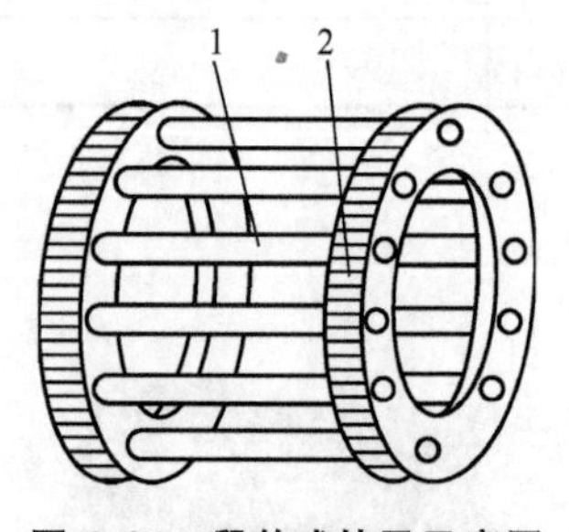

图 4.34 鼠笼式转子示意图
1—鼠笼条；2—短路环

交流伺服电机按定子所接电源的相数可分为单相交流电机、两相交流伺服电机和三相交流伺服电机。按照转子的转速可分为异步交流伺服电机和同步交流伺服电机。

异步交流伺服电机的结构分为定子和转子两大部分。定子铁芯中安放定子绕组，产生所需的磁场，转子有鼠笼式和绕线式，以鼠笼式居多，转子的结构如图 4.34 所示。

异步交流伺服电机的主要优点是它的结构简单、制造容易、价格低廉、运行可靠、效率高，适宜大功率的传动。

同步交流伺服电机是以与磁场同步的转速旋转的。同步交流伺服电机也由定子和转子两部分组成。它的定子结构与一般与异步电机相同，而转子用的是永磁体，作用是把转子

带入同步转速，结构如图 4.35 所示。图 4.35 中的转子导条是为了解决启动问题。同步交流伺服电机外部负载变化时对转速的影响较小、控制精度高，故在许多应用场合逐渐取代直流伺服电机。

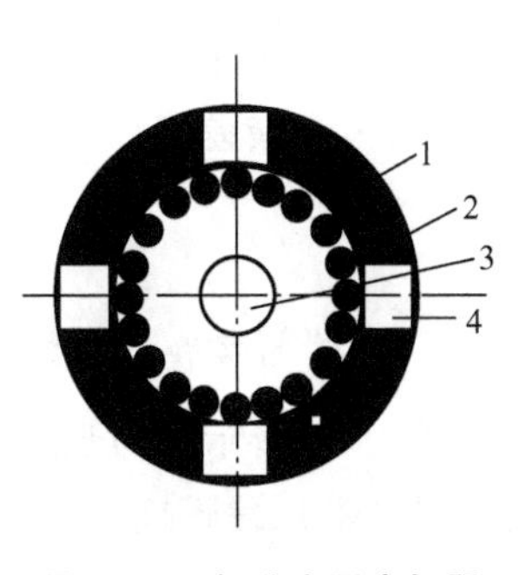

图 4.35　永磁式同步伺服电机转子(径向)结构

1—永磁体；2—转子导条；3—转轴；4—非磁性材料

4.3.2　交流伺服电机的主要技术参数

交流伺服电机的主要技术参数是设计时选用电机的依据，具体如下。

(1) 额定功率。电机轴上输出功率的额定值，即电机在额定状态下运行的输出功率。如果电机在超过额定功率的条件下运行，长期过载工作产生的过热，会有烧坏电机的危险。

(2) 额定电压。电机在额定状态下工作时，励磁绕组和电枢控制绕组上所加的电压额定值。

(3) 额定电流。电机在额定电压下，驱动负载为额定功率时，电枢控制绕组中的电流，它是电机长期连续运行时，电枢控制绕组中所允许的最大电流。

(4) 额定转速。电机在额定电压下，输出额定功率时的转速，有时也称为最高转速。交流伺服电机的调速范围一般在额定转速以下。

(5) 额定扭矩。电机在额定状态下运行时，电机轴输出的扭矩。

(6) 最大扭矩。电机在短时间内可以输出的最大扭矩。它反映了电机的瞬时过载能力。交流伺服电机的瞬时过载能力比较强。

4.3.3　异步型交流伺服电机

1. 工作原理

异步型交流伺服电机的工作原理如同图 4.36 所示。旋转磁铁相当于电机的定子，鼠笼式转子相当于电机的转子。旋转磁铁转动时形成旋转磁场，转子和磁场之间的相对运动产生电磁转矩，使转子跟随磁场转动。在这里旋转磁铁的转速，即磁场的转速称为同步转速。为了能够产生电磁转矩，鼠笼式转子的转速要低于同步转速。在三相鼠笼式异步交流伺服电机中，定子上有三相绕组，其有效匝数相同，且在空间中互相间隔 120°。当对每相绕组通入幅值相同、相位互差 120°的正弦电流时，三相电流将产生一个旋转的磁场。若为两相绕组，则空间互相相隔 90°。

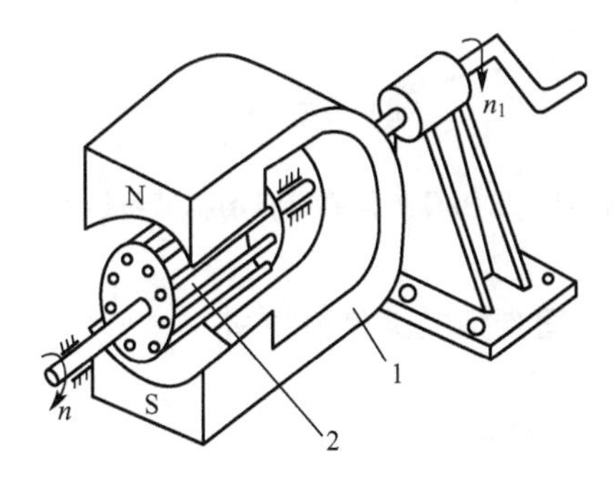

图 4.36　交流异步伺服电机工作原理

1—旋转磁铁；2—鼠笼式转子

若加在电机绕组上的电源的频率为 f(Hz)，同步转速为 n_1(r/min)，电机转子转速为 n(r/min)，则

$$n=\frac{60f}{p}(1-s) \tag{4-49}$$

式中：p——异步电机的极对数；

s——转差率。

$$s=\frac{n_1-n}{n_1} \tag{4-50}$$

2. 等效电路和机械特性

图 4.37 所示为异步三相交流伺服电机某一相的等效电路。其中，R_1、X_1为定子相绕组的漏电阻、漏感抗；R_2'/s、X_2'为转子相绕组等效的电阻、漏感抗；R_m、X_m为等效励磁阻抗、励磁感抗，一般情况下，X_m要比漏阻抗大得多，励磁电流 $\dot{I}_0$很小。据此建立异步交流伺服电机的等效电路和功率关系，可以得到它的机械特性。

交流异步伺服电机的机械特性指在定子电压、频率和参数一定的条件下，电磁转矩 T 与转速 n(或转差率 s)之间的关系，即

$$T=\frac{mpU_1^2\frac{R_2'}{s}}{2\pi f_1\left[\left(R_1+\frac{R_2'}{s}\right)^2+(X_1+X_2')^2\right]} \tag{4-51}$$

式中：m——定子绕组的相数；

p——极对数；

U_1——定子电压；

f_1——电源频率。

根据式(4-51)可得三相交流异步伺服电机的机械特性如图 4.38 所示。

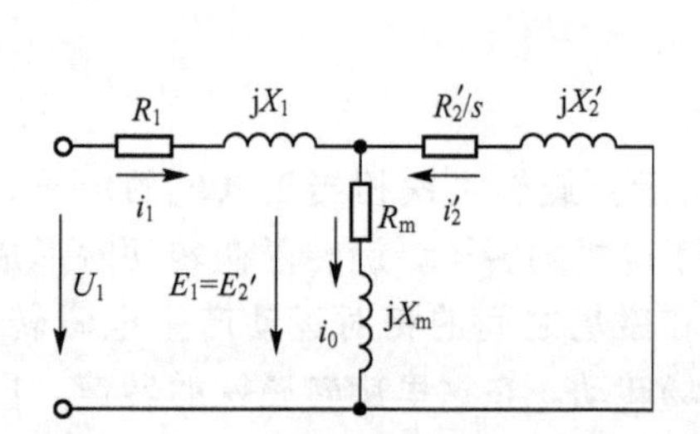

图 4.37　交流异步伺服电机等效电路

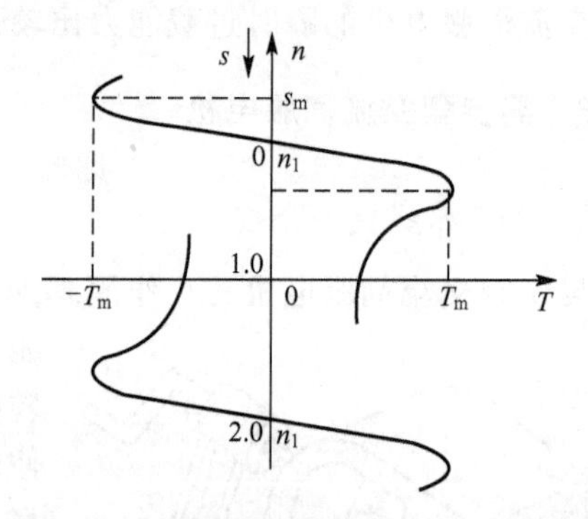

图 4.38　三相异步伺服电机的机械特性

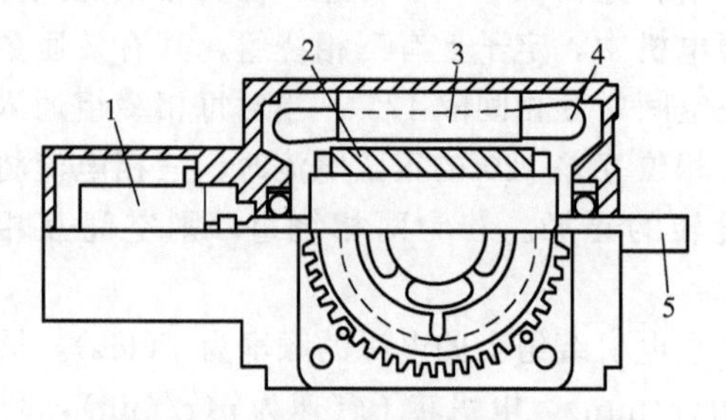

图 4.39　永磁同步伺服电机的结构

1—检测器(旋转变压器)；2—永磁体；3—电枢铁芯；4—电枢三相绕组；5—输出轴

4.3.4　同步型交流伺服电机

1. 电机的结构

同步交流伺服电机主要由转子和定子两大部分组成，如图 4.39 所示，在转子上装有特殊形状的永久磁体，用以产生恒定磁场。转子上的永磁材料可以采用铁氧体或稀土钴。在电机的定子铁芯上绕有三相电枢绕组，接在可控制的变

频电源上，用以产生旋转磁场。在结构上，定子铁芯可直接裸露于外界空间，使散热情况良好，也使电机易于实现小型化和轻量化。

2. 工作原理

图 4.40 所示，设电机的定子绕组为三相对称绕组，转子为永久磁铁，当给定子绕组通以对称三相电流时，将产生一个旋转磁场，该磁场将与转子的恒定磁场相互作用。如果定子合成磁场的轴线用 F_S表示，转子磁场的轴线用 F_R表示。F_S和 F_R相互作用产生电磁转矩 T_M，其方向使转子逆时针方向旋转，趋于使 F_S和 F_R重合，大小正比于 F_S、F_R和 $\sin\theta_{SR}$的乘积。可见通电顺序不同转子的转向不同。

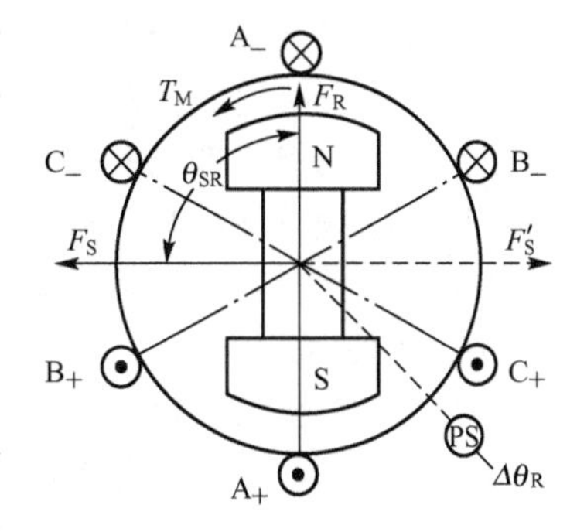

图 4.40　永磁同步伺服电机工作原理示意图

转子转动时，由驱动控制器读取转子位置传感器的值，给出转子磁场 F_R的移动量 $\Delta\theta_R$，用以控制定子三相电流值，即改变三相电流相位，使其合成磁场 F_S沿转子旋转方向，也移动相同的角度，即 $\Delta\theta_R=\Delta\theta_S$，以保持 $\theta_{SR}=90°$不变，实现 T_M的方向不变。电磁转矩 T_M的大小则通过控制三相电流的幅值 I_M来实现，即控制 F_S的大小。当需要转子反方向旋转时，可以改变三相电流的方向，使其合成磁场 F_S改变 180°，成为 F_S'，电磁转矩 T_M也改变了方向，对转子起制动作用。当速度降为零后，转子将反方向加速至运行转速。

3. 同步型交流伺服电机的永磁材料

同步型交流伺服电机永磁材料的选择要从性能和经济两个方面来综合考虑。目前，广泛应用的有铁氧体、稀土钴和钕铁硼永磁材料。

铁氧体材料价格非常便宜，它有较高的矫顽力，具备一定的抗去磁能力，但剩磁通密度低。通常用于要求电机性价比高的场合。

稀土钴材料与铁氧体相比，其矫顽力和剩磁通密度要高得多，抗去磁能力颇为良好，但缺点是成本很高。所以这种材料主要用于高性能小容量的伺服驱动系统。

近年来，出现了一种新的永磁材料钕铁硼，它的矫顽力和剩磁通密度远大于铁氧体，而成本又比稀土钴低得多，且有进一步下降的趋势。因此，在交流永磁伺服电机中，这是一种很有应用前景的永磁材料。对于电机设计来说，这种材料是比较理想的。但是，这种材料有一个潜在的缺点是居里温度较低(约为 310℃)和易受腐蚀，应用中应加以注意。

4.3.5　交流伺服电机的控制形式

交流伺服电机在工业自动化领域的运动控制中扮演了一个十分重要的角色。随着应用场合的不同，对交流伺服电机的控制性能要求也不尽相同。因而，在实际应用中，交流伺服电机有各种不同的控制形式。

从被控制量来说，这些控制形式主要有：转矩控制/电流控制；速度控制；位置控制。

1) 转矩控制/电流控制

有些负载，如螺栓拧紧机构，只需要交流伺服电机提供必要的紧固力，并根据需要的紧固力的大小来决定伺服电机的转矩，而对伺服电机的速度和位置没有要求。在这种应用场合，就应该采用转矩控制形式。又由于在交流伺服系统中，交流伺服电机的永磁转子磁极位置通过位置传感器测量出来，并以此信号作为电流控制的依据，从而实现磁场和电流两者的正交控制。在这种情况下，交流伺服电机所产生的电磁转矩与电枢电流成正比，

2）速度控制

在速度控制形式中，要求能对交流伺服电机在各种运行状态下的速度加以控制，以满足负载的工作要求，这是应用范围很广的一种控制形式。

交流伺服电机所产生的电磁转矩只有大于负载转矩，才能使电机及其负载实现加速。电机的电磁转矩与负载转矩之差，即为动态加速转矩。

交流伺服电机速度控制系统的速度控制器通常采用比例积分控制规律，对于这样的速度控制系统，动静态性能的分析，可以采用工程上常用的波德图。通过绘制系统开环传递函数的对数幅频特性和相频特性曲线，找出波德图上的截止频率以及过截止频率点对幅频特性斜率和相移角，来评价系统的性能。

3）位置控制

交流伺服电机位置控制系统，从定位要求来看，最好将位置传感器直接安装在要定位的机械上，实现所谓全闭环控制。实际上，由于不便于安装和担心被拖动机械的振动以及变形会对位置控制系统产生不利影响，能够在被拖动的机械上或在与被拖动机械作相对运动的机械上直接安装传感器的情况较少，一般实际应用中多采用半闭环控制方式，即将位置传感器安装在交流伺服电机非负载侧的一个轴端上。通过测量交流伺服电机轴的转角，来间接测量被拖动机械的实际位移，从而实现位置伺服控制。目前应用较普遍的位置传感器有各类编码器、旋转变压器等。

4.3.6 交流伺服系统与步进伺服系统的比较

在目前国内的机电一体化设备中，步进电机伺服系统以其高的性价比获得了广泛的应用，全数字式交流伺服系统也以其高的伺服性能而备受青睐。现就二者的使用性能作一比较，供选用时参考。

1）控制精度

由于制造成本低，步进电机的步距角通常做得比较大。两相混合式一般为1.8°/0.9°，五相混合式一般为0.72°/0.36°，三相反应式多为1.5°/0.75°。要想减小步距角，方法有两个，一是采用减速传动，二是采用细分型驱动电源。

交流伺服电机的控制精度由电机轴后端的旋转编码器来保证。对于带2500线标准型编码器的电机而言，由于驱动器内部采用了四倍频技术，其转角分辨力为360°/(2500×4)=0.036°；对于带17位编码器的电机而言，每转一圈，驱动器接收到2^{17}=131072个脉冲，其转角分辨力为360°/131072≈9.89″，是步距角为1.8°的步进电机转角分辨力的1/655。

2）低频特性

步进电机在低速时易出现低频振动现象，其振动频率与负载的情况和驱动电源的性能有关。解决低频振动有两种办法，一种是在电机轴上加装阻尼器；另一种是在驱动电源上采用绕组电流细分技术。

小提示： 交流伺服电机运转非常平稳，即使在低速时也不会出现共振现象。

3）矩频特性

步进电机的输出转矩随转速升高而下降，且在较高转速时会急剧下降，所以其最高工

作转速一般不超过 1000r/min。

交流伺服电机为恒转矩输出，其额定转速一般为 2000r/min 或 3000r/min，在额定转速以下都能输出额定转矩，在额定转速以上为恒功率输出，最高转速通常可达 5000r/min。

4）过载能力

交流伺服电机具有较强的过载能力，可用于克服惯性负载在启动瞬间的惯性转矩。

步进电机因为没有这种过载能力，在选型时为了克服惯性转矩，往往需要选取较大转矩的电机，而在正常工作期间又不需要那么大的转矩，便出现了转矩浪费的现象。

5）运行性能

步进伺服系统通常为开环控制，启动频率过高或负载过大时，容易出现失步或堵转现象，停止时若处理不当也易出现过冲。所以为了保证其控制精度，常采用升降频控制方式。

交流伺服系统为闭环控制，驱动器可直接对电机编码器的反馈信号进行采样，在内部构成位置环和速度环，一般不会出现步进电机的失步或过冲现象，控制性能可靠。

速度响应性能步进电机从静止加速到工作转速通常需要 0.3～1s 的时间。交流伺服电机的加速性能则要好得多。

综上所述，交流伺服系统在性能上明显优于步进伺服系统，但其价格却要高得多，而且结构复杂，维修成本较高。步进伺服系统虽然性能上差一些，但其价格低、性价比高、结构简单、维修成本较低。因此，在选择伺服控制系统的方案过程中，要综合考虑各方面的因素，妥善进行分析确定。

4.3.7　交流伺服电机及其驱动器的选用

在选用交流伺服电机时，其设计计算步骤与直流伺服电机相似，此处不再赘述。在设计交流伺服系统时，电机和驱动器的选择是关键，一般要根据系统负载、运行环境等各个方面进行综合考虑。下面介绍的是某公司生产的部分交流伺服产品。

1. 交流伺服电机

1）型号说明及技术参数

不同的交流伺服电机生产厂家，其型号的标注方式略有不同，图 4.41 是某公司生产的交流伺服电机的标注方式。表 4 - 13 是部分低惯量交流伺服电机的技术参数。

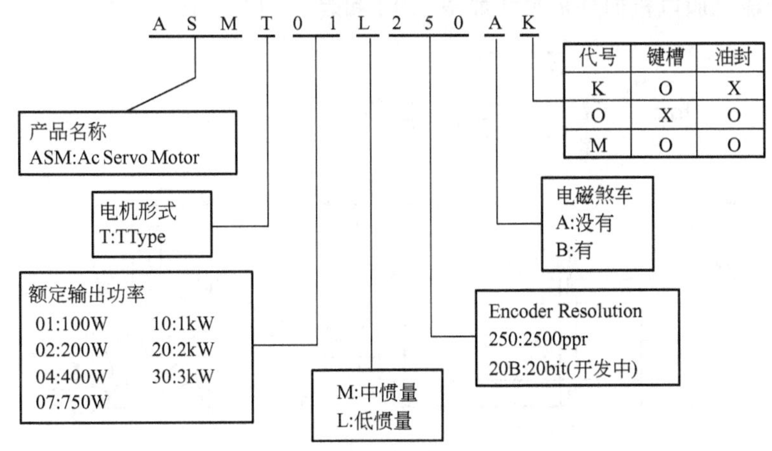

图 4.41　交流伺服电机标注

表 4－13　低惯量交流伺服电机(ASMT□L250 系列)技术参数

	机型 ASMT□L250	100W	200W	400W	750W	1kW	2kW	3.0kW
		01	02	04	07	10	20	30
伺服电机特性	额定功率/kW	0.1	0.2	0.4	0.75	1.0	2.0	3.0
	额定扭矩/(N·m)	0.318	0.64	1.27	2.39	3.3	6.8	10.5
	最大扭矩/(N·m)	0.95	1.91	3.82	7.16	9.9	19.2	31.5
	额定转速/($r \cdot min^{-1}$)	3000						
	最高转速($r \cdot min^{-1}$)	5000					4500	
	额定电流/A	1.1	1.7	3.3	5.0	6.8	13.4	18.9
	瞬时最大电流/A	3.0	4.9	9.3	14.1	18.7	38.4	55
	每秒最大功率/$kW \cdot s^{-1}$	34.5	23.0	48.7	51.3	42	98	95.1
	转子惯量/($kg \cdot m^2$)	0.03E－4	0.18E－4	0.34E－4	1.08E－4	2.6E－4	4.7E－4	11.6E－4
	机械常数/ms	0.6	0.9	0.7	0.6	1.7	1.2	—
	轴摩擦扭矩/(N·m)	0.02	0.04	0.04	0.08	0.49	0.49	0.49
	扭矩常数 *KT*/(N·m/A)	0.32	0.39	0.4	0.5	0.56	0.54	0.581
	电压常数 *KE*/(V/rpm)	33.7E－3	41.0E－3	41.6E－3	52.2E－3	58.4E－3	57.0E－3	60.9E－3
	机电阻抗/Ohm	20.3	7.5	3.1	1.3	2.052	0.765	0.32
	电机感抗/mH	32	24	11	6.3	8.4	3.45	2.63
	电气常数/ms	1.6	3.2	3.2	4.8	4.1	4.5	8.2
	绝缘等级	F 级						
	绝缘阻抗	DC 500V，100MΩ 以上						
	绝缘耐压	AC 1500V，50Hz，60sec						
	径向最大抗扭矩/N	78.4	196	196	343	490	490	490
	轴向最大抗扭矩/N	39.2	68.6	68.6	98	98	98	98
	震动级数/μm	15						

2）外形尺寸

低惯量交流伺服电机的外形尺寸如图 4.42 和表 4－14 所示。

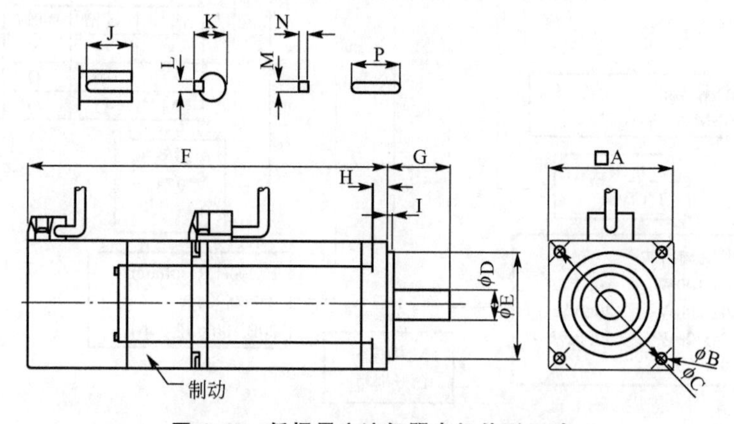

图 4.42　低惯量交流伺服电机外形尺寸

表4-14　低惯量交流伺服电机外形尺寸

Model	ASMT01L250AK	ASMT02L250AK	ASMT04L250AK	ASMT07L250AK
A	40	60	60	80
B	4.5	5.5	5.5	6.6
C	46	70	70	90
D	8h6+0.0−0.009	14h6+0.0−0.011	14h6+0.0−0.011	19h6+0.0−0.013
E	30h7+0.0−0.021	50h7+0.0−0.025	50h7+0.0−0.025	70h7+0.0−0.030
F(without break)	100.1	102.4	124.4	135
F(with break)	135.7	137	159	171.6
G	25	30	30	35
H	5	6	6	8
I	2.5	3	3	3
J	16	20	20	25
K	9.2+0.0−0.2	16+0.0−0.2	16+0.0−0.2	21.5+0.0−0.2
L	3P9−0.006−0.031	5P9−0.012−0.042	5P9−0.012−0.042	6P9−0.012−0.042
M	3+0.0−0.025	5+0.0−0.030	5+0.0−0.030	6+0.0−0.030
N	3+0.0−0.025	5+0.0−0.030	5+0.0−0.030	6+0.0−0.030
P	16+0.0−0.18	20+0.0−0.21	20+0.0−0.21	25+0.0−0.21
Weight(without brake)	0.5kg	0.9kg	1.3kg	2.5kg
Weight(with brake)	0.7kg	1.4kg	1.8kg	3.4kg

2. 交流伺服驱动器

交流伺服驱动器通常包含伺服控制单元、功率驱动单元和通信接口单元等。近年来，由于新型功率开关器件、专用集成电路和新的控制算法的发展，交流伺服驱动器的性能得到进一步提高，能够更好地适应进给伺服系统的要求。

1）型号说明

交流伺服驱动器ASD-A系列标注如图4.43所示。

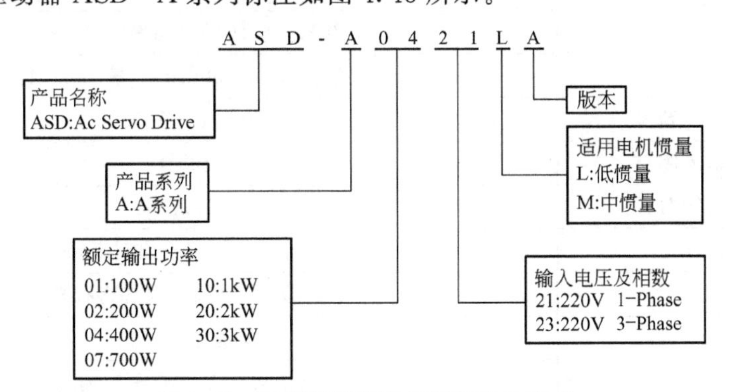

图4.43　交流伺服驱动器型号表达方式

2）标准规格

交流伺服驱动器的标准规格见表4-15。

表 4-15 交流伺服驱动器的标准规格

<table>
<tr><th colspan="3">机型 ASD-A□</th><th>01</th><th>02</th><th>04</th><th>07</th><th>10</th><th>15</th><th>20</th><th>30</th></tr>
<tr><td rowspan="3">电源</td><td colspan="2">电压/频率</td><td colspan="5">三相或单相 220VAC</td><td colspan="3">三相 220VAC</td></tr>
<tr><td colspan="2">容许电压变动率</td><td colspan="5">三相：170～255VAC
单相：200～255VAC</td><td colspan="3">170～255VAC</td></tr>
<tr><td colspan="2">频率及容许电压频率变动率</td><td colspan="8">50/60Hz±5%</td></tr>
<tr><td colspan="3">冷却方式</td><td colspan="3">自然冷却</td><td colspan="5">风扇冷却</td></tr>
<tr><td colspan="3">编码器解析数/回授解析数</td><td colspan="8">2500ppr/10000ppr</td></tr>
<tr><td colspan="3">主回路控制方式</td><td colspan="8">SVPWM 控制</td></tr>
<tr><td colspan="3">操控模式</td><td colspan="8">手动/简易/自动</td></tr>
<tr><td colspan="3">动态煞车</td><td colspan="8">内建</td></tr>
<tr><td rowspan="7">位置控制模式</td><td colspan="2">最大输入脉冲频率</td><td colspan="8">差动传输方式：500KPPS，开集极传输方式：200KPPS</td></tr>
<tr><td colspan="2">脉冲指令模式</td><td colspan="8">脉冲＋符号：A 相＋B 相：CCW 脉冲＋CW 脉冲</td></tr>
<tr><td colspan="2">指令控制方式</td><td colspan="8">外部脉冲控制/内部寄存器控制</td></tr>
<tr><td colspan="2">指令平滑方式</td><td colspan="8">低通及 P 曲线平滑滤波</td></tr>
<tr><td colspan="2">电子齿轮比</td><td colspan="8">电子齿轮 N/M 倍 A：1～32767/B：1：32767(1/50＜N/M＜200)</td></tr>
<tr><td colspan="2">转矩限制</td><td colspan="8">参数设定方式</td></tr>
<tr><td colspan="2">前馈补偿</td><td colspan="8">参数设定方式</td></tr>
<tr><td rowspan="11">速度控制模式</td><td rowspan="3">模拟指令输入</td><td>电压范围</td><td colspan="8">0～±10VDC</td></tr>
<tr><td>输入阻抗</td><td colspan="8">10kΩ</td></tr>
<tr><td>时间常数</td><td colspan="8">2.2μs</td></tr>
<tr><td colspan="2">速度控制范围*1</td><td colspan="8">1：5000</td></tr>
<tr><td colspan="2">指令控制方式</td><td colspan="8">外部模拟指令控制/内部寄存器控制</td></tr>
<tr><td colspan="2">指令平滑方式</td><td colspan="8">低通及 S 曲线平滑滤波</td></tr>
<tr><td colspan="2">转矩限制</td><td colspan="8">参数设定方式或模拟输入</td></tr>
<tr><td colspan="2">频宽</td><td colspan="8">最大 450Hz</td></tr>
<tr><td colspan="2" rowspan="3">速度校准率*2</td><td colspan="8">外部负载额定变动(0～100%)最大 0.01%</td></tr>
<tr><td colspan="8">电源＋－10%变动最大 0.01%</td></tr>
<tr><td colspan="8">环境温度(0～50deg C)最大 0.01%</td></tr>
<tr><td rowspan="7">扭矩控制模式</td><td rowspan="3">模拟指令输入</td><td>电压范围</td><td colspan="8">0～±10VDC</td></tr>
<tr><td>输入阻抗</td><td colspan="8">10kΩ</td></tr>
<tr><td>时间常数</td><td colspan="8">2.2μs</td></tr>
<tr><td colspan="2">过负荷容许时间</td><td colspan="8">200%之额定输出时 8min</td></tr>
<tr><td colspan="2">指令控制方式</td><td colspan="8">外部模拟指令控制/内部寄存器控制</td></tr>
<tr><td colspan="2">指令平滑方式</td><td colspan="8">低通平滑滤波</td></tr>
<tr><td colspan="2">速度限制</td><td colspan="8">参数设定方式或模拟输入</td></tr>
<tr><td colspan="3">模拟监控输出</td><td colspan="8">可参数设定监控信号(输出电压范围：±8V)</td></tr>
<tr><td colspan="3">保护机能</td><td colspan="8">过电流、过电压、电压不足、过热、过负荷、速度误差过大、位置误差过大、检出器异常、回生异常、通信异常、存储器异常</td></tr>
</table>

3）适配电机

表 4－16 显示了交流伺服驱动器与交流伺服电机的适配关系。

表 4－16　交流伺服驱动器与交流伺服电机适配关系表

		伺服驱动器	对应的伺服电机
低惯量	100W	ASD－A0121L□	ASMT01L250□□
	200W	ASD－A0221L□	ASMT02L250□□
	400W	ASD－A0421L□	ASMT04L250□□
	750W	ASD－A0721L□	ASMT07L250□□
	1000W	ASD－A1021L□	ASMT10L250□□

4）电源接线图

交流伺服驱动器电源接线方式分单相和三相两种。单相只限于 1kW 以下机种，如图 4.44 所示；三相用于 1kW 以上机种，接线如图 4.45 所示。

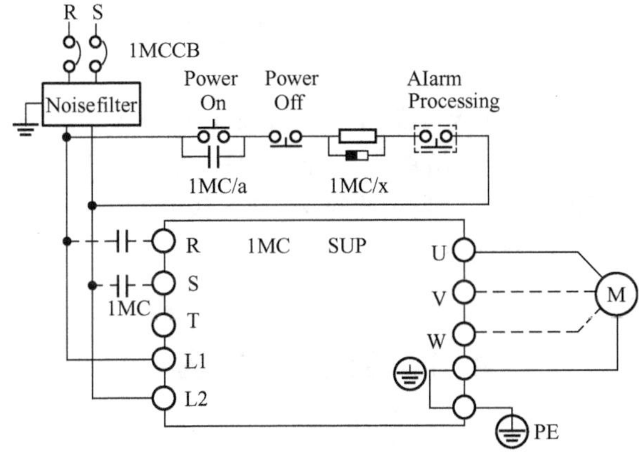

图 4.44　单相电源接线图

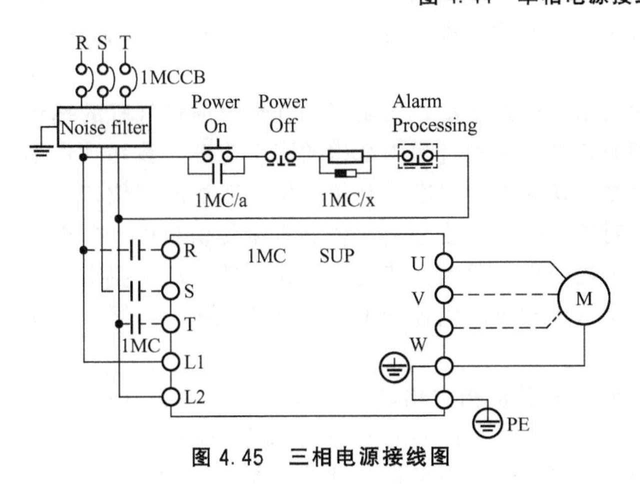

图 4.45　三相电源接线图

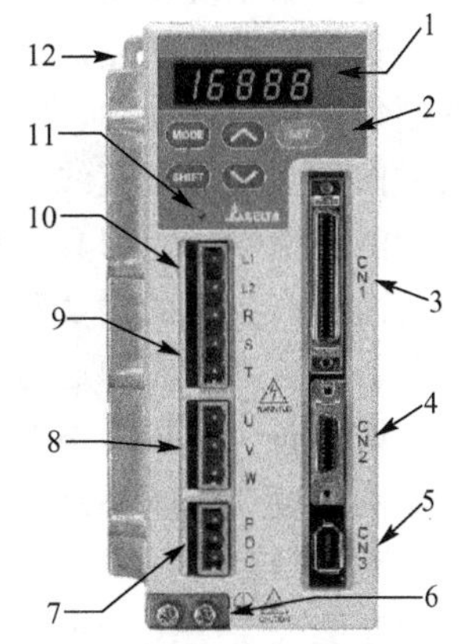

图 4.46　伺服驱动器各部名称

5）端子接线图

图 4.46 所示的是一种交流伺服电机驱动器的外形。图中给出了主要端子的名称，供接线时参考。

1—显示部：由五位数七段 LED 显示伺服状态或异警。

2—操作部：操作状态有功能、参数，监控的设定。

MODE：模式的状态输入设定；

SHIFT：左移键；

UP：显示部分的内容加一；

DOWN：显示部分的内容减一；

SET：确认设定键。

3—控制连接器：与可编程控制器(PLC)或是控制 I/O 连接。

4—编码器连接器：连接伺服电机检测器的连接器。

5—RS485、RS232 和 RS422 连接器：个人计算机或控制器连接。

6—接地端。

7—内外部回生电阻。

(1) 使用外部回生电阻时，P、C 端接电阻，P、D 端开路；

(2) 使用内部回生电阻时，P、C 端接开路，P、D 端需短路。

8—伺服电机输出：与电机电源接头 U、V、W 连接，不可与主回路电源连接，连接错误时易造成驱动器损毁。

9—主回路电源：R、S、T 连接在商用电源 AC200～230V，50/60HZ 电源。

10—控制回路电源：L1、L2 供给单相 200～230V，50/60HZ 电源。

11—电源指示灯：若指示灯亮，表示此时 P_BUS 尚有高电压。

12—散热座：固定伺服器及散热。

4.4 应用举例

下面介绍一种纸纱复合制袋机定长裁切的伺服控制系统。本实例提出了基于 PLC 控制、以交流伺服系统驱动的纸袋切断技术，有效地解决了转切刀交流伺服系统的动态控制和不同袋长条件下的速度协调。

在制袋机生产设备中，对纸袋的裁切采用气缸驱动，横切刀的动切刀通过气缸的拖动在垂直方向作上下往复直线运动完成切断任务。裁切过程中纸袋的牵引速度和裁切动作不协调，检测到信号后，刀具刃口接合时纸袋切割点难以准确到位，所以裁切的定位定长都不准确，而且产生大的振动和噪声。针对这一问题，改进了设备的机械传动结构，把横切刀改为转切刀，其动力源通过纸袋牵引机构引出来驱动，使转切刀作旋转运动。但生产实践证明，该设备机械机构不够合理，控制系统的自动化程度不高，设备工作中电器故障率高，在功能上存在以下不足之处。

(1) 转切刀的动力源是由制袋机的纸袋牵引机构引出，再经挂轮带动转切刀的主轴，转切刀的速度在整个生产过程中随袋速变化，转切刀旋转速度较低时裁切速度无法满足切断要求，使纸袋容易产生撕裂现象，因此开机、停机中纸袋的废品率高。

(2) 难以适应多品种纸纱袋的加工，裁切不同的袋长时要通过换压辊与转切刀传动轴之间的挂轮来实现，一台设备裁切不同的袋长时需配备一系列的挂轮。

(3) 对印有不同花标图案的纸纱袋，不能保证每次裁切均在标志条的中间，裁切定位偏差大。

针对上述存在的问题，从机械传动方案、机电控制理论等方面经过系统研究和可行性分析，研制了一套基于 PLC 和伺服电机控制的纸纱复合制袋机定长定位裁切的伺服控制系统，能够实现裁切的精确定长定位，适应多样化和批量化纸纱袋的加工，提高生产纸纱袋的质量和效率，满足不同层次客户的需求。

4.4.1　纸纱复合制袋机工艺流程

本机是一种生产纸纱复合包装袋的包装机械。其制袋过程(图 4.47)是：来自牛皮纸卷 1 的内层纸在搭接部位的牛皮纸上上胶，再通过内层牛皮纸折叠装置 3，变为中间搭接的双层结构，搭接部位自然粘在一起。经线布线架 2 上的经线通过布线器，再通过上胶盒 4 的上胶及布线，沿纸袋的经向均匀分布在折叠好的纸筒周围，布好经线的纸筒穿过纬线布线机构 5 的心部，纬线机构由两个盘形线架组成，两个盘形线架互反转动，把纬线缠绕在走过的纸筒圆周上，来自牛皮纸卷 14 的外层纸通过印刷机构 13 的印花，再由外层纸折叠装置 6 的折叠，外层纸包裹在绕好线的纸筒上，通过四个挤压定型辊 7，使纸筒内外层及经纬线粘接在一起，同时挤压定型辊 7 牵引纸袋连续运动。在扎微孔机构 8 处使纸袋扎微孔完成放气。由小芯胎折边机构 9 使纸袋两侧成 M 形，由定型机构 10 定型后，切断刀 11 切断成所需要的长度，12 为所切断的纸袋的下线机构。生产线的纸袋走速、纬线密度、纸袋的切断长度等均由人机界面友好的触摸屏给定。

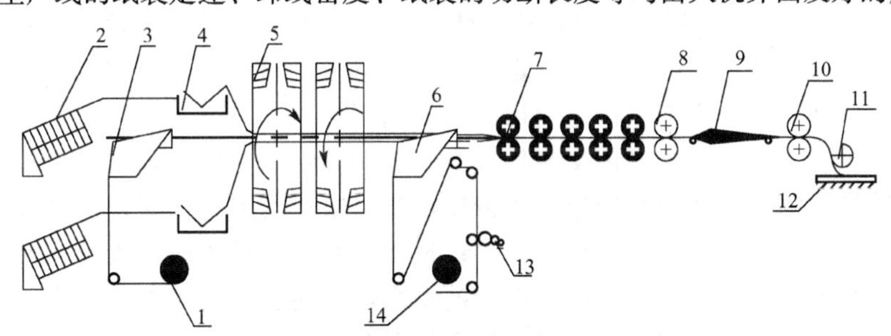

图 4.47　纸纱复合制袋机生产线流程图

1—牛皮纸卷；2—经线布线架；3—折叠内层纸；4—上胶；5—纬线布线机构；
6—折叠外层纸；7—挤压定型辊；8—微孔机构；9—折边；10—定型机构；
11—切断刀；12—下线机构；13—印刷机构；14—牛皮纸卷

制袋机从工艺上可分成裁切与牵引两大主要动作，主电机异步电机用于牵引纸袋，伺服电机用于驱动转切刀剪切，纸袋牵引和定长定位裁切两大动作在纸袋走过一个袋长的周期内由转切刀伺服电机协调，即纸袋每走过一个袋长，转切刀刚好转一转。主传动异步电机由变频器控制，在纸袋的牵引装置上装有编码器，用于转切刀伺服电机协调工作的基准。根据 $T=L/V$(L 为袋长，V 为袋速)计算出转切刀旋转周期 T 值，根据 T 值确定转切刀在这个周期内的变速运动规律，即在切断设定区切刀高速旋转裁切，非切断设定区切刀跟踪走袋速度，保证在一个周期 T 内，转切刀正好转一转。

4.4.2　纸纱复合制袋机的主要控制构成

通过改进原纸纱复合制袋机剪切部分的机械传动系统，即转切刀由原来共享的异步电机压辊拖动变为单独控制，由伺服电机通过同步带的传动来直接控制转切刀。纸纱复合制袋机以 PLC 为控制中心，通过变频器对驱动压辊的异步电机和纬纱绕盘的异步电机进行变频调速控制，从而达到纸袋强度所要求的纬纱密度。在纸袋牵引传动链系统中设置有编码器，对实际的袋速进行测量，使转切刀速度与走袋的牵引速度在互连的周期内进行速度的匹配，从而使得转切刀在设定的周期内作变速运动，在切断设定区的速度最高点迅速剪切，这样能降低产生剪切斜角的因素，使剪切位置准确，用色标传感器解决转切刀的零点漂移问题，同时对温控、压辊压力等功能均挂接到 PLC 上来进行控制。纸纱复合制袋机的控制主要由 PLC 完成，主要控制部件由 PLC、工业触摸屏、编码器的走速检测、转切刀的伺服系统控制、纬纱绕线机构的变频控制、纸袋牵引机构的变频控制等组成。控制系统的结构如图 4.48 所示。

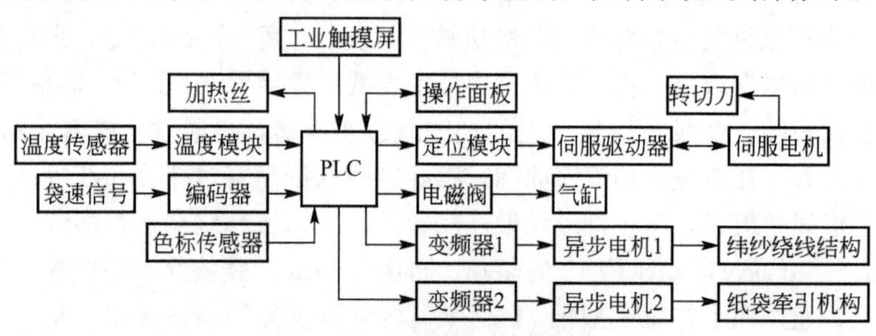

图 4.48　伺服系统控制框图

牵引控制子系统主要是对制袋机系统的异步电机通过变频器进行速度控制，由编码器测出走袋的运动速度，由编码器把这个速度信号及时传给 PLC 系统，PLC 根据它的功能指令按公式 $T=L/V$(L 为袋长，V 为袋速)计算出周期 T 值，根据 T 值确定转切刀在这个设定周期内的变速运动规律，在切断设定区实现在速度最高点快速剪切，在非切断区转切刀跟踪走袋的速度，这样降低了产生剪切斜角的因素。

剪切定位控制子系统主要是由交流伺服电机驱动转切刀，伺服电机作为执行组件，将电脉冲信号转换为轴上的转角和转速，以带动控制对象转切刀。伺服电机最大的特点是可控，在有控制信号输入时，伺服电机就转动；没有控制信号输入时，则停止转动。转角量与输入脉冲个数严格成比例，不会引起误差的积累，其转速与脉冲的频率有关，控制脉冲输入数和频率就可以实现所需的转切刀的转角位置和运动速度。

对于印有各种各样图案的纸袋，这些图案对每条袋子来说，都是规则的，如果每只袋子的印刷都是严格相等的，让伺服电机转动相同的角度和转速，然后剪切，那么剪切定长、定位当然是没有问题的。如果每只袋子的印刷长度均有细微的差别，选用用于定位的色标传感器开关来辅助控制生产过程中的剪切定长、定位等工序，在伺服电机的转动过程中，用色标开关检测所要跟踪的色标，当色标开关检测到色标时，按照一定的运动规律控制伺服电机的转动，这样使得转切刀切在相同的位置，消除积累误差，完成剪切的定长和定位功能。

纬纱密度的控制子系统是采用变频联动调速、正反向单盘布纬纱技术，根据制袋速度、纬电机转速、纬纱盘锭子数、纬机传动比等由 PLC 编程软件自动计算出纬机的转速以保证实际纬纱密度达到设定值，使整机运行平稳，纬纱密度精确、稳定。

温度控制子系统是为了控制上下胶盒的温度在一定的范围内，使得经纱和纬纱能很好地粘在上下层的牛皮纸上，当温度不合适时，能实行温度自动监控。

压辊压力控制子系统是在开机后，对各个压辊的压力进行加压和减压的定时操作，当压力达到一定值后通过 PLC 来控制电磁阀的断电和通电。

通过对制袋机各系统进行综合调试，由 PLC 的梯形图和编程来实现五个控制子系统间的工作，保证定长、纬纱密度、压力、温度和剪切准确定位等过程的正常运行，对各个子系统的相关程序进行反复修改和整个制袋系统的反复调试，使得各个子系统能很好地完成预先的功能设定。

4.4.3　切断环节的伺服控制系统

1. 转切刀伺服传动机构

转切刀的动力源原来是由纸纱复合制袋机的纸袋牵引机构引出，再经两级挂轮由齿轮的啮合运动来带动转切刀的主轴转动，转切刀的旋转速度在整个生产过程中随走袋速度的变化而变化，其剪切的旋转速度受牵引速度的制约，受链传动的牵制，切断刀辊不能有太高的剪切速度。现改为由伺服电机通过同步带传动单独驱动切断刀辊，同步带传动平稳、速度稳定，对速度控制来说能实现变速度的平滑调节。这样使得转切刀的速度能够随时变化，并且在一个袋长的周期内能够作加减速运动，在剪切的瞬间能产生较高的旋转速度，在纸袋的整个牵引过程中和走袋的牵引速度相匹配，使切断刀辊的速度不再受牵引速度的制约，实现了在速度最高点剪切纸袋时刀辊产生较大的惯性力，克服了转切刀旋转速度较低时纸袋产生撕裂的现象，降低开机、停机中纸袋的废品率。伺服系统是应用闭环控制结构来控制转切刀，使其能够自动、连续、精确地复现输入信号的变化规律，能够准确地实现纸袋所需剪切位置的控制和转切刀变速度控制，改进后的转切刀传动机构如图 4.49 所示。

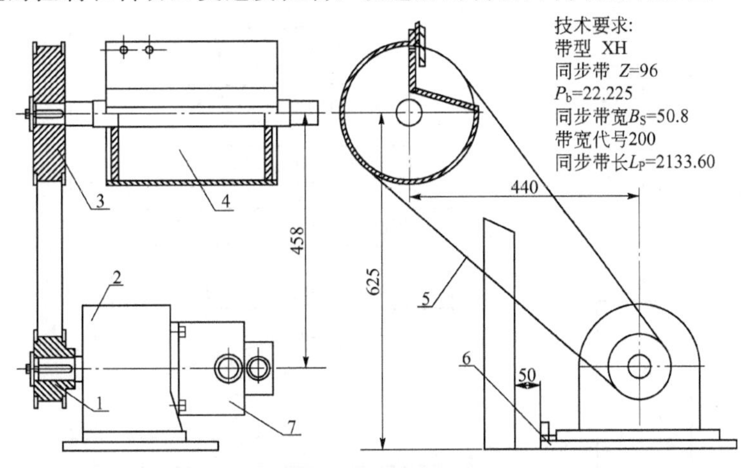

图 4.49　转切刀传动机构图

1—同步带轮；2—减速器；3—同步带轮；4—转切刀辊；
5—同步带；6—机架；7—伺服电机

2. 转切刀工艺控制要求

转切刀工艺控制要求如下。

(1) 在任何袋速下运行时，剪切后每个袋长的实际值与设定值之差应在±3mm 之内，袋长调节范围：600～1200mm；

(2) 对剪切印有花标图案的纸袋时，切断处应在纸袋色标的空白间距处，当色标之间的宽度为 5mm 时，切断处离色标前后不超过 1mm；

(3) 转切刀在一转的周期内，保证在设定切断区的速度最高点迅速剪切，在非切断区跟踪走袋速度作变速运动；

(4) 由制袋的工艺要求，在不同的袋速下对应不同的袋长的节距 P 值，转切刀的速度

是变化的，在正常的工作袋速下，转切刀的工作速度范围为

$$n_3=\frac{V}{P}=\frac{(1\sim20)}{(0.6\sim1.2)}=0.84\sim33(\text{r/min})$$

根据袋长误差的要求，转切刀的转速必须跟踪袋速，且得到的袋速值要求准确可靠。所以在转切刀的控制上必须采用反应灵敏、控制准确的伺服电机作为驱动装置，电机与转切刀之间速比为 $i_2=91$，则转切刀的工作速度范围为

$$n_3=n_3'i_2=(0.84\sim33)\times91=75.6\sim2970(\text{r/min})$$

3. 转切刀交流伺服控制系统工作原理

首先由工业触摸屏给定纸袋速度、袋长以及纬线密度，再经 PLC 通过变频器给出异步电机牵引纸袋的转速与纬纱绕线机构的转速。由编码器测量实际走袋速度，通过编码器的反馈值及给定的袋长，PLC 通过定位模块控制转切刀的伺服系统，本伺服驱动系统采用交流伺服系统的速度控制模式。编码器检测到一个袋长时，完成对转切刀一转的控制，并且在切断的时刻，转切刀具有恒定的切削速度。转切刀控制流程框图如图 4.50 所示。

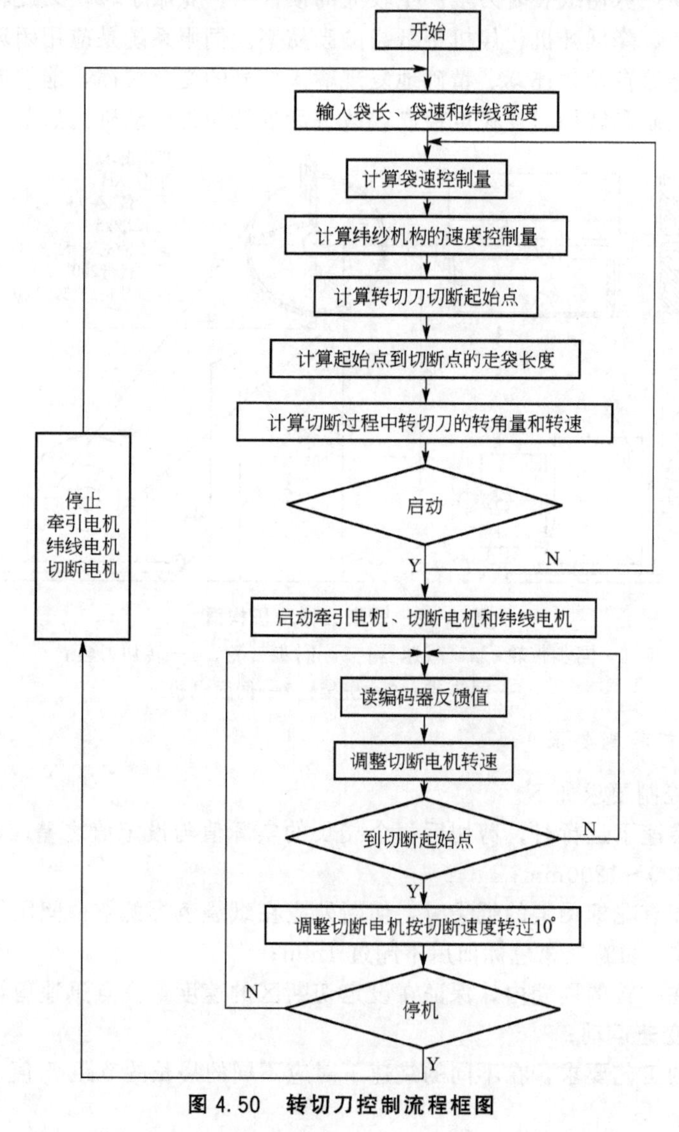

图 4.50　转切刀控制流程框图

4. 剪切伺服控制原理

可编程控制器与人机界面触摸屏之间由专用的通信电缆连接，与定位模块之间通过 FROM 和 TO 指令相互传输数据。首先将系统设计条件、位移量、速度值和执行命令由 TO 指令写入定位模块的缓冲区内，定位模块发出相应的脉冲串给伺服驱动单元的伺服放大器，伺服放大器接收到脉冲信号后，驱动伺服电机按所要求的轨迹运行，然后由伺服电机上的脉冲编码器将信息反馈回伺服放大器，再通过 FROM 指令将存放于定位模块缓冲区内的伺服系统状态信息读到 PLC 内，这样通过 PLC 可实现伺服的剪切控制。伺服系统每次剪切完一个袋长后就发出一个完毕信号，这个信号作为剪切下一个袋长的开始信号，由定位模块单元给伺服驱动单元发出偏差计数清零信号和定位结束信号来控制伺服电机的运行，从而实现转切刀的剪切运动。制袋剪切的伺服控制系统如图 4.51 所示。

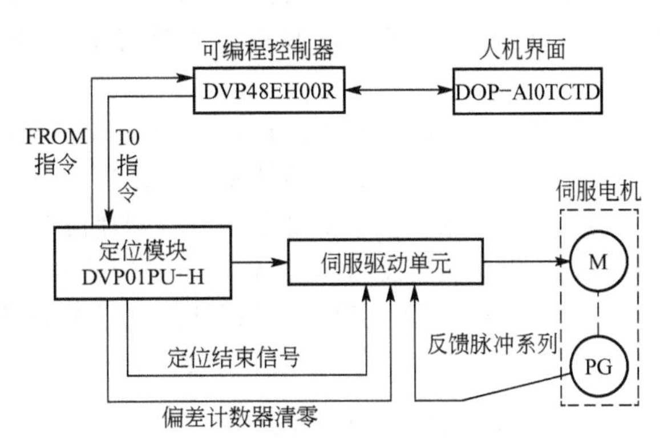

图 4.51　剪切伺服控制系统

5. 剪切伺服控制过程

走袋上的光电编码器实时地检测袋子的运行速度并记录移动的袋长，然后输入 PLC 的高速计数器中与既定的袋长 L 值进行有条件的比较，当走过的袋长接近设定的袋长时，PLC 中的模拟量输出模块输出驱动信号给交流伺服控制以驱动伺服电机，转切刀启动同时将转切刀的瞬时转速反馈到 PLC 的定位模块与既定的切刀速度进行比较计算，并反馈至交流伺服控制器，通过修正伺服电机的转速修正转切刀刀辊的速度。为了控制转切刀刀辊按所要求的规律运动，必须实时检测刀辊的转角位置和速度并送入 PLC 控制系统，当转切刀完成一个周期的剪切长度时剪切完成，刀棍开始减速，进入下一个周期的运行，转切刀就这样不断循环往复剪切下去。在制袋机工作过程中，纸袋的牵引速度和刀辊的旋转速度共同决定了切袋的长度，对这两个速度的比例加以协调控制便可得到所期望的切袋长度，剪切伺服控制过程如图 4.52 所示。

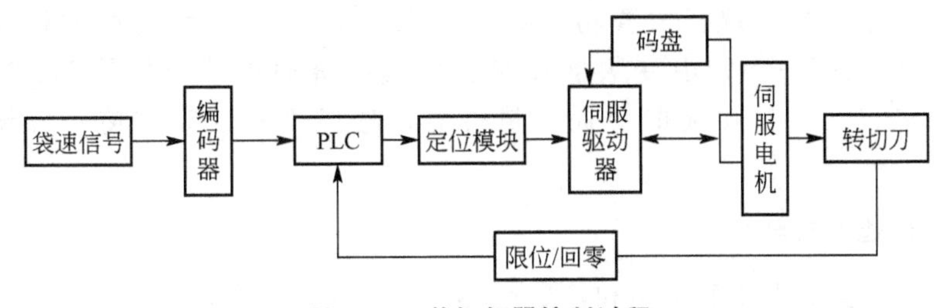

图 4.52　剪切伺服控制过程

4.4.4　纸纱复合制袋机电气系统的选择与设计

全自动纸纱复合制袋机要求自动完成上纸、布纱、折边、翻边、上胶、封口、切断、计数、成品输出等功能。为了能使制袋达到上述所需的各项控制要求，使剪切后袋子的长度和图案均匀整齐，切口和封口质量好，剪切的斜角偏差很低，且能有效控制胶盒温度以及纬纱的密度，达到纸袋所需的强度要求，对色标纸袋的切断进行准确定位，并在一个袋长的周期内要求制袋机的剪切速度与走袋的牵引速度相协调，选走袋主电机为三相异步电机。经减速机等中间机构导入输送辊，根据产品生产率要求，速度主要通过 PLC 主机，由变频器来调速。纬纱电机同样采用三相异步电机，速度也是通过 PLC 主机，由变频器来调速，然后经分向换向机构，通过两组皮带轮带动正反向纬纱盘。

纸纱复合制袋机转切刀的运动相对复杂，即纸袋每走过一个袋长，转切刀刚好转一转。主传动异步电机由变频器控制，在纸袋的牵引装置上装有编码器，用于转切刀伺服电机协调工作的基准，便于测量走袋的时刻速度 V 值。然后 PLC 系统根据公式 $T=L/V$(L 为袋长，V 为走袋速度)计算出转切刀旋转周期 T 值，根据 T 值确定转切刀在这个周期内的变速运动规律，即在切断设定区切刀高速旋转裁切，非切断设定区切刀跟踪走袋速度，保证在一个周期 T 内，转切刀正好转一转。

1. 控制系统的组成及选型

控制器作为控制和信息处理单元，主要用于接收操作者对系统的控制信息和对系统进行控制的数据。根据控制信息和数据产生对执行机构的控制信息，通过检测传感器检测执行机构的运行情况，并根据检测结果调整对执行机构的控制。如发现执行机构运行异常，及时停止整个系统的动作，并产生报警信号和给出报警信息。现根据控制要求、检测要求及操作构成，控制系统的组成由基本 I/O 输入/输出功能，模拟量输入功能，温度值接收功能，定位输出功能及工业显示屏组成，控制系统的功能模块组成如图 4.53 所示。

图 4.53　控制系统功能模块组成

根据系统的性能及价格选台湾台达公司产品为控制系统，由开关量 I/O 的数目要求选择 DVP48EH00R 的 PLC 主机，具有 24 点输入、24 点输出。现场的各种开关、按钮及传感器的信号用来输入、输出控制所有的指示灯、中间继电器、电磁阀及变频器的运行状态。由伺服电机控制选择位置功能模块 DVP01PU－H，由胶槽加热控制选择温度功能模块 DVP04PT－H，由变频器控制选择模拟量输出功能模块 DVP04DA－H，它们的选择都是以在保证功能的前提下尽可能地选择可靠性高和使用方便的产品为依据。

2. 变频器的选型及特性

为实现三相异步电机速度调整和稳定运转，采用变频器来调速电机，本系统对牵引电机和纬纱绕线电机采用两台变频器来进行频率的调节控制。变频器容量选定过程，实际上是一个变频器与电机的最佳匹配过程，最常见、也较安全的是使变频器的容量大于或等于电机的额定功率，但实际匹配中要考虑电机的实际功率与额定功率相差多少，通常都是设备所选能力偏大，而实际需要能力小，因此按电机的实际功率选择变频器是合理的，避免选用的变频器过大，使投资增大。此系统变频器选用成都森兰希望公司型号为 SB60G4 型，输入 380V 的三相交流电源，输出功率为 4kW，额定电流为 9.7A。标准内置 RS485 通信口，可连接变频调速的几种控制方式中，PWM 模式的 VVVF 变频器控制相对简单，机械特性硬度也较好，能够满足一般传动的平滑调速要求，比较适合走袋和纬纱电机平滑调速的需要，因此，采用 PWM－VVVF 变频器的方式。

3. 交流伺服电机的性能、特点和选型

交流伺服电机作为执行机构，均带有光电编码器等位置测量组件和测速发电机等速度测量组件。另外，交流伺服电机设置有自动复中功能，在制袋机中，当工作电源发生故障时，可使剪切机构及时复位，不存在每次的对刀。具体的交流伺服电机性能及其特点如下。

1）控制精度较高

交流伺服电机的控制精度是由电机轴后端的旋转编码器保证的。以安川全数字式交流伺服电机为例，对于带标准 2500 线编码器的电机而言，由于驱动器内部采用了四倍频技术，其脉冲当量为 3600/10000＝0.0360。

2）低频特性好

交流伺服电机运转非常平稳，即使在低速时也不会出现振动现象。交流伺服系统具有共振抑制功能，可弥补机械的刚性不足，并且系统内部具有频率解析机能，可检测出机械的共振点，便于系统调整。

3）频率特性稳定

交流伺服电机为恒力矩输出，即在其额定转速以内，都能输出额定转矩，在额定转矩以上为恒功率输出。

4）过载能力高

交流伺服电机具有较强的过载能力。它具有速度过载和转矩过载能力，其最大转矩为额定转矩的三倍，可用于克服惯性负载在启动瞬间的惯性力矩。

5）运行性能可靠

交流伺服驱动系统为闭环控制，驱动器可直接对电机编码器反馈信号进行采样，内部构成位置环和速度环，一般不会出现步进电机丢步或过冲的现象，控制性能更为可靠。

6）响应速度快

交流伺服电机具有高稳定性、高可靠性以及良好的力矩、频率特性和速动性等特点。由于交流伺服电机上自带高分辨率的位置编码器，可方便地实现位置环、速度环、扭矩环等伺服控制。

原有纸纱复合制袋机共享走袋的异步电机通过链轮来驱动转切刀主轴，但这项技术难以实现制袋速度的协调控制，可靠性和稳定性都比较差。针对剪切机构变速度、高速度、高加速度的特点，选用三相交流伺服电机直接驱动转切刀，把它与走袋的动力源分开，由伺服电机来协调控制转切的速度，跟踪走袋的速度。伺服电机选用安川公司生产的 SGMGH－30ACA 型伺服电机，其功率为 2.9kW，最高转速为 1500r/min。其轴端负载的允许范围见表 4－17。

表 4-17　伺服电机的允许径向负载和轴向负载

伺服电机的型号		允许径向负载 F_r/N	允许轴向负载 F_S/N	L_R/mm	参考图
SGMAH-	A3	68	54	20	
	A5	68	54		
	01	78	54		
	02	245	74	25	
	04	245	74		
	08	392	147	35	
SGMPH-	01	78	49	20	
	02	245	245	25	
	04	245	68		
	08	392	147	35	
	15	490	147		
SGMGH-	05A□A	490	98	58	
	09A□A	490	98		
	13A□A	686	343		
	20A□A	1176	490	79	
	30A□A	1470	490		
	44A□A	1470	490		
	55A□A	1764	588	113	
	75A□A	1764	588		
	1AA□A	1764	588	116	
	1EA□A	4998	2156		

4. 伺服系统的选型及性能

伺服驱动器是伺服系统的一个重要组成部分，驱动组件是把低能量的电信号经功放而转换成机械运动，伺服驱动器原理如图 4.54 所示。伺服驱动器选用 SGDM-30ADA/3kW 型驱动器，与伺服电机相匹配。

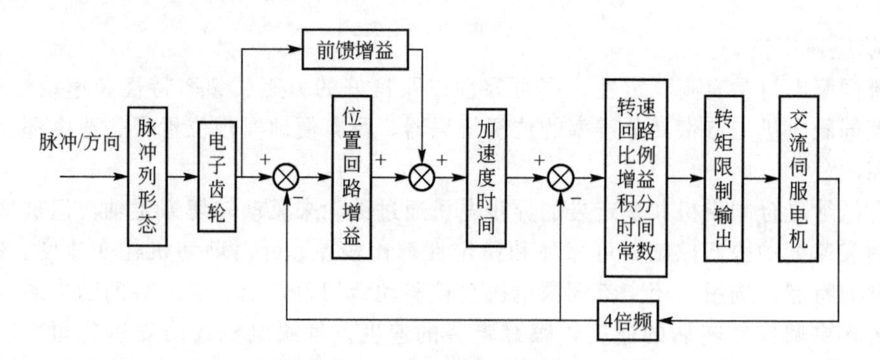

图 4.54　伺服驱动器方框图

在位置控制方式下，伺服驱动器接收主机发出的位置指令信号(脉冲/方向)，送入脉冲列形态，经电子齿轮分倍频后，在偏差可逆计数器中与反馈脉冲信号比较后形成偏差信号。反馈脉冲是由光电编码器检测到电机实际所产生的脉冲数，经四倍频后产生的。位置指令信号与位置反馈信号(与位置检测装置相同)比较后的偏差信号经速度环比例积分控制器调节后产生电流指令信号，在电流环中经矢量变换后，由 SPWM 输出转矩电流，控制交流伺服电机的运行，位置控制精度由光电编码器每转产生的脉冲数控制，它分增量式光电编码器和绝对式光电编码器。本伺服系统采用的是 2500p/r 增量式光电编码器，增量式编码器没有固定的起始零点，输出的是与转角的增量成正比的脉冲，需要用计数器来计脉冲数，计数器点可以任意设定，可以实现多圈的无限累加计数和测量。增量式编码器构造简单，易于掌握，平均寿命长，分辨率高，实际应用较多。

5. 制袋机伺服驱动的位置控制

本系统伺服电机驱动器就采用的是位置控制模式，检测纸袋色标图案的色标传感器与电机的输出轴相连，交流伺服驱动器控制完成对伺服驱动器的控制和位置反馈信号的采集，实现对转切刀伺服电机的闭环控制。PLC 通过控制变频器来控制牵引电机和纬纱电机的调速，测速机构将速度信号传送给 PLC 处理，由 PLC 去控制伺服电机跟随牵引电机在一个周期内按一定的转速相匹配，伺服电机一定要跟随牵引电机按一定的变速旋转。如果牵引电机转速一定，切断刀辊转速高于走袋速度，纸袋间距将会减小；伺服电机速度若低于牵引电机转速，纸袋间距将会增大，牵引电机的转速可由变频器实现无级调速。

伺服电机工作过程，通过光电编码器检测伺服电机的速度，然后将这一转速信号送到伺服系统，构成闭环控制，提高了控制精度及稳定性。伺服控制系统以电机的机械位置或角度作为被控制对象，通过闭环控制来实现对电机速度和位置的精确控制，用速度跟踪的方式来实现原系统中挂轮的啮合传动功能；利用编程软件，设置各电机正常运行所需的各种参数，最终达到电机运转与机组生产线速度相匹配的目的。

伺服系统和定位控制模块的结合，制袋机要求转切刀在剪切前后必须停在相同的位置，以便下一个袋长的剪切循环，采取伺服系统来实现准确定位，引入速度负反馈消除了外界参数变化和扰动对系统状态的影响，使该系统具有动态响应快、定位精度高、系统稳定性好等特点。

为了在工作过程中使剪切精度控制在规定的误差以内，剪切的袋长节距通过检测采用闭环跟踪控制，首先是增量式编码器读取当前的袋速，根据公式 $T=L/V$ 显示出周期值，在这个周期内制定合适的转切刀的速度的变化。作为智能化的定位模块按用户编制的定位程序向驱动器发出定位脉冲、运行方向等，信号驱动器按这些控制信号驱动伺服电机带动转切刀进行定位。对于伺服电机有伺服准备、伺服结束和零位三个信号反馈，外部设定用数字开关可将定位点位置和速度等数值送入定位单元，定位单元通过总线连接到 PLC 系列 I/O 扩展口上，成为 PLC 控制系统中的定位智能控制环节。在定位单元内，常量的设置与监控、参数的改变可以通过使用连接到 PLC 上的数据存取单元完成。

因此可以在运行过程中由 PLC 指定模块信号，传送定位速度等数据，并能在 PLC 中监视实时定位信号及运行或停止状态。在 PLC 和定位控制模块之间的数据通信被 FROM 和 TO 指令控制，在定位控制模块中有专门用于通信的缓冲存储器，并给予编号，相应地在 PLC 中分配有输入继电器、输出继电器、辅助继电器以及特殊辅助继电器等设备，使用 TO 指令从 PLC 的数据寄存器传送数据到定位控制模块。

6. 伺服电机协调的实现

由于纸袋在牵引的过程中一直在不断地送料，转切刀剪切纸袋的瞬间，两者之间都有相对的速度。为了使切断速度不受走袋速度影响，特设定刀具有 10°的最高速度切断区，且取其圆周线速度为 38m/min。在非切断区转切刀的转速跟踪编码器反馈脉冲的频率，并按其比例控制伺服电机旋转，实现在纸袋走过一个节距 L，编码器反馈脉冲数为 N_1 时，转切刀转过一转的要求。其伺服电机脉冲的频率与编码器反馈脉冲频率的关系为

$$f_{刀}=kf_{编}，其中 k=\frac{N_{刀}(伺服电机脉冲数)}{N_2(编码器反馈脉冲数)}$$

4.4.5 伺服接口电路

1. 伺服驱动器的信号及性能

伺服接口电路如图 4.55 所示，根据纸纱复合纸袋机转切刀控制的需要选择驱动器的位置控制方式。

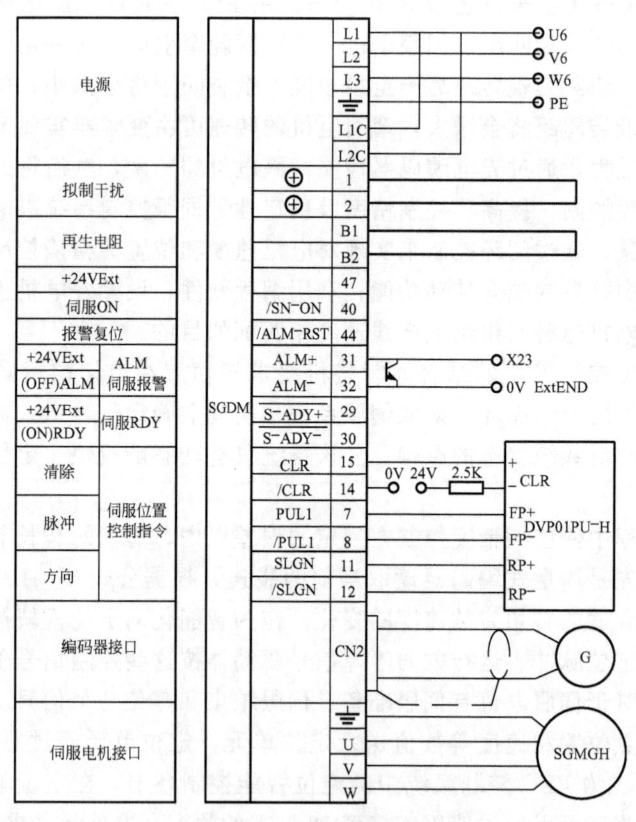

图 4.55 伺服接口电路图

1）输入信号及其功能

输入信号主要是 PLC 的位置模块给伺服驱动器的控制信号和指令信号。表 4-18 为位置控制方式中的主要输入信号及其功能。

表4-18　伺服驱动器主要输入信号及功能

<table>
<tr><th>信号</th><th>符号</th><th>针编号</th><th colspan="2">功能</th></tr>
<tr><td rowspan="4">通用指令</td><td>COM＋</td><td></td><td colspan="2">接控制电源正极</td></tr>
<tr><td>COM－</td><td></td><td colspan="2">接控制电源负极</td></tr>
<tr><td>/S-ON</td><td>40</td><td colspan="2">伺服ON：通过解除变频部位的选通，电机变为通电状态</td></tr>
<tr><td>/ALM-RST</td><td>—</td><td colspan="2">警报清除：解除伺服警报状态</td></tr>
<tr><td rowspan="9">位置指令</td><td>CLR</td><td>15</td><td colspan="2" rowspan="2">清除偏移计数：在位置控制时，清除偏移计数</td></tr>
<tr><td>/CLR</td><td>14</td></tr>
<tr><td>PULS</td><td>7</td><td rowspan="4">输入指令脉冲
总线驱动器
对应于集电极开路输入模式</td><td rowspan="4">输入模式
① 符号＋脉冲列
② CCW/CW 脉冲
③ 两相脉冲(90度位相)</td></tr>
<tr><td>/PULS</td><td>8</td></tr>
<tr><td>SIGN</td><td>11</td></tr>
<tr><td>/SIGN</td><td>12</td></tr>
<tr><td>PL1</td><td>3</td><td colspan="2" rowspan="3">PLUS、SIGN以及CLR指令信号为集电极开路
输出信号时，供给＋12V工作电源。
(伺服单元中内置有＋12V电源)</td></tr>
<tr><td>PL2</td><td>13</td></tr>
<tr><td>PL3</td><td>18</td></tr>
</table>

2）输出信号及其功能

位置控制方式中，输出信号指的是伺服驱动器反馈给控制器的信号，用以通知控制器的运行状态。如表4-19为主要输出信号的详细说明。

表4-19 伺服驱动器主要输出信号及其功能

<table>
<tr><th>信号</th><th>符号</th><th>针编号</th><th>功能</th></tr>
<tr><td rowspan="4">通用指令</td><td>ALM＋</td><td>31</td><td rowspan="2">伺服警报：检测出异常则OFF</td></tr>
<tr><td>ALM－</td><td>32</td></tr>
<tr><td>/S-RDY＋</td><td>29</td><td rowspan="2">伺服准备就绪
通过使控制|主电源电路ON，在没有发生伺服警报时为ON</td></tr>
<tr><td>/S-RDY－</td><td>30</td></tr>
<tr><td rowspan="2">位置指令</td><td>/COIN＋</td><td>25</td><td rowspan="2">定位结束(在位置控制模式的情况下输出)
当偏移脉冲在设定值以内时ON
对于设定值，根据偏移脉冲的脉冲数，用指令单位(用电子齿轮定义的输入脉冲的单位)来设定</td></tr>
<tr><td>/COIN－</td><td>26</td></tr>
</table>

4.4.6　制袋机工作过程中的协调控制与实现

1. 主变频器速度给定值 p_1 的计算

纸袋走速范围为0～20m/min，模拟量模块采用12位，当纸袋的速度为V(m/min)时，其给定值p_1为

$$p_1=\frac{32767}{20}V$$

2. 变频器速度给定值 p_2 的计算

当纬纱密度为 S_1（根/1000mm），当前纸袋的速度为 V（m/min）时，模拟量模块采用12位，纬纱盘的锭子数为60个，异步电机最高转速为1500r/min时，其给定值 p_2 为

$$p_2=\frac{32767}{1500}\cdot\frac{i}{6}VS_1$$

式中：i——传动比；

S_1——纬纱密度(根/1000mm)。

3. 转切刀伺服控制参数

(1) 在纸袋节距为 L 时，编码器反馈脉冲数 $N_1=\frac{1000PL}{\pi D_1}$，其中，$D_1$ 为编码器轴上滚轮的直径(mm)，P 为编码器每转脉冲个数。

(2) 从转切刀切断前一节距的终点到下一节距的高速切断点，编码器反馈脉冲数 N_2 为

$$N_2=\left(1-\frac{t_1}{T}\right)N_1$$

式中：T——转切刀旋转周期；

t_1——高速切断区的时间值。

制袋机分别采用了异步电机与交流伺服电机作为执行机构，在袋长600～1200mm条件下的制袋速度可达1～20m/min，交流伺服系统切断的定位精度达到了±1mm。纬纱密度误差在±3/100根，切边质量大大提高。系统经长时间运行、效果良好、操作简便、可靠性高，提高了自动化程度，使制袋过程既快速又平稳。不仅提高了产量，而且极大地提高了操作的安全性，深受用户欢迎，有良好的推广应用前景。目前对色标纸袋的印刷和裁切需要进一步的研究和开发。

第5章 机电一体化系统传感器与测量模块设计

传感器是机电一体化产品中必不可少的部分。测量模块包括传感器、信号转换与调理电路。它的主要功能是检测机械系统的状态或性能参数，并将其转换成便于测量的电信号，经过必要的信号转换和调理后，反馈给控制与信息处理装置，从而实现产品的功能要求。鉴于目前许多传感器产品已配置相应的信号转换与调理器，本章主要阐述机电一体化产品中常用的几种传感器及其相关参数的计算和选用，并介绍部分传感器的测量系统。

了解光电编码器的特点及应用领域；
掌握光电编码器的工作原理及选用；
了解光栅式位移传感器的特点；
掌握光栅式位移传感器的工作原理及选用；
了解测速发电机的分类、特点和主要技术指标；
掌握测速发电机的工作原理及选用。

知识要点	能力要求	相关知识
光电编码器	掌握绝对式编码器的工作原理及主要参数； 掌握增量式编码器的工作原理及主要参数； 了解编码器的测量电路、应用	可逆计数器、循环码
光栅式位移传感器	了解光栅式位移传感器的分类； 掌握光栅式位移传感器的工作原理、主要参数； 了解光栅式位移传感器的测量电路、应用	莫尔条纹
测速发电机	了解测速发电机的分类、特点； 掌握测速发电机的工作原理、技术指标、选用； 了解测速发电机的应用	直流发电机、交流发电机、输出特性

5.1　光电编码器

光电编码器是一种将输出轴上的机械角位移量转换成电脉冲或数字量信号的光学式传感器。可用于测量转角和转速。按照工作原理，光电式编码器分为增量式和绝对式两类。下面对这两类编码器的工作原理、相关参数的设计计算和选用进行介绍。

5.1.1　增量式光电编码器

1. 结构及工作原理

增量式编码器是将角位移转换成周期性变化的电信号，再把这个电信号转变成计数脉冲，用脉冲的个数表示角位移的大小。其结构外形如图 5.1 所示，原理如图 5.2 所示。增量式编码器由码盘和光电检测装置组成，在码盘上等角距开有两道缝隙，分别称为外圈和内圈码道。外圈用来产生计数脉冲，外圈上缝隙的多少决定了编码器的分辨率，缝隙越多，分辨率越高。内圈上也有和外圈上相同数量的缝隙，内外圈的相邻两缝隙错开半条缝宽，即内外圈的相位差是 90°，内圈用于判别被测轴旋转的方向。

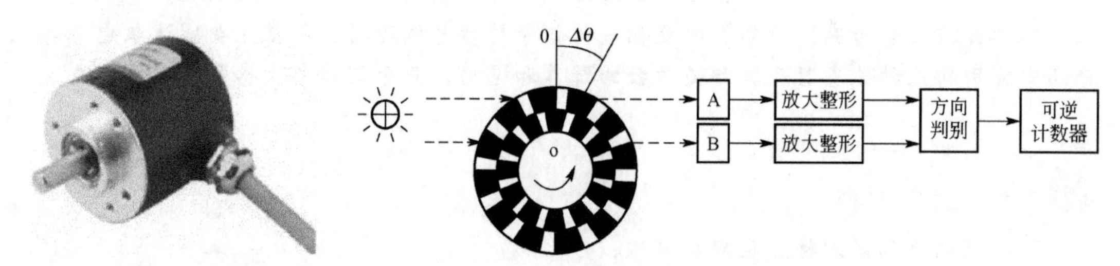

图 5.1　增量式编码器的外形　　图 5.2　增量式编码器的原理

测量角位移时，单位脉冲对应的角度为

$$\Delta\theta = 360°/\mathrm{m} \tag{5-1}$$

式中：m——码盘的缝隙数。增加缝隙数 m 可以提高测量精度。

若 n 表示计数脉冲，则角位移的大小为

$$\alpha = n \cdot \Delta\theta = \frac{360°}{m} n \tag{5-2}$$

另外，在内码道的内边或外码道的外边再设置一个基准码道，它只有一个孔(或一条狭缝)，表示码盘的零位或作为每转过 360°时的计数值。当转动码盘时，光线经过透光和不透光的区域，每个码道将有一系列光电脉冲由光电元件输出，码道上有多少缝隙每转过一周就将有多少个相位相差 90°的 A、B 两路相脉冲信号和一个零位脉冲输出信号。

可以利用 A、B 两路脉冲实现码盘旋转方向的辨别，其电路示意图如图 5.3 所示。

光电元件 A、B 输出信号经放大整形后，产生 P_1 和 P_2 脉冲。将它们分别接到 D 触发器的 D 端和 CP 端。D 触发器在 CP 脉冲(P_2)的上升沿触发。用 Q 信号作为控制可逆计数器是正向计数还是反向计数的控制信号。由于 A、B 两路脉冲信号(P_1 和 P_2)的相位差是 90°，正转时 P_1 脉冲超前于 P_2 脉冲，触发器的 Q=1；当反转时，P_2 超前于 P_1 脉冲，触

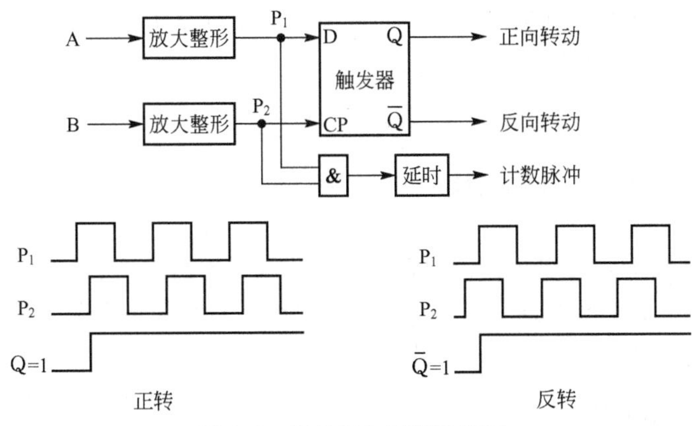

图 5.3　码盘辨向原理示意图

发器的 Q=0。零位脉冲输出信号可接至计数器的复位端，实现码盘转动一圈计数器复位一次的目的。码盘无论是正转还是反转，计数器每次反映的都是相对于上次角度的增量，故这种测量法称为增量法。

2. 用增量式编码器测量转速

增量式编码器除直接用于测量相对角位移外，还可以常用来测量转轴的转速。测量轴的转速时，编码器与轴连接。增量式编码器用于测量转速的方法有两种：测量码盘脉冲频率法和测量码盘脉冲周期法。

1）测量码盘脉冲频率法

脉冲频率法是通过测量给定时间范围内增量式编码器所产生的脉冲数计算出轴的转速。测量原理如图 5.4 所示，时钟脉冲在规定的时间内打开选通门，码盘脉冲作为计数脉冲送计数器计数。在每次计数之前需要对计数器清零。被测轴的转速为

$$n=\frac{N_1}{N}\cdot\frac{60}{\Delta t} \tag{5-3}$$

式中：Δt——给定测速时间(s)；

N_1——在 Δt 时间内测得的编码器脉冲数；

N——编码器每转的脉冲数；

n——被测轴的转速(r/min)。

该方法用于测量轴的平均转速。其测量精度与被测速度有关，当被测速度低时，码盘脉冲频率低，测速误差大。

2）测量码盘脉冲周期法

脉冲周期法的测量原理如图 5.5 所示。它是通过测量编码器的脉冲时间间隔内所通过

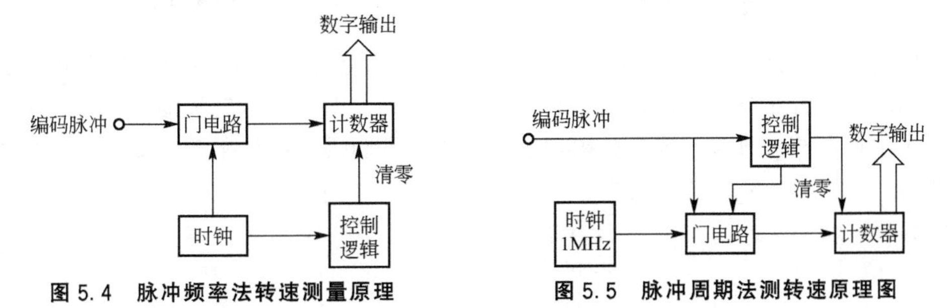

图 5.4　脉冲频率法转速测量原理　　图 5.5　脉冲周期法测转速原理图

的高频时钟脉冲数，计算被测轴的转速，即计数器的计数脉冲来自高频时钟脉冲。在每次计数前要对计数器复位。被测轴的转速为

$$n=\frac{N_2}{N}\cdot\frac{60}{T} \tag{5-4}$$

式中：N_2——给定编码器脉冲测量数；

　　　N——编码器每转的脉冲数；

　　　T——测量时间，可以根据计数器计量的时钟脉冲数求出(s)。

该方法用于测量轴的瞬时速度。码盘的分辨率会随着转速的升高而较低，在测量高转速时，一般以测多个脉冲间隔来提高精度。

5.1.2　绝对式光电编码器

绝对式编码器用于角位移的测量。它的每一个位置对应一个确定的数字码，其示值只与测量的起始和终止位置有关，而与测量的中间过程无关，具有“断电记忆”功能。绝对编码器的码盘是在一块圆形光学玻璃上刻有透光和不透光的码形，码道的数目取决于编码器的位数，n 位编码器的码盘上有 n 个码道，编码器在转轴的任何位置都可以输出一个固定的与位置相对的数字码。有几个码道就装几个光电转换元件。当光源经光学系统形成一束平行光投射在码盘上时，光经过码盘的透光和不透光区，照射在码盘另一侧的光电元件上，这些光电元件输出与码盘上的码形(码盘的绝对位置)相对应的电信号。若采用 n 位码盘，则能分辨的角度为

$$\Delta\theta=\frac{360^\circ}{2^n} \tag{5-5}$$

常用的码盘形式有两种：二进制编码盘和循环编码盘，如图 5.6、图 5.7 所示。循环编码盘又称为葛莱编码盘。

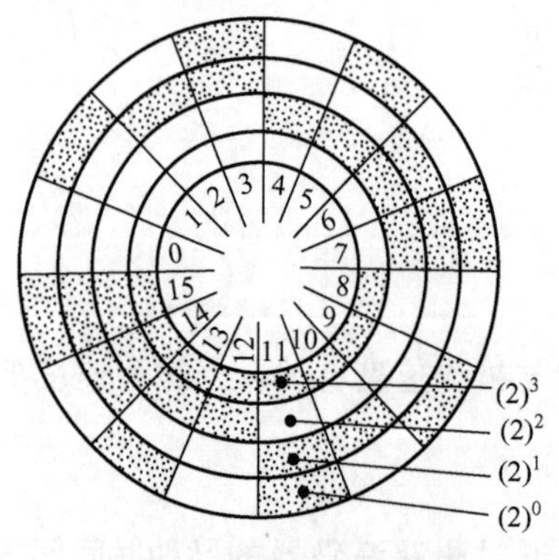

图 5.6　二进制码编码盘

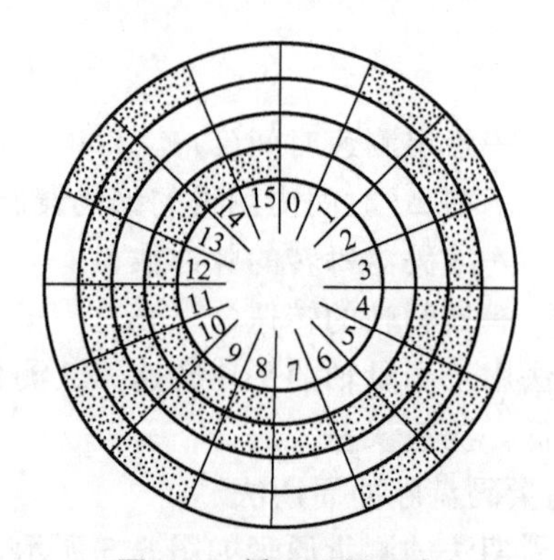

图 5.7　循环码编码盘

循环码的特点是从任何数转变到相邻数时只有一位发生变化，可以消除非单值性误差。循环码的编码方法与二进制不同，它是一种无权码，因而不能直接输入计算机进行运算，直接显示也不符合日常习惯，必须把它转换成二进制码。循环码转换成二进制码的一般关系式为

$$\begin{aligned}C_n&=R_n\\C_i&=R_i\oplus C_{i+1}\end{aligned} \tag{5-6}$$

式中：⊕——不进位加；

C_n、R_n——二进制、循环码的最高位。

可见，由循环码变成二进制码 C 时，最高位不变，此后从高位开始依次求出其余各位，即本位循环码 R_i 与已经求得的相邻高位二进制码 C_{i+1} 做不进位相加，结果就是本位二进制码 C_i。

实际应用中，大多数采用循环码光电码盘，因为这种码盘无磨损、寿命长、精度高。

5.1.3 光电编码器的选用

光电编码器的品种很多，形状和规格各异。下面以长春光机数显技术有限公司生产的增量式编码器和长春博辰光电技术有限公司生产的绝对式编码器为例说明其标注及相关的技术参数。

1. 增量式光电编码器的型号及技术参数

1) 型号及技术参数

型号标注方式如图 5.8 所示。

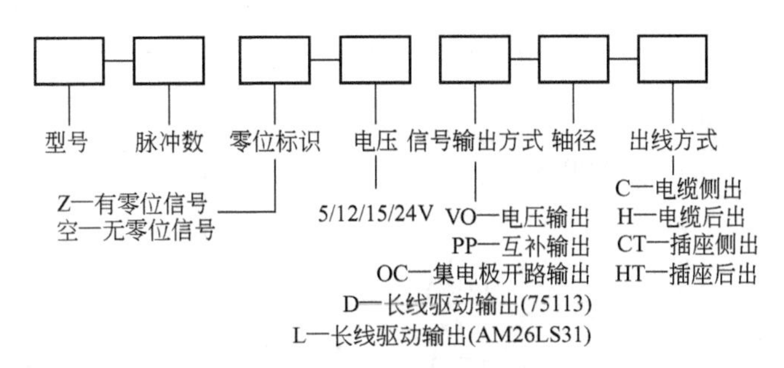

图 5.8　增量式编码器型号标注方式

例如，ZLF－1024Z－05VO－15－CT 表示每转输出 1024 个脉冲、有零位脉冲、电源电压 5V、电压输出、轴径 φ15mm、插座侧出的编码器。

2) 信号输出方式

信号输出方式有如下几种。

(1) VO——电压输出，表示输出端直接输出高低脉冲电压，应用最为简单。

(2) OC——集电极开路输出，表示集电极开路器件为灌电流输出，在关断状态时，输出悬空，在导通状态时，输出连到公共端。因此，集电极开路输出需要一个源电流输入接口，一般为 24V。这种方式常用于 PLC 中，端子连接如图 5.9 所示。

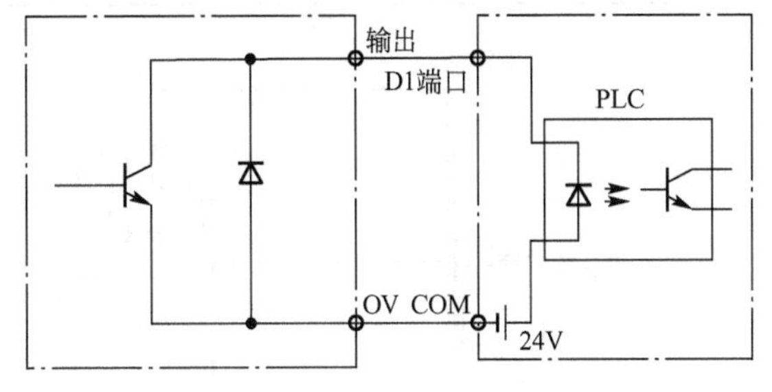

图 5.9　集电极开路输出与 PLC 连接

(3) PP——互补输出。

(4) 长线输出——把一路信号转成两路差分信号，接收端读取差分信号的差值，再将其还原。一旦有干扰，两路差分信号同时升降，由于接收端读取的是差值，所以抗干扰能力较强。

各种信号输出方式的电路图如图 5.10 所示。表 5－1 列出了部分增量式编码器的基本技术参数，ZLE 型旋转编码器的安装尺寸如图 5.11 所示。表 5－2 列出了增量式旋转编码器电信号输出参数。

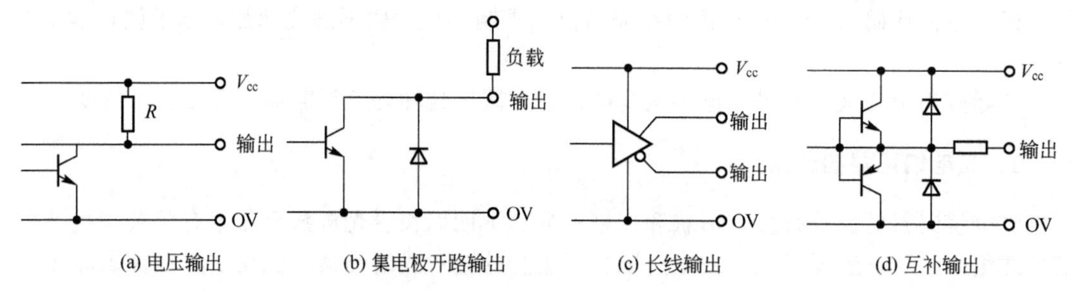

(a) 电压输出　(b) 集电极开路输出　(c) 长线输出　(d) 互补输出

图 5.10　信号输出方式电路图

表 5－1　增量式旋转编码器的基本技术参数

类别	型号	轴径/mm	脉冲数	电压及输出方式	出线方式	允许的最高机械转速/($r \cdot min^{-1}$)	启动转矩/(N·m)	使用温度/℃
经济型	ZLE	φ3.125	90～5400P/R	05VO 05VC 05D 05L 12VO 12OC 12PP 15VO 15OC 15PP 24VO 24OC	C、H、CT、HT	5000	3×10^{-3}	0～55
		φ5			—			
		φ6			—			
		φ7.5			—			
坚固型	ZLF	φ15	90～5400P/R		—	6000	5×10^{-2}	
通用型	ZLG	φ10			—		3×10^{-2}	
		φ8			—			
		φ6			—			
轴头开口型	ZLM－F	—			—		3×10^{-3}	
特殊型	ZL100	φ12			—		5×10^{-2}	
	ZL57	φ8			—		5×10^{-2}	
	ZLT	φ8			—		3×10^{-2}	

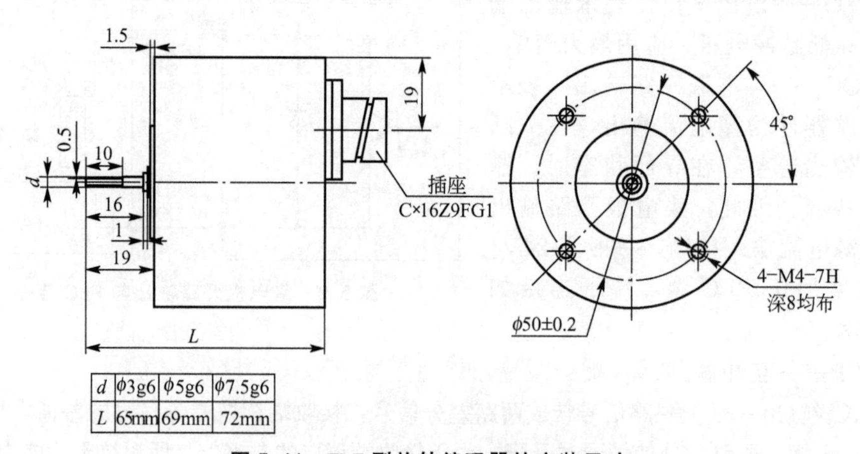

d	φ3g6	φ5g6	φ7.5g6
L	65mm	69mm	72mm

图 5.11　ZLE 型旋转编码器的安装尺寸

表 5-2　增量式旋转编码器电信号输出参数

输出方式	表达方式	电源电压/V	消耗电流/mA	输出电压/V		上升下降时间/μs	最高相应频率/kHz	最大电缆电流/m
				V_{OH}	V_{OL}			
电压输出	05VO	5±0.25	≤120	≥4.0	≤0.4	≤1	350	30
	12VO	12±1.2	≤120	≥9.6	≤0.5	≤1		
	15VO	15±1.5	≤120	≥12	≤0.5	≤1		
	24VO	24±2.4	≤150	≥21	≤0.5	≤2		
集电极开路输出	05OC	5±0.25	≤120	—	—	≤1		30
	12OC	12±1.2	≤120	—	—	≤1		
	15OC	15±1.5	≤120	—	—	≤1		
	24OC	24±2.4	≤150	—	—	≤2		
长线驱动输出	05D	5±0.25	≤120	≥2.5	≤0.5	≤0.2		50
	05L	5±0.25	≤120	≥2.5	≤0.5	≤0.2		
互补输出	12PP	12±1.2	≤150	≥9.6	≤1.0	≤1		30
	15PP	15±1.5	≤150	≥12	≤1.0	≤1		

3）信号接线

信号接线参考产品样本，表 5-3 给出了 9 芯插头输出信号接线。

表 5-3 输出信号接线表(9 芯插头)

插头号	1	2	3	4	5	6	7	8	9
信号	A	/A	Vcc	0V	B	/B	Z	/Z	屏蔽
颜色	绿	棕	红	黑	蓝	黄	白	灰	紫

2. 绝对式编码器的型号及技术参数

1）编码器的型号及技术参数

型号标注方式如图 5.12 所示。

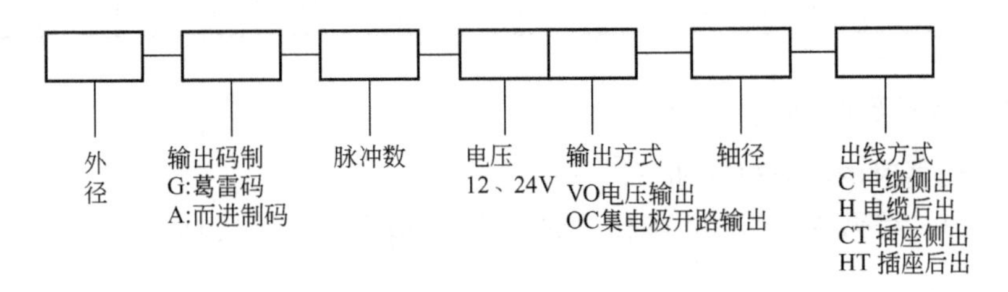

图 5.12　绝对式编码器的型号标注

例如，型号为 J85-G-1024-12VO-8-C 表示外径是 85mm，葛雷码，输出电源电压 12V，电压输出，轴径是 8mm，电缆侧出，其相关技术参数见表 5-4。

表 5-4　J85 系列绝对式编码器的相关技术参数

主型号	J85		
输出方式	电压输出		集电极开路输出
输出码制	二进制(自然二进制码)		葛雷码(循环二进制)
分辨率	256(8 位)	512(9 位)	1024(10 位)
消耗电流	250mA		
	5kHz		
	0～55℃		

2) 结构外形图

J85 系列绝对式编码器结构外形图如图 5.13 所示。

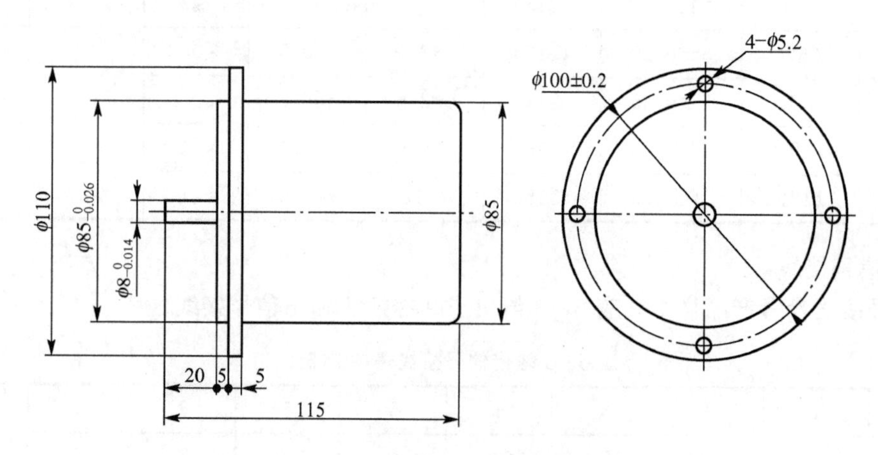

图 5.13　J85 系列绝对式编码器结构外形图

3) 输出信号接线表

J85 系列绝对式编码器的输出信号接线表见表 5-5。

表 5-5　J85 系列绝对式编码器输出信号接线表

信号	2^0	2^1	2^2	2^3	2^4	2^5	2^6	2^7	2^8	2^9	V_{DD}	GND
颜色	绿	紫	蓝	黄	灰	白	粉	橙	棕	深绿	红	黑

3. *在选用编码器时的注意事项*

在选用编码器时的注意事项如下。

(1) 分辨力。编码器工作时每转输出的脉冲数(增量式编码器)或位数(绝对式编码器)应满足精度要求。

(2) 安装尺寸。包括轴径、定位止口、安装孔位、电缆出线方式、安装空间体积、工作环境防护等级是否满足要求等。

(3) 电气接口。所选择的编码器的输出方式应该与接口电路相应匹配。

5.2　光栅式位移传感器

5.2.1　结构和工作原理

光栅式位移传感器是一种用于高精度直线位移和角位移测量的数字检测系统，其测量精确度高(可达$\pm 1\mu m$)。光栅式位移传感器由主光栅(标尺光栅或光栅尺)和副光栅(指示光栅)组成，两者的光刻密度相同，但体长相差很多，其外部结构如图 5.14 所示。

光栅是在透明的玻璃上，均匀地刻出许多明暗相间的条纹，或在金属镜面上均匀地刻化出许多间隔相等的条纹。以透光的玻璃为载体的称为透射光栅，以不透光的金属为载体的称为反射光栅，光栅条纹密度一般为每毫米 25，50，100，250 条等。

图 5.14　光栅式位移传感器的外形

当把指示光栅平行地放在标尺光栅上面，并且使它们的刻线相互倾斜一个很小的角度 θ 时，这时在指示光栅上就出现几条较粗的明暗条纹，称为莫尔条纹。它们是沿着与光栅条纹几乎成垂直的方向排列，如图 5.15、5.16 所示。

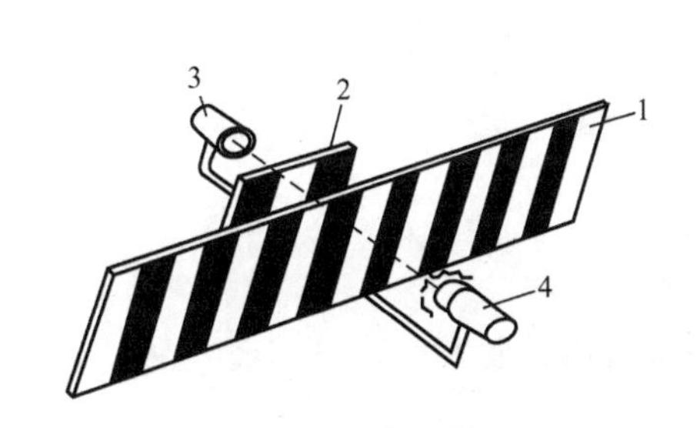

图 5.15　光栅测量原理

1—主光栅；2—指示光栅；3—光源；4—光电器件

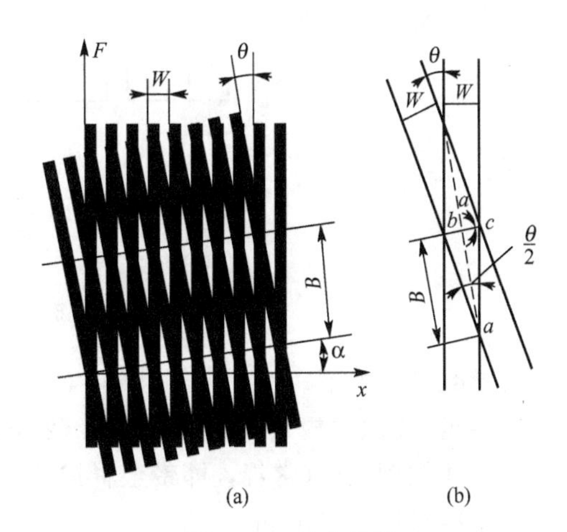

图 5.16　莫尔条纹

若莫尔条纹的间距为 B，倾斜角为 θ，栅距为 W，则三者的关系(当 θ 很小时)为

$$B=ab=\frac{bc}{\sin(\theta/2)}\approx\frac{W}{\theta} \tag{5-7}$$

式中：θ 的单位为 rad，B、W 的单位为 mm。

莫尔条纹实际上是对光栅的栅距起到了放大作用。例如，若 $W=0.01$mm，把莫尔条纹的宽度调成 10mm，则放大倍数相当于 1000 倍，即利用光的干涉现象把光栅间距放大 1000 倍，因而大大减轻了电子线路的负担。

光栅移动时所产生的莫尔条纹可用光电元件接收，再对这些信号进行放大、整形后，即可变成光栅位移量的测量脉冲。光栅测量系统的基本构成如图 5.17 所示。为了辨别光栅移动方向，需要沿着莫尔条纹的移动方向间隔 1/4 纹距布置两组光电元件，产生两路相位彼此差 90°的信号。例如，图 5.17 中采用的 a、b、c、d 四块光电池。

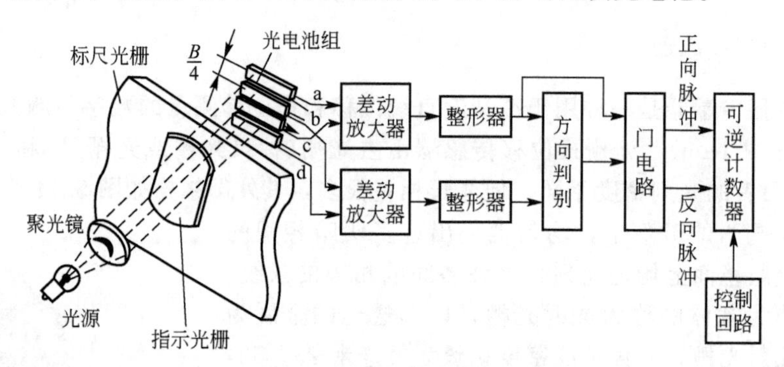

图 5.17　光栅测量系统

5.2.2　标注及基本参数

下面以长春光机数显技术有限责任公司生产的直线光栅为例进行介绍。

1. 标注

型号标注方式如图 5.18 所示。

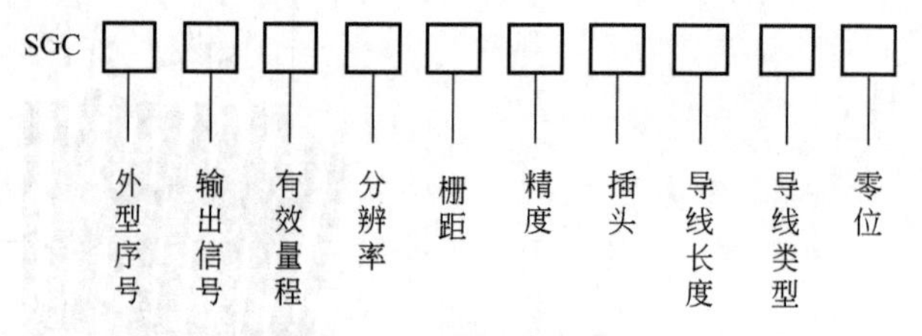

图 5.18　型号标注方式

参数说明如下。

零位：Z0(常规)、Z1(1 个)、Z2(2 个)、Z3(3 个)。

导线类型：空(常规，即带金属护管)、N(不带金属护管)。

导线长度：单位 m。

插头：7、9、9D、9M。

精度：空(±10μm)、5(±5μm)、3(±3μm)。

栅距：空(50 线对/mm)、50B(50 线对/mm，距离编码)、25(25 线对/mm)。

分辨率：10μm、5μm、1μm、0.5μm。

有效量程：50～30000mm。

输出信号：T(5V 方波)、H12(12V 方波)、H15(15V 方波)、H18(18V 方波)、H24(24V 方波)、M(差动)、MK(抗干扰)、SV(正弦波 1Vpp)。

外形序号：2(有效量程为 100～3200mm)、4.2(有效量程为 50～1000mm)、4N(有效量程为 50～1000mm)、5(有效量程为 100～1500mm)、6(有效量程为 50～570mm)、8(有

效量程为 50～400mm)、7(有效量程＞3000mm)。

例如，SGC4.2T600575Z1 表示有效量程 600mm、5V 方波、分辨率 5μm、7 针圆插头、5m 金属护管导线、1 个零位的直线光栅。

2. 基本技术参数

直线光栅基本技术参数见表 5-6。

表 5-6　直线光栅基本技术参数

型号	SGC-4.2	SGC-4N	SGC-6	SGC-8	SGC-5	SGC-2	SGC-7
有效量程/mm	50～1000	50～1000	50～570	50～400	100～1500	100～3200	＞3000
栅距/mm	0.04mm(25 线对/mm)、0.02(50 线对/mm)						0.04mm (25 线对/mm)
分辨率/μm	10μm、5μm、1μm、0.5μm						
响应速度/m·min^{-1}	120m/min、60m/min、30m/min、15m/min						20m/min
零位参考点	每 100m　1 个、每 50m　1 个、距离编码						每 100m　1 个
输出信号	TTL　HTL　EIA—422—A　11μ App　1Vpp						TTL
精度/μm	执行 JB/T10080.2—2000 行业标准						
工作温度/℃	0～＋50						
储藏温度/℃	—40～＋50						
保护等级	IP53						

3. 信号输出参数

直线光栅信号输出参数见表 5-7。

表 5-7　直线光栅信号输出参数表

输出形式	TTL 信号	HTL 信号
输出信号	A、B 两路方波，相位差 90°	
电源	5V±5%/＜100mA	(12V、15V、18V、24V)±5% /＜150mA
最大电缆长度/m	20	50
信号周期/μs	40、20、4、2	
输出方式	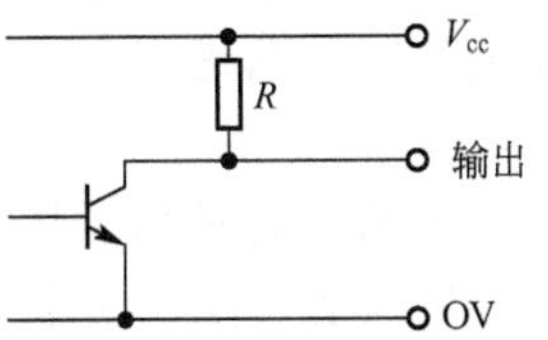 V_{cc}　R　输出　OV	

5.2.3　光栅式位移传感器的安装方式

光栅式位移传感器的安装比较灵活，可安装在机床的不同部位。一般将光栅尺安装在机床的工作台(滑板)上，随机床走刀而动，位移传感器读数头安装在相对机床静止的部件上，此时输出导线不移动、易固定。其安装方式的选择必须注意切屑、切削液及油液的溅落方向。如果由于安装位置限制必须采用读数头朝上的方式安装时，则必须增加辅助密封装置。

安装光栅式位移传感器时，不能直接将传感器安装在粗糙不平的床身上，要用千分表检查机床工作台光栅尺的安装面与导轨运动方向的平行度。如果不能满足安装要求，则需设计加工一件光栅尺基座。

1. 主光栅安装

将主光栅用螺钉固定在机床的工作台安装面上，但不要拧紧，将千分表固定在床身上，移动工作台(主光栅与工作台同时移动)。用千分表测量主光栅平面与机床导轨运动方向的平行度，调整主光栅螺钉的位置，使主光栅平行度满足要求，然后将螺钉拧紧。在安装主光栅时，应注意如下三点：

(1) 安装超过1.5m以上的光栅时，不能像桥梁式只安装两端头，还需在整个主尺尺身中有支撑。

(2) 在有基座情况下安装好后，最好用一个卡子卡住尺身中点(或几点)。

(3) 不能安装卡子时，最好用玻璃胶粘住光栅尺身，使基尺与主尺固定好。

2. 读数头的安装

在安装读数头时，如果发现安装条件不能满足要求，可以考虑使用附件，如角铝、直板等。首先应保证读数头的基面达到安装要求，然后再安装读数头，其安装方法与主尺相似。最后调整读数头，使读数头与主光栅的平行度满足要求，以及读数头与主尺的间隙要求。

3. 主光栅的限位装置

传感器全部安装完以后，一定要在机床导轨上安装限位装置，以免机床加工产品移动时读数头冲撞到主光栅两端，从而损坏主光栅。另外，用户在选购传感器时，应尽量选用超出机床加工尺寸100mm左右的主光栅，以留有余量。

4. 传感器检查

传感器安装完毕后，可接通数显表，移动工作台，观察数显表计数是否正常。在机床上选取一个参考位置，来回移动工作点至该选取的位置，数显表读数应相同(或回零)。另外也可使用千分表，使千分表与数显表同时调至零(或记忆起始数据)，往返多次后回到初始位置，观察数显表与千分表的数据是否一致。通过以上工作，光栅位移传感器的安装就完成了。

对于一般的机床加工环境来讲，铁屑、切削液及油污较多，传感器应附带加装护罩。护罩通常采用橡皮密封，使其具备一定的防水防油能力。

5.3 测速发电机

测速发电机是一种将机械转速变换成电压信号的转速测量传感器，通常与被测轴同轴连接，其输出电压与轴输入的转速成正比。自动控制系统对测速发电机的要求表现为以下几个方面：

(1) 输出电压与转速保持良好的线性关系。

(2) 剩余电压(转速为零时的输出电压)要小。

(3) 输出电压的极性和相位能反映被测对象的转向。

(4) 温度变化对输出特性的影响小。

(5) 输出电压的斜率大，即转速变化所引起的输出电压的变化要大。

(6) 输出电压的纹波要小，即要求在一定的转速下输出电压要稳定，波动要小。

(7) 摩擦转矩和惯性要小。

此外，还要求它的体积小、重量轻、结构简单、工作可靠、对无线电通信的干扰小、噪声小等。

5.3.1 测速发电机的分类及特点

测速发电机按输出信号的形式，可分为交流测速发电机和直流测速发电机两大类。交流测速发电机又有同步测速发电机和异步测速发电机之分。

交流同步测速发电机的输出电压虽然也与转速成正比，但是其输出电压的频率会随转速的变化而变化，所以不能作为转速测量传感器使用，只能用作指示元件。

交流异步测速发电机根据转子结构形式的不同分为空心杯转子式和鼠笼式。鼠笼转子的测速发电机虽然其输出斜率大，但是特性差、误差大、转子惯量大，一般只用在精度要求不高的系统中。空心杯转子测速发电机由于其杯形转子在转动过程中，内外定子间隙不发生变化，磁阻不变，因而气隙中磁通密度分布不受转子转动的影响，输出电压波形比较好，没有齿谐波而引起的畸变，精度较高，转子的惯量也较小，有利于系统的动态品质，是目前应用很广泛的一种交流测速发电机。

直流测速发电机分为电磁式和永磁式两种。电磁式直流测速发电机的定子磁场由励磁绕组通以直流电后产生，永磁式直流测速发电机的励磁磁场由永久磁钢产生。由于没有励磁绕组，所以可省去励磁电源，具有结构简单，使用方便等特点，近年来发展较快。其缺点是永磁材料的价格较贵，受机械振动易发生不同程度的退磁。为防止永磁式直流测速发电机的特性变坏，必须选用矫顽力较高的永磁材料。

永磁式直流测速发电机按其应用场合不同，可分为普通速度型和低速型。前者的工作转速一般在每分钟几千转以上，最高可达每分钟一万转以上；而后者一般在每分钟几百转以下，最低可达每分钟一转以下。由于低速测速发电机能和低速力矩电机直接耦合，省去了中间笨重的齿轮传动装置，消除了由于齿轮间隙带来的误差，提高了系统的精度和刚度，所以在实际中的应用也较广泛。但是，直流测速发电机存在机械换向问题，会产生火花和无线电干扰。

5.3.2 直流测速发电机

直流测速发电机实际上是一种微型直流发电机，可用图 5.19 所示的形式表示。其中，n 表示测速发电机的输入转速，U_a表示测速发电机的输出电压。

1. 输出特性

测速发电机输出电压和转速的关系，即 $U_a=f(n)$称为输出特性。直流测速发电机的

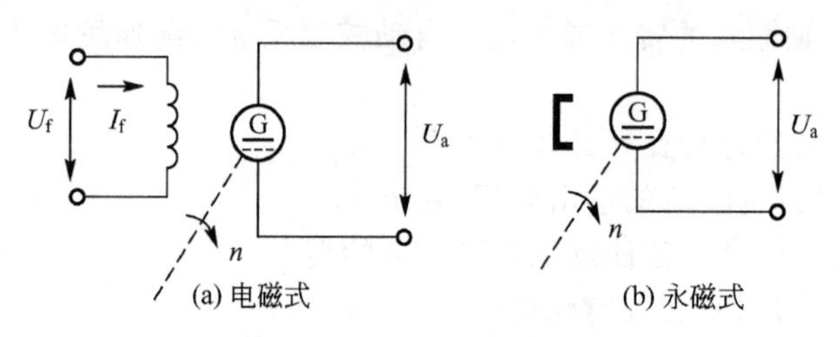

图 5.19　直流测速发电机

工作原理与一般直流发电机相同。根据直流电机理论，在磁极磁通量 ϕ 为常数时，电枢感应电动势为

$$E_a = C_e \cdot \phi \cdot n = K_e \cdot n \tag{5-8}$$

式中：K_e——电动势系数。

空载时，电枢电流 $I_a=0$，直流测速发电机的输出电压和电枢感应电动势相等，因而输出电压与转速成正比。

负载时，如图 5.19 所示，因为电枢电流 $I_a \neq 0$，直流测速发电机的输出电压为

$$U_a = E_a - I_a R_a - \Delta U_b \tag{5-9}$$

式中：ΔU_b——电刷接触压降；

R_a——电枢回路电阻。

在理想情况下，若不计电刷和换向器之间的接触电阻，即 $\Delta U_b=0$，则

$$U_a = E_a - I_a R_a \tag{5-10}$$

显然，带负载后(图 5.20)，由于 R_a 电阻上有电压降，测速发电机的输出电压比空载时小，负载时电枢电流为

$$I_a = \frac{U_a}{R_L} \tag{5-11}$$

式中：R_L——测速发电机的负载电阻。

将式(5-11)代入式(5-10)并整理得

$$U_a = C \cdot n \tag{5-12}$$

式中：C——测速发电机输出特性的斜率。当不考虑电枢反应，且 ϕ、R_a 和 R_L 都能保持为常数时，斜率 C 也是常数，输出特性为线性关系。对于不同的负载电阻 R_a，测速电机的输出特性的斜率也不同，它将随负载电阻的增大而增大，如图 5.21 中实线所示。

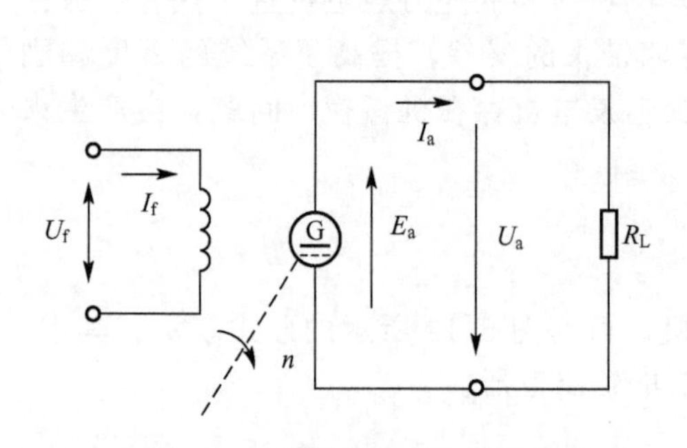

图 5.20　直流测速发电机带负载

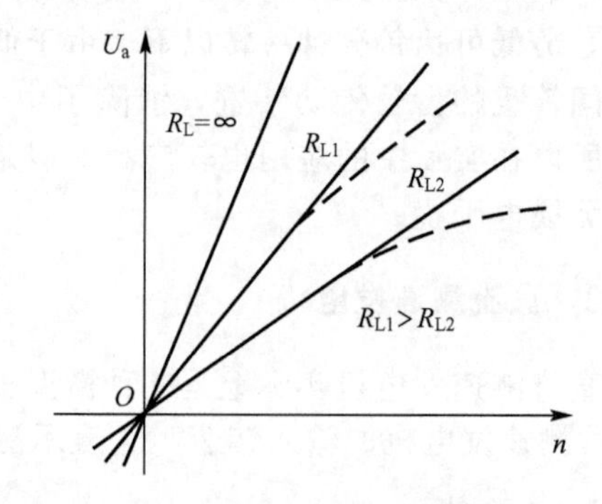

图 5.21　直流测速发电机的输出特性

2. 直流测速发电机的性能指标

直流测速发电机的性能指标如下。

1）线性误差 $\Delta U\%$

线性误差是在其工作的转速范围内，实际输出电压与理想输出电压的最大差值 ΔU_{m} 与最大理想输出电压 U_{am} 之比，即

$$\Delta U\%=\frac{\Delta U_{m}}{U_{am}}\times 100\% \tag{5-13}$$

线性误差如图 5.22 所示。一般要求 $\Delta U\%=1\%\sim2\%$，要求较高的系统 $\Delta U\%=0.1\%\sim0.25\%$，$n_{b}$ 一般为 $5/6n_{m}$。

2）最大线性工作转速 n_{m}

在允许的线性误差范围内的电枢最高转速称为最大线性工作转速，它也是测速发电机的额定转速。

3）输出斜率 K_{g}

在额定的励磁条件下，单位转速所产生的输出电压称为输出斜率。此值越大越好。增大负载电阻，可以提高输出斜率。

4）负载电阻 R_{L}

保证输出特性在允许误差范围内的最小负载电阻值。在使用时，接到电枢两端的电阻应不小于此值。

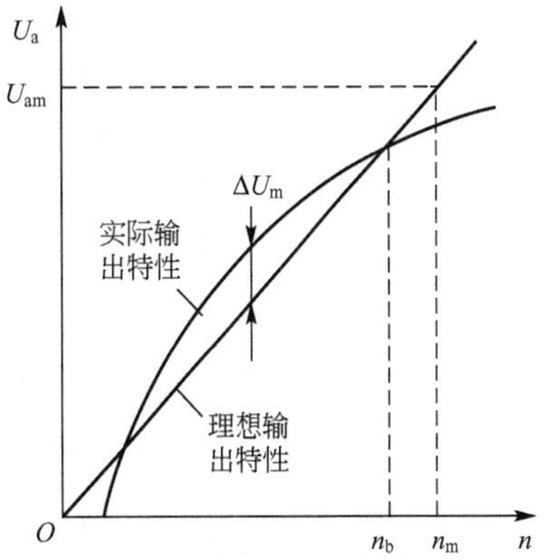

图 5.22　线性误差

5）不灵敏区 Δn

由于换向器与电刷间的接触压降 ΔU_{b}，导致测速发电机在低转速时，其输出电压很低，几乎为零，这个转速范围称为不灵敏区。

6）输出电压的不对称度 K_{ub}

在相同转速下，测速发电机正反转时的输出电压绝对值之差 ΔU_{a2} 与两者平均值 U_{av} 之比称为输出电压的不对称度，即

$$K_{ub}=\frac{\Delta U_{a2}}{U_{av}}\times 100\% \tag{5-14}$$

一般不对称度为 0.35%～2%。

7）纹波系数 K_{u}

在一定转速下，输出电压中交流分量的峰值与直流分量之比称为纹波系数。

5.3.3　交流异步测速发电机

交流异步测速发电机的结构与交流伺服电机相同。鼠笼转子异步测速发电机输出斜率大，但线性度差，相位误差大，剩余电压高，一般只用在精度要求不高的控制系统中。空心杯转子异步测速发电机的精度较高，转子转动惯量也小，性能稳定。

1. 异步测速发电机的输出特性

在理想情况下，异步测速发电机的输出特性应是直线，但实际上异步测速发电机输出电压与转速之间并不是严格的线性关系，而是非线性的。应用双旋转磁场理论，在励磁电压和频率不变的情况下，可得

$$U_2=\frac{An^*}{1+B(n^*)^2}U_f \tag{5-15}$$

$$n^*=\frac{n}{60f/p}$$

式中：U_f——励磁绕组上施加的频率为 f 的励磁电压；

U_2——测速发电机的输出电压；

n——测速发电机的输入转速；

p——极对数；

n^*——转速的标么值；

A、B——与电机及负载参数有关的复系数。

由式(5-15)可以看出，由于分母中有 $B(n^*)^2$，使输出特性不是直线而是一条曲线，如图 5.23 所示。造成输出电压与转速成非线性关系，是由于异步测速发电机本身的参数是随电机的转速而变化的。其次输出电压与励磁电压之间的相位差也将随转速而变化。此外，输出特性还与负载的大小、性质以及励磁电压的频率与温度变化等因素有关。

2. 异步测速发电机的主要技术指标

表征异步测速发电机性能的技术指标主要有线性误差、相位误差和剩余电压。

1) 线性误差

异步测速发电机的输出特性是非线性的，在工程上用线性误差来表示它的非线性度。工程上为了确定线性误差的大小，一般把实际输出特性上对应于 $n_c^*=\sqrt{3n_m^*}/2$ 的一点与坐标原点的连线作为理想输出特性，其中 n_m^* 为最大转速标么值。将实际输出电压与理想输出电压的最大差值 ΔU_m 与最大理想输出电压 U_{2m} 之比定义为线性误差，如图 5.24 所示。

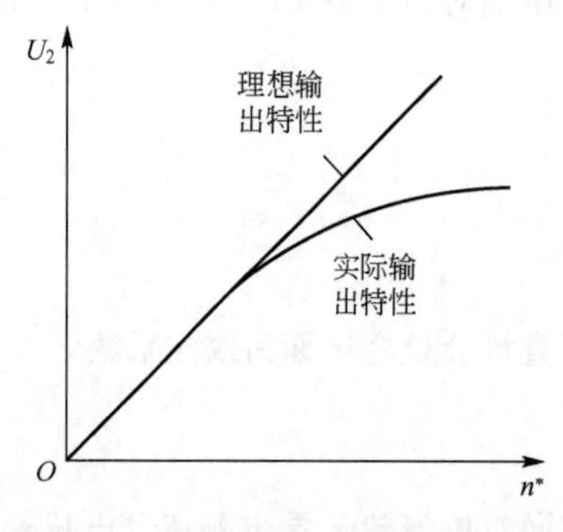

图 5.23　异步测速发电机的输出特性

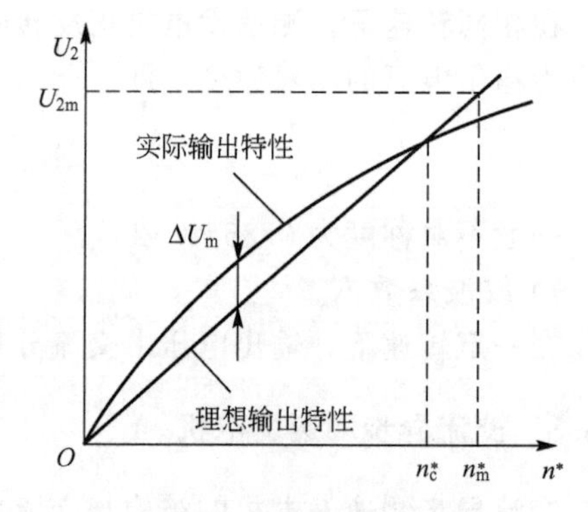

图 5.24　输出特性线性度

$$\delta=\frac{\Delta U_m}{U_{2m}}\times 100\% \tag{5-16}$$

目前，高精度异步测速发电机线性误差可达 0.05%左右。

2) 相位误差

自动控制系统希望测速发电机的输出电压与励磁电压同相位。实际上测速发电机的输出电压与励磁电压之间总是存在相位移，且相位移的大小还随着转速的不同而变化。在规定的转速范围内，输出电压与励磁电压之间的相位移的变化量称为相位误差，如图 5.25 所示。

异步测速发电机的相位误差一般不超过 1°～2°。由于相位误差与转速有关，所以很难进行补偿。为了满足控制系统的要求，目前应用较多的是在输出回路中进行移相，即输出绕组通过 RC 移相网络后再输出电压，如图 5.26 所示。调节 R_1 和 C_1 的值可使输出电压进行移相；电阻 R_2 和 R_3 组成分压器，改变 R_2 和 R_3 的阻值可调节输出电压 U_2 的大小。采用这种方法移相时，整个 RC 网络和后面的负载一起组成测速发电机的负载。

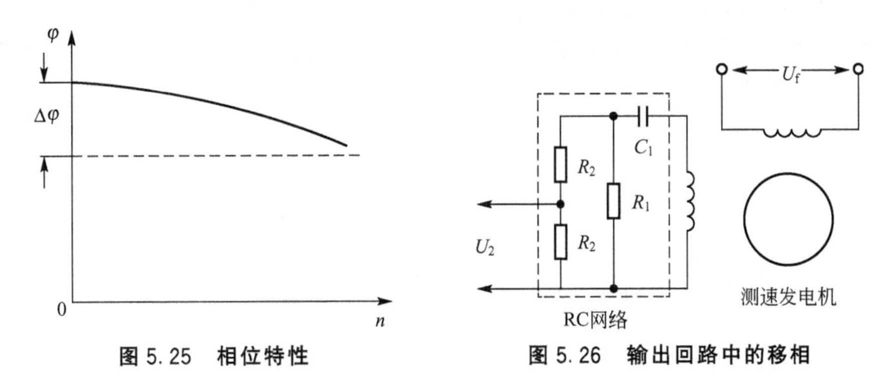

图 5.25　相位特性　　　图 5.26　输出回路中的移相

3）剩余电压

在理论上测速发电机的转速为零时，输出电压也为零。但实际上异步测速发电机转速为零时，输出电压并不为零，这会使控制系统产生误差。这种测速发电机在规定的交流电源励磁下，电机的转速为零时，输出绕组所产生的电压，称为剩余电压(或零速电压)U_r。它的数值一般只有几十毫伏，但它的存在却使得输出特性曲线不再从坐标的原点开始，如图 5.27 所示，这是引起异步测速发电机误差的主要部分。

5.3.4　测速发电机的选用

下面以电磁式直流测速发电机 ZCF 系列为例进行说明。

1. 型号命名

根据机械行业标准 JB/T 2661—1999，电磁式直流测速发电机的型号由产品名称代号、机座号、铁心长度代号、性能参数代号和派生代号等部分组成，如图 5.28 所示。

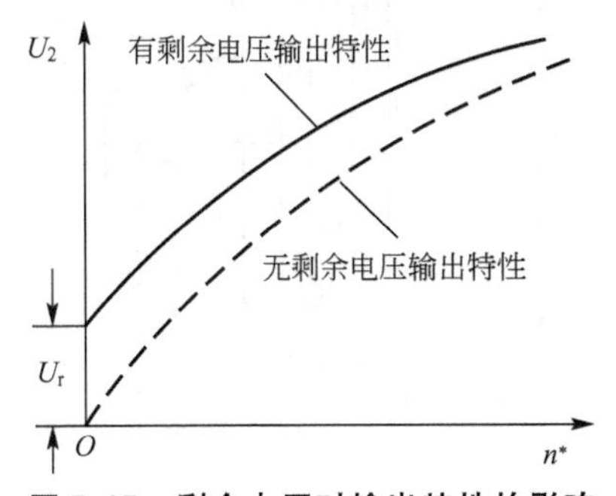

图 5.27　剩余电压对输出特性的影响

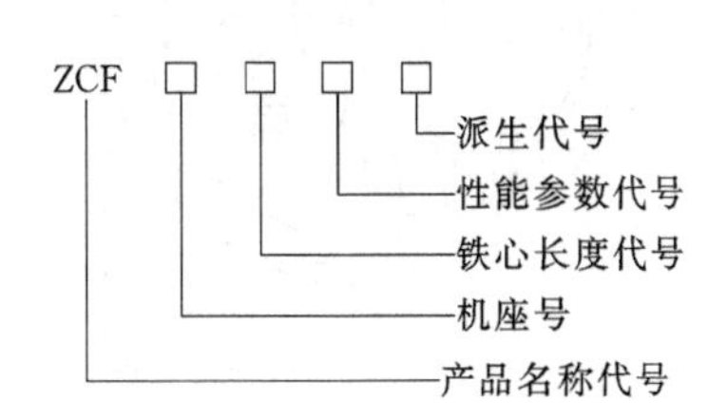

图 5.28　测速发电机的型号

(1) 产品名称代号用大写汉语拼音字母表示，ZCF 表示电磁式直流测速发电机。

(2) 机座号及相应的机座外径规定见表 5-8。

表 5-8 机座号及机座外径 (mm)

机座号	1	2	3
机座外径	50	70	85

(3) 铁心长度代号由阿拉伯数字“2”及“6”表示，其中“2”表示短铁心，“6”表示长铁心。

(4) 性能参数代号用阿拉伯数字“1”、“2”、“3”、……表示。

(5) 派生代号包括结构派生和性能派生，代号用大写汉语拼音字母“A”、“B”、“C”、……表示，“I”、“O”除外。

2. 额定数据

额定数据见表 5-9。

表 5-9 额定数据

型号	激磁电流/A	输出电压/V	负载电阻/Ω	转速/($r \cdot min^{-1}$)	重量/kg	附注
ZCF121	0.09	50	2000	3000	0.44	—
ZCF121A	0.09	50	2000	3000	0.44	双轴伸
ZCF221	0.3	51	2000	2400	0.9	—
ZCF221A	0.3	51	2000	2400	0.9	双轴伸
ZCF221C	0.3	51	2000	2400	0.9	双轴伸
ZCF222	0.06	74	2500	3500	0.9	—
ZCF361	0.3	106	10000	1100	2.0	—
ZCF361C	0.3	174	9000	1100	2.0	—

注：(1) 额定数据在冷态时检查；(2) 输出电压允差为±5%。

3. 外形及安装尺寸

部分型号电机的外形及安装尺寸如图 5.29 和表 5-10 所示。

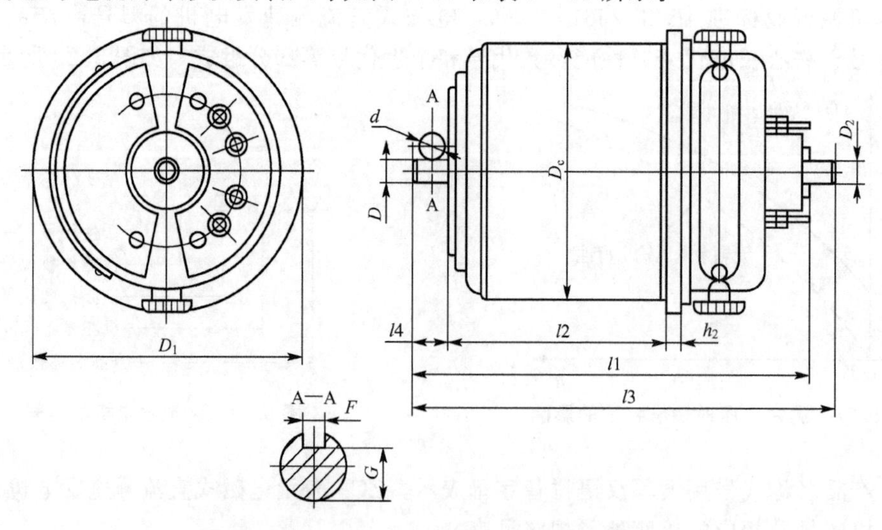

图 5.29 ZCF2××、ZCF3××外形及安装尺寸

表 5-10　外形及安装尺寸　(mm)

<table>
<tr><th>型号</th><th>l_1</th><th>l_2</th><th>l_3</th><th>D_1</th><th>D_c</th><th>l_4</th><th>h_2</th><th>D (h6)</th><th>d (H11)</th><th>D_2 (f6)</th><th>F ($^{+0.02}_{0}$)</th><th>G ($^{0}_{-0.08}$)</th></tr>
<tr><td>ZCF221</td><td rowspan="4">107</td><td rowspan="4">59</td><td>—</td><td rowspan="4">74</td><td rowspan="4">$70^{-0.04}_{-0.12}$</td><td rowspan="4">9.5</td><td rowspan="4">4</td><td rowspan="4">6</td><td>7</td><td>—</td><td>2</td><td>4.6</td></tr>
<tr><td>ZCF221A</td><td>113.5</td><td>—</td><td rowspan="2">6</td><td>—</td><td>—</td></tr>
<tr><td>ZCF221C</td><td>—</td><td rowspan="2">7</td><td rowspan="2">2</td><td rowspan="2">4.6</td></tr>
<tr><td>ZCF222</td><td></td><td>—</td></tr>
<tr><td>ZCF361</td><td rowspan="2">134</td><td rowspan="2">76.5</td><td rowspan="2">—</td><td rowspan="2">89</td><td rowspan="2">$85^{-0.05}_{-0.14}$</td><td rowspan="2">13</td><td rowspan="2">5</td><td rowspan="2">8</td><td rowspan="2">10</td><td rowspan="2">—</td><td rowspan="2">2.5</td><td rowspan="2">5.1</td></tr>
<tr><td>ZCF361C</td></tr>
</table>

4. 静摩擦力矩

电机的静摩擦力矩应符合表 5-11 的规定。

表 5-11　静摩擦力矩　(mN·m)

机座号	ZCF1××	ZCF2××	ZCF3××
静摩擦力矩不大于	5.9	7.8	12.7

5. 线性误差

线性误差应不大于 1%(ZCF222 应不大于 3%)。

6. 输出电压不对称度

输出电压不对称度应不大于 1%(ZCF222 应不大于 2%)。

7. 纹波系数

ZCF222 输出电压中的交变分量有效值应不超过其直流分量的 5%。

5.4 应用举例

5.4.1 编码器应用举例

图 5.30 为钢带光电式编码数字液位计示意图，是目前油田浮顶式储油罐液位测量普遍应用的一种测量设备。在量程超过 20m 的应用环境中，液位测量分辨率仍可达到 1mm，可以满足计量的精度要求。这种测量设备主要由编码钢带、读码器、卷带盘、定滑轮、牵引钢带用的细钢丝绳及伺服系统等组成。编码钢带的一端(最大量程读数的一端)系在牵引钢带用的细钢丝绳上，细钢丝绳绕过罐顶的定滑轮系在大罐的浮顶上，编码钢带的另一端绕过大罐底部

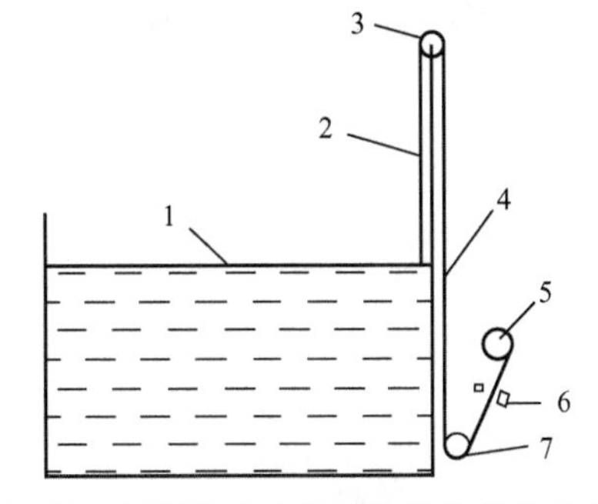

图 5.30　钢带光电式编码数字液位计示意图

1—大罐浮顶；2—细钢丝绳；3—定滑轮；4—编码钢带；5—卷带盘；6—读码器；7—定滑轮

的定滑轮缠绕在卷带盘上。当大罐液位下降时，细钢丝绳和编码钢带中的张力增大，卷带盘在伺服系统的控制下放出盘内的编码钢带；当大罐液位上升时，细钢丝绳和编码钢带中的张力减小，卷带盘在伺服系统的控制下将编码钢带收入卷带盘内。读码器可随时读出编码钢带上反应液位位置的编码，经处理后进行显示或以串行码的形式发送给其他设备。

如果最低码位(最低码道数据宽度)为 1m(透光和不透光的部分各为 1m)，则需要 15 个码道，即最高码位(最高码道数据宽度)为 16.384m，编码钢带的最大有效长度可达 32.768m。这种编码钢带的加工工艺的难度较大，强度也较低，使用起来也不方便。因此有必要采用插值细分技术以减少码道数量，增加最低码道的数据宽度。如果将最低码道的数据宽度增加到 5mm，次最低码道的数据宽度将为 10mm，在最低码道上应用插值细分技术也可以获得 1m 的分辨率。这样一来，在量程为 20m 的条件下，码道数量将减少到 12 个。

5.4.2　测速发电机的应用举例

图 5.31 为转速自动调节系统的方框图。测速发电机耦合在电机轴上作为转速负反馈元件，其输出电压作为转速反馈信号送回到放大器的输入端。调节转速给定电压，系统可达到所要求的转速。当电机的转速由于某种原因(如负载转矩增大)而减小时，此时测速发电机的输出电压也减小，转速给定电压和测速反馈电压的差值增大，差值电压信号经放大器放大后，使电机的电压增大，电机开始加速，测速机输出的反馈电压增加，差值电压信号减小，直到近似达到所要求的转速为止。同理，若电机的转速由于某种原因(如负载转矩减小)增加，测速发电机的输出电压也增加，转速给定电压和测速反馈电压的差值减小，差值信号经放大器放大后，使电机的电压减小，电机开始减速，直到近似达到所要求的转速为止。通过以上分析可以了解到，只要系统转速给定电压不变，无论由于何种原因想要改变电机的转速，在测速发电机输出电压反馈的作用下，都能使系统能自动调节到所要求的转速(有一定的误差，近似于恒速)。

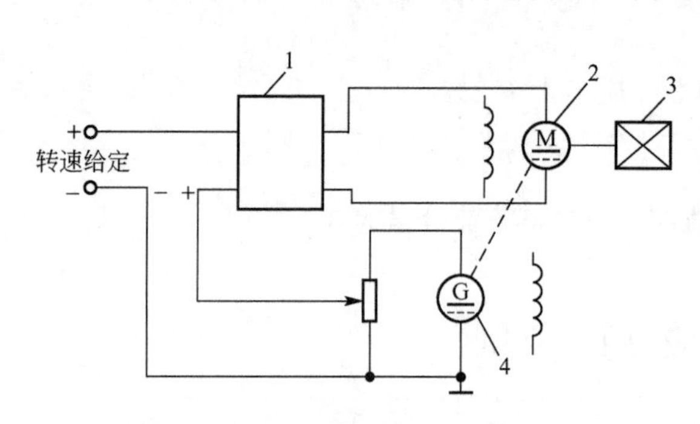

图 5.31　转速自动调节系统原理图

1—放大器；2—电机；3—负载；4—测速发电机

第6章 机电一体化控制系统设计

机电一体化系统控制技术包括伺服驱动控制技术和计算机控制接口技术。本章主要阐述由可编程控制器、单片机和工业控制计算机组成的控制系统的特点、设计方法和设计原理；闭环伺服控制系统的分类、特点以及数学模型的建立。最后通过实例介绍了控制系统的应用。

了解可编程控制器控制系统的特点和分类及应用领域；
掌握可编程控制器的工作原理；
掌握可编程控制器控制系统的设计方法；
了解单片机控制系统的特点及内部结构；
掌握单片机存储器扩展和I/O接口扩展及控制系统的设计；
了解工业PC控制系统的特点及应用；
了解闭环伺服控制系统的分类、特点和建立数学模型的方法。

知识要点	能力要求	相关知识
可编程控制器控制系统	掌握可编程控制器的特点和分类； 了解可编程控制器的应用领域和工作原理； 掌握可编程控制器控制系统的设计方法	继电器控制
单片机控制系统	掌握单片机控制系统分类、特点及应用； 掌握单片机控制系统存储器的扩展； 掌握单片机I/O扩展； 理解单片机控制系统的设计方法和设计原理	存储器扩展芯片 I/O扩展芯片
工控机控制系统	了解工业PC控制系统的分类和特点	现场总线
闭环伺服控制系统	了解闭环伺服控制系统的特点和分类； 掌握闭环伺服控制系统数学模型的建立方法	电流环、速度环和位置环

6.1　可编程控制器控制系统

可编程控制器(PLC)是微型计算机技术和继电器常规控制概念相结合的产物，是一种以微处理器为核心的工业控制设备，具有较强的与工业过程相连的I/O接口。早期的可编程控制器只能进行开关量的逻辑控制。现代可编程控制器的功能大大增强，它不仅具有逻辑控制功能，还具有算术运算、模拟量处理和通信联网等功能，在机电一体化产品中得到了广泛的应用。

6.1.1　可编程控制器控制系统的特点

可编程控制器控制系统与继电器控制和计算机控制系统相比有以下一些特点。

1. 可靠性高、抗干扰能力强

可编程控制器之所以可靠性高、抗干扰能力强，是因为在软硬件方面分别采取了以下一些措施。

(1) 硬件方面：对供电系统及输入电路采用多种形式的滤波，以消除和抑制高频干扰以增强PLC对电噪声、电源波动、振动、电磁波等的干扰；在CPU与I/O电路之间，采用光电隔离技术，有效地抑制了外部干扰源对PLC的影响。

(2) 软件方面：监控程序定期地检测外界环境，如掉电、欠电压、强干扰信号等，以便及时进行处理，当检测到有故障时，立即把现状态存入存储器，并对存储器封闭，以免信息被破坏；设置监控定时器WDT，监视用户程序的运行状况，一旦出错，立即停止执行，避免因程序错误出现死循环。

2. 控制灵活、操作简便

在继电器控制系统中，整个控制系统由物理器件构成。控制方案稍许变化将导致整个电器控制系统的全部拆除。而可变程控制器是通过存储在存储器中的程序实现控制功能，当控制功能改变时，只需修改程序和改动极少量的线路即可。而且可编程控制器有丰富的I/O接口模块，可以根据需要，进行容量、功能和应用范围的扩展，实现各种不同功能的控制装置。在编程方面，可编程控制器采用与实际电路非常接近的梯形图编程方式使工程技术人员易于掌握。

3. 安装、调试、维修方便

与计算机相比，PLC的安装不需要专用机房，也不需要严格的屏蔽措施。使用时只需把检测器件与执行机构和PLC的I/O接口端子正确连接，便可正常工作。在调试方面，通常可编程控制都配有相应的操作软件，对于每一种控制方案，用户可以先进行模拟仿真，调试完成后，再进行现场联机调试。当模块出现故障时，由于每种可编程控制器的模块上都有运行状态和故障状态指示灯，维修人员很容易找到故障所在，只要更换故障模块系统很快恢复运行。

6.1.2　可编程控制器的分类

可编程控制器的品种很多，可以根据其功能、结构等进行分类。

按照 I/O 点数，PLC 可分为微型 PLC(I/O 点数小于 64 点)，小型 PLC(I/O 点数小于 256 点，用户存储容量小于 8KB)，中型 PLC(I/O 点数小于 2048 点)和大型 PLC(I/O 点数在 2048 点以上)。

按照结构形式，可编程控制器分为整体式和组合式。

整体式：将 CPU、存储器、输入单元、输出单元、电源、通信接口等组装成一体构成主机。另外还有独立的 I/O 扩展单元与主机配合使用。

组合式：将 CPU 单元、输入单元、输出单元、智能 I/O 单元、通信单元等分别做成相应的电路板或模块，各模块插在底板上，模块之间通过底板上的总线相互联系。

两种结构类型的 PLC，可以根据需要进行配置和组合。

按照功能，PLC 可分为低档、中档和高档三类。

低档：具有逻辑运算、定时、计数、移位及自诊断、监控等基本功能，还可以有少量的模拟量 I/O、算术运算、数据传送和比较、通信等功能。主要用于逻辑控制、顺序控制或少量模拟量控制的单机控制系统。

中档：除具有低档的 PLC 功能外，还具有较强的模拟量 I/O、通信联网等功能。适用于复杂控制系统。

高档：除具有中档的 PLC 功能外，还增加了带符号的算术运算、矩阵运算、函数、表格、CRT 显示、打印和通信联网功能，可用于大规模过程控制或构成分布式网络控制系统。

6.1.3 可编程控制器的应用领域

1) 开关量的逻辑控制

开关量的逻辑控制是 PLC 的基本功能。所控制的逻辑可以是时序、组合、计数等各个方面。

2) 模拟量的闭环控制

对于具有 A/D、D/A 转换及算术运算的功能的 PLC 可以实现模拟量控制。而具有 PID 控制或模糊控制功能的 PLC 还可用于闭环的位置控制、速度控制和过程控制。

3) 数字量的智能控制

由于 PLC 可以接受和输出高速脉冲的功能，因此可用于伺服控制系统中，实现数字量的智能控制。

4) 数据采集与监控

将 PLC 与其他输入/输出设备相结合，可以对采集到的现场状态信息进行实时显示，并对结果进行统计分析。

5) 通信、联网及集散控制

PLC 除了能够与其他 PLC 联网外，还可以与计算机进行联网和通信，由计算机实现对其编程和管理。

6.1.4 可编程控制器的工作原理

1. 可编程控制器的等效电路

由于可变程控制器的控制程序(梯形图)，在形式上与继电器控制的控制电路相似，因此可以将可编程控制器看成是类似于继电器-接触器控制的等效电路。

例如图 6.1 所示的电机正反转主回路。当用可编程控制器进行控制时，PLC 的接线图如图 6.2 所示，等效电路如图 6.3 所示。在图 6.2 中，SB1、SB2 为按钮开关，X400、X401、X402、X403 为可编程控制器输入继电器线圈编号，Y430、Y431、Y432、Y433 为可编程控制器输出继电器线圈编号，KM1、KM2 为接触器线圈。

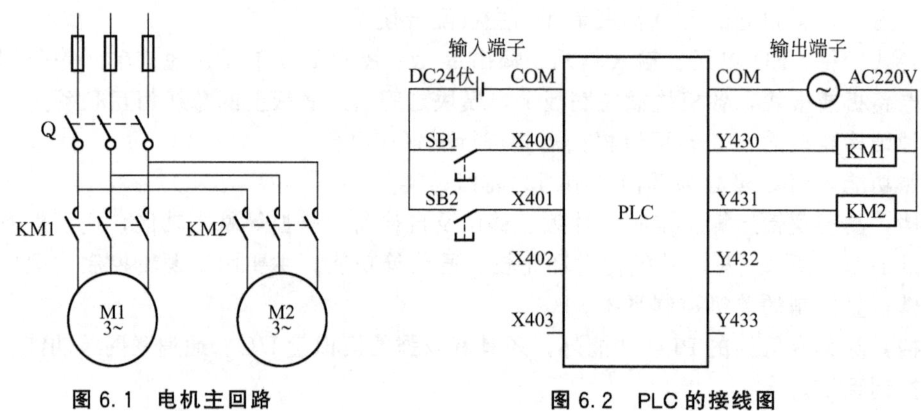

图 6.1　电机主回路　　　　图 6.2　PLC 的接线图

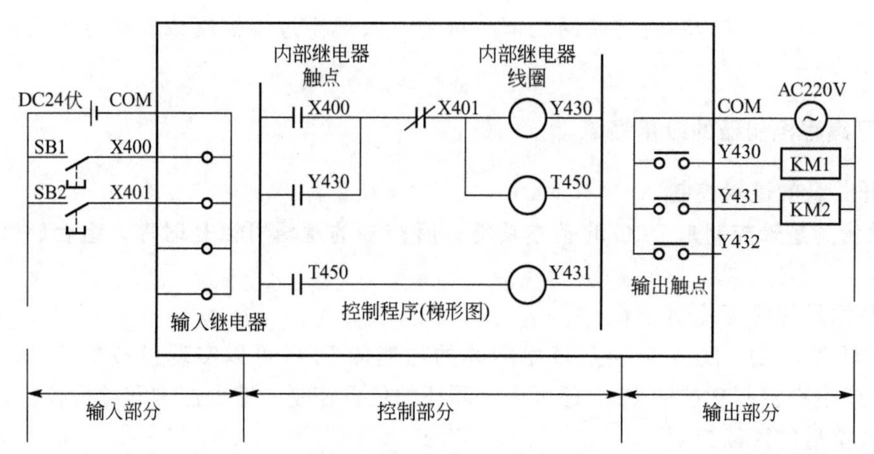

图 6.3　PLC 控制的等效电路

1）输入部分

其功能是收集被控部分的信息或控制命令。输入端子是 PLC 与外部开关(如行程开关、按钮)、敏感元件或来自上位机的信号交换信号的端口。输入继电器由连接到输入端的外部信号来驱动，其驱动电源可由 PLC 的电源模块提供，也可由独立的直流或交流电源供给。

2）内部控制电路

内部控制电路实际上是用户根据控制要求编制的程序。即 PLC 能够按照用户的控制要求，对输入信号进行运算处理，判断哪些信号需要输出，并将得到的结果输出给负载。

3）输出部分

其功能是驱动外部负载。输出端子是 PLC 向外部负载输出信号的端子。PLC 输出继电器的触点与输出端子相连，通过输出端子驱动外部负载(如接触器的驱动线圈、信号灯、电磁阀等)。输出继电器除提供一对供实际使用的动合(常开)硬触点外，还提供许多对供PLC内部使用的动合和动断软触点。此外，PLC还有晶体管输出和晶闸管输出，前者只能用于直流输出，后者只能用于交流输出，两者均采用无触点输出，运行速度快。

2. 可编程控制器的工作过程

可编程控制器采用循环扫描工作方式，其扫描过程如图6.4所示。

在每次扫描开始，首先执行一次自诊断程序，对各输入输出点、存储器以及CPU等进行诊断，诊断的方法通常是测试出各部分的当前状态，并与正常的标准状态进行比较，若两者一致，说明各部分工作正常，若不一致，则认为有故障。此时，PLC立即启动关机程序，保留现行工作状态，并关断所有输出点，然后停机。

诊断结束后，若没发现故障，PLC将继续往下扫描，检查是否有编程器等的通信请求。如果有则进行相应的处理，比如接受编程器发来的命令，把要显示的状态数据、出错信息等送给显示器显示。

处理完通信后，PLC继续往下扫描，读入现场信息，顺序执行用户程序，输出控制信息，完成一个扫描周期。然后又从自诊断开始，进行第二轮扫描，如此不断反复循环，实现对机器的连续控制，直到接收停机命令，或停电、出现故障等才停止工作。

3. 可编程控制器常用的编程语言

1) 梯形图

梯形图是可编程控制器最常用的编程语言之一，其基本结构如图6.5所示。它由母线、触点和线圈三部分组成。

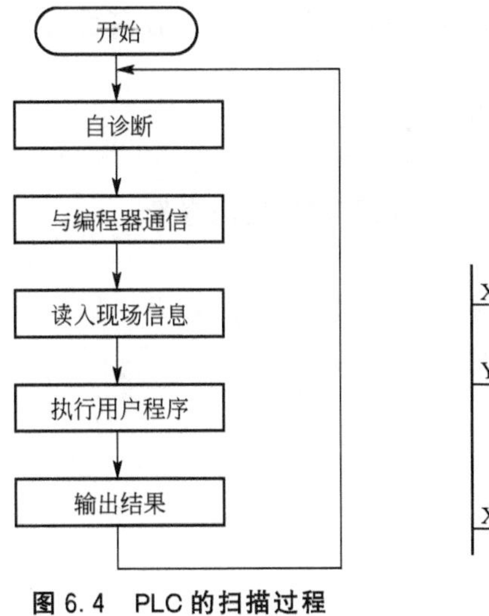

图6.4 PLC的扫描过程

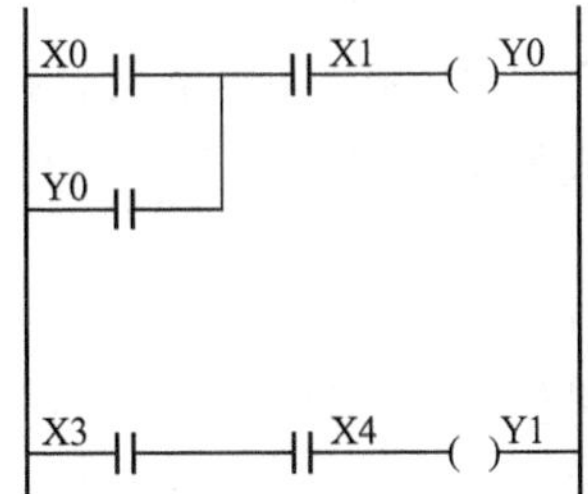

图6.5 梯形图

母线：梯形图两侧的垂直公共线。有些可编程控制器的母线只有一条左母线。

线圈：类似于继电器控制中线圈的概念，但又与其不同。继电器控制中的线圈是客观存在的，而可编程控制器中的线圈是软线圈，它只是对应于可编程控制器存储单元中的某一位，若该位为1，表明对应的软线圈带电，为零则不带电。

软触点：类似于继电器中触点的概念，但是也有不同之处。继电器控制中的触点数目是有限的，而可编程控制器中的软触点数目和使用次数是无限的。可编程控制器中的软触点也有常开和常闭之分。线圈带电，常开触点闭合，常闭触点断开；线圈失电常开触点断开，常闭触点闭合。但是，对于可编程控制器的每一个输出继电器线圈有一对与输出端子相连的硬触点。

编程时可以想象有一虚电流从左母线流向右母线或线圈(对于只有左母线的可编程控制器)。

2) 指令表

指令表：由一系列助记符指令表达式构成的程序。指令表与梯形图是一一对应的。

例如，对于图 6.5 所示的梯形图，其指令表为

```
1    LD     X0
2    OR     Y0
3    AND    X1
4    OUT    Y0
5    LD     X3
6    AND    X4
7    OUT    Y1
```

6.1.5 可编程控制器控制系统的设计

1. 设计步骤

在进行控制系统设计之前，应仔细分析工艺过程的控制要求，明确控制任务和范围，确定所需的操作和动作，然后根据控制要求估算输入输出的点数、所需存储器的容量、确定可编程控制器的功能、外部设备的特征量，最后设计出具有较高性价比的可编程控制器控制系统。具体步骤可概括如下：

(1) 分析工艺过程的控制要求，明确控制任务和范围。

(2) 确定所需要的动作。

(3) 根据控制要求估算输入输出的点数、所需存储器的容量。

(4) 选择用户输入设备，如按钮、开关等。

(5) 选择用户输出设备(如继电器、接触器、信号灯等)以及由输出设备驱动的控制对象，如电机、电磁阀等。

(6) 选择 PLC。

(7) 分配 I/O 点。

(8) 设计控制程序(梯形图)。

(9) 软硬件调试。

(10) 设计控制柜。

(11) 编制控制系统的技术文件。

2. 顺序控制的设计方法

很多工业过程是顺序控制的，设计顺序控制系统时可以借助于功能表图方迅速地设计出梯形图。

1) 功能表图

功能表图又叫状态转移图、状态图或流程图，是描述控制系统的控制过程、功能和特

性的一种图形。

功能表图由步、转换条件、有向连线和动作组成，如图 6.6 所示。步用矩形框表示，框内的数字表示步的编号。动作也用矩形框表示，框内的文字表示动作的内容，该矩形框应与相应步的矩形框相连。步与步之间用有向线段连接，箭头表示步与步之间转换的方向。转换条件用与有向连线垂直的短划线表示，并在短划线旁边用文字、表达式或符号说明。当转换条件满足时，上一步的活动结束，下一步的活动开始。处于活动状态的步称为活动步，即系统在此步阶段正在进行相应的动作。

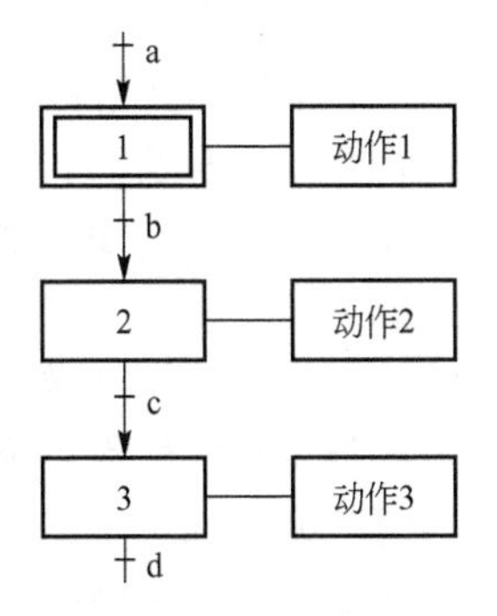

图 6.6　功能表图

功能表图中与初始状态相对应的步称为初始步。初始步用双线框表示。

例如，图 6.7 为某送料小车自动控制系统工作过程示意图。开始时小车位于 A 位置，系统启动后，小车开始装料，15s 后，装料停止，小车向左运行。左行途中碰到行程开关 ST2 时，左行停止，进行卸料，10s 后卸料停止，小车右行，碰到行程开关 ST1 时，小车停止右行，进行装料，如此循环下去，任何时候压下停止按钮，小车停止工作。该控制过程对应的功能表图如图 6.8 所示。

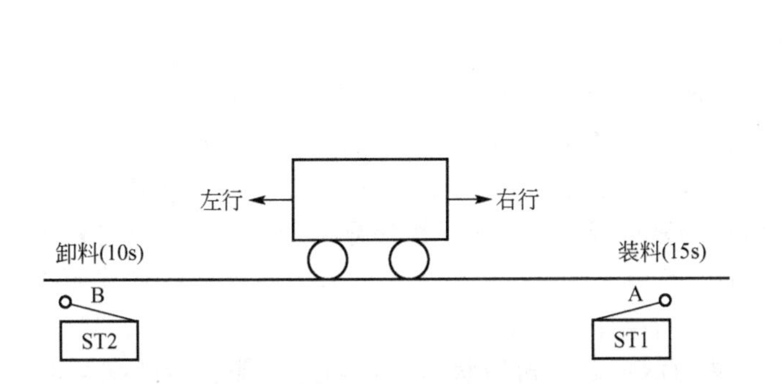

图 6.7　送料小车工作过程示意图

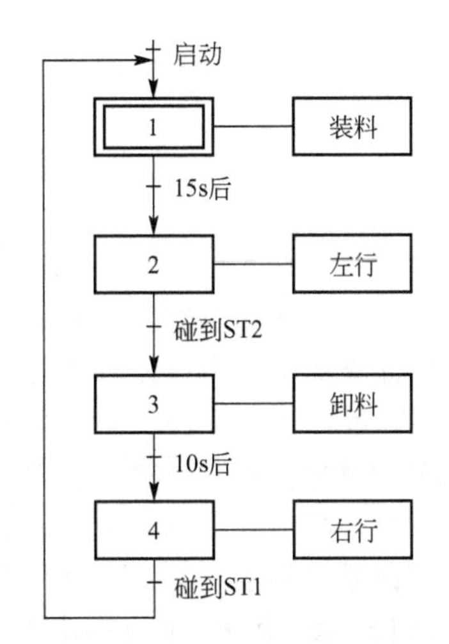

图 6.8　送料小车工作过程功能表图

2）功能表图的结构

功能表图有以下几种结构。

（1）单序列结构。单序列结构由一系列相继激活的步组成。每一步的后面仅有一个转换条件，每一个转换条件后面仅有一步，如图 6.9(a)所示。

（2）选择序列结构。选择序列的开始称为分支。某一步的后面有几个步，当满足不同的转换条件时，转向不同的步。如图 6.9(b)所示，当步 5 为活动步时，若满足条件 e=1，则步 5 转向步 6；若满足条件 f=1，则步 5 转向步 9；若满足条件 g=1，则步 5 转向步 11。一般只允许同时选择一个序列。

选择序列的结束称为合并。几个选择序列合并到同一个序列上，各个序列上的步在各自转换条件满足时转向同一个步。如图 6.9(c)所示，当步 5 为活动步，且满足条件 m=1，则步 5 转向步 12 ；当步 8 为活动步，且满足条件 n=1，则步 5 转向步 12 ；当步 11 为活动步，且满足条件 p=1，则步 11 转向步 12 。

(3) 并行序列结构。并行序列的开始称为分支。当转换的实现导致几个序列同时激活时，这些序列称为并行序列。如图 6.9(d)所示，当步 3 为活动步时，若满足条件 h=1，则步 4、6、8 同时变为活动的，步 3 变为不活动的。为了表示转换的同步实现，水平连线用双线表示，步 4、6、8 被同时激活后，每个序列中的活动步的进展将是独立的。并行序列的分支只允许一个转换条件，标在表示同步的水平双线之上。

并行序列的结束称为合并。当并行序列上的各步都为活动步，且某一个转换条件满足时同时转换到同一个步。如图 6.9(e)所示，当步 3、5、7 都为活动步，若满足条件 d=1 时，则步 3、5、7 同时变为不活动的，步 8 变为活动的。并行序列的合并也用水平双线表示。并行序列的合并只允许一个转换条件，标在表示同步的水平双线之下。

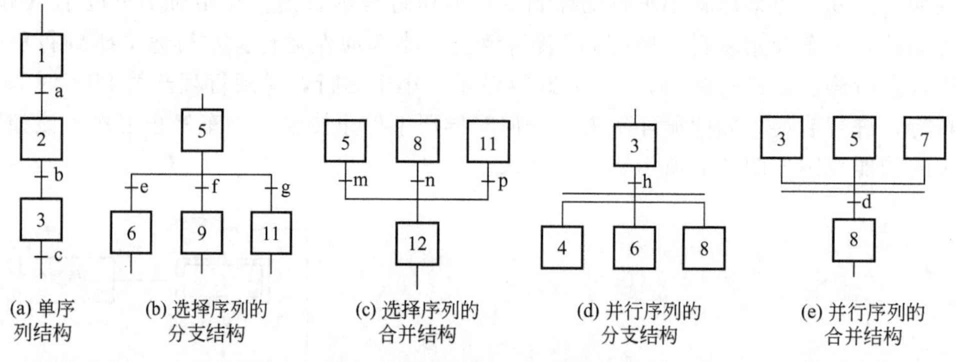

图 6.9　功能表图的几种结构

在利用功能表图设计梯形图时，一般用辅助继电器表示步，各步之间顺序接通和断开。功能表图中的步可以用典型的起保停电路控制，如图 6.10 所示。如果步 S_i 的前级步 S_{i-1} 是活动的($S_{i-1}=1$)，并且它们的转换条件 C_i 成立($C_i=1$)，步 S_i 应变为活动的。所以步 S_i 的启动电路由 S_{i-1} 和 C_i 的常开触点串联而成。C_i 一般是短信号，所以用 S_i 的常开触点实现自锁。当后续步 S_{i+1} 变为活动步时，S_i 应断开。所以将 S_{i+1} 的常闭触点与 S_i 的线圈串联。下面通过例 5.1 说明如何利用功能表图设计梯形图。

【例 5.1】 图 6.11 为一动力头运动的示意图。初始状态时，动力头停在 ST3 处，按一下启动按钮后，动力头快进；碰到行程开关 ST1 时，改为工进；碰到行程开关 ST2 时，改为快退；快退碰到行程开关 ST3 时停止，设计 PLC 的控制程序(梯形图)。

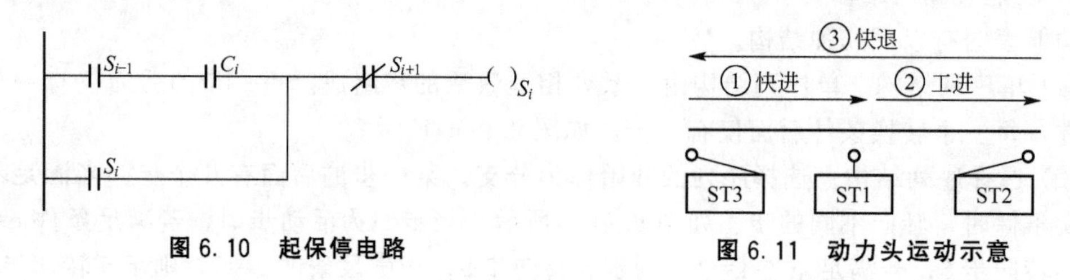

图 6.10　起保停电路　　　　**图 6.11　动力头运动示意**

解： 由于控制过程简单，所以选用日本三菱公司的 F-40 型可编程控制器。

(1) I/O 点的分配。

三个行程开关分别接 PLC 的 X401、X402、X403，启动按钮接 PLC 的 X400，控制运动电磁阀分别接 Y430、Y431、Y432，见表 6－1。快进时 Y430、Y431 接通，工进时 Y431 接通，快退时 Y432 接通。

表 6－1　I/O 点的分配

输入		输出	
启动按钮	X400	正转电磁阀 1	Y430
ST1	X401	正转电磁阀 2	Y431
ST2	X402	反转电磁阀	Y432
ST3	X403	—	—

(2) 画出功能表图。

根据题意，整个工作过程分为四步：等待、快进、工进和快退。初始步是等待步，没有动作，等待按启动按钮；初始步到第二步的转换条件是 ST3 被压下，并且启动按钮被按下，以避免不在初始位置启动。功能表图如图 6.12 所示。1、2、3、4 步对应的辅助继电器分别为 M100、M101、M102、M103。初始步的转换条件是 M71，M71 在 PLC 运行后的第一个扫描周期得电，以后便失电。即在第一扫描周期输出一个脉冲，用其作为系统运行启动信号。

(3) 设计梯形图。

根据功能表图绘出梯形图，如图 6.13 所示。Y430 仅在快进时接通，故可以将 Y430 的线圈和 M101 的线圈并联。同理，Y432 的线圈应和 M103 的线圈并联。而 Y431 在快进

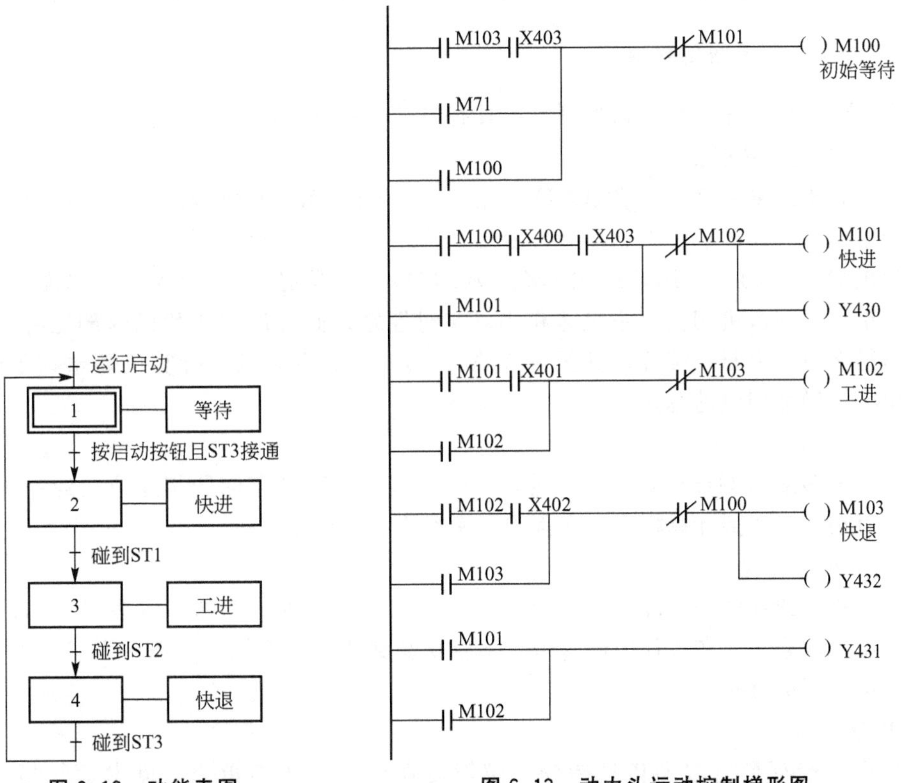

图 6.12　功能表图

图 6.13　动力头运动控制梯形图

和工进时都接通，如果直接将 Y431 线圈并联 M101、M102 的线圈上，就会出现双线圈现象。为此，用 M101、M102 的常开触点并联来控制 Y431 的线圈。双线圈是指程序中同一元件的线圈使用了两次以上，双线圈容易引起逻辑分析上的混乱。

3. 设计梯形图时的注意事项

设计梯形图时应注意以下几点。

(1) 按梯形图编程时必须遵循自上而下、从左到右的原则。

(2) 继电器线圈不能直接与左边的母线相连，即左边必须有触点，而右边不能有触点。

(3) 程序的执行是从第一条指令开始到 END 指令结束。因此，在程序调试过程中可以利用 END 指令设置栈点，程，序调试结束后，应该将多余的 END 指令删除。

(4) 程序中不能出现双线圈现象。

6.2 单片机控制系统

单片机是把微型计算机主要部分都集成在一个芯片上的单片微型计算机，在工业控制和智能化系统中应用非常广泛。它的最大特点是设计者可以从自己的实际需要出发，设计一个单片机系统，因而更加方便、灵活，且成本低。组成单片机控制系统的基本方法是在单片机的基础上扩展一些接口，例如 A/D、D/A 转换接口，用于人机对话的键盘处理接口，LED 和 LCD 显示接口，用于控制的输入/输出接口等。然后再开发一些应用软件即可。

6.2.1 单片机控制系统的特点

与微型计算机相比，单片机控制系统具有以下一些特点。

1) 集成度高、功能强

微型计算机通常由微处理器(CPU)、存储器(RAM 和 ROM)及 I/O 接口组成，其各部分分别集成在不同的芯片上，然后再由几个芯片组成一台微型计算机。

单片机则是把 CPU、ROM、RAM、I/O 接口，以及定时器/计数器等都集成在一个芯片上。单片机与微机相比，不仅体积小、实时性好，而且许多单片机内部还有定时/计数器、串行接口及中断系统等，甚至包含 A/D 转换器。可是微型计算机要想具备这些功能，通常必须增加相应的芯片。

2) 结构合理

单片机大多采用 Harvard 结构。这是数据存储器与程序存储器相互独立的一种结构，速度快。而在许多微型计算机中，大都采用两类存储器合二为一。

3) 抗干扰能力强

由于单片机的各种功能部件都集成在一个芯片上，特别是存储器也集成在芯片内部，因而布线短，数据大都在芯片内部传送，不容易受到外界的干扰，从而增强了抗干扰的能力，使系统运行更可靠。

4) 指令丰富

单片机一般都具有数据传送指令、逻辑运算指令、转移指令、算术运算指令、乘除指令和位操作指令等，使单片机在逻辑控制、开关量控制以及顺序控制中得到了广泛应用。

随着大规模集成电路的发展，有些单片机还内含可编程计数器、A/D、DMA等，可应用于智能控制。

6.2.2 单片机的分类及选用

1. 单片机的分类

按照单片机CPU每次处理数据的能力，可以分为8位单片机、16位单片机和32位单片机。

1) 8位单片机

8位单片机典型产品有MCS-51系列、PIC系列、AVR系列和MC68HC系列。

(1) MCS-51系列。MCS-51系列单片机是Intel公司于80年代初开发出来的产品。它的指令系统规范、硬件结构合理，是目前全球用量最大的系列微控制器之一。ATMEL、PHILIPS等著名的半导体公司，以51系列内核开发出许多具有特色的MCS-51系列兼容微控制器，并且在速度、时钟频率、性价比方面都进行了提高。

(2) PIC系列。PIC系列单片机是美国Microchip的产品。它的特点是指令集精简、体积小、功耗低、抗干扰性好、可靠性高、模拟接口功能强、代码保密性好等。

(3) AVR系列。AVR系列单片机是ATMEL公司推出的产品。它的特点是带有FLASH存储器、指令简单、处理速度快、低电压、低功耗。

(4) MC68HC系列。MC68HC系列是Motorola公司推出的8位微控制器。它的特点是基于CSIC的设计思想，与各种I/O模块及不同类型的存储器组合，组成不同的单片机系列。

2) 16位单片机

16位单片机尽管在运算速度和处理控制能力方面较8位机有所增强，但是因为性价比不理想并未得到很广泛的应用。Intel i960系列特别是后来的ARM系列的广泛应用，32位单片机迅速取代16位单片机的高端地位，并且进入主流市场。

3) 32单片位机

在一些要求高精度、高速度的应用场合，例如智能机器人、导航系统、语音识别等，需要用到32位单片机。目前，ARM、Motorola、Intel、TOSHIBA、HITACHI等著名公司都生产32位控制器。

2. 单片机的选用

选择单片机时要考虑的主要参数是计算机的运算速度、字长和容量。运算速度取决于控制系统所需要的计算工作量(包括完成控制算法以及系统监控程序的计算)、系统采用的采样周期、计算机的指令系统和时钟频率。在单片机字长选择方面，对于计算工作量少，计算精度要求不高的系统可选用8位机(如线切割机等普通机床的控制、温度控制等)；对于精度高的系统可以选用16位机或32位机(如控制算法复杂的生产过程控制，特别是在对大量的数据进行处理等场合)。存储容量取决于需要控制信息量的多少，它与控制算法的难易程度以及控制信息量的多少等因素有关。

此外，选用单片机时，还应考虑成本高低、程序编制难易以及扩充输入输出接口是否方便等因素。

6.2.3　单片机存储器的扩展

尽管单片机芯片内部具有 CPU、ROM、RAM、定时器、计数器和 I/O 等，但是资源毕竟有限。在实际应用中，大多数情况下光靠片内资源是不够的，需要从外部进行扩展，包括程序存储器的扩展、数据存储器的扩展和 I/O 接口的扩展等，以便构成一个功能完善的单片机控制系统。

在进行存储器扩展时，需要完成的工作可概括为两个方面。其一是如何在扩展芯片与单片机芯片之间进行数据线、地址线和控制线的连接，即三总线的扩展；其二是扩展芯片寻址范围的确定。

下面以 MCS-51 系列单片机为例介绍其存储器扩展的相关内容。

1. MCS-51 系列单片机的引脚及其功能

MCS-51 系列单片机的引脚图如图 6.14 所示。

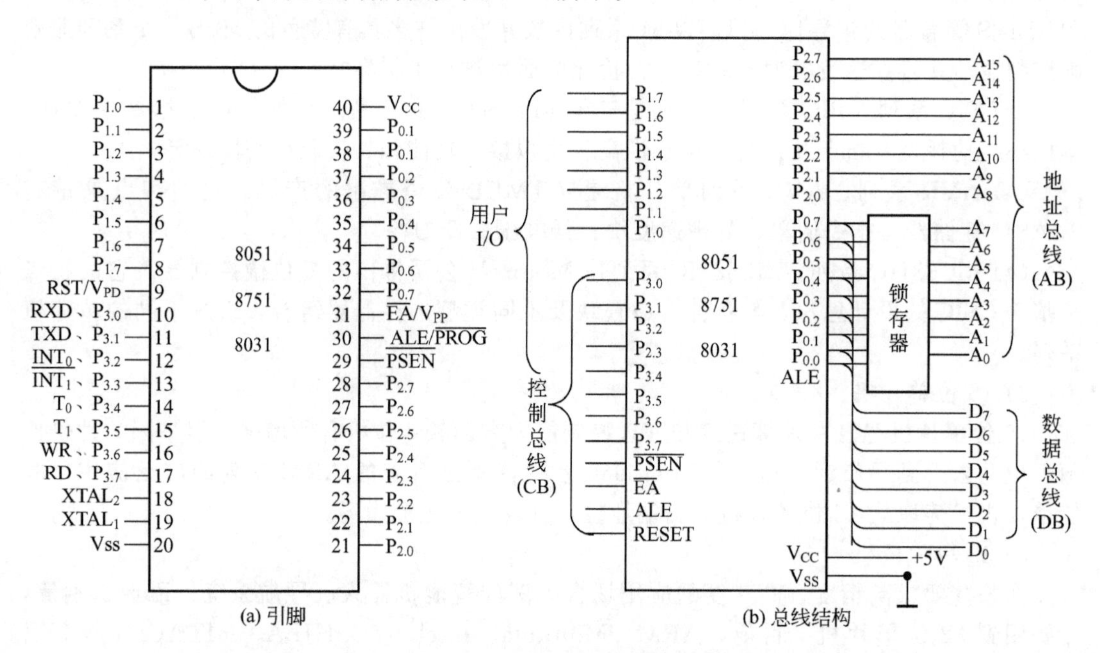

图 6.14　MCS-51 单片机引脚及总线结构

按其引脚功能可分为以下三部分。

1）电源及时钟引脚

V_{CC}——电源端，为+5V。

V_{SS}——接地端。

$XTAL_1$——接外部晶体的一个引脚，在片内它是振荡电路反向放大器的输入端。在采用外部时钟时，该引脚必须接地。

$XTAL_2$——接外部晶体的另一个引脚。在片内它是振荡电路反向放大器的输出端，振荡电路的频率就是晶体固有频率。若需采用外部时钟电路时，该引脚输入外部时钟脉冲。

2）控制或与其他复用引脚

$\overline{PSEN}$——外部程序存储器的读选通信号。在访问外部程序存储器时，此引脚定时输出负脉冲，作为读外部程序存储器的选通信号。

ALE/$\overline{PROG}$——地址锁存允许信号。当访问外部存储器时，ALE 的输出用于锁存地址的低 8 位。对于 EPROM 型芯片，在 EPROM 编程期间，此引脚用于输入编程脉冲($\overline{PROG}$)。

EA/V_{pp}——外部程序存储器地址允许输入端/固化编程电压输入端。$\overline{EA}/V_{pp}=1$ 时，访问内部程序存储器。但是，在 PC(程序计数器)值超过 0FFFH(8051/8751/80C51)或 lFFFH(8052)时，将自动转向执行外部程序存储器内的程序。当$\overline{EA}/V_{PP}=0$ 时，则只访问外部程序存储器，不管是否有内部程序存储器。

RST/V_{PD}——复位信号输入端/备用电源输入端。

3）输入/输出口

P0 口($P_{0.0}$～$P_{0.7}$)——三态双向口，通称数据总线口。只有该口能直接用于对外部存储器的读/写操作。P0 口还用于输出外部存储器的低 8 位地址。由于是分时输出，故应在外部增加锁存器将此地址锁存，地址锁存信号用 ALE。

P1 口($P_{1.0}$～$P_{1.7}$)——专门供用户使用的输入/输出口。

P2 口($P_{2.0}$～$P_{2.7}$)——为系统扩展时提供高 8 位地址线。当不需要扩展外部存储器时，P2 口也可以作为用户输入/输出口线使用。

P3 口($P_{3.0}$～$P_{3.7}$)——双功能口该口的每一位均可独立地定义为第一输入/输出口功能和第二输入/输出口功能。作为第一功能使用，口的结构操作与 P1 口相同。表 6-2 中给出了 P3 口的第二功能。

表 6-2　P3 口的第二功能

接口线	第二功能标记	第二功能	接口线	第二功能标记	第二功能
$P_{3.0}$	RXD	串行输入口	$P_{3.4}$	T0	定时/计数器 0 外部输入
$P_{3.1}$	TXD	串行输出口	$P_{3.5}$	T1	定时/计数器 1 外部输入
$P_{3.2}$	$\overline{INT_0}$	外部中断 0 输入	$P_{3.6}$	$\overline{WR}$	外部数据存储器写选通
$P_{3.3}$	$\overline{INT_1}$	外部中断 1 输入	$P_{3.7}$	$\overline{RD}$	外部数据存储器读选通

2. 程序存储器及其接口扩展电路设计

程序存储器又称为只读存储器，用于存放程序、原始数据或表格。对于片内无程序存储器的单片机，程序存储器的扩展是不可少的工作，扩展的容量取决于应用系统的要求。当片内虽然有程序存储器，但容量不够用时，也需要外扩部分程序存储器，而且片内、片外的程序存储器统一进行编址。

1）程序存储器扩展芯片

常用的程序存储器扩展芯片有两种，一种是 EPROM 芯片(电写入紫外线擦除芯片)，另一种是 EEPROM 芯片(电写入电擦除芯片)。常用的 EPROM 芯片有 Intel 公司的 2716(2K×8 位)、2732(4K×8 位)、2764(8K×8 位)、27128(16K×8 位)等。常用的 EEPROM 芯片有 ATMEL 公司的 24C 系列，如 24C512、24C64，Winbond 公司的 W27C 系列等。

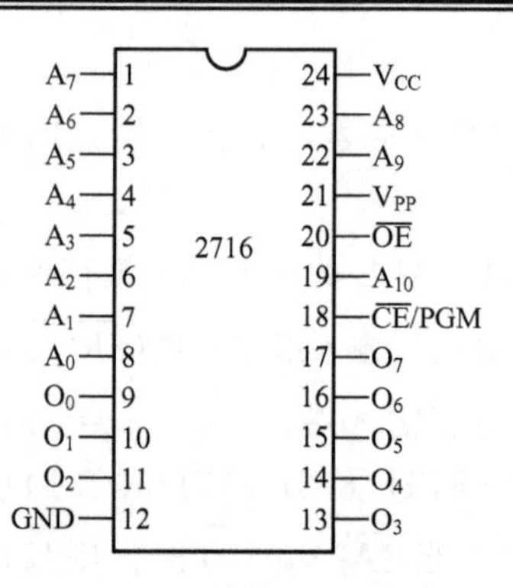

图 6.15　扩展芯片 2716 引脚图

Intel 公司的 2716 扩展芯片的引脚如图 6.15 所示。

图中：$A_{10}\sim A_0$——11 位地址引脚。

$O_7\sim O_0$—— 数据读出。

$\overline{CE}$/PGM——双重功能控制线。当使用时，它为片选信号($\overline{CE}$)，低电平有效。当编程时，它作为编程控制信号(PGM)，用于引入编程脉冲。

$\overline{OE}$——输出允许信号，当$\overline{OE}=0$ 时，输出缓冲器打开，被寻址单元的内容被读出；

V_{pp}——编程电源。当对芯片编程时，该端加+25V 编程电压；当芯片使用时，该端加+5V 电源。

2716 有五种工作方式，由$\overline{OE}$、$\overline{CE}$/PGM 及 V_{pp}各信号的状态组合来确定。各种工作方式的基本情况见表 6－3。

表 6－3　2716 工作方式

方式＼引脚	$\overline{CE}$/PGM	$\overline{OE}$	V_{pp}	$O_7\sim O_0$
读出	低	低	+5V	程序读出
未选中	高	×	+5V	高阻
编程	正脉冲	高	+25V	程序写入
程序检验	低	低	+25V	程序读出
编程禁止	低	高	+25V	高阻

(1) 读方式。

当$\overline{CE}$及$\overline{OE}$均为低电平，V_{pp}＝+5V 时，2716 芯片被选中并处于读出工作方式。这时被寻址单元的内容经数据线 $O_7\sim O_0$ 读出。

(2) 未选中方式。

当$\overline{CE}$为高电平时，芯片不被选中，其数据线输出为高阻抗状态。此时，2716 处于低功耗维持状态，其功耗从读出方式的 525mW 下降到 132mW，下降率达 5%。

(3) 编程方式。

当 V_{pp}端加+25V 高电压，$\overline{OE}$端加 TTL 高电平时，2716 处于编程工作方式，进行信息的重新写入。这时编程地址和写入数据分别由 $A_{10}\sim A_0$ 及 $O_7\sim O_0$ 引入。地址和数据稳定后，每当一个脉宽 50ms 的正脉冲在$\overline{CE}$/PGM 端出现，就进行一次存储单元的信息写入。2716 允许按个别的、连续的或随机的方式对其存储单元进行编程。2716 不但能单片编程，而且还能多片同时编程，即把同样信息并行写入多片 2716 中。为此可将多片 2716 的同名信号端连接在一起，按与单片 2716 相同的方法进行编程。

(4) 程序检验方式。

程序检验是检查写入的信息是否正确，程序检验通常总是紧跟编程之后，这时 V_{PP}＝+25V，$\overline{CE}$及$\overline{OE}$为低电平。

(5) 编程禁止。

编程禁止方式是为向多片 2716 写入不同程序而设置的。这时可把除$\overline{CE}$/PGM 以外的所有信号引线都并联起来。当 V_{PP}加 25V 电压时，就对$\overline{CE}$/PGM 信号端加编程脉冲的那些 2716 芯片进行编程，而$\overline{CE}$/PGM 信号端加低电平的那些 2716 芯片就处于编程禁止状态，不写入程序。

2) 数据总线的扩展

在进行存储器扩展时，扩展芯片与单片机之间的数据信号通过单片机的 P0 口传递。因此，扩展芯片的数据线应该与单片机的 P0 口一一对应直接连接。

3) 地址总线的扩展

(1) 扩展芯片片内地址信号的连接。

扩展芯片的片内地址如同一幢楼的各个房间编号。在进行存储器扩展时，扩展芯片的片内地址信号由单片机的 P0 口和 P2 口提供，而且 P0 口提供低 8 位地址，P2 口提供高 8 位地址。前已述及，P0 口要与扩展芯片的数据线直接相连。因此，为了使数据信号与地址信号不发生冲突，单片机 P0 口的低 8 位地址线要通过地址锁存器与扩展芯片的低 8 位地址线相连，如图 6.16 所示。

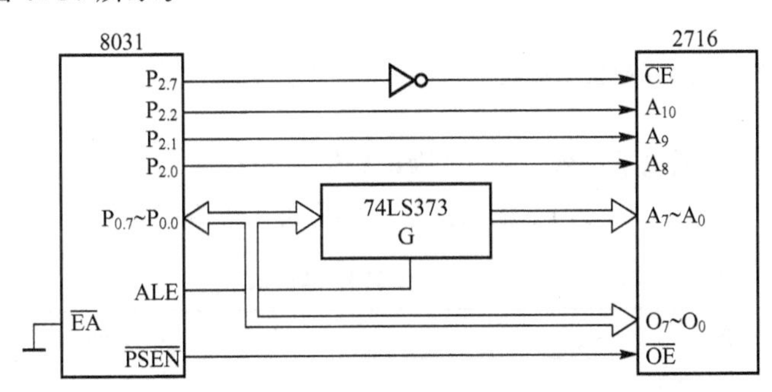

图 6.16　程序存储器的扩展

其中芯片 74LS373 为地址锁存器。扩展芯片的其他地址线可直接与单片机的 P2 口相连。当单片机要读取扩展芯片中的内容时，先从 P0 口送出地址信号，当地址信号稳定并经锁存器锁存后，再将扩展存储器芯片中的内容经 P0 口读入到单片机中，这就如同一个人要到某幢楼的一个房间里去拿东西，要先找到房间号，才能进入房间将东西取出。

所选择的单片机地址线的数目取决于扩展芯片的容量。例如，在图 6.16 中，要扩展一片片内容量为 2KByte 的程序存储器 2716。因为 $2K=2048=2^{11}$，扩展芯片上会有 11 根地址线(A_0～A_{10})，所以在单片机上也要选择 11 根地址线，这 11 根地址线是 $P_{0.0}$～$P_{0.7}$和 $P_{2.0}$～$P_{2.2}$，即 P0 口的 8 位和 P2 口的低三位。在选择 P2 口作为扩展芯片的片内地址信号时，通常根据扩展芯片的容量，由 P2 口的低位向高位选取。

(2) 片选信号的连接。

扩展芯片的片选信号如同一幢楼的楼号。片选信号与单片机的连接方式有两种：一种是线选法，另一种是译码法。

线选法：直接以系统的地址线作为存储芯片的片选信号，为此只需把用到的地址线与存储芯片的片选端直接连接即可。通常以 P2 口的高位地址线作为扩展芯片的线选信号线，例如在图 6.16 中，以 $P_{2.7}$作为片选信号线。线选法编址的特点是简单明了，且不需要另外增加电路，但这种编址方法对存储空间的使用是断续的，不能充分有效的利用存储空间，扩充存储容量受限，只适用于小规模单片机系统的存储器扩展。

译码法：使用译码器对系统的高位地址进行译码，以译码器的译码输出作为存储芯片的片选信号。这是一种最常用的存储器编址方法，能有效地利用存储空间，适用于大容量多芯片存储器扩展。译码电路可以使用现有的译码器芯片。常用的译码芯片有 74LS138、74LS139 和 74LS154 等。

74LS138 是一种 3－8 译码器，即对三个输入信号进行译码，得到 8 种输出状态，其引脚排列如图 6.17 所示。74LS139 是一种双 2－4 译码器，即片中有两个 2－4 译码器，其引脚排列如图 6.18 所示。

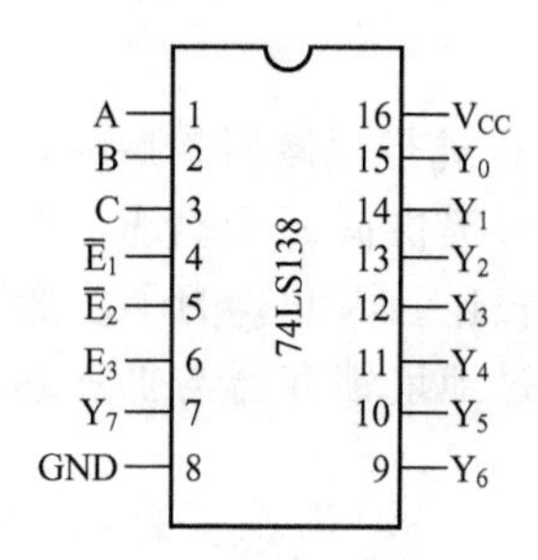

图 6.17　74LS138 译码器引脚图

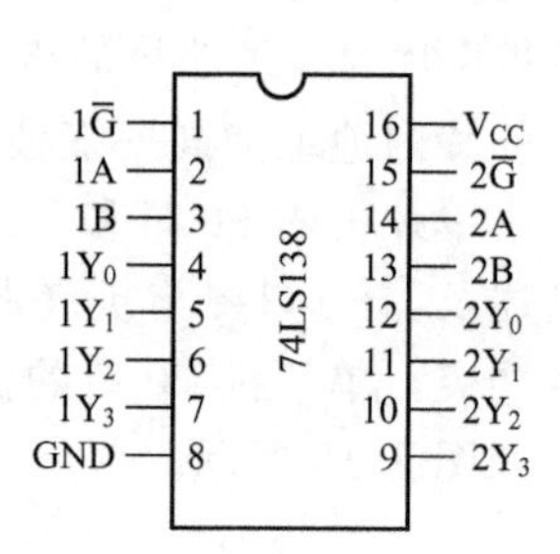

图 6.18　74LS139 译码器引脚图

图中，$\overline{G}$为使能端，低电平有效。A、B 为译码输入选择端，Y_0、Y_1、Y_2、Y_3 为译码器输出信号，低电平有效。74LS139 对两个输入信号译码后得 4 种输出状态，其真值表见表 6－4。

表 6－4　74LS139 真值表

输入端			输出端			
使能	选择		Y_0	Y_1	Y_2	Y_3
$\overline{G}$	B	A				
1	×	×	1	1	1	1
0	0	0	0	1	1	1
0	0	1	1	0	1	1
0	1	0	1	1	0	1
0	1	1	1	1	1	0

例如，若要扩展 4K 字节的程序存储器，扩展芯片使用 2716，片选信号的连接采用译码器，则连接方式如图 6.19 所示。

(3) 控制总线的扩展

程序存储器的扩展只涉及$\overline{PSEN}$信号，把该信号接 2716 的$\overline{OE}$端，以便进行存储单元的读出选通。

(4) 扩展芯片寻址范围分析

分析存储器在存储空间中占据的地址范围，实际上就是根据地址线连接情况确定地址空间的最低地址和最高地址。例如，对于图 6.19 所示的扩展电路，若未使用的 P2 口线 $P_{2.3}$和 $P_{2.4}$均接地，则两片 2716 在存储空间中占据的地址范围分别为：

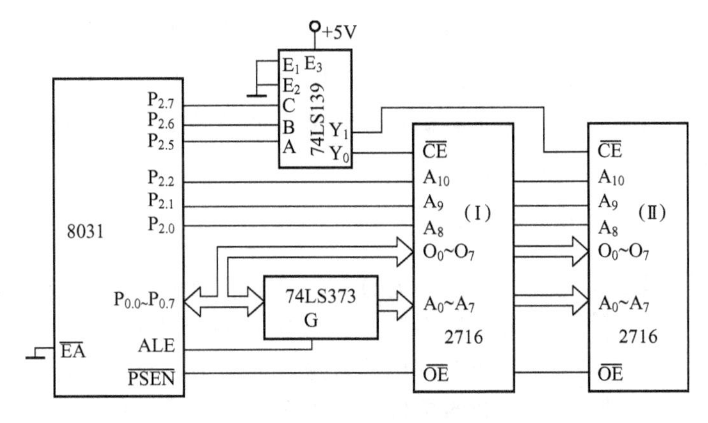

图 6.19　译码法程序存储器扩展

	P2 口	P0 口	
	7 6 5 4 3 2 1 0	7 6 5 4 3 2 1 0	
Ⅰ＃2716	0 0 0 0 0 0 0 0	0 0 0 0 0 0 0 0	低地址 0000H
	0 0 0 0 0 1 1 1	1 1 1 1 1 1 1 1	高地址 07FFH
Ⅱ＃2716	0 0 1 0 0 0 0 0	0 0 0 0 0 0 0 0	低地址 2000H
	0 0 1 0 0 1 1 1	1 1 1 1 1 1 1 1	高地址 27FFH

3. 数据存储器及其接口扩展电路设计

数据存储器用于存放可随时修改的程序和数据。与程序存储器不同，对数据存储器可以进行读和写两种操作。但数据存储器是易失性存储器，断电后所存信息立即消失。数据存储器通常选用静态 RAM(SRAM)，因为在使用 SRAM 时，无需考虑刷新问题，且与 CPU 的连接简单。常用的 SRAM 芯片主要有 6116(2K×8 位)、6264(8K×8 位)、62256(2K×8 位)等。与程序存储器的扩展相比，数据存储器在地址总线和数据总线的处理上是相同的，所不同的是控制总线，在读写控制上有所不同。例如要扩展 4K 字节的数据存储器，采用 2 片 6116 扩展芯片，则部分扩展电路如图 6.20 所示，其中$\overline{CS}$是片选信号，$\overline{OE}$是允许输出信号，$\overline{WE}$是写选通信号。

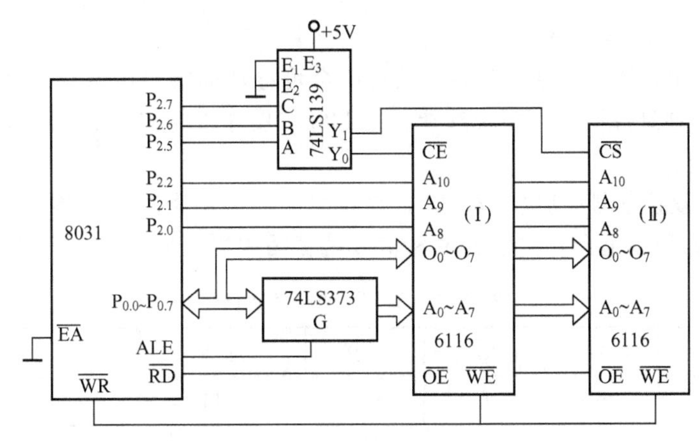

图 6.20　译码法数据存储器扩展

从图 6.20 可以看出，单片机对程序存储器和数据存储器的读选通信号是不一样的，程序存储器使用的是$\overline{PSEN}$信号，而数据存储器使用的是$\overline{RD}$信号。此外，数据存储器增加了写入信号的连接($\overline{WR}$)。由于数据存储器与程序存储器的地址线处理方式相同，因此扩展芯片寻址范围的分析方法相同。

6.2.4 单片机的 I/O 扩展及其电路设计

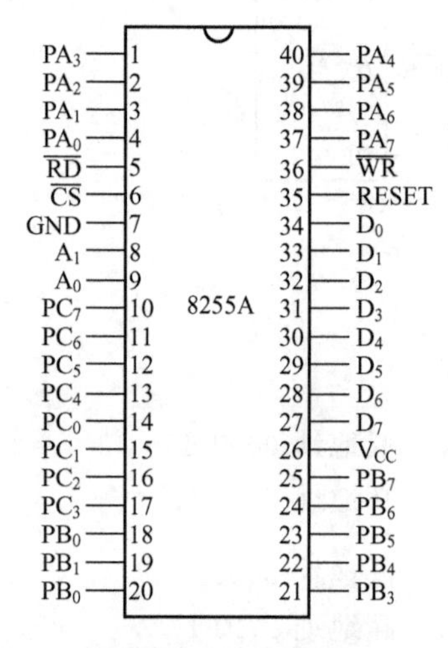

图 6.21　8255A 引脚图

单片机的 I/O 口虽然能实现简单的数据 I/O 操作，但其功能有限。在实际应用中不得不使用扩展的方法，来增加 I/O 口的数量，提高 I/O 口的功能。提供单片机 I/O 扩展的接口芯片很多，有实现简单 I/O 扩展的中小规模集成电路芯片，也有能实现可编程 I/O 扩展的可编程接口芯片，下面介绍两种常用的可编程接口芯片，在此基础上介绍单片机如何通过接口芯片驱动打印机、数码管显示器和键盘。

1. 可编程通用并行接口芯片 8255A

1) 8255A 接口信号引脚

8255A 是一个 40 引脚的双列直插式可编程并行输入/输出接口芯片，如图 6.21 所示。其通用性强、使用灵活，常用于实现计算机的并行 I/O 扩展。

8255A 共有三个 8 位口：A 口、B 口和 C 口。其中 A 口和 B 口是单纯的数据口，供数据 I/O 使用。而 C 口则既可以作数据口，也可以作控制口，用于实现 A 口和 B 口的控制功能。因此，在使用中常把 C 口分为两部分，即 C 口的高位部分(PC_7～PC_4)和 C 口的低位部分(PC_3～PC_0)。数据传送中 A 口所需的控制信号由 C 口高位部分提供。所以，把 A 口和 C 口高位部分合在一起称之为 A 组；同理，把 B 口和 C 口低位部分合在一起称之为 B 组。

与读写有关的控制信号如下。

$\overline{CS}$——片选信号(低电平有效)。

$\overline{RD}$——读信号(低电平有效)。

$\overline{WR}$——写信号(低电平有效)。

A_0、A_1——端口选择信号。8255A 共有四个可寻址的端口(A 口、B 口、C 口和控制寄存器)，用二位地址编码即可实现选择。在 I/O 扩展连接时应把 A_0 和 A_1 直接与单片机的 $P_{0.0}$ 和 $P_{0.1}$ 相连。

RESET——复位信号(高电平有效)。复位之后，控制寄存器清零，各端口被置为输入方式。各信号的相互组合，实现了对 8255A 的读写控制，见表 6－5。

表 6－5　8255A 读/写控制表

$\overline{CS}$	A_1	A_0	$\overline{RD}$	$\overline{WR}$	所选端口	操作
0	0	0	0	1	A 口	读端口 A
0	0	1	0	1	B 口	读端口 B

（续）

$\overline{CS}$	A_1	A_0	$\overline{RD}$	$\overline{WR}$	所选端口	操作
0	1	0	0	1	C 口	读端口 C
0	0	0	1	0	A 口	写端口 A
0	0	1	1	0	B 口	写端口 B
0	1	0	1	0	C 口	写端口 C
0	1	1	1	0	控制寄存器	写控制字
1	×	×	×	×	/	数据总线缓冲器输出高阻抗

2）8255A 的工作方式及数据 I/O 操作

8255A 共有三种工作方式：方式 0、方式 1 和方式 2。

方式 0：基本输入/输出方式。在方式 0 下，可供使用的是两个 8 位口(A 口和 B 口)及两个 4 位口(C 口高位部分和低位部分)。C 口的某一位既可以作为状态位，实现查询方式的数据传送，也可以进行无条件数据传送。

方式 1：选通输入/输出方式。在方式 1 下，A 口和 B 口分别用于数据的输入/输出。而 C 口则作为数据传送的联络信号。具体定义见表 6－6。由表中可见 A 口和 B 口的联络信号都是三个，因此在具体应用中，如果 A 或 B 只有一个口按方式 1 使用，则剩下的另外 13 位口线就按方式 0 使用。如果两个口都按方式 1 使用，则还剩下 2 位口线，这两位口线可以进行位状态的输入输出。方式 1 适用于查询或中断方式的数据输入/输出。

方式 2：双向数据传送方式。只有 A 口才能选择这种工作方式。这时，A 口既能输入数据也能输出数据。在这种方式下需使用 C 口的五位口线作控制线。因此，当 A 口工作于方式 2 时，B 口只能工作于方式 0。

表 6－6　C 口联络信号定义

C 口线	方式 1		方式 2	
	输入	输出	输入	输出
PC_7	—	$\overline{OBFA}$	—	$\overline{OBFA}$
PC_6	—	$\overline{ACKA}$	—	$\overline{ACKA}$
PC_5	IBFA	—	IBFA	—
PC_4	$\overline{STBA}$	—	$\overline{STBA}$	—
PC_3	INTRA	INTRA	INTRA	INTRA
PC_2	$\overline{STBB}$	$\overline{ACKB}$	—	—
PC_1	IBFB	$\overline{OBFB}$	—	—
PC_0	INTRB	INTRB	—	—

其中：$\overline{STB}$——选通脉冲(输入)，低电平有效。当外设送来$\overline{STB}$信号时，输入数据装入 8255A 的锁存器。

IBF——输入缓冲器满信号(输出)，高电平有效。此信号有效，表明数据已装入锁存器，因此它是一个状态信号。

INTR——中断请求信号(输出)，高电平有效。当 IBF 为高，$\overline{STB}$信号由低变高(后沿)时，向单片机发出中断请求。

$\overline{ACK}$——外设响应信号(输入)，低电平有效。当外设取走输出数据，并处理完毕后向单片机发回应答信号。

$\overline{OBF}$——输出缓冲器满信号(输出)，低电平有效。当单片机把输出数据写入 8255A 锁存器后，该信号有效，并送去启动外设以接收数据。

INTR——中断请求信号(输出)，高电平有效。

3) 8255A 的控制字

为了使 8255A 能够按照希望的方式工作，需要对 8255A 进行初始化，即向 8255A 写入控制字。8255A 的控制字有两种：工作方式控制字和 C 口位置位/复位控制字，控制字被写入控制寄存器。

(1) 工作方式控制字。

工作方式控制字的格式为

D_7	D_6	D_5	D_4	D_3	D_2	D_1	D_0

其中：D_0——C 口低四位数据的输入/输出控制，1 表示输入，0 表示输出。

D_1——B 口数据的输入/输出控制，为 1 表示输入，为 0 表示输出。

D_2——B 口工作方式选择，$D_2=0$ 表示选择方式 0，$D_2=1$ 表示选择方式 1。

D_3——C 口高四位数据的输入/输出控制，1 表示输入，0 表示输出。

D_4——A 口数据的输入/输出控制，为 1 表示输入，为 0 表示输出。

D_5、D_6——A 口工作方式选择，$D_5D_6=00$ 表示选择方式 0，$D_5D_6=01$ 表示选择方式 1，$D_5D_6=1\times$ 表示选择方式 2。

D_7——为 1，表示是工作方式控制字。

(2) 位置位/复位控制字。

置位/复位控制字的格式为

D_7	D_6	D_5	D_4	D_3	D_2	D_1	D_0

其中：　D_0——对 C 口的每一位进行位置 1/置 0 操作，$D_0=1$ 表示置 1，$D_0=0$ 表示置 0。

D_3、D_2、D_1——位选择，$D_3D_2D_1=000$ 表示对 C 口的 D_0 进行位置 1/置 0 操作，$D_3D_2D_1=001$ 表示对 C 口的 D_1 进行位置 1/置 0 操作，以此类推，$D_3D_2D_1=111$ 表示对 C 口的 D_7 进行位置 1/置 0 操作。

D_6、D_5、D_4——可任意。

D_7——为 0，表示是置位/复位控制字。

2. 可编程并行接口芯片 8155

1) 8155 接口信号引脚

8155 芯片为 40 引脚双列直插式封装，引脚排列如图 6.22 所示。它具有三个可编程 I/O 口，即 PA、PB 口和 PC 口。其中，PA 和 PB 口为 8 位，而 PC 口为 6 位。此外还有 256 个单元的 RAM 和一个 14 位的定时器/计数器。

在与单片机连接时，8155 提供的信号如下。

$AD_7 \sim AD_0$——地址数据复合线。

ALE——地址锁存信号。除进行 $AD_7 \sim AD_0$ 的地址锁存控制外，还用于把片选信号 $\overline{CE}$ 和 IO/M 等信号进行锁存。

$\overline{RD}$——读选通信号。

$\overline{WR}$——写选通信号。

$\overline{CE}$——片选信号。

$IO/\overline{M}$——I/O 与 RAM 选择信号。8155 内部的 I/O 口与 RAM 是统一编址的。因此要使用控制信号进行区分。$IO/\overline{M}=0$，对 RAM 进行读写；$IO/\overline{M}=1$，对 I/O 口进行读写。

RESET——复位信号。8155 以 600ns 的正脉冲进行复位，复位后 A、B、C 口均置为输入方式。

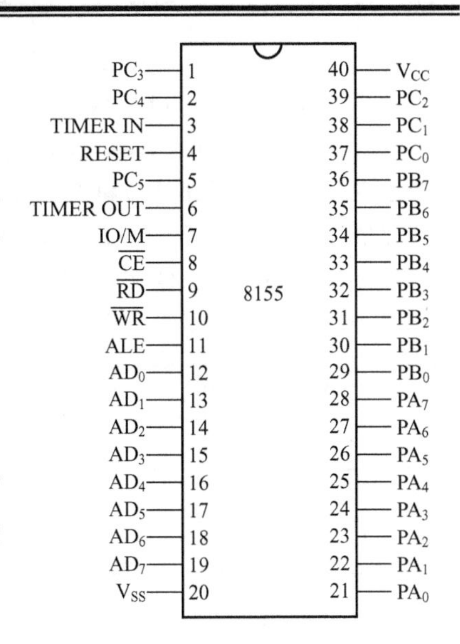

图 6.22　8155 信号引

在与外设连接时，8155 提供 PA 口、PB 口和 PC 口。其中 PA 和 PB 都是 8 位数据口，用于数据的 I/O 传送；而 PC 口则为 6 位口，它既可以作为数据口用于数据的 I/O 传送，也可以作为 PA 和 PB 口的控制口，对 PA 和 PB 口的 I/O 操作进行控制。因此，PC 口共具有四种工作方式：输入方式(方式 1)、输出方式(方式 2)、PA 口控制端口方式(方式 3)以及 PA 和 PB 口控制端口方式(方式 4)。

当 PA 或 PB 口以无条件方式进行数据输入输出传送时，不需要任何联络信号。因此，PA、PB 以及 PC 口都可以进行数据的输入输出操作。

当 PA 或 PB 口以中断方式进行数据传送时，所需要的联络信号由 PC 口提供，其中 $PC_2 \sim PC_0$ 提供给 PA 口，而 $PC_5 \sim PC_3$ 提供给 PB 口。各联络信号的定义见表 6-7。

表 6-7　PC 口联络信号定义

口位 \ 方式	作 PA 控制端口	作 PA 和 PB 控制端口
PC_0	AINTR	AINTR
PC_1	ABF	ABF
PC_2	$\overline{ASTB}$	$\overline{ASTB}$
PC_3	输出	BINTR
PC_4	输出	BBF
PC_5	输出	$\overline{BSTB}$

INTR——送给单片机的外中断请求信号(输出)，高电平有效。

BF——缓冲器满状态信号(输出)，高电平有效。

$\overline{STB}$——选通信号(输入)，低电平有效。数据输入操作时，$\overline{STB}$ 是外设送来的选通信号；数据输出时，$\overline{STB}$是外设送来的应答信号。

2）RAM 单元及 I/O 口编址

8155 共有 256 个 RAM 单元和六个可编址的端口。为此 8155 引入了八位地址 $AD_7 \sim AD_0$，无论是 RAM 还是可编址口都使用这八位地址进行编址。可编址的六个端口是：命令/状态寄存器、PA 口、PB 口、PC 口、定时器/计数器低 8 位以及定时器/计数器高 8 位。对它们只需使用 $AD_2 \sim AD_0$ 即可实现编址，见表 6－8。

表 6－8　8155 的可编程端口

AD_7	AD_6	AD_5	AD_4	AD_3	AD_2	AD_1	AD_0	选择
×	×	×	×	×	0	0	0	命令/状态寄存器
×	×	×	×	×	0	0	1	PA 口
×	×	×	×	×	0	1	0	PB 口
×	×	×	×	×	0	1	1	PC 口
×	×	×	×	×	1	0	0	定时器/计数器低 8 位
×	×	×	v	×	1	0	1	定时器/计数器高 6 位

3）8155 的命令状态字

8155 有一个命令/状态寄存器，实际上这是两个不同的寄存器，分别存放命令字和状态字，但由于对命令寄存器只能进行写操作，而对状态寄存器只能进行读操作。因此把它们编为同一地址，合在一起称之为命令/状态寄存器。

(1) 命令字。

命令字共 8 位，用于定义端口及定时器/计数器的工作方式。对命令寄存器只能写不能读。

命令字的格式为

D_7	D_6	D_5	D_4	D_3	D_2	D_1	D_0

其中：D_0——A 口方式，$D_0=0$ 表示输入，$D_0=1$ 表示输出。

D_1——B 口方式，$D_1=0$ 表示输入，$D_0=1$ 表示输出。

D_3、D_2——C 口方式，$D_3D_2=00$ 表示选择方式 1，$D_3D_2=01$ 表示选择方式 2，$D_3D_2=10$ 表示选择方式 3，$D_3D_2=11$ 表示选择方式 4。

D_4——A 口中断，$D_4=0$ 表示中断禁止，$D_4=1$ 表示中断允许。

D_5——B 口中断，$D_5=0$ 表示中断禁止，$D_5=1$ 表示中断允许。

D_7、D_6——定时器方式，$D_7D_6=00$ 无操作，$D_7D_6=01$ 停止计数，$D_7D_6=10$ 计满后停止，$D_7D_6=11$ 开始计数。

(2) 状态字。

状态字也是 8 位(但实际只使用 7 位，最高位没定义)。用于寄存各端口及定时器/计数器的工作状态。状态字的格式为

D_7	D_6	D_5	D_4	D_3	D_2	D_1	D_0

其中：D_0——A 口中断请求。

D_1——A 口缓冲器满。

D_2——A 口中断允许。

D_3——B 口中断请求。

D_4——B 口缓冲器满。

D_5——B 口中断允许。

D_6——定时器中断(计满时为高电平，读出状态字或硬件复位时为低电平)。

D_7——任意。

3. 单片机与打印机接口技术

1）电路连接

设以 8255A 作微型打印机接口，$P_{0.7}$作为 8255A 的片选地址位，将 74LS373 的 Q_7 与 8255A 的$\overline{CS}$连接。以地址的两个最低位对应接 8255A 的口选择端 A_0 和 A_1，电路连接如图 6.23 所示。没连接的地址假定为 1，则 8255A 的 A 口地址为 7CH，B 口地址为 7DH，C 口地址为 7EH，控制寄存器地址为 7FH。

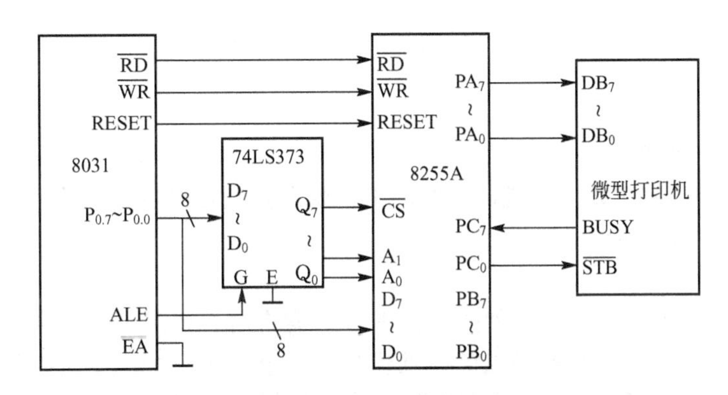

图 6.23　8255A 的电路连接

设采用查询方式进行打印机驱动，将 8255A 的 A 口(PA_7～PA_0)与打印机数据线相连，传送打印数据。C 口的 PC_0 提供数据选通信号，接打印机的$\overline{STB}$端，进行打印数据送打印机的选通控制。C 口的 PC_7 接打印机的 BUSY 端，以 BUSY 信号作为状态查询信号。

按上述电路连接和工作设置，确定 8255A 工作方式控制字各位状态如下。

A 口为方式 0 输出　　$D_6D_5D_4$＝000

B 口不用，假定　　D_2D_1＝00

C 口高位输入　　D_3＝1

C 口低位输出　　D_0＝0

则工作方式控制字为 10001000，即 88H。

2）打印机驱动程序

在内部 RAM 中设置缓冲区，打印数据(包括数据、命令、回车换行符等)存放其中。为此应设置两个参数，一个是缓冲区首址，另一个是缓冲区长度。

送给打印机的选通信号$\overline{STB}$是一个负脉冲，为此应当在打印数据从单片机送到 8255A 后，在 PC_0 端产生一个负脉冲。

假定　R1——缓冲区首址，R2——缓冲区长度。

则打印机驱动子程序为：

```
      MOV    R0,#7FH             ;控制寄存器地址
      MOV    A,#88H              ;工作方式控制字
      MOVX   @R0,A               ;写入工作方式控制
TP:   MOV    R0,#7EH             ;C 口地址
TP1:  MOVX   A,@R0               ;读 C 口
      JB     ACC.7,TP1           ;BUSY=1,继续查询
      MOV    R0,#7CH             ;A 口地址
      MOV    A,@R1               ;取缓冲区数据
      MOVX   @R0,A               ;打印数据送 8255A
      INC    R1                  ;指向下一单元
      MOV    R0,#7FH             ;控制口地址
      MOV    A,#00H              ;输出STB脉冲
      MOVX   @R0,A
      MOV    A,#01H              ;
      MOVX   @R0,A
      DJNZ   R2,TP               ;数据长度减 1,不为 0 继续
      RET
```

4. 单片机与键盘接口技术

在单片机应用系统中，为了控制系统的工作状态，以及向系统中输入数据，应该设有键盘。键盘是一组按键的集合。

1）按键原理

按键是一种常开型按钮开关，如图 6.24 所示。常态时，按键的两个触点处于断开状态，按下键时它们才闭合。由于机械触点的弹性作用，一个按键开关在闭合时不会立刻稳定接通，断开时也不会立刻断开。在闭合及断开的瞬间均伴随有一连串的抖动，如图 6.25 所示。抖动时间长短由按键的机械特性决定，一般为 5～10ms。消除抖动的方法既可以采用硬件方法也可以采用软件方法。通常，在键数较少时采用硬件方法消除键抖动。如果按键较多，则用软件方法去抖动，即检测出键闭合后执行一个延时程序，产生 5～10ms 的延时，让前沿抖动消失后再一次检测键的状态，如果仍保持闭合状态电平，则确认为真正有键按下。同理，在检测到按键释放后，也要给 5～10ms 的延时，待后沿抖动消失后才能转入该键的处理程序。

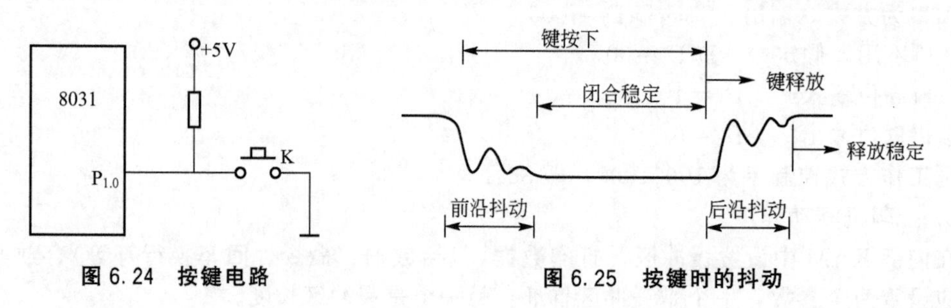

图 6.24　按键电路　　　　图 6.25　按键时的抖动

2）键盘结构

键盘按其结构形式，分为编码键盘和非编码键盘。编码键盘指键盘上闭合键的识别由专用的硬件译码器实现，并产生键编号或键值，非编码键盘则是靠软件识别。

为了减少键盘与单片机连接时所占用 I/O 线的数目，在键数较多时，通常将键盘排列

成行列矩阵形式，如图 6.26 所示。每一水平线(行线)与垂直线(列线)的交叉处不相通，而是通过一个按键来连通。利用这种行列矩阵结构只需 N 条行线和 M 条列线，就可组成具有 $N\times M$ 个按键的键盘。键盘处理程序首先执行等待按键并确认有无键按下的程序段，当确认有按键按下后，再识别哪一个按键被按下，程序框图如图 6.27 所示。对键的识别通常有两种方法：行扫描查询法和线反转法。

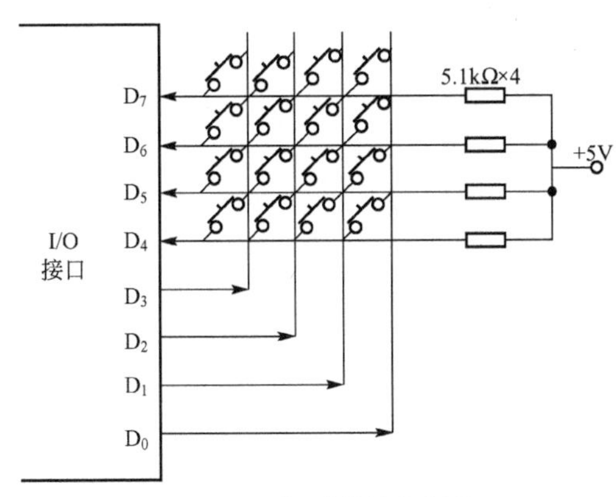

图 6.26　行列式键盘原理

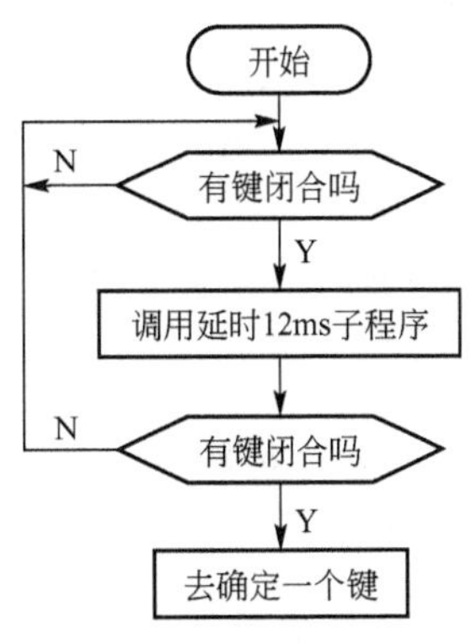

图 6.27　判别有无键按下

下面以图 6.26 所示的 4×4 键盘为例，介绍行扫描法的工作原理。

判断键盘中哪一个键被按下是通过将列线逐列置低电平后，检查行输入状态实现的。方法是：依次给列线送低电平，然后查所有行线状态，如果全为 1，则所按下的不在此列，如果不全为 1，则所按下的键必在此列，而且是在与零电平行线相交的交点上的那个键。

键盘上的每个键都有一个键值。键值赋值的最直接办法是将送出的列值与读入的行值组合成键值。例如，在图 6.26 中，键盘键值从左至右、从上至下依次是 77，7B，7D，7E；B7，BB，BD，BE；…；E7，EB，ED，EE。这种负逻辑表示往往不够直观，因而采取行、列线加反相器或软件求反的方法把键盘改成正逻辑。这时，键值依次为 88，84，82，81；48，44，42，41；…18，14，12，11。

非编码键盘的键号通常是按从左向右从上向下的顺序排列。例如，若选用 32 个按键的键盘(4 行×8 列)，如图 6.28 所示，各行的行号是 00H，08H，10H，18H，列号是0～7。

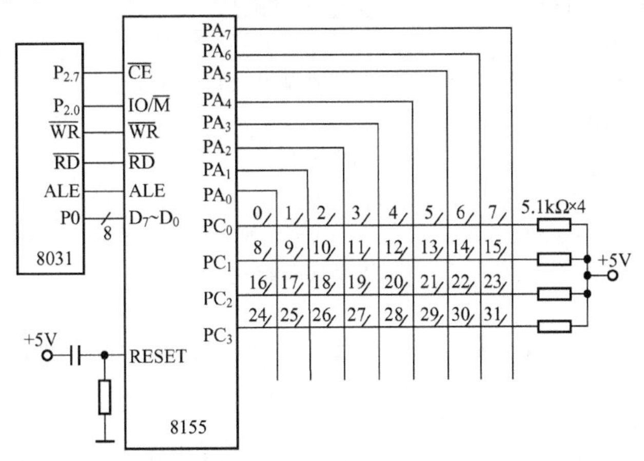

图 6.28　单片机与键盘的连接

3）键盘接口及程序设计

设用 8155 作为键盘接口，A 口为输出口，接键盘列线。C 口为输入口，以 PC3～PC0 接键盘的 4 条行线，电路连接如图 6.28 所示。假定 A 口地址为 0101H，C 口地址为 0103H。程序设计如下：

(1) 判断按键闭合子程序。

```
KS1:MOV    DPTR,#0101H        ;
    MOV    A,#00H             ;A口送00H
    MOVX   @DPTR,A            ;
    INC    DPTR               ;
    INC    DPTR               ;建立C口地址
    MOV    A,@DPTR            ;读C口
    CPL    A                  ;A取反,无键按下则全0
    ANL    A,#0FH             ;屏蔽A高半字节
    RET
```

执行 KS1 子程序的结果是：有闭合键(A)≠0，无闭合键(A)＝0。

(2) 键盘扫描程序。

```
KEY1:ACALL    KS1             ;检查有键闭合否
     JNZ      LK1             ;A非0则转移
NI:  ACALL    DIR             ;显示一次(延时6ms)
     AJMP     KEY1            ;
LK1: ACAlL    DIR             ;有键闭合二次延时
     ACALL    DIR             ;共12ms,去抖动
     ACALL    KS1             ;再检查有键闭合否
     JNZ      LK2             ;有键闭合,转LK2
     ACALL    DIR;
     AJMP     KEY1            ;无键闭合,延时6ma后转KEY1
LK2: MOV      R2,#FEH         ;扫描初值送R2
     MOV      R4,#00H         ;扫描列号送R4
LK4: MOV      DPTR,#0101H     ;建立A口地址
     MOV      A,R2            ;
     MOVX     @DPTR,A         ;扫描初值送A口
     INC      DPTR            ;
     INC      DPTR            ;指向C口
     MOVX     A,@DPTR         ;读C口
     JB       ACC.0,LONE      ;ACC.0=1,第一行无键闭合,转LONE
     MOV      A,#00H          ;装第一行行值
     AJMP     LKP             ;
LONE:JB       ACC.1,LTWO      ;ACC.1=1,第2行无键闭合,转LTWO
     MOV      A,#08H          ;装第二行行值
     AJMP     LKP             ;
LOWO:JB       ACC.2,LTHR      ;ACC.2=1,第3行无闭合,转LTHR
     MOV      A,#10H          ;装第三行行值
```

```
        AJMP    LKP             ;
LHHR:JB         ACC.3,NEXT      ;ACC.3= 1,第 3 行无键闭合则转 NEXT
        MOV     A,#18H          ;装第四行行值
LKP:  ADD       A,R4            ;计算键码
        PUSH    ACC             ;保护键码
LK3:  ACALL     DIR             ;调用 LED 显示子程序,具有延时功能,延时 6ms
        ACALL   KS1             ;查键是否继续闭合,若闭合再延时
        JNZ     LK3
        POP     ACC             ;若键起,则键码送 A
        RET
NEXT:INC        R4              ;扫描列号+1
        MOV     A,R2
        JNB     ACC.7,KND       ;第七位为 0,已扫完最高行则转 KND
        RLA                     ;循环右移一位
        MOV     R2,A
        AJMP    LK4             ;进行下一列扫描
KND:  AJMP      KEY1            ;扫描完毕,开始新的一轮
```

键盘扫描程序的运行结果，是把闭合键的键码放在累加器 A 中。然后再根据键码转入其相应的服务程序。

5. 单片机 LED 与显示器接口技术

1) LED 显示器

通常所说的 LED 显示器(发光二极管显示器)由若干个七段 LED 显示块组成的，在每个显示块中，发光二极管的排列形式如图 6.29 所示。

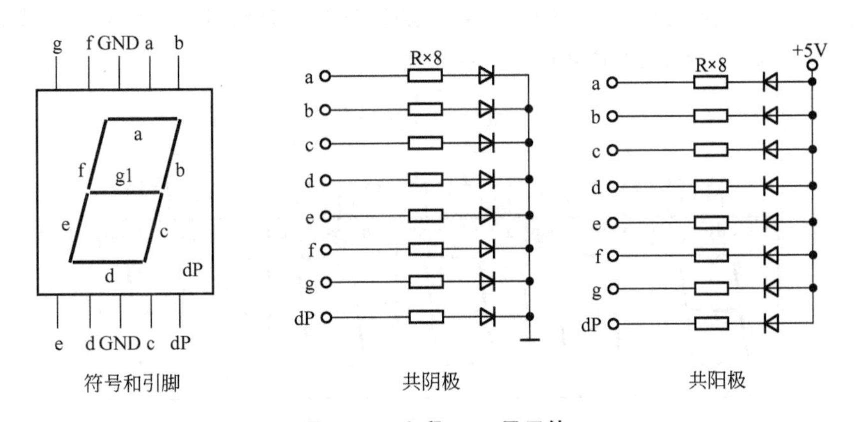

图 6.29　七段 LED 显示块

此外，显示块中还有一个圆点型发光二极管(在图中以 dP 表示)，用于显示小数点。通过七段发光二极管亮暗的不同组合，可以显示多种数字、字母以及其他符号。

LED 显示块中的发光二极管有共阴极和共阳极两种连接方法。共阳极接法是把发光二极管的阳极连在一起构成公共阳极。使用时公共阳极接+5V。这样阴极端输入低电平的段发光二极管就导通点亮，而输入高电平的则不点亮。共阴极接法是把发光二极管的阴极连在一起构成公共阴极。使用时公共阴极接地，这样阳极端输入高电平的段发光二极管

就导通点亮，而输入低电平的则不点亮。

在7段LED显示块与单片机接口非常容易。只要将一个8位并行输出口与显示块的发光二极管引脚相连即可。8位并行输出口输出不同的字节数据即可获得不同的数字或字符，见表6-9。通常将控制发光二极管的8位字节数据称为段选码。共阳极与共阴极的段选码互为补数。

表6-9　共阴极7段LED显示字符编码表

显示字符	共阴极段选码	显示字符	共阴极段选码
0	3FH	B	7CH
1	06H	C	39H
2	5BH	D	5EH
3	4FH	E	79H
4	66H	F	71H
5	6DH	P	73H
6	7DH	U	3EH
7	07H	R	31H
8	7FH	Y	6EH
9	6FH	8	FFH
A	77H	"灭"（黑）	00H

单片机应用系统中通常使用 N 个LED显示块构成 N 位LED显示器。图6.30是 N 位LED显示器的构成原理图。N 位LED显示器有 N 根位选线和 $8\times N$ 根段选线。段选线控制字符选择，位选线控制显示位的亮、暗。

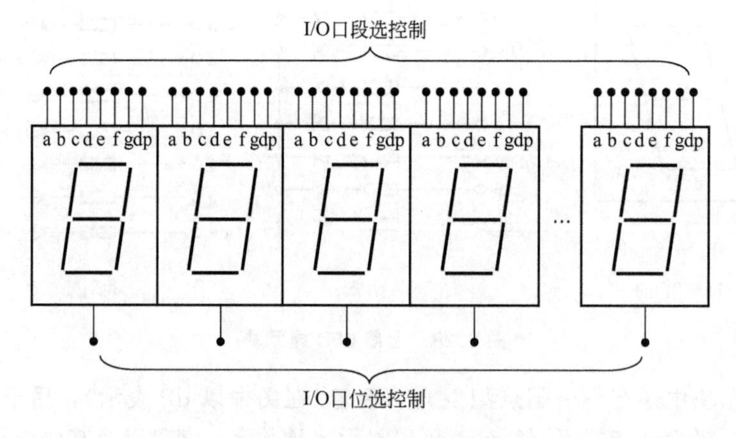

图6.30　N 位LED显示器

2) 8155作为LED显示器接口

多位LED的显示器，通常都是采用动态扫描的方法进行显示，即逐个循环地点亮各位显示块。这样虽然在任一时刻只有一位显示块被点亮，但是由于人眼具有视觉残留效应，看起来与全部显示块同时被点亮效果完全一样。因此多位 LED 显示器接口电路需要有两个输出口，其中一个用于输出 8 条段控线(有小数点显示)；另一个用于输出位控线，位控线的数目等于显示块的位数。图 6.31 是使用 8155 作为六位 LED 显示器的接口电路。

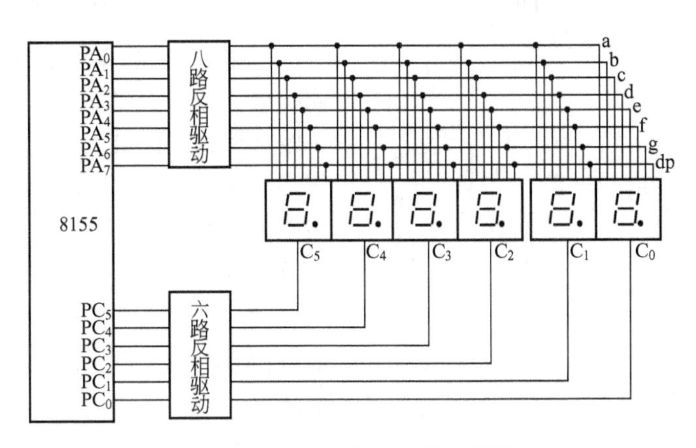

图 6.31　8155 用作 LED 显示器接口

3) 显示子程序

在下列程序段中，位控口地址为 0101H，段控口地址为 0102H，以 R0 存放当前位控值，DL 为延时子程序。

```
DIR:  MOV    R0,#79H         ;建立显示缓冲区首址
      MOV    R3,#01H         ;从右数第一位显示器开始
      MOV    A,R3            ;位控码初值
LD0:  MOV    DPTR,#0101H     ;位控口地址
      MOVX   @DPTR,A         ;输出位控码
      INC    DPTR            ;得段控口地址
      MOV    A,@R0           ;取出显示数据
DIR0: ADD    A,00H
      MOVC   A,@DPTR         ;查表取字形代码
DIR1: MOVX   @DPTR,A         ;输出段控码
      ACALL  DL              ;延时
      INC    R0              ;转向下一缓冲单元
      MOV    A,R3            ;
      JB     ACC.5,LD1       ;判是否到最高位,到则返回
      RL     A               ;不到,向显示器高位移位
      MOV    R3,A            ;位控码送 R3 保存
      AJMP   LD0             ;继续扫描
LD1:  RET
DSEG: DB     3FH             ;字形代码表
      DB     06H             ;
      DB     5BH             ;
      ⋮      ⋮
```

在实际的单片机系统中，LED 显示程序都是作为一个子程序供监控程序调用。因此

显示器的各位都扫过一遍之后，返回监控程序。返回监控程序后，经过一段时间间隔后，再调用显示扫描程序。通过这种反复调用来实现 LED 显示器的动态扫描。

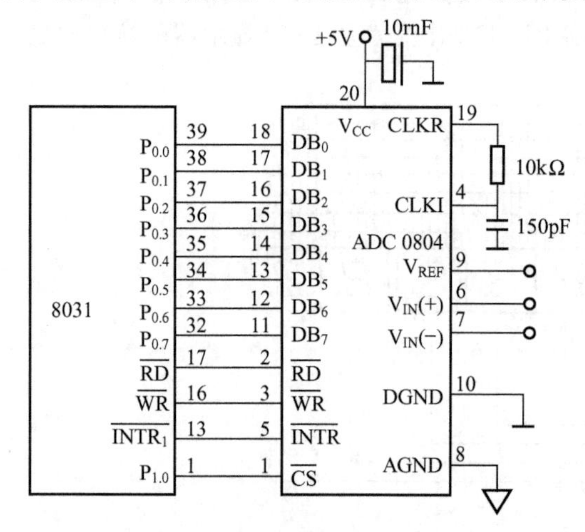

图 6.32　ADC0804 与 8031 接口电路

6.2.5　A/D 和 D/A 转换电路设计

由于 8031 单片机不带 A/D、D/A，因此扩展 A/D、D/A 电路是 8031 单片机应用中经常遇到的问题。利用 ADC0804 与 8031 相连可组成一个简单的数据采集子系统，如图 6.32 所示。ADC 芯片数据输出线与 8031 数据线直接相连，$\overline{RD}$、$\overline{WR}$和$\overline{INT}$一一对接，用 $P_{1.0}$产生片选信号，无需外加地址译码器，$\overline{WR}$启动转换，$\overline{RD}$用于读入转换结果。

驱动 ADC0804（或 ADC0801）的程序如下。

```
        ORG     0000H
        SJMP    START
        ORG     0013H
        JMP     INDATA          ;INT 中断入口
        ORG     0040H           ;主程序入口
START:  ANL     P1,#0FFH        ;芯片选择
        MOVX    A,@R1           ;读入一个数据复位 ADC 中断触发器
        ORL     P1,#01H         ;置位 P1.0
        MOV     R0,#20H         ;数据地址
        MOV     R1,#20FFH       ;虚拟地址
        MOV     R2,#10H         ;对 16 个字节计数
AGAIN:  MOV     A,#0FFH         ;为中断循环置位 A
        ANL     P1,#0FFH        ;发送片选信号CS
        MOVX    @R1,A           ;WR有效,启动 A/D
        SETB    EA              ;中断开放
        SETB    EX1             ;允许INT1中断
LOOP:   JNZ     LOOP            ;中断等待
        DJNZ    R2,AGAIN        ;若 16 个字节读完则转向用户程序
        NOP
        NOP                     ;转向用户程序
        ⋮
INDATA: MOVX    A,@RI           ;若CS为低,则输入数据
        MOV     @R0,A           ;存储在 RAM 中
        INC     R0              ;指向下一个单元
        ORL     P1,#01H         ;禁止CS信号
        CLR     A               ;清累加器以得到中断循环输出
        RETI                    ;中断返回
```

6.3 工业PC控制系统

工业PC(Industrial Personal Computer)简称工控机，是指对工业过程及其机电设备、工艺装备进行测量与控制用的计算机。通俗地说就是专门为工业现场而设计的计算机。

工控机与个人计算机的差别主要体现在：取消了PC的主板，将原来的大主板变成通用的底板总线插座系统；将主板分成几块PC插件，如CPU板、存储器板等；把原来的PC电源改造成工业电源；采用密封机箱，并采用内部正压送风；配以相应的工业应用软件。

由于工业PC一方面继承了个人计算机丰富的软件资源，在个人计算机中使用的软件，在工业PC中均可使用，另一方面在结构上又采用了PC总线、STD总线等总线结构。因此，工业机不仅使得各种报表的打印、数据处理、软件的开发变得更加方便，而且可以完成过程测量、控制、数据采集等工作。

6.3.1 工控机的特点

工控机与普通计算机相比具有以下特点。

(1) 可靠性高。工控机通常用于控制不间断的生产过程，在运行期间不允许停机检修，一旦发生故障会导致质量事故，甚至生产事故，所以要求工控机具有很高的可靠性。

(2) 实时性好。工控机对生产过程进行实时控制和监测，因此要求它必须实时地响应控制对象各种参数的变化。当过程参数出现偏差或故障时，工控机能及时响应，并能实时地进行报警和处理。

(3) 环境适应性强。工业现场环境恶劣电磁干扰严重，供电系统业常受大负荷设备启动的干扰。因此，要求工控机具有很强的环境适用性和抗干扰能力。

(4) 过程输入/输出配套较好。工控机配有很多插槽，能与多种输入/输出模板及信号调理板配套。

(5) 后备设施齐全。包括供电后备、存储信息保护、手动/自动操作后备、紧急事件切换装置等。

(6) 系统能检测和自复位。看门狗电路已成为工控机设计不可缺少的一部分。它能在系统出现故障时迅速报警，并在无人工干预的情况下，使系统自动复位运行。

6.3.2 典型工控机及系统的分类和组成

1. 工控机主机分类

按照所采用的总线标准类型，可将工控机分为4类：

(1) PC总线工控机。有ISA总线、VESA局部总线(VL-BUS)、PCI总线、PCI04总线等几种类型的工控机。主机CPU类型有Intel 80386、Intel 80486、Pentium等。

(2) STD总线工控机。它采用STD总线，主机CPU类型有Intel80386、Intel80486等。与STD总线相类似的还有STE总线工控机。

(3) VME总线工控机。它采用VME总线，主机CPU类型以Motorola M68000、

M68020、M68030为主。

(4) 多总线工控机。它采用MultiBus总线，主机CPU类型有Intel80386、Intel80486、Pentium等。

2. 典型工控机的组成

典型工控机由以下部分组成。

(1) 加固型工业机箱。工控机的机箱能够防振、防冲击、防尘和良好的屏蔽。

(2) 工业电源。工控机的电源能够防冲击、过电压、电流保护，达到电磁兼容性标准。

(3) 主板。工控机主板上的所有元器件满足工业环境，采用保准总线，并且是一体化主板(ALL－IN－ONE)

(4) 显示卡。要求SVGA以上。

(5) 其他。包括显示器、硬盘、键盘、鼠标、各种输入输出接口模板、打印机。

3. 典型工控机系统的分类

工控机系统按结构层次可以分为：直接数字控制(DDC)系统、监督控制系统(SCC)、集散控制系统(DCS)、阶梯控制系统(HCS)和现场总线控制系统(FCS)等几种。其中，DCS是融DDC系统、SCC系统及整个工厂的生产管理为一体的高级控制系统，具有较高的可靠性和适用性。现场总线控制系统是集计算机、通信、控制三种技术为一体的第5代过程控制体系结构，是计算机过程控制系统的重要发展方向。

4. 典型工控机系统的组成

典型工控机系统由下列几部分组成。

(1) 工控机主机。包括主板、显示卡、无源多槽ISA/PCI底板、电源、机箱等。

(2) 输入/输出接口板。包括模拟量输入/输出、数字量输入/输出等。

(3) 信号调理及数据采集板。包括对输入信号的隔离、放大、多路转换、输出信号的电压转换、A/D和D/A转换等。

(4) 远程采集模块。现场采集模块能够对现场信号直接进行处理，并通过现场总线与工控机通信连接。

(5) 工控软件包。它支持数据采集、数据显示、远程控制、故障报警和通信等功能。

6.3.3 工业PC控制系统的设计过程

工控机控制系统的开发过程可分为4个阶段：准备阶段、设计阶段、模拟与调试阶段和现场安装调试阶段。

1. 准备阶段

准备阶段的任务是确定系统应该具备的功能和应该实现的控制性能指标。具体体现在以下几个方面。

(1) 信号的处理功能。包括模拟信号输入/输出的路数、信号的形式、量程、采用速率、信号的处理精度、信号的实时性要求等。

(2) 控制功能。明确规定各个控制回路的组成，控制的品质及控制的参数形式等。

(3) 报警功能。明确对各种越限信号的处理功能，即确定当有越限信号发生时，系统应采用何种报警方式和报警输出信号的类型。

(4) 显示功能。确定系统应该显示的内容及显示方式，是静态显示还是动态显示、是图形还是文本等。

(5) 系统的通信功能。确定控制系统与其他系统之间的数据交换格式、通信方式等。如果系统中有多个节点站，要确定在这些同级节点站之间以及不同级节点站之间的数据通信方式。如果上、下位级都是计算机，可以选用网络通信方式；如果上位机是计算机，下位机使用 PLC 部件，则它们之间的数据交换格式必须事先明确规定。

(6) 其他。如打印功能、操作方式、管理功能等。

2. 设计阶段

设计阶段的主要内容包括：系统总体方案设计、硬件总体设计、软件总体设计、硬件和软件的具体设计、技术路径的选择。对于系统的总体设计以及硬件和软件的总体设计可参考第2章的相关内容。技术路径的选择是系统所采用的技术水平。可以大致分为两种：

(1) 硬件和软件全部自主设计。该方法的优点是节约费用，缺点是设计周期长，通常适用于小型系统的开发设计。

(2) 硬件及相关的组态软件均选用已有的产品，应用软件由自己开发。这种方式的优点是开发周期短、系统的针对性较强；缺点是成本较高。大部分工控机控制系统采用这种开发设计方法。

3. 模拟与调试阶段

软件和硬件测试是程序设计的最后一步，也是关键的一步。在实际编程中，既使有经验的程序设计者，也需要花费总研制时间的50%用于程序调试和修改。

4. 现场安装调试阶段

在硬件和软件分别调试通过之后，要进行系统联调。系统联调通常分两步进行。首先，在实验室里，采集已知的标准量进行比较，验证系统设计是否正确和合理。如果实验室通过实验，则到现场进行实际数据采集实验。在现场实验中，测试各项性能指标，必要时还要修改并完善程序，直至系统能正常投入运行为止。

6.4 闭环伺服系统

伺服系统在机电一体化产品中广泛应用，是机电一体化系统设计的重要内容之一。伺服系统通常是一个闭环系统，故又称为闭环伺服系统。闭环伺服系统的输入可以是模拟电压、参考脉冲信号和二进制数字信号，输出则是机械量，如机械角位移或线位移。之所以称之为伺服系统是由于其输出量与输入量成比例，并跟踪输入量的变化。伺服系统不只属于控制模块，同时还包括驱动模块、测量模块、机械模块。不过“伺服系统”更多的是从控制角度来定义的。

6.4.1 闭环伺服系统组成方案

根据输入信号形式的不同，闭环伺服系统分为模拟伺服系统、参考脉冲伺服系统和采样-数据系统。

1. 模拟伺服系统

模拟伺服系统是以模拟量作为伺服系统的输入信号。输入信号可以是给定电压也可以是给定位移。若以给定位移作为输入量，该伺服系统又称为位置随动系统，模拟伺服系统原理方框图如图 6.33 所示。

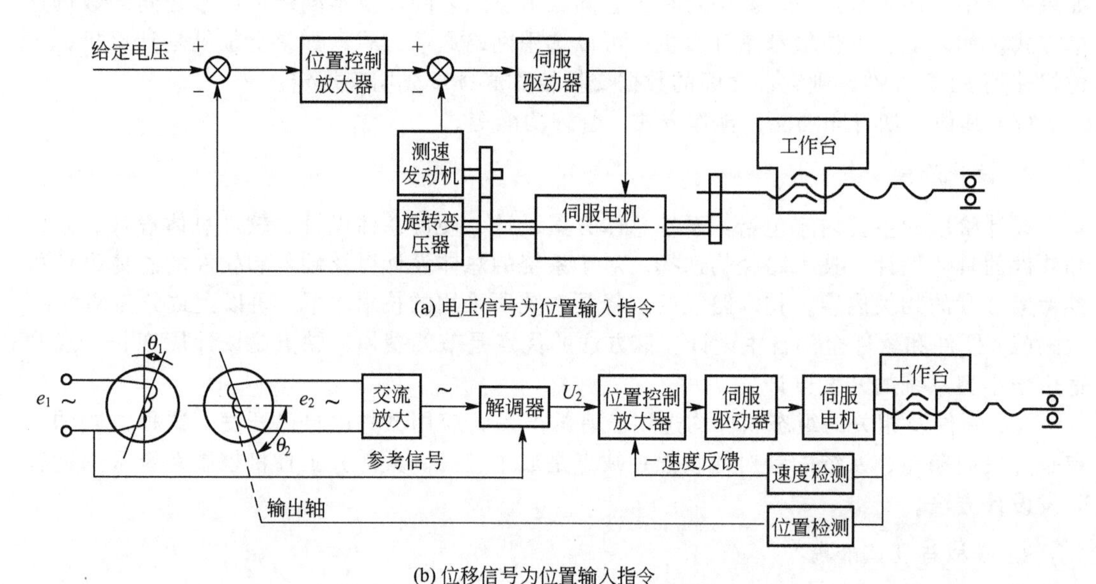

图 6.33　模拟伺服系统原理框图

1）位置指令是给定电压

在图 6.33(a)中，利用旋转变压器检测出输出轴的实际位置，并产生位置反馈信号。位置反馈信号与位置指令信号(给定电压信号)相比较，其差值送给位置控制放大器，经放大后产生速度指令信号。速度指令信号与测速机的速度反馈信号相比较，得出速度误差信号。然后，速度误差信号送入速度控制放大器，经功率放大后用来驱动伺服电机，向减小位置误差信号的方向转动，直到位置误差信号为零。伺服电机、测速机及位置传感器同轴安装。电机转子轴通过由齿轮系和滚珠丝杠螺母副等组成的机械传动机构，将转矩传递给受控机械，如工作台或机器人手臂，以产生所希望的机械运动。这是一种位置控制环中不包含机械传动部件的半闭环伺服系统。

2）位置指令是给定位移

在图 6.33(b)中，采用旋转变压器作为位置检测传感器，并且应用了两只旋转变压器。其中，一只称为发送机，另一只称为接收机。二者定子绕组对应连接，发送机转子绕组由交流电压 $e_1=E_1\cos\omega t$ 激磁，接收机转子绕组输出误差信号 e_2，误差电压 e_2 可以表示为

$$e_2=K_2(u_s\cos\theta_2-u_c\sin\theta_2) \tag{6-1}$$

式中：u_s、u_c——发送机定子正弦、余弦绕组的感应电压。

$$u_s=K_1e_1\sin\theta_1,\quad u_c=K_1e_1\cos\theta_1 \tag{6-2}$$

将式(6－2)代入式(6－1)可得

$$e_2 = K_1 K_2 e_1 (\sin\theta_1 \cos\theta_1 - \cos\theta_1 \sin\theta_2) = K\sin(\theta_1 - \theta_2)\cos\omega t \tag{6-3}$$

式中：$K = K_1 K_2 e_1$，为比例常数。因为激磁电压 e_1 为恒幅恒频的交流电压，当$(\theta_1 - \theta_2)$为小量时，式(6-3)可以简化为

$$e_2 = K(\theta_1 - \theta_2)\cos\omega t \tag{6-4}$$

经过交流放大和解调后，得到直流误差电压为

$$U_2 = K(\theta_1 - \theta_2) \tag{6-5}$$

式中：θ_2——系统的输出角度；

θ_1——发送机的转子转角，作为系统的参考输入。

由于输入和输出是同一物理变量——转角，而且，在闭环工作情况下，θ_2始终是紧密跟踪 θ_1运动的，所以这种形式的闭环伺服系统又称为随动系统，在仿形机床和武器装备中得到广泛应用。

2. 参考脉冲伺服系统

参考脉冲伺服系统能够直接以计算机生成的数字脉冲信号作为参考输入，并由参考输入脉冲和反馈信号脉冲之间的频率或相位之差形成误差信号。参考脉冲伺服系统在数控机床、工业机器人以及低速转台等数控设备中得到了广泛应用。

由光电编码器组成的反馈系统如图 6.34 所示。采用光电编码器作为位置反馈测量元件时，其 A、B 两路信号经过辨向和细分电路，可直接获得计数脉冲反馈信号。如果将参考脉冲和反馈脉冲分两个通道送入可逆计数器，那么，可逆计数器的计数输出就是两列脉冲个数之差，或者频率差的积分。脉冲个数与位置增量成正比。可逆计数器的输出经过 D/A 转换，变成模拟电压，再经过伺服放大器，驱动伺服电机向减小位置误差的方向转动，直到位置误差缩小到零停转。

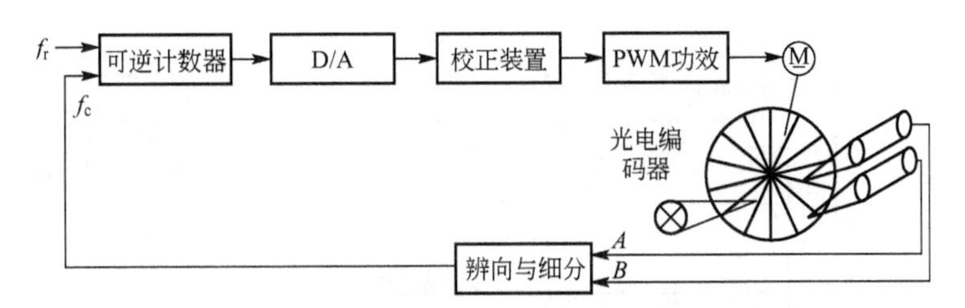

图 6.34　光电编码器反馈的参考脉冲伺服系统

如果实际应用中需要双向伺服，那么必须附加数字输入电路。正转时，参考脉冲作增计数，反馈脉冲作减计数；反转时，参考脉冲作减计数，反馈脉冲作增计数。

3. 采样-数据系统

采样-数据系统是计算机闭环控制系统。输入往往是由上位机生成并经过精插补的参考指令，输出是转轴的角位移或工作台的线位移。这类系统在控制概念上与模拟伺服系统及参考脉冲系统类似，主要区别在于数字计算机参与了闭环控制，以离散时间数字信号工作。计算机在系统中的作用可概括如下：

(1) 按程序在一定时刻采样过程输出变量值和接收(或插补)参考指令值。

(2) 比较参考指令和输出变量值，计算出系统误差。

(3) 根据控制算法，产生相应的控制信号。

(4) 通过计算机接口输出控制信号。

这四项功能在每一个采样周期内都依次完成一次，并且重复循环不已。很显然，计算机完成这四项功能所费的时间必须远小于采样周期，也就是说，计算机的运算速度必须比过程响应的速度高出许多倍，才能保持过程具有良好的控制性能。这是计算机能够参与闭环控制的重要前提条件。

根据输出反馈测量传感器的类型和数量，采样一数据系统常用的有以下两种不同的配置方案。

1) 双反馈传感器方案

在机械设备的增量运动控制装置中，最经常采用的是双反馈传感器配置方案，即位置反馈采用数字传感器，速度反馈采用模拟传感器。数字位置传感器有光栅、光电编码器、感应同步器等，速度传感器通常采用直流测速发电机。

由于直流测速发电机提供的是模拟量信号，必须经过 A/D 转换后，才能被微处理机接收。在图 6.35(a)中，位置信号和速度信号同时反馈到微处理机；而图 6.35(b)中的模拟测速信号则不进入微处理机，而是在微处理机外部形成模拟速度反馈回路。这两种方案都是具有速度环和位置环的双环路系统，前者较后者可利用计算机实现更复杂的控制规律。

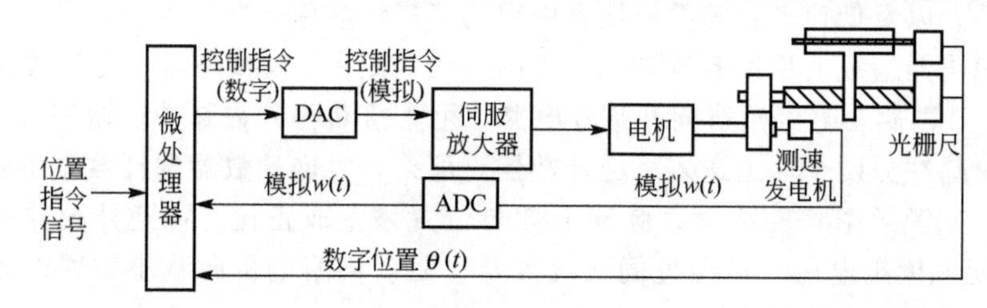

(a) 位置和速度皆为数字量

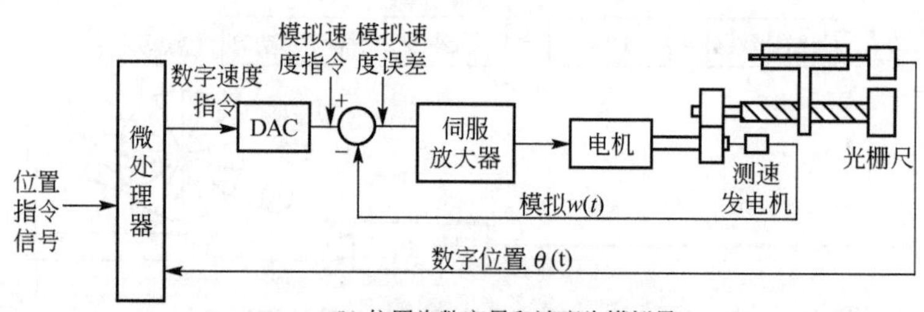

(b) 位置为数字量和速度为模拟量

图 6.35 双反馈传感器的计算机伺服系统

2) 单数字位置传感器方案

双反馈传感器方案在需要高性能的位置伺服系统中使用是合适的。但在有些场合，为了简单可以采用单个位置传感器，速度信号由近似求导方法获取。

速度的一阶近似表达式可定义为

$$\omega(t)_{\text{approx}}=\frac{\Delta\theta}{\Delta t} \tag{6-6}$$

式中：Δt——采样周期。因为采样周期是固定的，即 Δt 为常数。所以，$\Delta\theta$ 可定义为角速度的近似值 $\omega(t)_{\text{approx}}$。这样，由数字位置传感器(光电编码器)导出近似角速度，在原理上是可行的。

图 6.36 为采用单个光电编码器构成的计算机伺服系统。计算机以恒定的周期采集反

馈信号，并将其与数字参考信号相比较，经过控制算法运算后，产生控制信号并输出，然后，通过 D/A 转换和功率放大器，驱动伺服电机，以减小输出轴的位置误差。

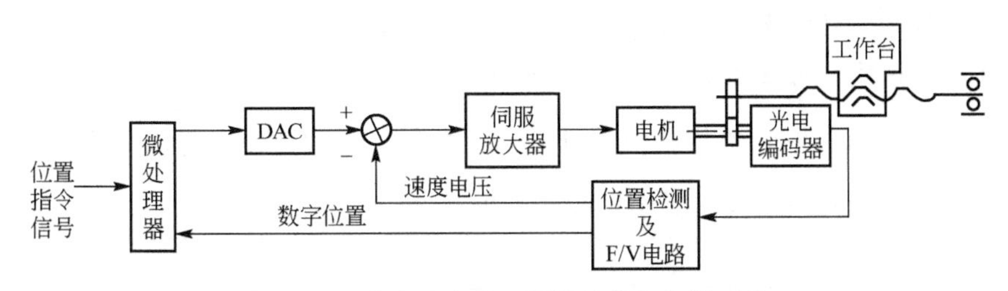

图 6.36 单个光电编码器的计算机伺服系统

应注意，由位移信号获得近似速度信号的方案，是以牺牲一定的精度为代价的。由于导出速度信号的分辨率比较低，经过数字量化，往往呈现较明显的分段常值或阶梯形的函数特性。例如，用 500 线的光电编码器，轴的最大转速为 600r/min，则光电编码器输出脉冲速率为 5000 脉冲/s。假如采样周期为 3ms，那么，在一个采样周期内，位置计数的最大变化量为 $5000\times3\times10^{-3}=15$ 个脉冲。这表明最大速度只需要二进制 4 位数表示，其速度分辨率为 600/15＝40r/min。

以低分辨率导出速度作为速度负反馈，不会达到理想的闭环系统阻尼效果，甚至会出现数字量化引起的非线性振荡。为此，需要选用高分辨率的光电编码器，并且附加倍频线路(例如 5000 脉冲/转，四倍频后 20000 脉冲/转)，以提高导出速度的分辨率。同时，缩小速度负反馈增益的最大值；在加速和减速阶段，采用较小的速度负反馈增益，在常速度阶段采用较大的速度负反馈增益。为了提高系统精度，也可以采用价格较高的圆光栅作为位置反馈元件，它的位置分辨率达到角秒级。

6.4.2 闭环伺服系统的数学模型

为了进行伺服系统的性能分析和控制器设计，必须首先建立系统的数学模型。系统的数学模型是表达系统的输入和输出的数学关系，通常以传递函数的方法表示。而系统或部件的传递函数定义为输出量的拉氏变换与输入量的拉氏变换之比。伺服系统中，执行部件是非常关键的环节，无论是 PWM 功放驱动的直流伺服电机，还是矢量控制的永磁同步电机，它们的数学模型本质上是一样的，因此，本节以直流伺服电机为例建立伺服系统的数学模型。如图 6.37 所示，整个系统可分为三个控制环路：电流环、速度环及位置环。电流环以直流电机的电枢电流为反馈量，速度环以电机轴的转速为反馈量，位置反馈则采用模拟式或数字式测量元件。

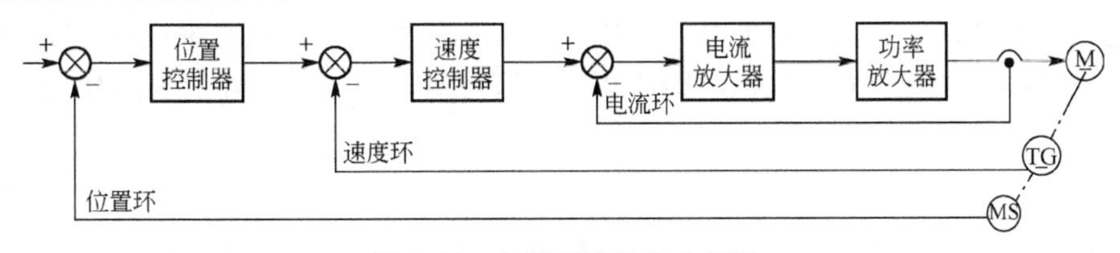

图 6.37 伺服系统结构方框图

1. 电流环

电流环的输入是 U_i，输出是电机电枢电流 I_a。因为直流电机的转矩 T_{em} 与电枢电流 I_a

成正比，所以电流环实质上是转矩控制回路。电流环的主要作用是，通过调节功率放大器输出电压，使得电机的转矩跟踪希望的设定值。此外，电枢电流负反馈可以起故障保护作用，即使电机处于堵转状态，电枢电流也不会上升到足以损毁电机。

电流环的传递函数方块图如图 6.38(a)所示，其中，点画线框内为直流电机传递函数，$\frac{K_i(\tau_i s+1)}{\tau_i s}$是 PI 电流控制器的传递函数($K_i$为比例增益，$\tau_i$为积分时间常数)，$\alpha$ 为电流反馈系数，电流反馈元件一般采用霍尔电流传感器。

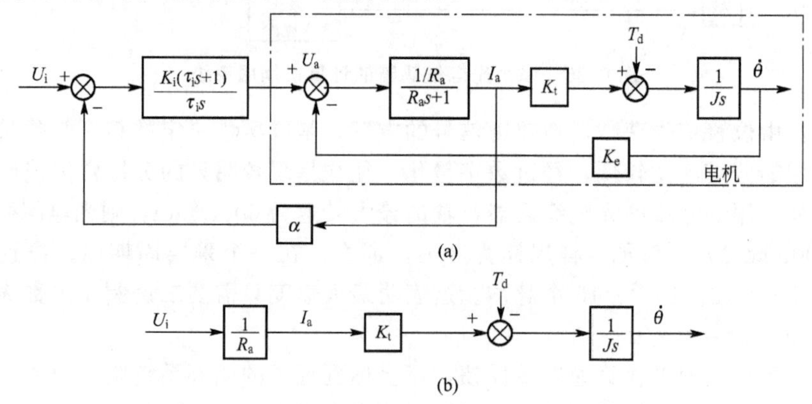

图 6.38　电流环到电机转速的传递函数方块图

各符号定义如下。

$U_a(t)$——电枢电压；

$I_a(t)$——电枢电流；

R_a——电枢回路电阻；

K_e——电机反电动势系数；

K_t——电机电磁转矩系数；

$\theta(t)$——电机轴上的转角；

J——电机轴上的转动惯量；

T_d——作用在电机轴上的负载力矩；

$U_i(t)$——电流环控制电压。

若选择 $\tau_i=T_a=L_a/R_a$(电机电磁时间常数)，若 $\alpha=R_a$(为了限制电枢电流，通常总是如此)，则电流环的传递函数为

$$\frac{I_a}{U_i}=\frac{1/R_a}{(T_i/K_i)s+1} \tag{6-7}$$

这是一个惯性环节，其时间常数(T_i/K_i)为 0.15ms 左右，即电流环通频带为 1kHz 以上，比速度环的频带高很多，故该时间常数一般可忽略，即把电流环看成是比例环节，其传递函数为

$$I_a/U_i=1/R_a \tag{6-8}$$

在低频时，$\frac{K_e}{K_i}\times\frac{T_a s}{T_a s+1}\approx 0$ 于是，经简化得到图 6.38(b)所示的传递函数方块图，所以具有电流环的直流伺服电机转速的拉氏变换为

$$\dot{\theta}(s)=\frac{1}{Js}\left(\frac{K_t}{R_a}U_i(s)-T_d(s)\right) \tag{6-9}$$

由电流环的输入电压 $U_i(s)$ 到电机的转动角速度 $\dot{\theta}(s)$ 的传递函数近似为纯积分，而不是原来的电机具有机电时间常数 T_m 的惯性环节。因为电流环是电流源，当电机电流超过克服摩擦或负载电流后，就以一定的角加速度加速，直到电机速度达到最大值。因此只有电流环是不能调节速度的，必须增加速度环才能够调速。

2. 速度环

在电流环外加入测速发电机反馈或其他能够测量电机轴转速的元件就构成了速度环。设速度控制器增益为 K_v，测速机反馈系数为 K_f，则速度环的传递函数方块图，如图 6.39 所示。

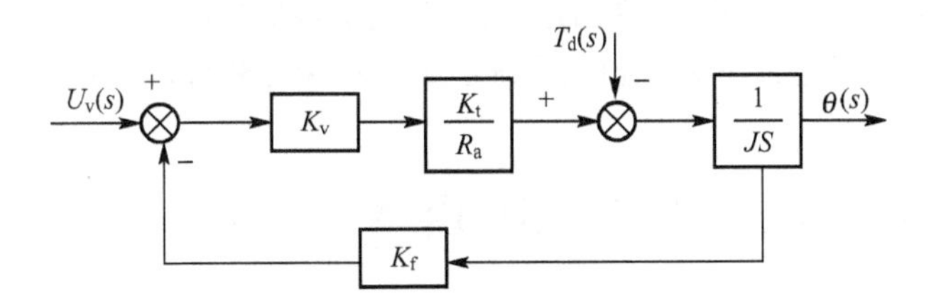

图 6.39　速度环的传递函数方块图

$$\frac{\dot{\theta}(s)}{U_v(s)}=\frac{\dfrac{K_vK_t}{JR_as}}{1+\dfrac{K_vK_tK_f}{JR_as}}=\frac{1}{K_f}\times\frac{1}{\dfrac{JR_a}{K_vK_e}\times\dfrac{K_e}{K_vK_f}s+1}=\frac{1}{K_f}\cdot\frac{1}{T_m'+1} \tag{6-10}$$

式中：$T_m'=\dfrac{T_m}{K_{v0}}$，$T_m=\dfrac{JR_a}{K_tK_e}$——直流伺服电机的机电时间常数；

K_e——反电势系数；

$K_{v0}=\dfrac{K_vK_f}{K_e}$——速度环在没有电流负反馈(即 $\alpha=0$)时的开环增益。

可见速度环的传递函数是一个惯性环节。但时间常数 $T_m'<T_m$，所以频带比没有速度时反馈增加了，这是系统所需要的。

负载力矩的传递函数为

$$\frac{\dot{\theta}(s)}{T_d(s)}=\frac{1}{K_f(T_m'+1)}\times\frac{R_a}{K_v\cdot K_t} \tag{6-11}$$

由式(6－11)可看出，负载力矩 T_d 对转速的影响也大为降低，这也是所期望的。

3. 位置环

假设位置传感器的增益为 H，令位置控制器为纯增益 K_p，则位置环的传递函数方块图如图 6.40 所示。

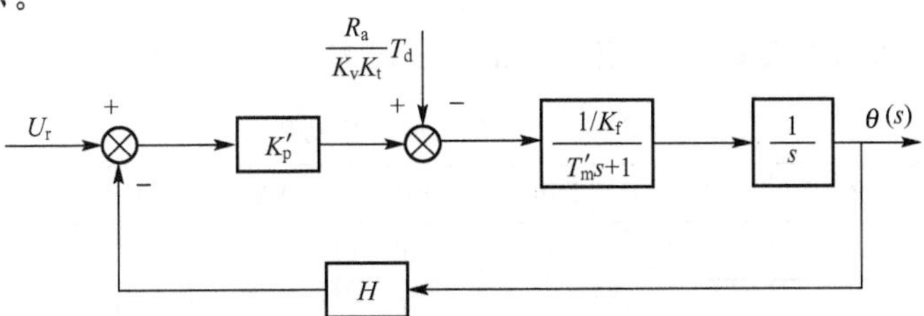

图 6.40　位置环传递函数方框图

令 $\theta_r = u_r/H$ 为给定的位置指令，也是期望的位置值，则

$$\begin{aligned}\theta(s) &= \frac{\dfrac{K_p/K_f}{s(T'_m s+1)}}{1+\dfrac{K_p/K_f}{s(T'_m s+1)}}\left(\theta_r(s)-\frac{R_a}{K_p K_v K_t}T_d(s)\right) \\ &= \frac{K_p/K_f}{T'_m s^2+s+K_p/K_f}\left(\theta_r(s)-\frac{R_a}{K_p K_v K_t}T_d(s)\right)\end{aligned} \tag{6-12}$$

式中：$\dfrac{K_p}{K_f}=K_v$ 定义为系统的速度品质因数。

这是一个二阶系统，只要各项系数都为正，系统总是稳定的。在建立了系统的传递函数后可以进一步进行系统的性能分析，包括系统的稳态和瞬态分析，以及性能改进的措施。

6.5 应用举例

6.5.1 注塑生产过程的单片机控制系统

注塑机是一种专用的塑料成形机械，它利用塑料的热塑性，经加热融化后，加以高的压力使其快速流入模腔，经一段时间的保压和冷却，成为各种形状的塑料制品。注塑生产的工艺过程大致为：合模→注塑→加热→开模→卸件→返回等。下面以 8031 单片机组成的控制系统为例，介绍注塑生产过程顺序控制的实现方法。

假定以 8255A 作控制接口电路，由 PB 口提供控制码，因此 B 口应为输出方式(方式 0)。控制电路如图 6.41 所示。

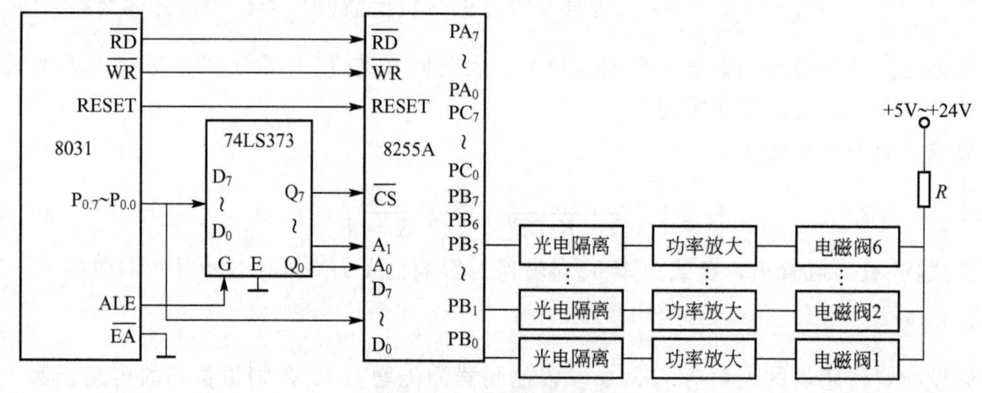

图 6.41 注塑控制电路

注塑工序的控制码见表 6－10，各工序的延续时间见表 6－11。

表 6－10 注塑工序的控制码

工序	PB_7	PB_6	PB_5	PB_4	PB_3	PB_2	PB_1	PB_0	控制码
合模	0	0	0	0	0	0	0	1	01H
注射	0	0	0	0	0	0	1	0	02H
加热	0	0	0	0	0	1	0	0	04H

（续）

工序	PB_7	PB_6	PB_5	PB_4	PB_3	PB_2	PB_1	PB_0	控制码
开模	0	0	0	0	1	0	0	0	08H
卸件	0	0	0	1	0	0	0	0	10H
返回	0	0	1	0	0	0	0	0	20H

表 6-11 工序的延续时间如表

工序	合模	注射	加热	开模	卸件	返回
时间/s	0.5	4.5	5	1	3.5	2

注塑机生产过程控制程序设计如下。其中，各工序延续时间的最大公约数为 0.5s，即延时子程序 DELAY 的延时时间是 0.5s。

程序设计如下。

```
MAIN: MOV    R0,#EBH            ;8255 控制口地址
      MOV    A,#80H             ;B 口工作方式 0
      MOVX   @R0,A
      MOV    R1,#0E9H           ;B 口地址
LOOP: CLR    A
      MOVX   @R1,A              ;清 B 口
      MOV    A,#01H
      MOVX   @R1,A              ;发合模命令
      MOV    R7,#03H            ;延时子程序调用次数
LOOP1:MOV    R2,#37H            ;延时时间常数
      ACALL  DELAY              ;调延时子程序
      DJNZ   R7,LOOP1
      MOV    A,#02H
      MOVX   @R1,A              ;发注射命令
      MOV    R7,#09H            ;4.5s 延时
LOOP2:MOV    R2,# 37H           ;延时时间常数
      ACALL  DELAY              ;调延时子程序
      DJNZ   R7,LOOP2
      MOV    A,#04H             ;
      MOVX   @R1,A              ;发加热命令
      MOV    R7,#0AH            ;5s 延时
LOOP3:MOV    R2,#37H            ;延时时间常数
      ACALL  DELAY              ;调延时子程序
      DJNZ   R7,LOOP3
      MOV    A,#08H             ;
      MOVX   @R1,A              ;发开模命令
      MOV    R7,#02H            ;1s 延时
LOOP4:MOV    R2,#37H            ;延时时间常数
      ACALl  DELAY              ;调延时子程序
```

```
        DJNZ    R7,LOOP4            ;
        MOV     A,# f0H             ;
        MOVX    @R1,A               ;发卸件命令
        MOV     R7,#07H             ;3.5s 延时
LOOP5:MOV       R2,#37H             ;延时时间常数
        ACALL   DELAY               ;调延时子程序
        DJNZ    R7,lOOP5            ;
        MOV     A,#20H
        MOVX    @R1,A               ;发返回命令
        MOV     R7,#04H             ;2s 延时
LOOP6:MOV       R2,#37H             ;延时时间常数
        ACALL   DELAY               ;调延时子程序
        DJNZ    R7,LOOP6
        AJMP    LOOP
```

0.5s 延时子程序 DELAY 如下。

```
DELAY:PUSH      02H
LED:    PUSH    02H
LEF:    PUSH    02H
LFI:    DJNZ    R2,LFI
        POP     02H
        DJNZ    R2,LEF
        POP     02H
        DJNZ    R2,LED
        POP     02H
        DJNZ    R2,DELAY
        RET
```

6.5.2 机械手物料自动搬运的可编程控制器控制系统

1) 控制要求

机械手自动操作完成将工件由 A 位置移向 B 位置的操作，其示意图如图 6.42 所示。机械手每个工作臂上都有上、下限位和左、右限位开关，而其夹持装置不带限位开关。一旦夹持开始，定时器启动，定时结束，夹持动作随即完成。机械手到达 B 点后，将工件松开的时间也是由定时器控制的，定时结束时，表示工件已松开。

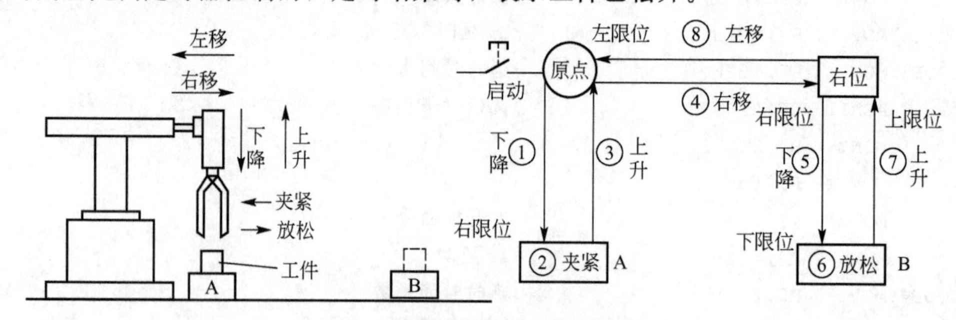

图 6.42 机械手的动作要求示意图

2）控制方案

本例采用 FX2 型 PLC 控制，有关输入、输出点在 PLC 内的分配，如图 6.43 所示，机械手的操作流程如图 6.44 所示。当按下启动按钮时，机械手从原点开始下降，下降到底时碰到下限位开关(X_1 接通)，下降停止，同时接通定时器，机械手开始夹紧工件，定时结束夹紧完成。机械手上升，上升到顶时，碰到上限位开关(X_2 接通)，上升停止。机械手右移，至碰到右限位开关(X_3 接通)时，右移停止。机械手下降，下降到底时，碰到下限位开关(X_1 接通)，下降停止。同时接通定时器，机械手放松工件，定时结束，工件已松开。机械手上升，上升到顶碰到上限位开关(X_2 接通)时，上升停止，机械手右移，至碰到右限位开关(X_3 接通)时，右移停止。机械手下降，下降到底时，碰到下限位开关(X_1 接通)下降停止，同时接通定时器，机械手放松工件，定时结束，工件已松开。机械手上升，上升到顶碰到上限位开关(X_2 接通)时，上升停止，机械手左移，碰到左限位开关(X_4 接通)时，左移停止，回原点，至此，机械手动作的一个周期结束。单周期运行方式的功能表图如图 6.45 所示，根据功能表图利用起保停典型电路很容易绘出其梯形图(略)。

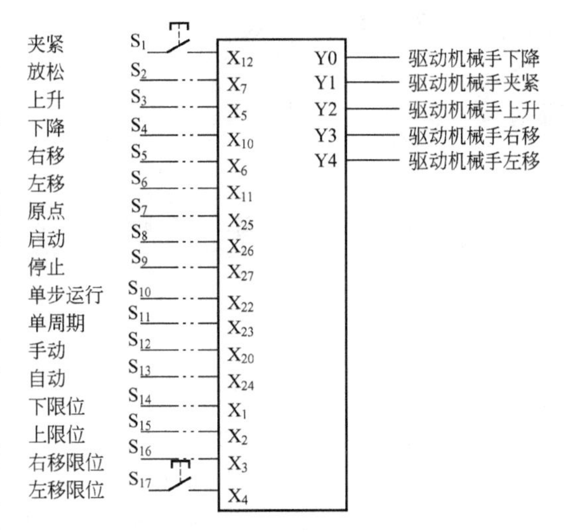

图 6.43　机械手控制 I/O 分配图

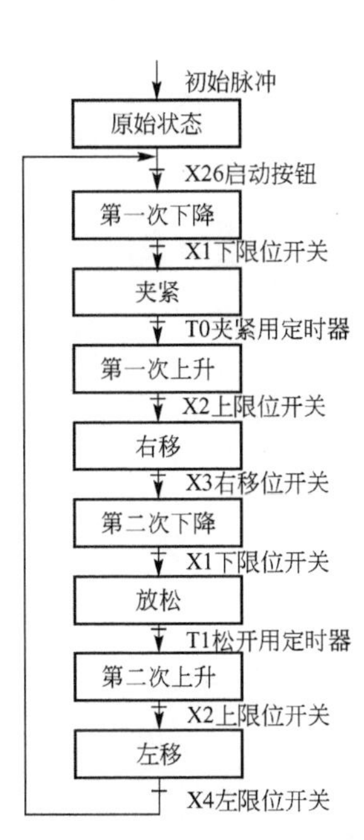

图 6.44　机械手控制流程图

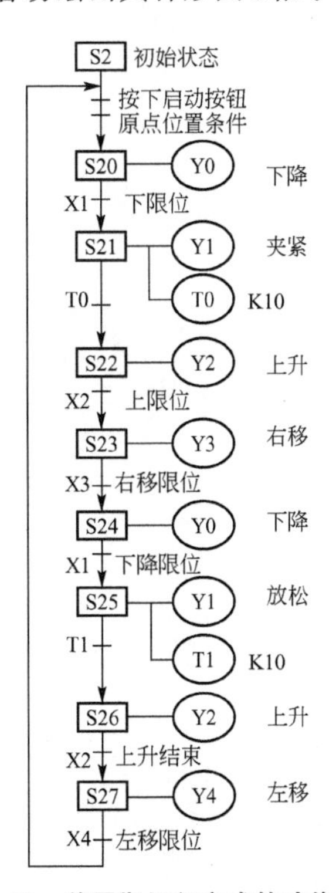

图 6.45　单周期运行方式的功能表图

第7章 机电一体化综合设计实例

本章通过四个典型的机电一体化产品——BXO密封槽数控机床、立体仓库的堆垛机、简易数控车床和机器人的综合设计过程，系统地介绍了其机械传动系统的设计方法和设计步骤、驱动模块的相关设计计算与选用，以及计算机控制系统的软硬件设计。设计者通过这些实例的学习，会对机电一体化系统的设计有初步的了解和认识，为以后新产品的开发奠定基础。

7.1　BX0 密封槽数控机床设计

7.1.1　概述

1. 法兰密封槽的结构特点

随着石油、化工行业的发展，压力容器被广泛使用，压力容器的法兰接口用来对接其他设备，法兰密封槽的损坏直接影响压力容器的安全生产，所以，法兰接口的密封性是每个压力容器都必须长期保证的。常用法兰的结构如图 7.1 所示。

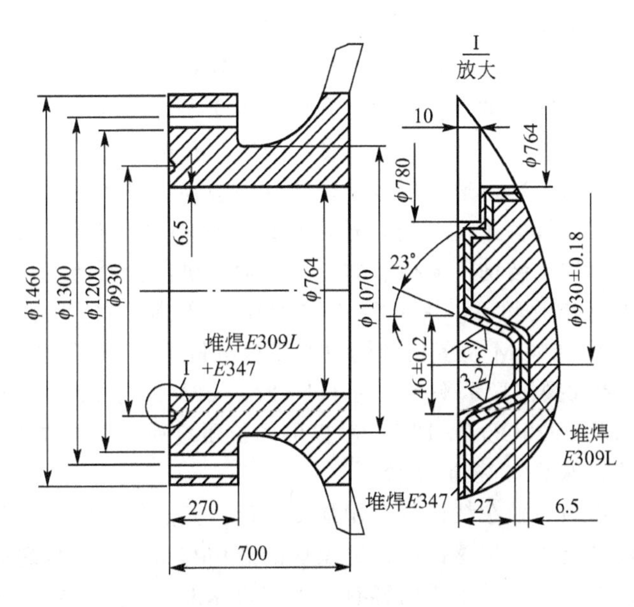

图 7.1　常用法兰结构

2. 密封槽数控机床在线修复

目前，压力容器的法兰面密封槽一旦出现问题，国内修复压力容器法兰面密封槽所采用的方法基本是离线处理法，即将压力容器运回制造厂家用大型的落地镗床进行返修加工，运输的费用以及返修过程带来的停产，给压力容器使用厂家造成极大的经济损失。实现在线修复技术的难点有：①机床如何安装、找平找正，来保证机床的中心与法兰轴线的中心重合，并在加工时，使法兰端面与其轴中心线垂直；②机床主要用于现场修复，也可用于制造厂对法兰密封面的精加工，需机构简单、移动方便，有足够的刚性还要重量轻，传动系统要求结构简单紧凑，传动链尽量短；③加工法兰密封槽时，因设备庞大，只能刀具绕法兰轴线旋转切削加工，机床的旋转部分在转动中由于刀架的移动产生的动平衡问题；④对机床操作的考虑，由于压力容器有几十米高，机床安装在上面加工，操作人员的活动空间很有限，不利于人工操作，采用远程控制操作机床，其控制系统的设计应兼顾远程控制器。

7.1.2 密封槽数控机床总体方案设计

1. 技术要求

对密封槽数控机床的要求主要如下：①体积小、质量轻、移动方便，易于实现在线修复法兰面密封槽；②在线修复机床装卡可靠、找正方便、操作简单，使用安全；③具有一定的刚性，加工精度高，满足法兰密封面的加工要求，密封槽表面粗糙度应满足 3.2μm，法兰端面与其轴线相互垂直。偏差不能超过 30′；④满足法兰端面直径 ϕ600～ϕ1250mm 孔径为 ϕ600～ϕ1100mm 的密封面加工，包括直槽、双 15°、双 20°、双 23°、双 25°、双 30°及双 49°梯形槽密封形式，梯形槽角度误差为±30′。

2. 总体方案设计

大型压力容器法兰密封面现场修复加工装置是在化工、炼油领域，用于现场修复压力容器法兰端面密封槽，恢复其形状精度的专用设备。这种设备是通过其自身机体的螺钉通过向外伸长把设备胀紧固定在被加工的法兰孔中。由于所修复的压力容器结构庞大及法兰孔在压力容器上布置的随意性，只能在所要修复的法兰孔边搭建简易狭小的作业平台，对修复加工装置在现场要求组装迅速、便捷，可移动性极强。设备使用场地不定，应适合快速打包、远距离运输。以设备工况分析，选用普通型两轴联动 CNC 系统作为设备的控制系统，使用、维护、解体包装均不便捷。本密封槽数控机床针对法兰密封面现场修复加工装置的使用状况及现场作业环境，用 FX2N - 32MR 作为基本的控制及管理系统，直线、圆弧插补运动用 FX2N - 20GM 位置控制模块对步进电机精确的定位控制，用 F920GOT - BBD5 触摸搭建了手持式操作显示平台。由于 FX2N - 32MR 与 FX2N - 20GM 配合的功能强大，控制灵活，以及 F920GOT - BBD5 触摸屏的长距离通信，构成了适合于法兰密封面现场修复加工装置的特殊 CNC 控制系统。

密封槽数控机床作为一种在线修复专用加工机床，其总体方案的设计应综合考虑机械模块、驱动模块、控制模块、传感器与检测模块的选用与布局，合理地确定机床的总体布局，是机械设计的重要部分，其主要内容有：确定机床的形式，确定机床主要零部件及其相对位置关系等。

针对压力容器体积大，重量大，基本上无法移动的特点，机床需要安装在压力容器的接管法兰上。由于加工半径较大，主轴承受扭矩较大，而转速要求不高，采用液压马达作为主驱动，与旋转部分采用直连方式。可以实现无级调速，避免了设计变速装置带来困难，造成变速装置复杂、体积大。旋转部分为悬臂式设计，刀架可在悬臂上自由移动，有两个步进电机控制刀具的移动，完成插补加工。

1）密封槽数控机床总体结构

根据机床不同的安装形式，该密封槽数控机床分为内卡式和外卡式两种，以实现对不同直径的法兰面密封槽进行修复加工。内卡式机床系统由五个部分组成，如图 7.2 所示。

外卡式机床的系统构成同上，只是机床安装方式不同，如图 7.3 所示。

本专用机床的主要传动结构由以下几个部分组成。

(1) 转臂旋转传动：转臂旋转是由变频电机通过减速器驱动。变频电机的转速由控制盒设定。

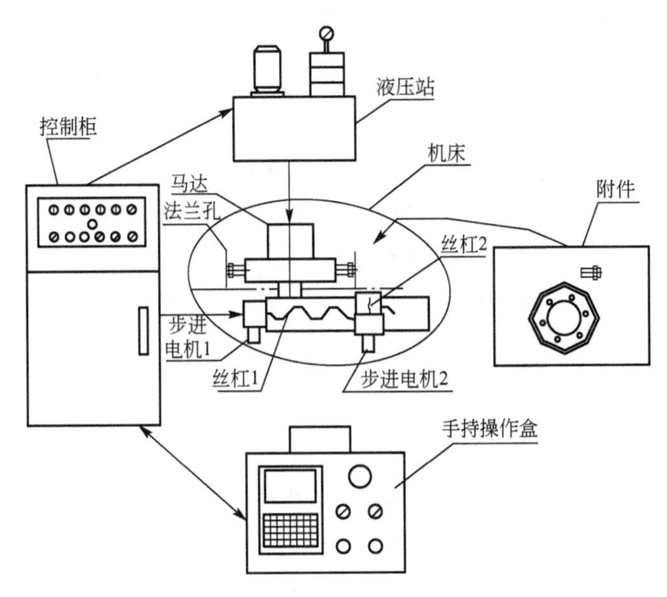

图 7.2　内卡式机床系统构成

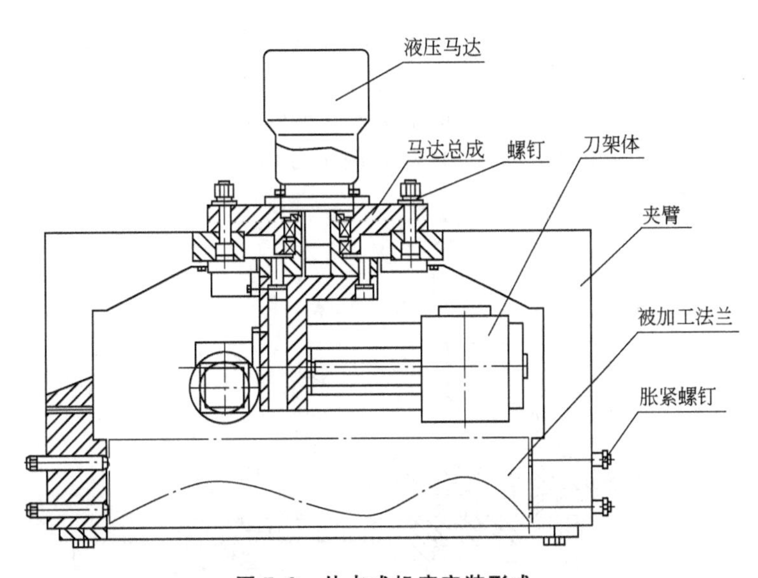

图 7.3　外卡式机床安装形式

(2) 刀架的移动：刀架沿转臂导轨的移动由步进电机 1 通过一对齿轮传给丝杠 1 进行驱动。步进电机 1 的运转完全由手提式操纵盒控制，运动速度与移动量由操纵盒上的数字键设定，正、反向运动由设定距离的正负号决定。点动由操纵盒的正、反启动按钮决定。步进电机 1 可进行点动及按设定位移量工作。

(3) 卡刀体的移动：卡刀体垂直转臂导轨的移动由步进电机 2 通过一对齿轮传给丝杠 2 实现。步进电机 2 的运转完全由手提式操纵盒控制，运动速度与移动量由操纵盒上的数字键设定，正、反向运动由设定距离的正负号决定。点动由操纵盒的正、反启动按钮决定。步进电机 2 可进行点动及按设定位移量工作。

(4) 双 23°梯形槽运动的实现：双 23°梯形槽斜面运动的实现是通过同时启动步进电机

1、步进电机 2，并且两台步进电机的脉冲频率符合 23°要求的比例关系，由运动合成实现斜面运动。

2）密封槽数控机床的主要设计参数

机床总容量：7.5kW；刀架移动步进电机：＞2.5N·m；卡刀体移动步进电机：＞2.5N·m；端面移动脉冲当量：0.001mm；直槽移动脉冲当量：0.001mm；端面移动进给速度：0～48mm/min(无级)；直槽移动进给速度：0～90mm/min(无级)；斜向移动进给速度：0～72mm/min(无级)；控制坐标数：2。

内卡式机床：接管法兰密封槽直径范围：ϕ420～ϕ1100mm；接管法兰端面直径加工范围：ϕ350～ϕ1250mm；接管法兰内孔直径范围：ϕ350～ϕ920mm；接管法兰密封槽最大深度：50mm；接管法兰密封槽形状：直槽、双 15°、双 20°、双 23°、双 25°、双 30°、双 49°梯形槽。

外卡式机床：接管法兰密封槽直径范围：ϕ45～ϕ500mm；接管法兰端面直径加工范围：ϕ0～ϕ650mm；接管法兰外径直径范围：ϕ200～ϕ700mm；转臂转速范围：10～90r/min(无级)；刀具垂直端面移动最大距离：45mm。

7.1.3 密封槽数控机床机械模块设计

传动系统是机床的重要组成部分，其作用是将电机产生的运动和动力传递给执行机构或执行构件，是使驱动电机与负载的转矩和转速相互匹配，以实现预定功能的中间环节。机床的传动系统包括主传动系统和进给传动系统。本机床有三个主要运动，分别由三个驱动元件驱动，主运动(主轴旋转)为液压传动，两个方向的进给运动为两个步进电机驱动，数字控制。传动系统的结构如图 7.4 所示。

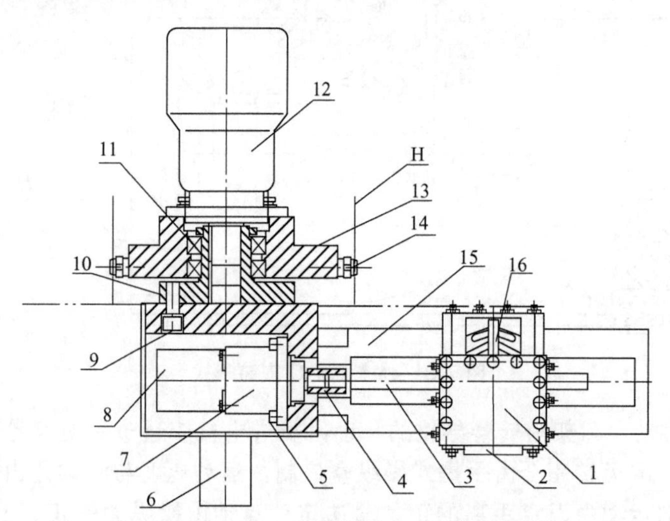

图 7.4 修复法兰机械加工装置的结构图

1—刀架；2、8—电机；3、16—滚珠螺母丝杠；4—联轴器；5、9—螺钉；
6—炭刷滑环总成；7—减速器；10—转盘；11—轴承；12—液压马达；
13—卡盘；14—胀紧螺钉；15—转臂

图 7.4 是修复法兰机械加工装置的结构图，装置胀紧在所加工法兰的孔中，由液压马达驱动转臂旋转，在转臂上有 X、Z 十字滑台拖动刀架，X、Z 方向各由一台步进电机驱

动。由 X、Z 坐标的联动进给运动形成密封槽接面。

该装置的基本组成是：卡盘 13 由膨胀螺钉 14 固定在被加工法兰的孔 H 中，液压马达 12 的壳体与卡盘 13 固连，液压马达 12 的输出端固连有转盘 10，转盘 10 由轴承 11 定位在卡盘 13 的孔中，在转盘 10 上由螺钉 9 连接有转臂 15，构成了主运动回转系统。在转臂 15 上有一个两坐标联动运动的数字控制进给系统，数字控制的电机 8 通过减速器 7 带动丝杠 3 旋转，使刀具实现平行法兰端面的进给运动；数字控制的电机 2 直接带动丝杠 16 旋转，使刀具实现平行法兰孔轴线的进给运动。两台数字控制电机的控制线由炭刷滑环总成 6 引出。两台数字控制电机要用炭刷滑环作为转换线路，为电机工作，使用安全可靠，两台数字控制电机选择步进电机，并采用较低的供电电压。

沿法兰端面进给传动链和沿法兰轴线进给传动链均是采用丝杠传递力和位移的传动方式，丝杠结构参数的确定，实质上即是端面进给装置的径向移动位移和平行法兰孔轴线进给装置的吃刀运动距离的确定。两者对丝杠的参数设计原理是一致的。

7.1.4　切削力的分析与计算

进给传动系统的轴向负载实际上就是滚珠丝杠螺母副所受的轴向力。它主要由两部分组成：一是来自主切削力在该坐标轴方向的切削分力，二是来自各坐标轴导轨副的摩擦力。

对某种切削方式来说，主切削力的计算方法又有多种，如根据经验公式计算、根据切削用量计算和根据主电机切削功率计算等。本节主要讨论根据主电机切削功率计算主切削力方法。

1. 车削抗力分析

车削抗力是车削时作用在车刀上的力。车削外圆时的切削抗力 F_x、F_y，及 F_z。如图 7.5 所示。主切削力 F_z 与切削速度 v 的方向一致，垂直向下，是计算车床主电机切削功率的主要依据。车削抗力 F_y 与车床纵向进给方向垂直，影响加工精度或已加工表面质量。车削抗力 F_x 与车床纵向进给方向平行，但方向相反，是车床纵向进给时该坐标方向轴向负载力的组成部分。

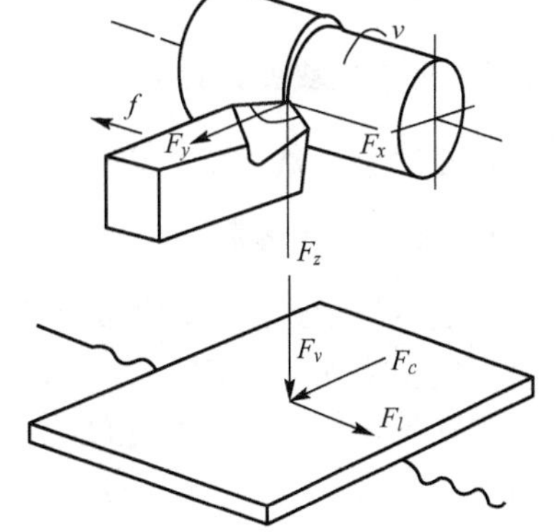

图 7.5　车削抗力及进给拖板上的载荷

2. 拖板工作载荷的计算

由于 F_x 与 F_y 所消耗的切削功率可以忽略不计，因此，车床的切削功率 P_m 为

$$P_m = F_z v \times 10^{-3} \quad (kW)$$

式中：F_z——主切削力(N)；

v——机床主轴的计算转速(主轴传递主电机全部功率时的最低切削速度，m/s)

考虑到机床的传动效率，机床的主电机功率 P_E 为

$$P_E = \frac{P_m}{\eta_m} = \frac{F_z v \times 10^{-3}}{\eta_m} = \frac{F_z \cdot v}{\eta_m} \times 10^{-3} \quad kW$$

式中：η_m——机床主传动系统的传动效率，一般取 $\eta_m = 0.8$。

$$F_z=\frac{P_E\eta_m}{v}\times10^3\text{N}$$

车削抗力 F_x 和 F_y 可以按下列比例分别求出：

$$F_x:F_y:F_z=0.25:0.4:1$$

因为车刀装夹在拖板上的刀架内，车刀受到的车削抗力将传递到进给拖板和导轨上，如图 7.5 所示。车削时作用在进给拖板上的载荷 F_l、F_v 及 F_c 与车刀所受的车削抗力 F_x、F_y 及 F_z 有如下对应关系：

$$\left.\begin{aligned}F_l&=F_x\\F_v&=F_z\\F_c&=F_y\end{aligned}\right\}$$

式中：F_l——拖板上纵向进给方向上的载荷(N)；

F_v——拖板上垂直进给方向上的载荷(N)；

F_c——拖板上横向进给方向上的载荷(N)。

3. 用单位切削力计算主切削力 F_z

单位切削力指的是单位切削面积上的主切削力。用 p(N/mm^2)表示

$$p=\frac{F_z}{A_c}=\frac{F_z}{a_pf}=\frac{F_z}{a_ca_w}$$

式中：F_z——主切削力(N)；

a_c——切削面积(mm^2)；

a_p——背吃刀量(mm)；

f——进给量(mm)；

a_w——切削宽度(mm)。

如果单位切削力已知，则可以通过上式计算主切削力 F_z。

7.1.5 机械模块设计计算

修复法兰机械加工装置沿法兰端面进给传动链中丝杠参数设计的具体过程如下。

1. 切削力的计算

沿法兰端面进给传动链的丝杠参数决定着机床能加工的法兰端面的大小。已知液压站电机额定功率为 5.5kW，加工最大接管法兰密封槽直径为 ϕ1100mm，转速为 90r/min，在此转速下，刀具的切削速度为

$$v=\frac{\pi Dn}{60}=\frac{3.14\times1100\times10^{-3}\times90}{60}=5.18\text{m/s}$$

取机床的主传动系统的传动效率 $\eta_m=0.8$，液压马达的效率取为 $\eta_1=0.7$，可以求得机床的主切削力 F_z 为

$$F_z=\frac{\eta_m p_m\eta_1}{v}=\frac{0.8\times5.5\times0.7}{5.18}\times10^3=594.59\text{N}$$

走刀方向的切削分力 F_x 和垂直走刀方向的切削分力 F_y 为

$$F_x=0.25F_z=0.25\times594.59=148.65\text{N}$$

$$F_y=0.4F_z=0.4\times594.59=237.84\text{N}$$

2. 导轨摩擦力的计算

根据第3章相关公式，计算在切削状态下的导轨摩擦力 F_{μ}。此时，导轨受到的垂向切削分力 $F_v = F_z = 594.59\text{N}$，横向切削分力 $F_c = F_y = 237.8\text{N}$，移动部件的全部质量为20kg，转换为重力为196N，查表3-54可得镶条坚固力 $f_g = 75\text{N}$，取导轨摩擦系数 $\mu = 0.15$，则有

$$F_{\mu} = \mu(W + f_g + F_v + F_c) = 0.15 \times (196 + 75 + 594.59 + 237.8) = 165.5\text{N}$$

在不切削状态下的导轨摩擦力 $F_{\mu 0}$、F_0 分别为

$$F_{\mu 0} = \mu(W + f_g) = 0.15 \times (196 + 75) = 40.65\text{N}$$

$$F_0 = \mu_0(W + f_g) = 0.2 \times (196 + 75) = 54.2\text{N}$$

3. 滚珠螺母丝杠螺母传动副的轴向负载力计算

最大轴向负载力 F_{amax} 为

$$F_{amax} = F_x + F_{\mu} = 148.65 + 165.5 = 314.15\text{N}$$

最小轴向负载力 F_{amin} 为

$$F_{amin} = F_{\mu 0} = 40.65\text{N}$$

4. 确定进给传动链的传动比及传动级数

根据受力分析从稳定性和刚性角度出发，选取丝杠基本导程 $L_0 = 5\text{mm}$，取步进电机的步距角 $\theta_b = 1.8°$，移动脉冲当量为 $\delta_p = 0.001\text{mm}$/脉冲，则

$$i = \frac{\theta_b L_0}{360\delta_p} = \frac{1.8 \times 5}{360 \times 0.001} = 25$$

选用北京谐波传动技术研究所生产的一款谐波减速器——XB2-50型减速器。

5. 滚珠螺母丝杠的动载荷计算与直径估算

1）按预期工作时间估算滚珠螺母丝杠的额定动载荷

已知数控机床的预期工作时间 $L_h = 20000\text{h}$，滚珠螺母丝杠的当量载荷 $F_m = F_{amax} = 314.15\text{N}$，查表得载荷系数 $f_w = 1.3$；初步选择滚珠螺母丝杠的精度等级为2级精度，取精度等级系数为 $f_n = 1$；查表得，可靠性系数 $f_c = 1$，取滚珠螺母丝杠的当量转速为 $n_m = n_{max}$（该转速为最大切削进给速度时的转速），而由设计参数可知，最大切削进给速度为 $v_{max} = 90\text{mm/min}$，则有

$$n_{max} = \frac{1000 v_{max}}{L_0} = \frac{1000 \times 90 \times 10^{-3}}{5} = 18\text{r/min}$$

由额定动载荷的计算公式可得

$$C_{am} = \sqrt[3]{60 n_m L_h} \frac{F_m f_w}{100 f_n f_c} = \sqrt[3]{60 \times 18 \times 20000} \times \frac{314.15 \times 1.3}{100 \times 1 \times 1} = 874.9\text{N}$$

2）按精度要求确定允许的滚珠螺母丝杠的最小螺纹底径

本数控机床设计的进给系统的定位精度为20μm，重复定位精度为8μm，则可以估算出允许的滚珠螺母丝杠的最大轴向变形。

$$\delta_{max1} = \left(\frac{1}{3} \sim \frac{1}{2}\right) \times 8 = (2.67 \sim 4)\mu\text{m}$$

$$\delta_{max2}=\left(\frac{1}{5}\sim\frac{1}{4}\right)\times 20=(4\sim 5)\mu m$$

取上述计算结果中的较小值，也即 $\delta_{max}=2.67\mu m$。

由于被加工法兰直径是可变的，为了保证实现这种可变直径法兰的加工，端面进给移动位移 $L_v \geqslant L_{max}-L_{min}=290mm$，$L_{max}$表示最大法兰半径，$L_{min}$表示最小法兰半径，同时考虑到安装的方便性以及无干涉性，端面进给有一定的预留位移 S_8，取 $S_8=60mm$，所以取丝杠横向工作长度取 $L_p=350mm$。

滚珠螺母丝杠的最小螺纹底径

$$d_{2m}\geqslant 0.078\sqrt{\frac{F_0 L_p}{\delta_{max}}}=0.078\times\sqrt{\frac{54.2\times 350}{2.67}}=6.57mm$$

6. 滚珠螺母丝杠其他参数的确定

根据以上计算所得的相关参数和结构的需要，选取滚珠丝杠副，其丝杠外径 $D=22mm$，旋合圈数 $Z=8$，螺纹工作高度 $h=2.5mm$，螺母高度 $H=40mm$，螺杆中径 $d_2=\frac{H}{\varphi}=\frac{40}{2.2}=18.2mm$，螺杆小径 $d_1=D-2h=17mm$，额定动载荷为 10639N。

螺纹导程角：$\Psi=\arctan\frac{L_0}{\pi d_2}=\arctan\frac{5}{3.14\times 18.2}=5°$

当量摩擦角：$\rho_v=\arctan\frac{f}{\cos\theta/2}=\arctan\frac{0.8}{\cos\frac{60}{2}}=5.28$

其中，φ 表示螺母高度系数，L_0 表示螺母导程。

7. 滚珠螺母丝杠计算简图的确定

根据计算所得数据以及相关结构参数，可以绘制滚珠螺母丝杠计算简图，如图 7.6 所示。

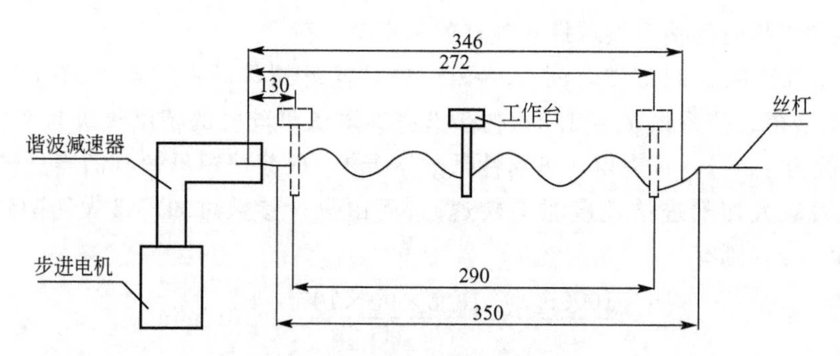

图 7.6　滚珠螺母丝杠计算简图

8. 滚珠螺母丝杠螺母传动副承载能力校核

1）滚珠丝杠传动副临界压缩载荷的校核

已知滚珠螺母丝杠螺母传动副的螺纹小径为 $d_1=17mm$，由图 7.6 可知滚珠螺母丝杠螺母传动副的最大受压长度为 $L_1=290mm$，丝杠水平安装时，取 $K_1=1/3$，查表可得，$K_2=0.25$，可得

$$F_C=K_1K_2\frac{d_1^4}{L_1^2}\times10^5=\frac{1}{3}\times0.25\times\frac{17^4}{290^2}\times10^5=8275.96\text{N}$$

由前面计算的滚珠丝杠螺母传动副的最大轴向负载力 F_{amax} 为 289.98N，远远小于其临界压缩载荷 F_c 的数值，故设计满足要求。

2）滚珠丝杠传动副临界转速的校核

由图 7.5 可知滚珠螺母丝杠螺母传动副临界转速的计算长度为 $L_2=346\text{mm}$，弹性模量 $E=2.01\times10^5\text{MPa}$，密度 $\rho=1/g\times7.85\times10^{-5}\text{N/mm}^3$，重力加速度 $g=9.8\times10^3\text{mm/s}^2$。

滚珠螺母丝杠的最小惯性矩为

$$I=\frac{\pi}{64}d_1^4=\frac{3.14}{60}\times17^4=4370.93\text{mm}^4$$

滚珠丝杠的最小截面积为

$$A=\frac{\pi}{4}d_1^2=\frac{3.14}{4}\times17^2=226.86\text{mm}^2$$

取 $K_1=0.8$，由第 3 章表得：$\lambda=1.875$，将以上各参数代入下式可得：

$$n_c=K_1\frac{60\lambda^2}{2\pi L_2^2}\sqrt{\frac{EI}{\rho A}}=0.8\times\frac{60\times1.875^2}{2\times3.14\times346^2}\sqrt{\frac{2.01\times10^5\times4370\times9800}{7.85\times10^{-5}\times226.86}}=4935.33\text{r/min}$$

而本机床滚珠丝杠副的最高转速为 18r/min，远小于其临界转速，故设计满足要求。

3）滚珠丝杠传动副额定寿命的校核

由滚珠丝杠的额定动载荷 $C_{am}=10639\text{N}$，轴向载荷 $F_a=F_{amax}=314.15\text{N}$，滚珠丝杠副的转速为 18r/min，运转条件系数 $f_w=1.3$，则

$$L=\left(\frac{C_{am}}{F_af_w}\right)^3\times10^6=\left(\frac{10639}{314.15\times1.3}\right)^3\times10^6=17.95\times10^9\text{r}$$

$$L_h=\frac{L}{60n}=\frac{17.95\times10^9}{60\times18}=16.62\times10^6\text{h}$$

远大于 20000h，满足要求。

9. 滚珠螺母丝杠拉压刚度的计算

由图 7.5 可知，此进给传动链的丝杠支承方式为一端固定，一端游动，丝杠的拉压刚度计算为

$$K_{smin}=\frac{\pi d_1^2E}{4L_y}\times10^{-3}=\frac{3.14\times17^2\times2.01\times10^5}{4\times272}\times10^{-3}=167.65\text{N}/\mu\text{m}$$

式中，滚珠螺母丝杠螺母中心到固定端支承中心的距离 $a=L_y=272\text{mm}$，此时滚珠螺母丝杠螺母传动副具有最小拉压刚度。

$$K_{smax}=\frac{\pi d_1^2E}{4L_j}\times10^{-3}=\frac{3.14\times17^2\times2.01\times10^5}{4\times130}\times10^{-3}=350.77\text{N}/\mu\text{m}$$

式中，滚珠螺母丝杠螺母中心到固定端支承中心的距离 $a=L_j=130\text{mm}$，此时滚珠螺母丝杠螺母传动副具有最大拉压刚度。

10. 滚珠螺母丝杠螺母传动副的其他性能验证

（1）$\psi\leqslant\rho_v$ 满足自锁性要求。

（2）丝杠受力为纯扭矩，已知驱动转矩 $T=5000\text{N}\cdot\text{mm}$，则

$$T_T=\frac{T}{W}=\frac{5000\times16}{3.14\times22^3}=2.39\text{N}\cdot\text{mm}$$

$W=\frac{\pi D^3}{16}$为抗扭截面模量，许用扭转切应力 $[T_{tT}]=25\sim45\text{N}\cdot\text{mm}$

$T_{tT}\leqslant[T_T]$ 满足强度要求。

(3) 稳定性：

螺杆的工作长度　$l=L_V+\frac{H}{2}+1.5D=290+20+33=343\text{mm}$

长径比　$\lambda=\frac{4\mu l}{d_1}=\frac{4\times2\times343}{17}=161.41>90$

临界载荷　$F_{cr}=\frac{\pi EI}{(\mu l)^2}=\frac{3.14^2\times2.01\times20^5\times\frac{3.14\times17^4}{64}}{(2\times343)^2}=17171\text{N}$

$\frac{F_{cr}}{F_y}=\frac{17171}{237.84}=72.20\geqslant2.5\sim4$ 满足稳定性要求

式中：d_1——螺杆小径；

μ——长度系数；

L——螺杆最大工作长度；

E——螺杆材料的弹性模量；

I——螺杆的截面惯性矩。

密封槽数控机床机械部分除丝杠外，还有转臂以及安装装置的设计。

转臂是机床的重要部件，除液压马达及液压马达连接的固定盘外，其他安装在法兰上的部分均为转动部分，其主体即为转臂，它是全部旋转部分的载体，其主要零件都安装在转臂上，随之一起转动。整个转臂铸造而成，材料为HT300，为了增加强度，转臂上铸有加强肋板。因整个转臂旋转时，重量非常不平衡，导致运转不平稳，对加工质量造成很大影响，其设计要考虑机构的动平衡问题。在机床工作时，转臂绕着法兰的轴线旋转，同时刀架在转臂上移动，从而产生了的不平衡问题。为了消除转臂的不平衡，采用配重法消除。

由于加工压力容器法兰密封面的特殊性，机床需要直接安装在压力容器法兰上。安装装置的设计要求机床安装牢固稳定、安装拆卸方便，并能保证机床加工密封槽的中心与法兰的轴线偏差不超过30′，槽底与法兰端面平行。根据压力容器法兰的大小，设计了两种安装方案：

对于大直径的法兰，内孔径大于ϕ350mm时，采用内卡式安装。

对于小直径的法兰，内孔径小于ϕ350mm时，采用外卡式安装。

(1) 内卡式机床在法兰上的安装。

内卡式结构按法兰内孔直径分为两种安装形式。当内孔直径小于ϕ430mm时，由固定液压马达的固定盘上直接伸出胀紧螺钉把机床固定在法兰内孔中，通过固定盘端面三个M12螺钉孔安装挡板找平。

当内孔直径大于ϕ430mm时，通过在机床上增加附件——孔径适应环来确保机床安装的稳固。如图7.7所示，在卡盘上由螺钉套装了一个孔径适应环，在孔径适应环的圆周上设置了两组胀紧螺钉，使机床固定在被加工法兰的孔中，进一步提高装置安装的可靠性。

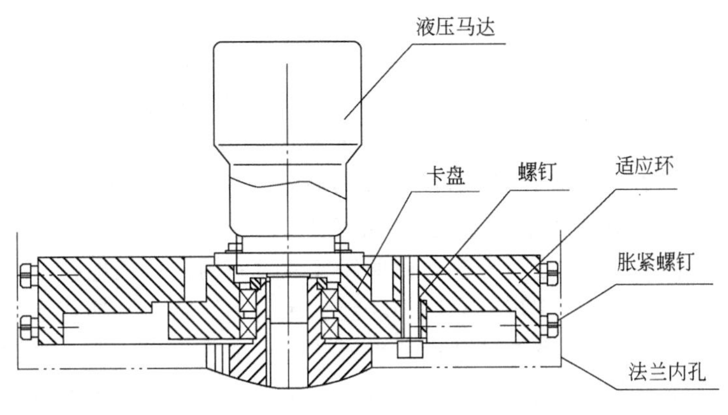

图 7.7　内卡式安装简图

(2) 外卡式机床在法兰上的安装。

外卡式结构的机床上有一个夹臂是三个卡爪结构，卡爪上分别伸出涨紧螺钉，把机床固定在法兰的外圆上，进行加工，如图 7.3 所示。当法兰的外圆直径较小时，有一个附具——缩环，先把缩环紧固在三个卡爪上，再由缩环伸出涨紧螺钉把机床固定在法兰的外圆上。

7.1.6　机床驱动模块设计

此数控机床以修复法兰密封槽为主，装卡在法兰上，不可能有强大的稳固性，要求吃刀量、走刀速度、切削宽度都不能过大，机床本身应体积小、重量轻。因此，它的主要运动设置如下：①主运动。刀具绕法兰孔轴线的旋转运动，属外联链，从被加工法兰的适应性考虑，要求驱动元件、传动系统径向尺寸小，传递动力大，切削速度可调。选择由液压马达驱动实现。②端面进给运动。修复法兰端面时，刀具在法兰端面的径向运动可由数字控制电机驱动。③平行法兰孔轴线的进给运动(平行法兰端面的吃刀运动)。修复法兰端面时的吃刀运动，或切直槽时，刀具平行法兰孔轴线的进给运动可由数字控制电机驱动。④密封槽侧面的进给运动。由刀具径向运动与刀具平行法兰孔轴线的运动合成实现。

1. 主运动驱动模块设计

1) 密封槽数控机床液压驱动原理

密封槽数控机床的主运动是绕被加工法兰轴线的旋转运动，主运动系统是由液压马达驱动，液压马达的壳体与卡盘固连，液压马达的输出端固连有转盘，转盘由轴承定位在卡盘的孔中，在转盘上由螺钉连接转臂，构成了主运动回转系统。其特点是结构简单、紧凑，避免了机械传动带来的复杂性和体积大。密封槽数控机床液压系统的原理如图 7.8 所示。其基本回路由电机、液压泵、三位四通电磁换向阀、软油管、液压马达、节流阀、溢流阀等组成。可以通过电磁换向阀进行液压马达的启停控制，通过节流阀进行流量调节控制，通过溢流阀进

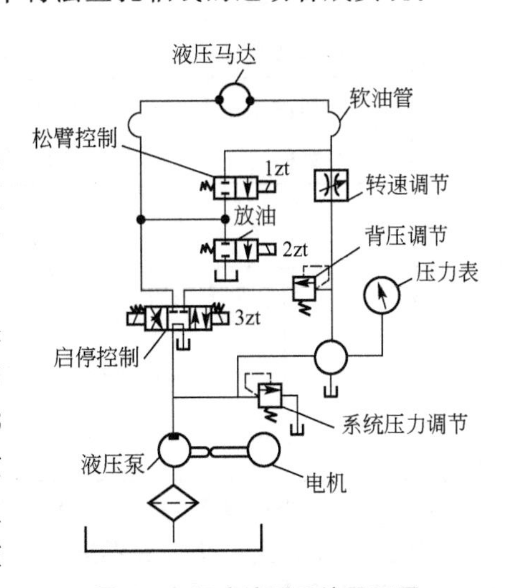

图 7.8　机床液压系统原理图

行背压控制。

根据主运动的工作要求转臂旋转速度在10～75r/min，为了安全考虑，在紧急情况可以使机床停止，在安装机床时要求转臂卡死不动，避免转臂晃动伤人，在调试刀具位置时，又可使转臂松动，人可以转动转臂调试。因此设置液压马达的启停控制(可以在任意时刻停止)、流量调节控制、背压控制(减弱旋转臂运转的不平衡影响)，并设置管路回油功能(拆卸软油管前，使软油管中的油液流回油箱)。与液压马达的两端并联一个两位四通电磁阀形成一个回路可以进行松臂控制，此回路又通过一两位四通电磁阀与油箱相连，可以使软油管中的油流回油箱，实现管路回油功能。在基本回路中又连接了一个溢流阀，可以对整个系统进行压力调节。系统的辅助装置安装了一个压力表，一个滤油器。在每次使用启动液压泵电机时，首先关闭节流阀口，打开溢流阀。转臂开关转到旋转位，调节溢流阀，使压力表指到适当压力(小于10MPa)。调节节流阀，使转臂旋转，并使转臂旋转速度调节到加工需要转速。机床工作中，转臂旋转速度由节流阀调定，走刀速度由步进电机的脉冲频率设定，每转走刀量必须由操作者观察转臂的实际旋转速度，通过换算来设定步进电机的脉冲频率。

2) 主要液压元件的选择与动作

本机床液压元件间的连接方式采用集成块式，便于设计、制造和维修。所选主要液压元件见表7-1液压系统主要元件明细表。在一次完整的运动循环中，电磁铁动作组合见表7-2。

表7-1　液压系统主要元件明细表

序号	名称	型号	性能参数	备注
1	液压泵	CBF-E18	15MPa　25l/min	—
2	液压马达	ZQM2Z-0.63	16MPa　160r/min	—
3	电机	90889 JB/T 10391—2002	5.5kW　1400r/min	—
4	节流阀	LF-L5-10	—	—
5	两位四通阀	24D0-B10H-T	30l/min	—
6	三位四通阀	34DM-B10H-T	—	—
7	单向阀	DF-b10K-221	35MPa	$\phi10$
8	溢流阀	YF-B10H	—	—

表7-2　液压阀动作组合

电磁线圈	转臂旋转切削	转臂锁定	转臂手动旋转	软油管放油
1zt	—	—	+	+
2zt	—	—	—	+
3zt	+	—	—	—

注：“+”表示电磁阀通电；“—”表示电磁阀未通电。

转臂的运动，当三个电磁阀未通电时，转臂锁定。当松臂控制的两位四通电磁阀通电时，转臂可以手动转动。当只有三位四通电磁阀的通电时，转臂旋转切削，这时的进油路：液压泵—电磁换向阀—软油管—液压马达—软油管—节流阀—溢流阀—电磁换向阀—油箱。当两个两位四通电磁阀同时通电时，软管中的液压油可通过这两个电磁阀流到油箱。

2. 进给运动驱动模块设计

机床的进给驱动采用两坐标分离传动直传式，在转臂上有一个两坐标联动运动的数字控制进给系统，数字控制的步进电机通过减速器带动丝杠旋转，使刀具实现平行法兰端面的进给运动；数字控制的步进电机直接带动丝杠旋转，使刀具实现平行法兰孔轴线的进给运动。其特点是传动平稳，结构紧凑，具的高的运动精度。

1) 计算折算到步进电机轴上的负载惯量

计算滚珠螺母丝杠的转动惯量如下式：

$$J_{r1}=\frac{\pi\rho}{32}\sum_{j=1}^{n}D_j^4L_j=\frac{3.14}{32}\times 7.85\times 10^{-3}\times(2^4\times 2.3+2.2^4\times 2.8+2.2^4\times 35)$$
$$=0.72\text{kg}\cdot\text{cm}^2$$

$$J_{r2}=\frac{\pi\rho}{32}\sum_{j=1}^{n}D_j^4L_j=\frac{3.14}{32}\times 7.85\times 10^{-3}\times(1^4\times 0.6+1.6^4+1.6+1.4^4\times 6.5+2.2^4\times 0.4)$$
$$=0.032\text{kg}\cdot\text{cm}^2$$

式中：ρ——丝杠的密度，为 $7.85\times10^{-3}\text{kg/cm}^3$；

D——丝杠不同轴径的直径；

L——相应轴径对应的长度，单位均为 cm；

J_{r1}——法兰端面的进给驱动丝杠的转动惯量；

J_{r2}——平行法兰孔轴线的进给驱动丝杠的转动惯量。

计算折算到丝杠轴上的移动部件的转动惯量如下式：

$$J_{l1}=m_1\left(\frac{L_1}{2\pi}\right)^2=20\times\frac{0.5}{6.28}=0.13\text{kg}\cdot\text{cm}^2$$

$$J_{l2}=m_2\left(\frac{L_2}{2\pi}\right)^2=10\times\frac{0.3}{6.28}=0.023\text{kg}\cdot\text{cm}^2$$

式中：m_1、m_2——刀架体和刀具夹头的质量；

L_1、L_2——两个丝杠的导程，也是丝杠轴每转一周，机床执行部件在轴向移动的距离。由以上数据，计算折算到两个步进电机轴上的负载惯量为

$$J_{d1}=\frac{1}{i^2}J_r+J_l=\frac{1}{25^2}(J_{r1}+J_{r2})+J_{l1}=0.13\text{kg}\cdot\text{cm}^2$$

$$J_{d2}=\frac{1}{i^2}J_r+J_l=\frac{1}{1^2}J_2+J_{l2}=0.055\text{kg}\cdot\text{cm}^2$$

2) 计算折算到步进电机轴上的负载转矩

已知在切削状态下的轴向负载力 $F_{amax}=389.98\text{N}$，丝杠每转一周，机床执行部件轴向移动的距离 L_1、L_2 分别为 5mm 和 3mm，进给系统的传动比为 25 和 1，进给传动系统的总效率为 0.85，则有

$$T_{C1}=\frac{F_aL_1}{2\pi\eta i_1}=\frac{389.98\times0.005}{3.28\times0.85\times25}=0.027\text{N}\cdot\text{m}$$

$$T_{C2}=\frac{F_aL_2}{2\pi\eta i_2}=\frac{389.98\times0.003}{3.28\times0.85\times1}=0.42\text{N}\cdot\text{m}$$

折算到步进电机轴上的摩擦负载转矩计算如下。

已知在不切削状态下的轴向负载力(即空载时的导轨摩擦力)$F_{\mu0}=40.65\text{N}$，则由下式可得

$$T_{\mu1}=\frac{F_{\mu0}L_1}{2\pi\eta i_1}=\frac{40.65\times0.005}{6.28\times0.85\times25}=0.0015\text{N}\cdot\text{m}$$

$$T_{\mu2}=\frac{F_{\mu0}L_2}{2\pi\eta i_2}=\frac{40.65\times0.003}{6.28\times0.85\times1}=0.023\text{N}\cdot\text{m}$$

计算由丝杠预紧力 F_p 产生的并折算到步进电机轴上的附加负载转矩。

预紧力的经验计算公式为 $F_p=F_{amax}1/3=389.98\times1/3=129.99\text{N}$，取滚珠螺母丝杠螺母副的效率为0.94。

故其转矩为

$$T_{f1}=\frac{F_pL_1}{2\pi\eta i_1}(1-\eta_0^2)=\frac{129.99\times0.005}{6.28\times0.85\times25}(1-0.94^2)=0.0005\text{N}\cdot\text{m}$$

$$T_{f2}=\frac{F_pL_2}{2\pi\eta i_2}(1-\eta_0^2)=\frac{129.99\times0.003}{6.28\times0.85\times1}(1-0.94^2)=0.008\text{N}\cdot\text{m}$$

由上述计算结果，计算折算到步进电机轴上的负载转矩。

空载时，
$$T_K=T_\mu+T_f=\begin{cases}T_{K1}=0.002\text{N}\cdot\text{m}\\T_{K2}=0.031\text{N}\cdot\text{m}\end{cases}$$

切削时，
$$T_g=T_c+T_f=\begin{cases}T_{g1}=0.0275\text{N}\cdot\text{m}\\T_{g2}=0.428\text{N}\cdot\text{m}\end{cases}$$

根据以上计算结果，结合步进电机的使用情况，本机床选择三相混合式步进电机，其型号为86BYG250A，用于平行法兰孔轴线的进给丝杠的驱动；86BYG250B，用于法兰端面的进给丝杠的驱动。电气技术参数见表7-3，它们的技术参数如下。

环境温度：-25～+40℃；绝缘电阻：500V DC 100MΩ Min；轴向间隙：0.1～0.3mm；径向跳动：0.025mm Max；温升：85℃ Max；绝缘强度：B；保持转矩：≥5.0N·m；定位转矩：0.2N·m；配套驱动器：SH-2H090M SH-2H090MH。

表7-3　步进电机的电气技术参数

电机型号	相数	步距角	相电流	驱动电压	最大静转矩	相电阻	转动惯量	重量	空载启动频率/转速
86BYG250A	2	0.9° 1.8°	5.0A	AC40V	1.2N·m	0.3Ω	0.64kg·cm²	1.53kg	4.8kHz 288r/min
86BYG250B	2	0.9° 1.8°	5.0A	AC40V/60V	2.4N·m	0.5Ω	1.3kg·cm²	2.55kg	4.6kHz 276r/min

3) 计算折算到电机轴上的加速转矩

根据以上计算结果和表7-3所列步进电机的相关参数，对于开环系统，一般取加速时间 $t_a=0.05\text{s}$，当机床执行部件以最快速度运动时，电机的最高转速为 $n_{max}=90\text{r/min}$，故有

$$T_{ap1}=\frac{2\pi i_1 n_{max}}{60\times 980 t_a}(J_{m1}+J_{d1})=\frac{6.28\times 25\times 90}{60\times 980\times 0.05}(1+0.13)=0.672\text{N}\cdot\text{m}$$

$$T_{ap2}=\frac{2\pi i_2 n_{max}}{60\times 980 t_a}(J_{m2}+J_{d2})=\frac{6.28\times 1\times 90}{60\times 980\times 0.05}(0.64+0.023)=0.013\text{N}\cdot\text{m}$$

式中：J_{m1}，J_{m2}——步进电机的转动惯量；

i_1，i_2——法兰端面进给传动链和平行法兰孔轴线进给传动链的传动比。

4）计算

进给系统所需折算到步进电机轴上的空载启动转矩如下。

$$T_{q1}=T_{ap1}+(T_{\mu 1}+T_{f1})=0.672+(0.0015+0.0005)=0.674\text{N}\cdot\text{m}$$

$$T_{q2}=T_{ap2}+(T_{\mu 2}+T_{f2})=0.013+(0.023+0.008)=0.044\text{N}\cdot\text{m}$$

5）确定最大静转矩

由表 7-4 给出的机械传动系统空载启动转矩 T_q 与所需的步进电机的最大静转矩 T_{s1} 的关系可得$\frac{T_q}{T_s}=0.707$，计算结果得：$T_{s1}=\frac{T_{q1}}{0.707}=0.953\text{N}\cdot\text{m}$；$T_{s2}=\frac{T_{q2}}{0.707}=0.06\text{N}\cdot\text{m}$。

表 7-4　系统空载启动力矩 T_q 与所需的步进电机的最大静力矩 T_{s1} 的关系

步进电机的相数	3		4		5		6	
运行拍数	3	6	4	8	5	10	6	12
T_q/T_{s1}	0.5	0.866	0.707	0.707	0.809	0.951	0.866	0.866

由机械传动系统切削加工时的转矩 T_g 与所需的步进电机的最大静转矩 T_s 的关系可得：$\frac{T_g}{T_s}=0.3$，计算结果得：$T_{s1}=\frac{T_{g1}}{0.4}=0.069\text{N}\cdot\text{m}$；$T_{s2}=\frac{T_{g2}}{0.4}=1.07\text{N}\cdot\text{m}$。

比较计算得出来的两组数值，取最大值，则 $T_{s1}=0.953\text{N}\cdot\text{m}$，$T_{s2}=1.07\text{N}\cdot\text{m}$，均小于所选择的步进电机的最大静转矩，故本电机可以在规定的时间内正常启动，满足设计要求。

7.1.7　密封槽数控机床控制模块设计

1. 密封槽数控机床控制系统的基本功能

密封槽数控机床控制系统的基本功能如下。

(1) 液压系统控制：控制液压马达的正反旋转，电磁阀的通断电。

(2) 步进电机控制：控制器直接控制两台步进电机的正反旋转，从而实现刀具的进给运动。

(3) 进给运动操作及进给运动状态显示：由手提远程操作显示盒设定进给运动状态、进给量、走刀速度，启停控制及显示进给运动进程。

2. 密封槽数控机床控制系统的控制结构

机床的控制系统控制结构图如图 7.9 所示。该 CNC 控制系统主要包括以下几个组成部分：①液压系统控制。由电柜控制面板直接控制及用手提远程操作显示盒通过控制器的并行控制。②步进电机控制。两台步进电机由控制器直接控制。③进给运动操作及进给运动状态显示。由手提远程操作显示盒设定进给运动状态、进给量、走刀速度，进给启停控制及进给运动进程显示。

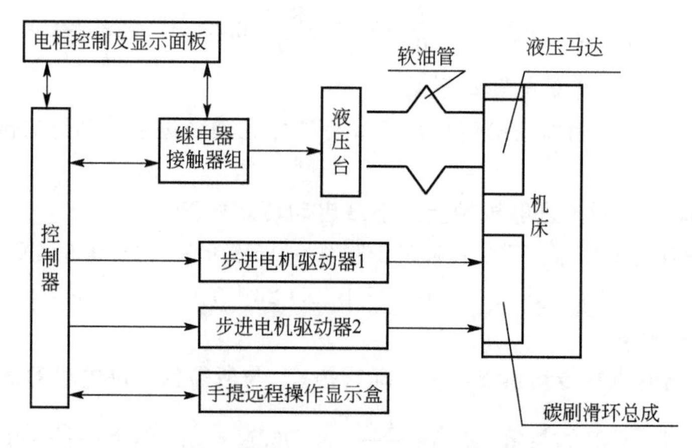

图 7.9　控制结构简图

电柜控制及显示面板、继电器接触器组、控制器、步进电机驱动器 1、步进电机驱动器 2 构成电柜部分，手提远程操作显示盒、液压台、机床各为一体，液压台、机床之间由 20m 双端拆卸软油管连接，其余各部件之间为拆卸电缆连接。

3. 密封槽数控机床控制系统的方案

1）PLC 的选择

控制系统的控制器选择为可编程控制器，现在市场上可选择的可编程控制器很多，要选择一个能满足要求又价钱便宜的，并且希望与之配套的模块，就成为其选择的关键。

我们要研究的机床的控制需要的 I/O 点数不多且都是简单的数字逻辑量的输入输出，没有现场总线控制要求，因此选择小型的 PLC 作为主控制系统就可以基本满足现场控制要求。选择的 PLC 系统除了顺序动作控制外还要具有连接位置控制模块的功能。通过多方比较，最后选择了三菱 FX2N 系列的产品。

根据修复法兰机械加工装置的工艺控制要求，组成如图 7.10 所示的控制系统。该控制系统包括控制器、一个两轴定位脉冲输出模块 FX2N－20GM、两个步进电机驱动器、执行元件(即两台步进电机、油泵电机及电磁阀)、控按钮指示灯和触摸屏六部分构成。控制器采用三菱 FX2N－32MR 的 PLC。它通过扩展电缆与一个两轴定位脉冲输出模块 FX2N－20GM 相连，FX2N－20GM 与 PLC 以 FROM/TO 指令进行数据交换，输出两路高速插补正(或反)脉冲对步进电机驱动器进行控制，再由步进电机驱动器控制相应的步进电机在转臂上两个自由度的位移，由电磁阀对液压马达的控制，使液压马达驱动转臂的旋转，从而控制加工修复法兰机械加工装置按工艺要求运动。手持式操作显示平台的触摸屏直接与 PLC 通过通信口进行通信，平台操作按钮及开关由 PLC 的

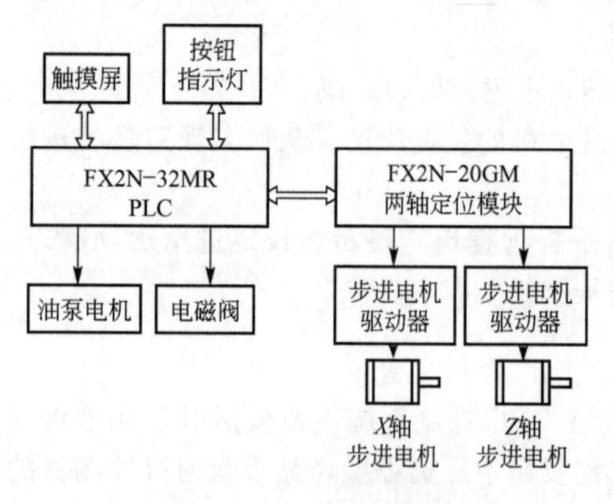

图 7.10　控制系统组成图

输入口输入，系统参数的设置以及各种操作功能的选择均通过触摸屏进行，转臂的启/停、步进电机的点动及按轨迹启动由平台它操作按钮开关控制。

考虑机械的运动得到有效的控制，同时为了方便系统的组建和通讯连接，选择 FX2N－20GM 型位置控制模块。

FX2N－20GM 作为两轴定位控制用的脉冲输出模块可作双轴控制，单轴最大输出频率可达 200kHz，两轴插补最大输出频率可达 100kHz。该控制系统采用一块两轴脉冲输出模块分别控制 X、Z 轴的进给。针对加工运动控制的特点，该模块具有比较完善的运动轨设定功能，对可能如定位目标跟踪、运转速度、爬行速度、减速速度等各种参数，这些参数都可以通过，－!＋. ＊//. 指令轻松设定，从而控制步进电机的运行速度。除高速的响应输出外，还准备了常用的输入控制，如正、反限位开关、7/.’、8.（近点信号）、’(.（零点信号）等。此外，它还内置了许多方便的软控制位，如返回原点、向前、向后等，对这些特定的功能，只要通过设置特定的缓冲单元已定义的位就可轻松实现，特别适合多工作方式控制。

机床的控制流程图表达了操作机床的动作顺序以及控制加工的过程。控制流程图如图 7.11 所示。

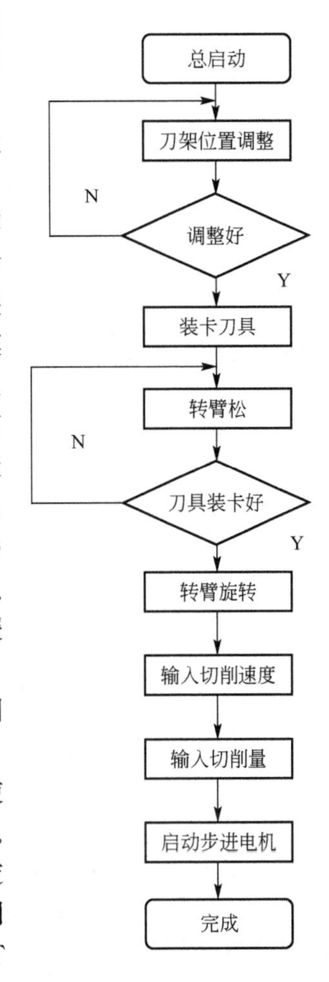

图 7.11　控制系统流程图

FX 系列 PLC 的基本控制单元为了适应不同情况下的使用需求，提供有 16，32，48，64，80，128 点 I/O 几种规格。在实际设计中为了保证 I/O 点数在现有使用的基础上有一定的备用量(在某个 I/O 点损坏后可以将其原来的控制功能挪到备用点上)。为了编程设计的方便，最后选择 FX2N－32MT 型 PLC，该产品技术参数见表 7－5。

表 7－5　FX2N－32MT 的技术参数

CPU 特性		
输入量		16 路数字量输入
输出量		16 路数字量输出
运算控制方式		存储程序，反复运算
输入输出控制方式		批处理方式（在执行 END 指令时），可以使用输入输出刷新指令
运算处理速度	基本指令	0.08μm/指令
	应用指令	1.52～数百 μm/指令
程序语言		逻辑梯形图和指令表，可以用步进梯形指令来生成顺序控制指令
程序容量		内置 8000 步 EEPROM，使用附加存储器盒可以扩展到 1600 步

（续）

CPU 特性		
I/O 设置		硬件配置最多 256 点，与用户选择有关，软件可以设输入输出各 256 点
指令数	基本、步进指令	基本（顺序）指令 27 条，步进指令 2 条
	应用指令	128 条
辅助继电器	通用辅助继电器	500 点，M0－M499
	锁存辅助继电器	2572 点，M500－M3071
	特殊辅助继电器	256 点，M8000－M8255
状态继电器	初始化状态继电器	10 点，S0－S9
	通用状态继电器	490 点，S10－S499
	锁存状态继电器	400 点，S500－S899
	信号报警器	100 点，S900－S999
定时器	100ms 定时器	200 点，T0－T199
	10ms 定时器	46 点，T200－T245
	1ms 积算定时器	4 点，T246－T249
	100ms 积算定时器	6 点，T250－T255
计数器	16 位通用加计数器	16 位 100 点，C0－C99
	16 位锁存加计数器	16 位 100 点，C100－C199
	32 位通用加减计数器	32 位 20 点，C200－C219
	32 位锁存加减计数器	32 位 15 点，C220－C234
高速计数器	1 相无启动复位输入	6 点，C235－C240
	1 相带启动复位输入	5 点，C241－C245
	2 相双向高速计数器	5 点，C246－C250
	A/B 相高速计数器	5 点，C251－C255
数据寄存器	通用数据寄存器	16 位 200 点，D0－D199
	锁存数据寄存器	16 位 200 点，D0－D199
	文件寄存器	7000 点，D1000－D7999，以 500 个为单位设置文件寄存器
	特殊寄存器	16 位 256 点，D8000－D8255
	变址寄存器	16 位 16 点，V0－V7，Z0－Z7
跳步指针	跳步和子程序调用	128 点，P0－P127
	中断用	6 点输入中断，3 点定时中断，6 点计数器中断

（续）

输入特性			
输入电压		DC 24V	
输入信号电压		DC 24V	
元件号		X0－X7	其余输入点
输入信号电流		DC 24V，7mA	DC 24V，5mA
输入响应时间		10ms	
可调节输入响应时间		X0－X7 为 0－60ms	
输出特性			
外部电源		DC 5－30V	
最大负载	电阻负载	0.5A/1 点，0.8A/COM	
	感性负载	12W，DC 24V	
	灯负载	1.5W，DC 24V	
响应时间		<0.2ms；<5μs(仅 Y0、Y1)	
开路漏电流		0.1mA/DC 30V	
电路隔离		光耦合器隔离	

2）位置控制模块的选择

考虑机械的运动得到有效的控制，同时为了方便系统的组建和通讯连接，与 PLC 相连接的位置控制模块在 MELSEC 的 FX－1OGM 和 FX－20GM 之间进行比较选择。FX－1OGM 为单轴控制模块，FX－20GM 为可进行双轴插补或双轴独立运行的双轴模块。需要控制的两个步进运动是需要直线和圆弧插补功能的，所以选择 FX－20GM 型位置控制模块。

3）人机界面操作显示器的选择

为了方便对系统进行状态监控和设置调整，控制系统需要一个与操作者进行交流的界面，显示控制系统的运行信息同时接受外部的调整输入信号。为了便于参数设置和保持整个系统的完整性，优先考虑采用三菱 GOT 系列的人机界面。三菱 GOT900(Graphic Operation Terminal)系列图形操作终端是三菱电机(MELSEC)开发的一种性能优越的操作监控面板，可在其屏幕上实现开关操作、状态灯指示、数据显示、消息显示等一些操作。GOT 作为本设备控制系统的人机界面，可以通过画面设定机床加工的参数设定和加工控制状态展现在设计和操作人员面前，非常方便操作和维护。

4. 控制电路设计

1）PLC 控制电路简图

采用 PLC 为主体的控制器电路，其核心部分为 FX2N－32MT 可编程序控制器，增加了 FX－20GM 位置控制模块控制两台驱动器，来驱动两台三相混合式步进电机，实现直线、圆弧插补功能，以便完成密封槽加工所需要的径向和轴向的进给。FX－20GM 作为两轴定位控制用的脉冲输出模块可作双轴控制，单轴最大输出频率可达 200kHz，两轴插补最大输出频率可达 100kHz。其连接电路如图 7.10 所示。

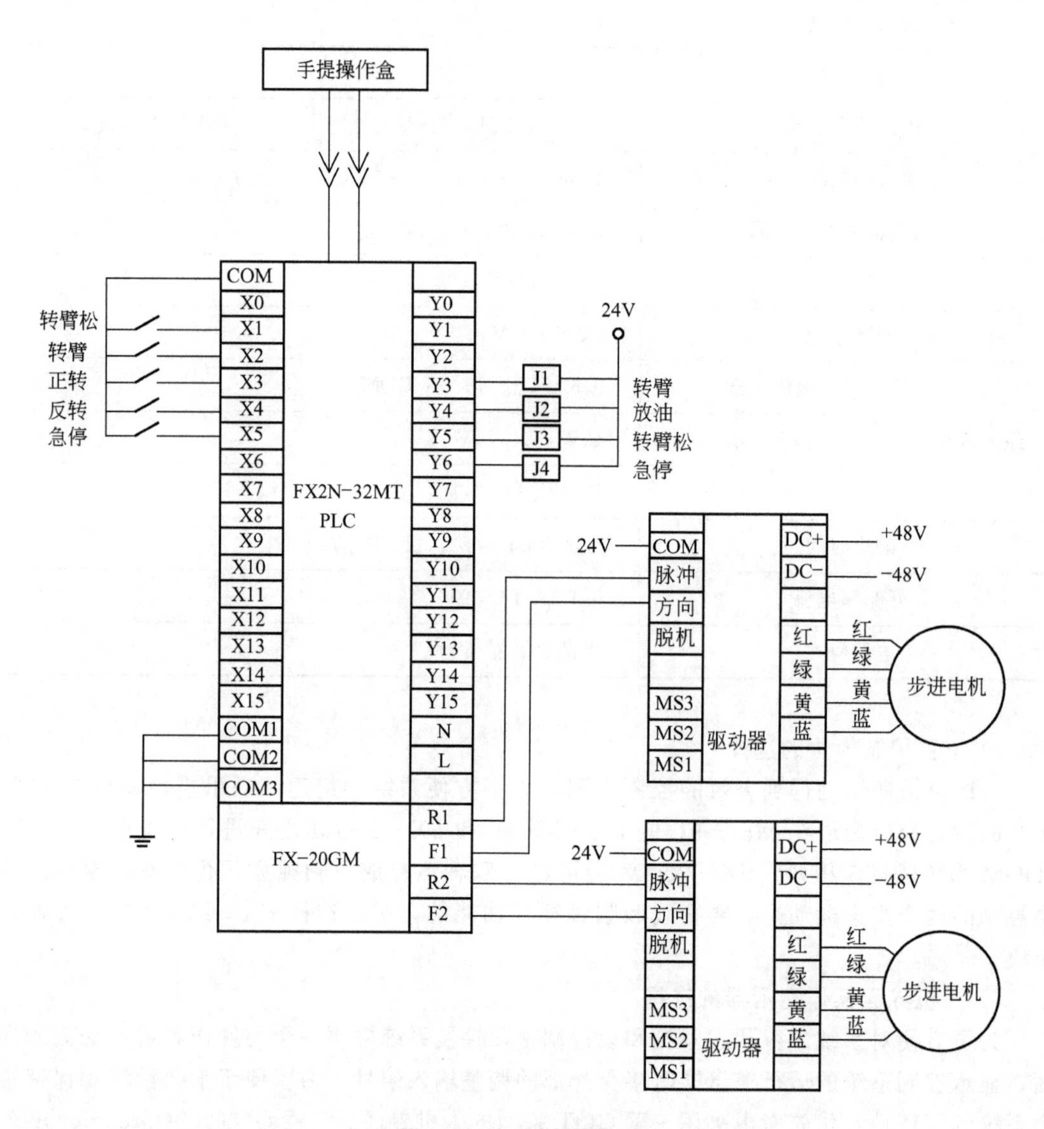

图 7.12　PLC 控制简图

系统中 X1 和 X2 是转臂控制键，X3 和 X4 是步进电机正反转控制键。Y3、Y4、Y5、Y6 是控制液压继电器。通过串口和手提操作盒传递数据和指令。

2）液压系统控制电路

液压系统的控制主要是液压马达的控制及液压电磁铁的控制。液压马达驱动电机的控制电路图如图 7.13 所示。液压电磁阀的控制电路图如图 7.14 所示。

3）密封槽数控机床电路

密封槽数控机床的电路及控制系统各电器元件布置如图 7.15、图 7.16 所示。

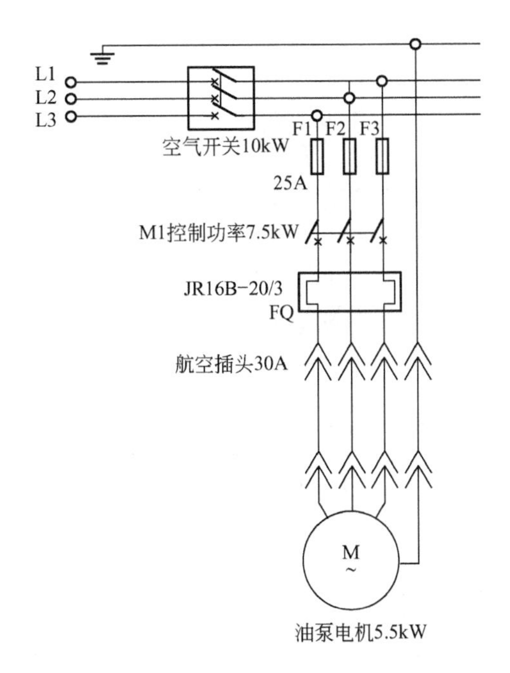

图 7.13　液压马达驱动电机的控制电路图

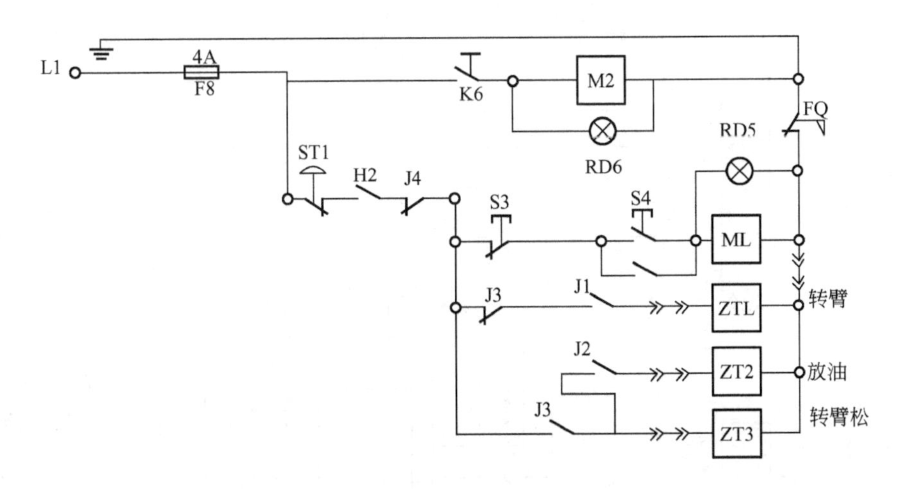

图 7.14　液压电磁阀的控制电路图

5. PLC 程序设计的软件选用

考虑到使用的方便，选用基于个人计算机 Windows 操作系统的编程软件包 FX-PCS/WIN-C 可对 FX 全系列可编程控制器(FXos、FX2n、FXon.、FX2、FX2c)进行编程和控制。这种软件可以实现寄存器数据的传送、PLC 存储器清除、串行口设置(D8120)、运行中程序更改、遥控运行或停止、PLC 诊断、采样跟踪和端口设置等操作；可读取和显示可编程控制器中的程序，实现文件的发送和接收；可监控和测试可编程控制器，实现动态监视器、元件监控和显示监控数据的变化值(十六进制)等功能；可以实现梯形图、指令表和顺序功能图(SFC)程序的相互切换显示，同时显示多个功能窗口。

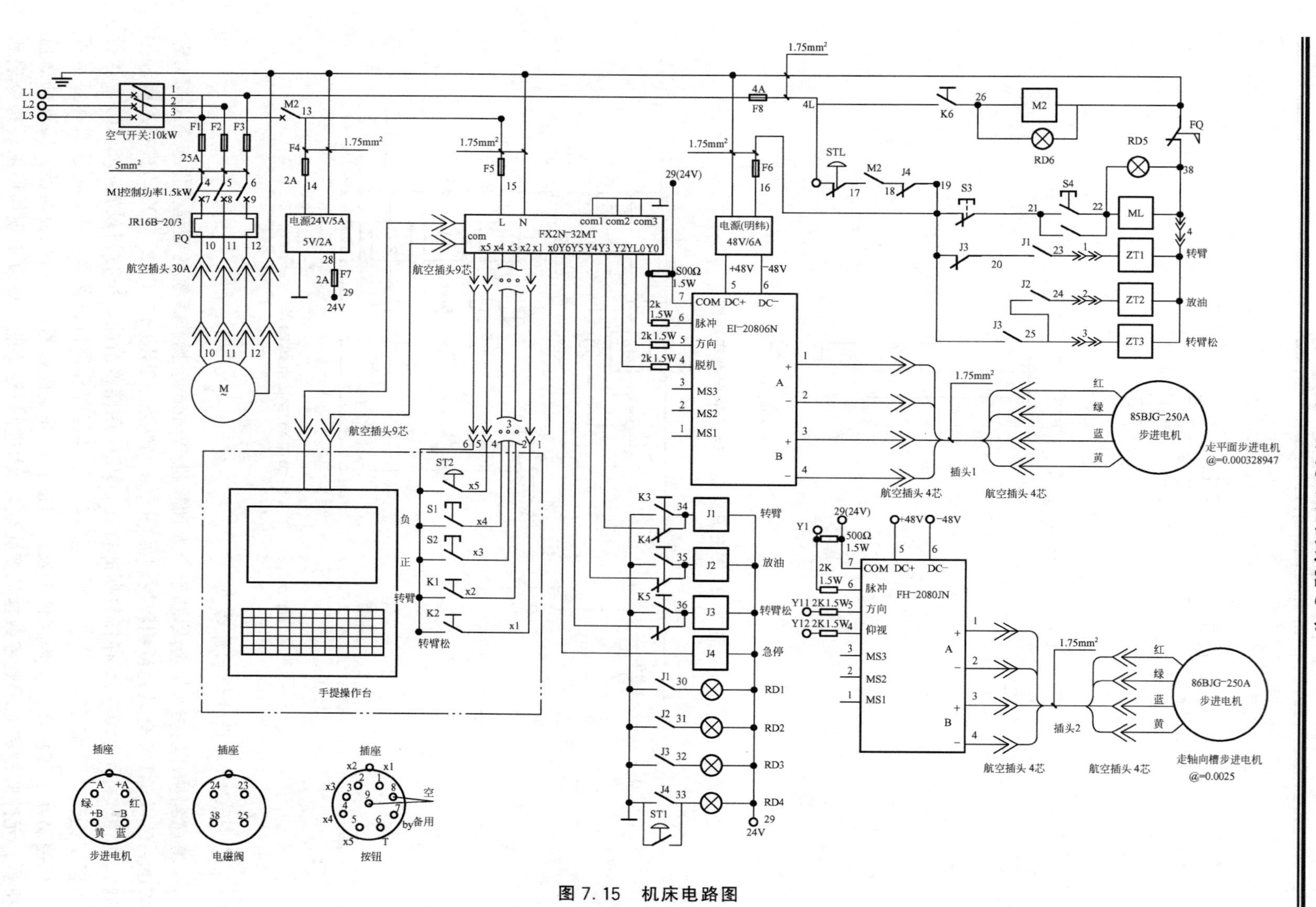
空气开关:10kW
M1控制功率1.5kW
JR16B-20/3
航空插头30A
电源24V/5A
5V/2A
FX2N-32MT
航空插头9芯
电源(明纬)
48V/6A
EI-20806N
脉冲
方向
脱机
FH-2080JN
仰视
85BJG-250A
步进电机
走平面步进电机
@=0.000328947
86BJG-250A
步进电机
走轴向槽步进电机
@=0.0025
航空插头4芯
插头1
插头2
转臂
放油
转臂松
急停
手提操作台
负
正
插座
步进电机
电磁阀
按钮
备用

图 7.15 机床电路图

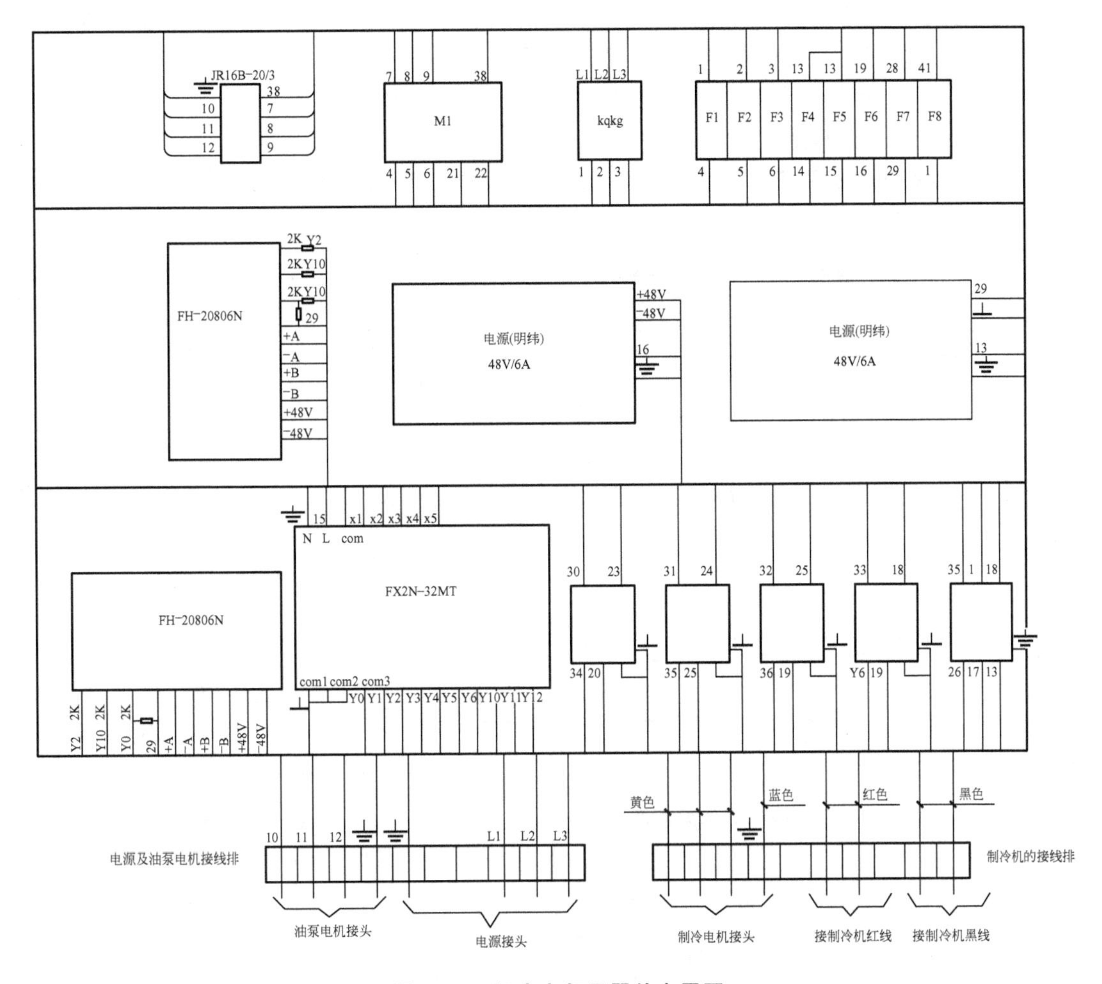

图 7.16　机床电气元器件布置图

6. 密封槽数控机床的手提操作盒设计

1) 手提操作盒外观设计

由于修复机床安装在待加工的法兰上，人工操作机床不方便，设计了手提操作盒来操作机床。因此在机床操作中，手提操作盒是机床的一个重要组成部分。操作人员可以在加工前，在机床一旁利用手提操作盒进行机床调试，例如：控制转臂的松紧状态，调节刀架的位置，设置加工参数(点动、移动、速度、距离等)，在工件加工过程中，操作人员也可以对加工过程进行控制，如暂停加工、修改加工参数，执行加工等。本章中的手提操作盒的外观如图 7.17 所示。

基于 PLC 和显示屏对本机床的控制特点，拟采用三菱公司的显示屏 F920GOT - BBD5 - K - C 型(对应选择 FX 系列的 PLC)对其控制系统进行设计。图 7.18 所示为显示屏显示界面。

为了操作上的方便，利用显示屏来代替鼠标或键盘。工作时，用手指按下光标移动健移动相应需要修改的数据位置，然后按下显示屏上数字键区的相应数字键输入相应的数值，按下 ENT 健确认，将信息传送给 PLC，同时能接收 PLC 发来的命令并加以执行。在

图 7.18 所示显示屏中通过 F1～F6 功能键来切换画面，完成机床的控制。采用显示屏作为人机对话接口，降低人机交互的障碍，可以以最直接的方式与机器设备进行互动。同时，显示屏具有方便直观、图像清晰、坚固耐用和节省空间等优点。

2）手提操作盒控制流程设计

手提操作盒的主要功能就是控制机床的调试和加工参数的设定，要求操作简单、灵活。其控制流程图如图 7.19 所示。

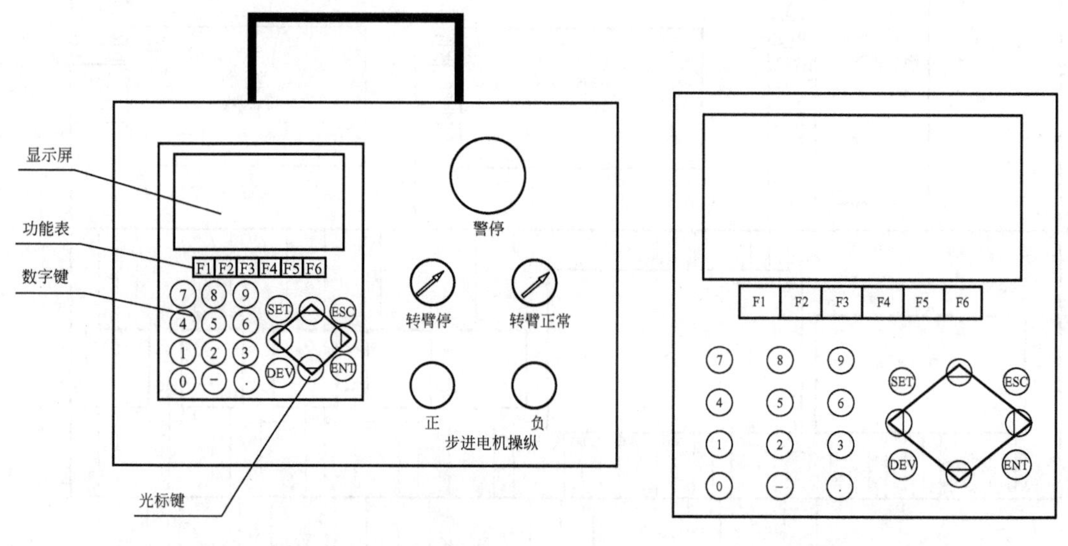

图 7.17　手提操作盒的外观图　　图 7.18　显示屏

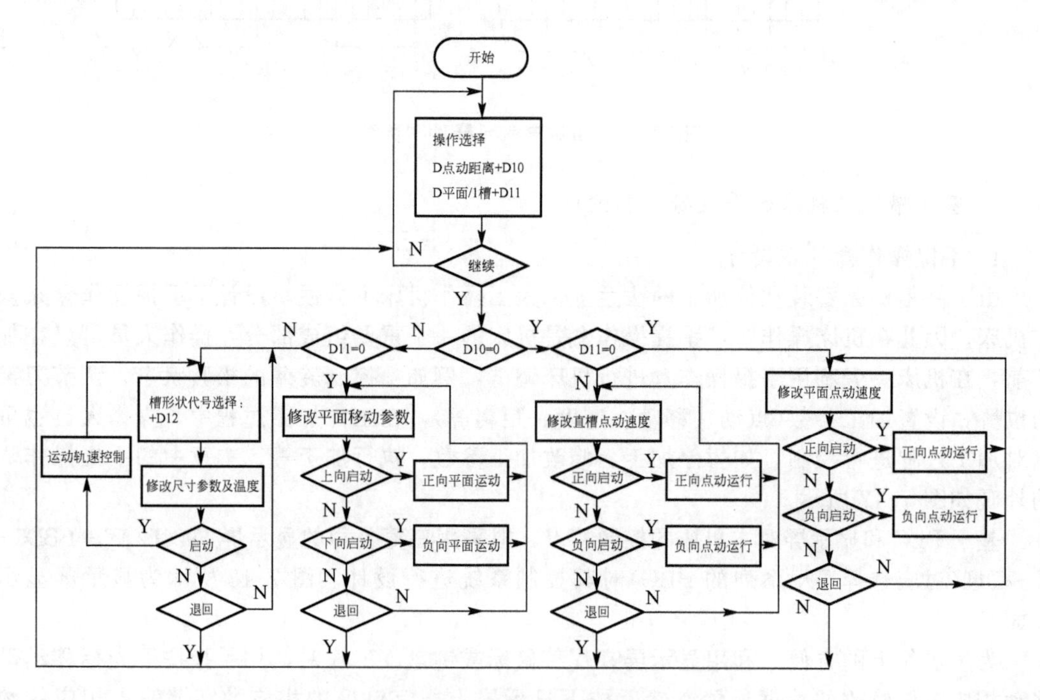

图 7.19　操作盒控制流程图

7.2　SCARA 机器人的设计

SCARA 是日本山梨大学牧野洋在 1978 年发明的一种典型的工业机器人，该机器人具有四个轴和四个运动自由度，包括 X、Y、Z 轴方向的平动自由度和绕 Z 轴的转动自由度，如图 7.20 所示。SCARA 的主要职能是搬取零件和装配工作，特别适合装配印刷电路板和电子零部件、搬动和取放集成电路板等工作，被广泛应用于塑料工业、汽车工业、电子产品工业、药品工业和食品工业等领域。

SCARA 的第一个轴和第二个轴具有转动特性，第三和第四个轴可以根据工作的需要的不同制造成多种不同的形态，并且一个具有转动特性，另一个具有线性移动的特性。SCARA 机器人可以被制造成各种大小，最常见的工作半径在 100～1000mm，此类的 SCARA 机器人的净载重量在 1～200kg。

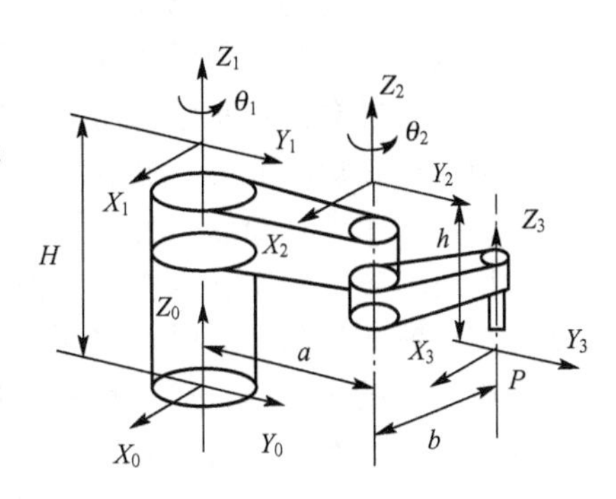

图 7.20　SCARA 机器人构型

7.2.1　设计任务

1. 设计题目

SCARA 机器人设计。

2. 设计要求

运用机电一体化中的基本理论进行 SCARA 机器人的总体方案设计、机械传动系统零部件的设计与选型(滚珠丝杠副、带传动等)、控制系统的设计、控制电机和驱动器伺服控制卡的选用。

3. 主要设计参数及技术指标

主要设计参数及技术指标如下。

(1) 结构形式：平面关节式(SCARA 型)。

(2) 负载能力：≥3.0kg。

(3) 驱动方式：伺服驱动。

(4) 重复定位精度：±0.1mm。

(5) 每轴最大运动范围。关节 1：0°～200°，关节 2：0°～180°，关节 3：0mm～150mm，关节 4：0°～360°。

(6) 每轴最大运动速度。关节 1：180°/s，关节 2：60°/s，关节 3：40mm/s；关节 4：120°/s。

(7) 最大展开半径：400mm。

(8) 高度：680mm。

(9) 本体重量：≤50kg。

(10) 几何尺寸。关节 1(长度)：190mm，关节 2(长度)：210mm，关节 3(行程)：150mm。

(11) 操作方式：示教再现/编程。

(12) 单相220V、50Hz。

7.2.2 SCARA机器人的总体设计

1. 零部件的初选

1) 机器人驱动装置的初选

目前机器人用驱动装置主要有四种：步进电机、直流伺服电机、交流伺服电机和液压伺服马达。步进电机控制结构简单，控制性能好，成本低廉；位置误差不会积累，具有自锁能力和保持转矩的能力，这有利于控制系统的定位。通常适于传动功率不大的关节或小型机器人，采用开环控制。直流伺服电机具有良好的调速特性，较大的启动力矩，相对功率大，快速响应，控制技术成熟。但其结构复杂，成本较高，而且需要外围转换电路与微机配合实现数字控制。同时，使用直流伺服电机，还要考虑电刷放电对实际工作的影响。交流伺服电机结构简单，运行可靠，使用维修方便，价格较昂贵。随着相关技术的发展，其在调速性能方面可以与直流电机媲美。采用16位CPU＋32位DSP三环(位置、速度、电流)全数字控制，增量式码盘的反馈可达到很高的精度。三倍过载输出扭矩可以实现很大的启动功率，提供很高的响应速度。液压伺服马达具有较大的功率/体积比，运动比较平稳，定位精度较高，负载能力也比较大，能够抓住重负载而不产生滑动。但是，其费用较高，其液压系统经常出现漏油现象。

结合机器人驱动装置的一般要求，考虑SCARA机器人负载不大，要求整机重量轻、体积小且作业范围不大的特点，本设计中机器人四个关节均选用伺服电机驱动。

2) 减速器的选用

目前机器人的传动系统中主要采用RV减速器或谐波减速器。RV减速器是近几年发展起来的以两级减速和中心圆盘支撑为主的全封闭式摆线针轮减速器，与其他减速方式相比，RV减速器具有减速比大、同轴线传动、传动精度高、刚度大、结构紧凑等优点，适用于重载、高速和高精度场合。而谐波减速器也具有传动比大，承载能力大，传动精度高，传动平稳，传动效率高，结构简单、体积小，重量轻等优点，而且相对于RV减速器，其制造成本要低很多，所以本设计中采用谐波减速器。

2. 传动方案的确定

比较目前同类SCARA机器人本体设计方案，参考《国内典型工业机器人图册》，初步选用下述传动方案：

(1) 四旋转自由度均选择减速电机传动，精度高，传动比高，效率高，噪声小，振动小，传动部分的零件都是标准件，易购买，安装方便。

(2) 旋转自由度选择减速电机和同步带传动，精度高，传动比高，结构紧凑。

(3) 移动选择同步带传动，传动精度高，结构紧凑，传动比恒定，传动功率大，效率高，但安装要求高，负载能力有限。

由于主轴处于机器人小臂末端，相对线速度大，对重量与惯量特别敏感，所以传动方式要求同时实现Z轴方向直线运动和绕Z轴的回转运动，并要求其结构紧凑、重量轻。因此，三四关节的传动设计需重点考虑，最终选择同步齿形带联合滚珠丝杠以实现Z轴垂直(第三移动自由度)运动，而用电机集成行星减速器来实现Z轴旋转(第四旋转自由度)运动。

各关节的传动方案最终确定如下：

1轴(大臂回转)：伺服电机1→谐波减速器→大臂。

2轴(小臂回转)：伺服电机2→同步齿形带→谐波减速器→小臂。

3轴(手腕垂直直线运动)：伺服电机3→同步齿形带→丝杠螺母→主轴。

4轴(手腕旋转)：伺服电机4→行星减速器→主轴。

3．机器人外形的确定

依据设计要求，初步设计SCARA机器人的外形尺寸如图7.21所示。

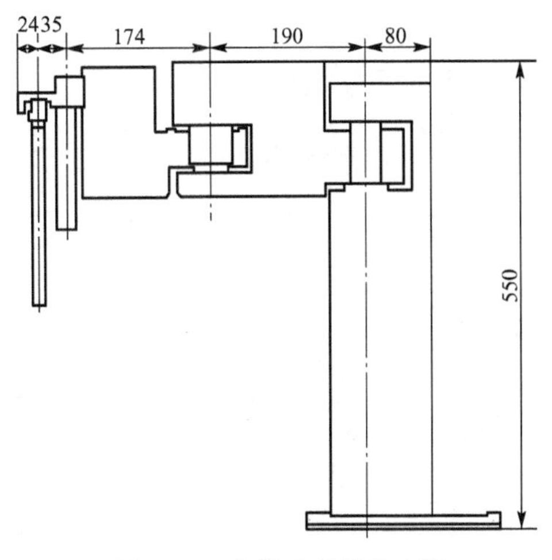

图7.21　机器人外形尺寸图

7.2.3　机器人关键零部件设计

1．旋转轴驱动电机的计算和选择

根据机器人外形尺寸图及设计要求的机器人机身质量，粗略限定各个部分的质量为：机座≤20kg，大臂质量m_1≤15kg，小臂质量m_2≤10kg，手腕质量m_3≤5kg。

1）电机1及减速器的选择计算

设大小臂及手腕绕各自重心轴的转动惯量分别为J_{G1}、J_{G2}、J_{G3}，根据平行轴定理，可得绕第一关节轴的转动惯量为

$$J_1=J_{G1}+m_1l_1^2+J_{G2}+m_2l_2^2+J_{G3}+m_3l_3^2$$

式中：m_1、m_2、m_3——大臂、小臂、手腕的估计质量；

l_1、l_2、l_3——各重心到第一关节处的距离，其值大致为100mm、300mm、400mm。

由于$J_{G1}\ll m_1l_1^2$、$J_{G2}\ll m_2l_2^2$、$J_{G3}\ll m_3l_3^2$，故J_{G1}、J_{G2}、J_{G3}可忽略不计，所以Z_1轴(机座旋转轴)的等效转动惯量为

$$J_1=m_1l_1^2+m_2l_2^2+m_3l_3^2=15\times0.1^2+10\times0.3^2+5\times0.4^2=1.85\text{kg}\cdot\text{m}^2$$

机器人大臂从$\omega_0=0$到$\omega_1=180°/\text{s}$所需时间为$t=0.3\text{s}$，则启动转矩为

$$T_1=J_1\times\dot{\omega}_1=J_1\frac{\omega_1-\omega_0}{\Delta t}=1.85\times\frac{\pi}{0.3}=19.4\text{N}\cdot\text{m}$$

考虑摩擦力矩及J_{G1}、J_{G2}、J_{G3}，则可假定为$T_1=22\text{N}\cdot\text{m}$，取安全系数为2，则谐波减速器所需输出的最小转矩$T_{min1}=2T_1=44\text{N}\cdot\text{m}$。据此，选择北京谐波传动技术研究所生产的机型60、XB1系列单级谐波减速器，其传动比为100，输出扭矩50N·m，可满足力矩要求。XB1-60系列组件的规格和额定数值见表7-6。

表7-6　XB3-60减速器的规格和额定数值

机型	速比	输入转速3000r/min		
		输入功率/kW	输出转速/r·min^{-1}	输出扭矩/(N·m)
60	75	0.258	40	40
60	100	0.242	30	50

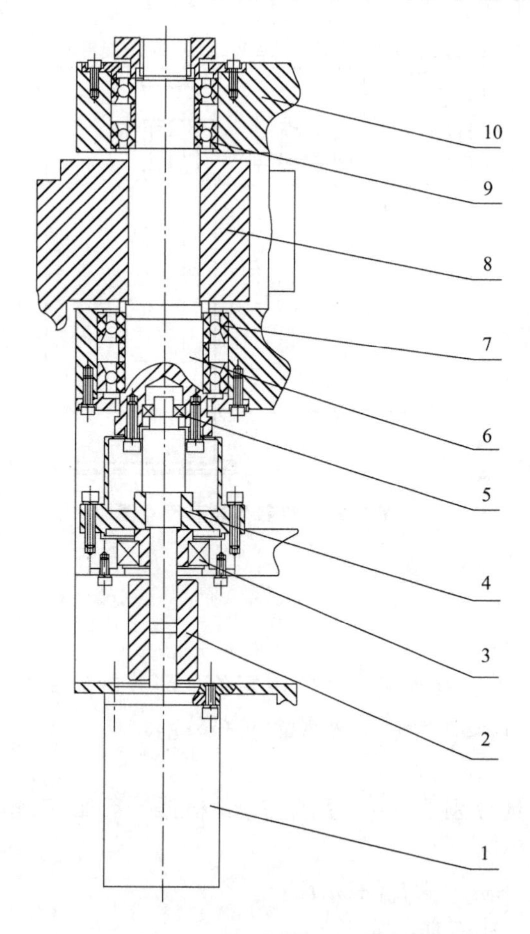

图 7.22　SCARA 机器人 1 轴设计图

1—1 轴电机；2—联轴器；3—深沟球轴承 6005；4—谐波减速器；5—深沟球轴承 61900；6—1 轴主轴；7—角接触球轴承 7008C；8—1 轴下臂；9—角接触球轴承 7006C；10—下臂支架

设谐波减速器的传动效率 $\eta=90\%$，伺服电机需输出力矩为

$$T_{\text{out}}=\frac{T_{\min 1}}{i\cdot\eta}=\frac{44}{100\times 0.9}=0.48\text{N}\cdot\text{m}$$

选择日本富士伺服电机小惯量系列，型号为 GYS201DC2 - T2A，额定转速为 3000r/min，额定功率 200W，额定转速时转矩约为 0.7N·m，满足要求。

综上，进行 1 轴的结构设计，部分图纸如图 7.22 所示。

2）电机 2 及减速器的选择计算

与大臂的计算类似，忽略 J_{G2}、J_{G3}，所以绕第二关节轴的等效转动惯量为

$$J_2=m_2 l_2^2+m_3 l_3^2=10\times 0.3^2+5\times 0.4^2$$

$$=1.7\text{kg}\cdot\text{m}^2$$

机器人大臂从 $\omega_0=0$ 到 $\omega_1=60°/\text{s}$ 所需时间为 $t=0.15\text{s}$，则启动转矩为

$$T_2=J_2\times\dot{\omega}_2=J_2\frac{\omega_2-\omega_0}{\Delta t}=1.7\times\frac{\pi}{3\times 0.15}$$

$$=11.86\text{N}\cdot\text{m}$$

考虑摩擦力矩及 J_{G2}、J_{G3}，则可假定为 $T_2=14\text{N}\cdot\text{m}$，取安全系数为 2，则谐波减速器所需输出最小转矩 $T_{\min 2}=2T_1=28\text{N}\cdot\text{m}$。选择北京谐波传动技术研究所生产的 XB1 - 60 - 75 谐波减速器，其减速比为 75，输出扭矩为 40N·m，可满足设计要求。

伺服电机 2 需输出的力矩为

$$T_{\text{out}}=\frac{T_{\min 2}}{i\cdot\eta}=\frac{14}{75\times 0.9}=0.21\text{N}\cdot\text{m}$$

选择日本富士伺服电机小惯量系列，型号为 GYS101DC2 - T2A，额定转速为 3000r/min，额定功率 100W，额定转速时转矩约为 0.32N·m，可满足输出力矩要求。

为减少机器人整体尺寸，2 轴采用伺服电机、同步带、谐波减速器的驱动方式，设计图如图 7.23 所示。

3）电机 4 及减速器的选择计算

与以上计算类似，4 轴电机选择步进电机，步进电机 4 选择富士 GYS500DC2 - T2C 型，额定功率 50W，额定转速 3000r/min，减速器选择行星减速器，减速比为 5∶1，型号为 NS40 - 005。

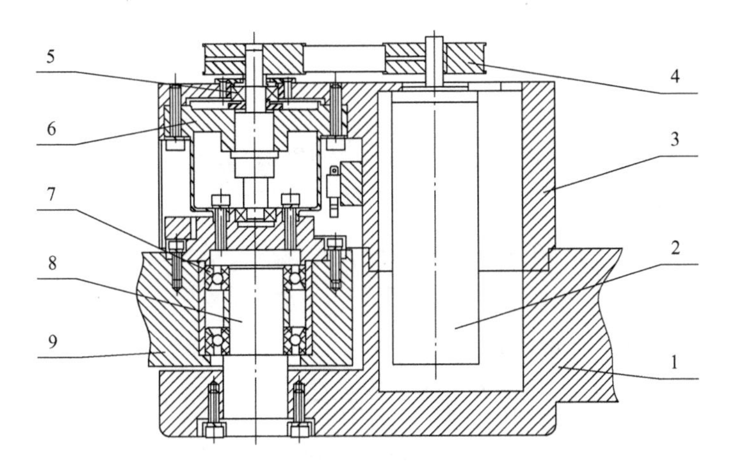

图7.23 SCARA机器人2轴设计图

1—1轴下臂；2—2轴电机；3—1轴上臂；4—同步带轮40—3M；5—深沟球轴承61900；
6—2轴谐波减速器；7—角接触球轴承7005C；8—2轴主轴；9—2轴下臂

2. 直线轴3的驱动电机的选择计算

1) 滚珠丝杠的选择与计算

第三自由度选择丝杠螺母传动，从而实现腕部的升降。为进行滚珠丝杠的选择，需要计算滚珠丝杠的负载、最大动载荷、传动效率，并进行刚度的验算。

(1) 计算滚珠丝杠的负载。

由于3轴为竖直安装，滚珠丝杠的负载力主要包括手腕和负载本身的重力和加速运动时产生的惯性力。

如前所述，设手腕的质量$m_3=5\text{kg}$，负载质量$m_p=3\text{kg}$，第3轴运动的直线加速度最大为$a=1g=9.8\text{m/s}^2$(加速到40mm/s所用的时间为4ms)，则机器人手腕加速时产生的惯性力为

$$F_a=M\cdot a=(m_3+m_p)\cdot a=(5+3)\times 9.8=78.4\text{N}$$

手腕的重力为

$$G=M\cdot g=(m_3+m_p)\cdot g=(5+3)\times 9.8=78.4\text{N}$$

则丝杠轴所受的最大负载力为

$$F_m=K\cdot(F_a+G)=1.1\times(78.4+78.4)=172\text{N}$$

式中：K——参考系数，其与导轨类型有关，见表7-7。

表7-7 参考系数

导轨类型	参数系数K
矩形导轨	1.1
燕尾导轨	1.4
三角形或综合导轨	1.15

(2) 计算滚珠丝杠的转速。

设计要求3轴的直线运动速度$V=40\text{mm/s}$，假设丝杠导程$P=2\text{mm}$，则丝杠的转速为

$$V=\frac{n}{60}P$$

则

$$n=\frac{60V}{P}=\frac{60\times 40}{2}=1200\text{r/min}$$

(3) 计算滚珠丝杠的最大动载荷。

根据负载力的大小，可计算滚珠丝杠的最大动载荷。最大动载荷的计算公式为

$$F_Q=\sqrt[3]{L_0}f_w f_H F_m$$

式中：L_0——滚珠丝杠的寿命，且

$$L_0=\frac{60nT}{10^6}=\frac{60\times 1200\times 15000}{10^6}=1080$$

其中，T 为使用寿命，普通机械取 $T=5000\sim10000$h，数控机床及一般机电设备取 $T=15000$h，这里取 $T=15000$h；n 为丝杠的转速（r/min），根据前述计算结果，取 $n=1200$r/min；

f_w——载荷系数，其选择可参考表 7－8，这里取 $f_w=1$；

f_H——硬度系数。当丝杠的硬度≥58HRC 时，取 $f_H=1.0$；当丝杠的硬度≥55HRC 时，取 $f_H=1.11$；当丝杠的硬度≥50HRC 时，取 $f_H=1.56$；当丝杠的硬度≥45HRC 时，取 $f_H=2.4$；

F_m——滚珠丝杠的最大工作载荷(N)，根据上述计算，$F_m=172$N。

表 7－8　载荷系数

运转状态	f_w
平稳或轻度冲击	1.0～1.2
中等冲击	1.2～1.5
较大冲击或振动	1.5～2.5

代入以上数据，可得滚珠丝杠的最大动载荷为

$$F_Q=\sqrt[3]{L_0}f_w f_H F_m=\sqrt[3]{1080}\times 1.0\times 1.0\times 172=1765\text{N}$$

据此，初步选择黑田精工系列冷轧滚珠丝杠（微型标准螺母 M 型），型号为 GY0802GSHGNR004A，其公称直径 $d_0=8$mm，螺距 $P_h=2$mm，额定动载荷 $C=1800\text{N}>F_Q$，如图 7.24 所示，其他相关尺寸参数见表 7－9。

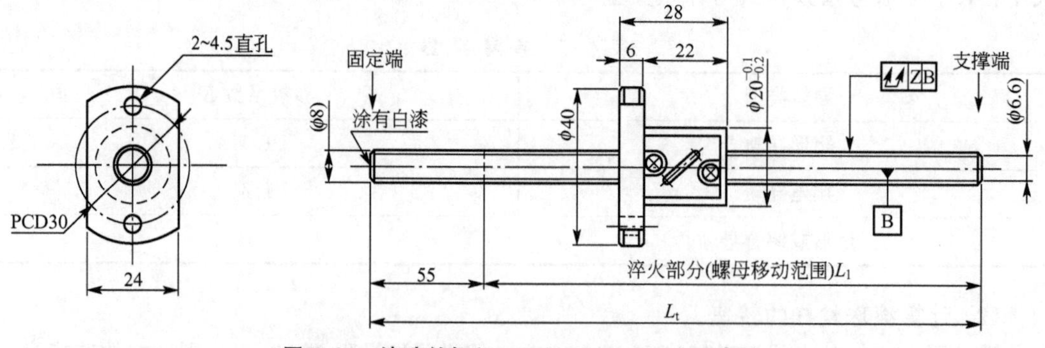

图 7.24　滚珠丝杠(GYGY0802GSHGNR)尺寸图

表7-9 滚珠丝杠的尺寸参数

（长度单位：mm）

型号			名义外径	名义导程	丝杆轴尺寸				螺母尺寸								滚珠直径	回路数	基本动载荷/N	基本静载荷/N
					螺纹长度	总长	根径	轴端长度	外径	总长	螺母总长	法兰尺寸						圈数×回路数		
												外径	厚度	P.C.D	安装孔	宽度				
			d	L	L_1	L_t	d_1	l_2	D	L_1	F	D_1	T	P	M	W	D_b		C	C_0
GY0802GS-HGNR-	0200	A	8	2	145	200	(6.6)	55	20	28	22	40	6	30	4.5钻孔	24	1.5875	3.5×1	1800	3200
	0400				345	400														
GY102FGS-HGNR-	0400	A	10	2.5	340	400	(8.2)	60	24	32	24	44	8	34	4.5钻孔	27	2.000	3.5×1	2600	5200
	0600				540	600														
GY1004DS-HANR-	0400	A	10	4	340	400	(7.8)	60	26	34	26	46	8	36	4.5钻孔	28	2.3812	2.5×1	2300	4800
	0600				540	600														
GY1010AS-HANR-	0400	A	10	10	340	400	(7.8)	60	28	34	26	47	8	36	4.5钻孔	30	2.3812	1.5×1	1850	3200
	0600				540	600														
GY1204DS-HANR-	0400	A	12	4	340	400	(10.0)	60	30	35	27	50	8	40	4.5钻孔	30	2.3812	2.5×1	2600	5800
	0800				740	800														

(4) 刚度的验算。

滚珠丝杠属于受轴向力的细长杆，如果轴向负载过大，则可能产生失稳现象。失稳时的临界载荷 F_k 应满足

$$F_k=\frac{f_k\pi^2EI}{Ka^2}\geqslant F_m$$

式中：f_k——临界载荷(N)；

E——丝杠材料的弹性模量，材料为钢，$E=2.1\times10^5$MPa；

I——按丝杠底径 d_2 确定的截面惯性矩，且 $I=\pi d_2^4/64$；

f_k——丝杠支撑系数，其参考数值见表 7-10；

K——压杆稳定安全系数，一般取 2.5～4，垂直安装时取小值；

a——滚珠丝杠两端支撑件的距离，单位为 mm。

表 7-10 丝杠支撑系数

安装方式	双推-自由	双推-简支	双推-双推	双推-单推
f_k	0.25	2	4	1

由此，可计算丝杠失稳时的临界载荷为

$$F_k=\frac{f_k\pi^2EI}{Ka^2}=\frac{4\times3.14^2\times2.1\times10^5\times3.14\times6.6^4/64}{2.5\times180^2}=9518\text{N}\gg F_m=172\text{N}$$

综上，初选的滚珠丝杠 GY0802GSHGNR004A 满足设计要求。

(5) 计算传动效率。

滚珠丝杠的传动效率一般在 0.8～0.9，可由下式计算：

$$\eta=\frac{\tan\lambda}{\tan(\lambda+\varphi)}$$

式中：λ——丝杠的螺旋升角，可由下式算出

$$\lambda=\arctan\frac{P_h}{\pi d_0}=\arctan\frac{2}{8\pi}=0.08\text{rad}$$

φ——摩擦角，一般取 10′。

由此可算出滚珠丝杠的传动效率为

$$\eta=\frac{\tan\lambda}{\tan(\lambda+\varphi)}=\frac{\tan0.08}{\tan(0.08+\pi\times(10/60)/180)}=0.96$$

2) 电机 3 的选择计算

由于负载力不大，因此 3 轴不采用减速器，而由电机通过同步带直接驱动丝杠进行直线运动。根据功率相等的原则，有

$$F_mV=T\omega\eta$$

式中：F——轴向力；

T——电机力矩；

V——直线运动速度；

ω——电机转速；

η——丝杠的传动效率。

由于

$$V=\frac{\omega}{2\pi}P$$

则电机输出力矩可由下式计算

$$T=\frac{F_{m}P}{2\pi\eta}=\frac{172\times0.002}{2\times3.14\times0.96}=0.06\mathrm{N\cdot m}$$

考虑到同步带的传动效率以及摩擦等因素，取安全系数为 2，则电机所需输出的最小转矩为 $T_{out}=2T=0.12\mathrm{N\cdot m}$。

由于此轴为无减速传动，故所需的电机的转速与丝杠的转速相同。

根据以上电机力矩和转速的要求，选取 3 轴电机为富士 GYS101DC2－T2C 型伺服电机，额定功率 100W，额定转速 3000r/min，它在 3000r/min 时扭矩为 0.318N·m，满足要求。

3 轴与 4 轴的设计图如图 7.25 所示。

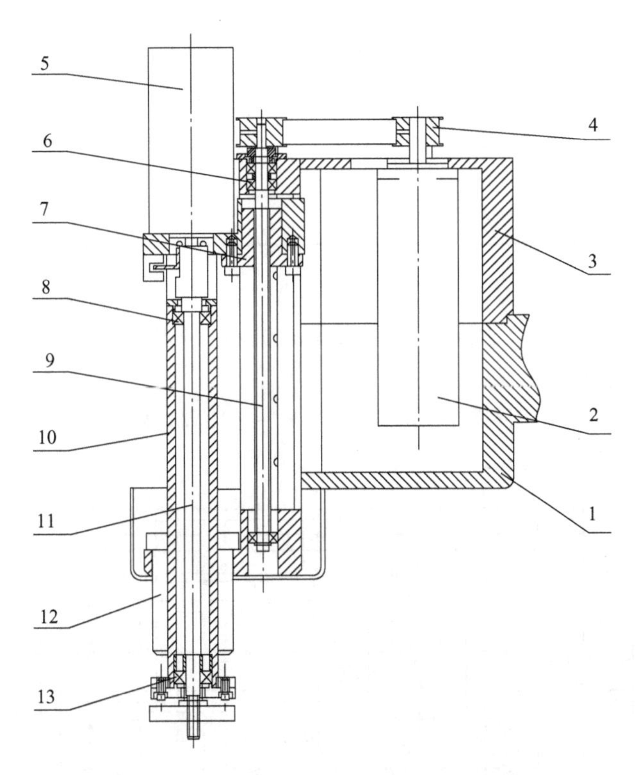

图 7.25　SCARA 机器人 3 轴与 4 轴设计图

1—2 轴下臂；2—3 轴电机；3—2 轴上臂；4—同步带轮 23－3M；5—4 轴电机；
6—深沟球轴承 619/6；7—3 轴螺母；8—深沟球轴承 619/8；9—3 轴丝杠；
10—4 轴支架；11—4 轴主轴；12—直线轴承；13—深沟球轴承 607C

3. 同步齿型带的设计计算

为减小机器人总体外形尺寸，使结构紧凑，2 轴与 3 轴均通过同步带传递运动与力矩，下面进行它们的选择与计算。

1) 2 轴的同步带选择

2 轴电机为 GYS101DC2－T2C 型，功率 100W，额定转速 3000r/min。此处，传动比

$i=1$，同步带主要起改变传动方向的作用，并不改变输出力矩。

(1) 确定同步齿型带的计算功率。

同步齿型带传递的功率随载荷性质、速度增减和张紧轮的配置而变化。其计算功率为

$$P_d=K_A P$$

式中：K_A——考虑载荷性质和运转时间的工况修正系数，其值见表 7-11，查表确定 $K_A=1.4$。

P——传递的功率。

表 7-11　同步带的工况修正系数

载荷性质		每天工作小时数/h		
变化情况	瞬时峰值载荷及额定工作载荷	≤10	10～16	>16
平稳	—	1.2	1.4	1.5
小	≈150%	1.4	1.6	1.7
较大	≥150%～200%	1.6	1.7	1.85
很大	≥250%～400%	1.7	1.85	2
大而频繁	≥450%	1.85	2	2.05

则同步带的计算功率为

$$P_d=K_A P=1.4\times 100=140\text{W}$$

(2) 选定带型和节距。

根据圆弧齿同步带选型图(图 7.26)，功率 $P_d=140$W，转速 $n_2=3000$r/min，可选 3M 同步齿形带，节距为 $P_b=3$mm。

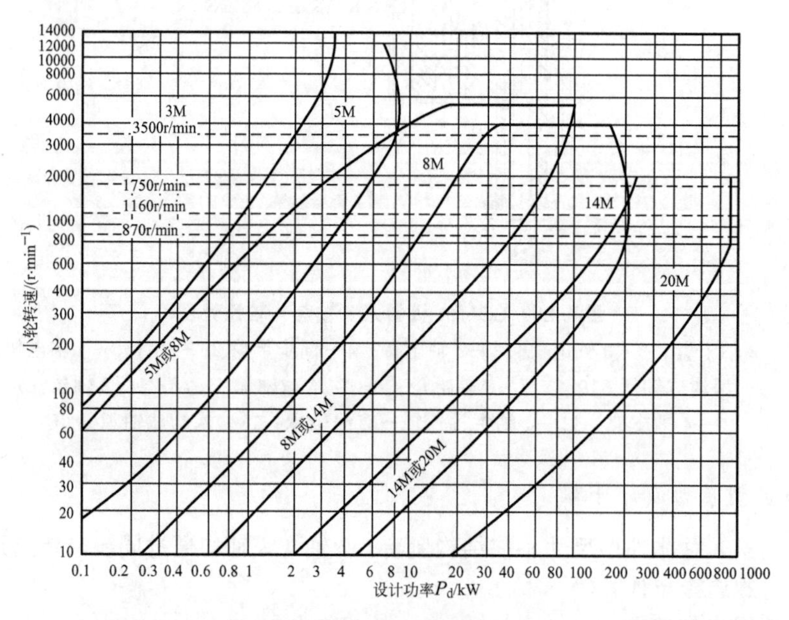

图 7.26　圆弧齿同步带选型图(摘自 JB/T 7512.3—1994)

(3) 大小带轮齿数及节圆半径。

根据带轮转速 n_2=3000r/min 和带型 3M，根据表 7-12 可确定小带轮的最小齿数 Z_{min}=20。此设计中，由于安装尺寸限制，2 轴选择小带轮齿数为 Z_1=40。

表 7-12　带轮的最小齿数

带轮转速/(r·min⁻¹)	带型				
	3M	5M	8M	14M	20M
	Z_{min}				
≤900	10	14	22	28	34
>900～1200	14	20	28	28	34
>1200～1800	16	24	32	32	38
>1800～3600	20	28	36	—	—
>3600～4800	22	30	—	—	—

则小带轮节圆直径为

$$d_1=\frac{z_1 p_b}{\pi}=\frac{40\times 3}{3.14}=38.22\text{mm}$$

因为是同比传动，传动比为 1，故大带轮与小带轮型号与尺寸完全相同。

(4) 同步带带速计算。

$$v=\frac{\pi d_1 n_1}{60\times 1000}=\frac{3.14\times 38.22\times 3000}{60\times 1000}=6\text{m/s}$$

(5) 初选中心距。

中心距 C_0 满足下述条件

$$0.7(d_1+d_2)<C_0<2(d_1+d_2)\text{，即 }53.508\text{mm}<C_0<152.88\text{mm}$$

根据结构尺寸要求，确定 C_0=84mm。

(6) 带长及其齿数确定。

带长根据下式计算

$$L_0=2C_0+\frac{\pi(d_1+d\ 2)}{2}+\frac{(d_2-d_1)^2}{4C_0}=288\text{mm}$$

根据圆弧齿同步带长度系列查得，其节线长 L_p=300mm，节线上的齿数 Z=100。

同步带的实际中心距为

$$a=\frac{M+\sqrt{M^2-32(d_2-d_1)^2}}{16}$$

式中

$$M=4L_p-2\pi(d_2+d_1)=4\times 300-2\times 3.14\times(38.22+38.22)=720$$

故中心距为

$$a=\frac{M+\sqrt{M^2-32(d_2-d_1)^2}}{16}=\frac{624+\sqrt{624^2-0}}{16}=90\text{mm}$$

小带轮啮合齿数为

$$Z_{\mathrm{m}}=ent\left[\frac{Z_1}{2}-\frac{P_{\mathrm{b}}Z_1}{2\pi^2 C}(Z_2-Z_1)\right]=20\geqslant 6$$

(7) 基本额定功率。

查表，当齿数 40、小带轮转速 3000 时，基本额定功率为 0.3kW，满足设计要求。

(8) 要求带宽。

$$b_{\mathrm{s}}\geqslant b_{\mathrm{s0}}\sqrt[1.14]{\frac{P_{\mathrm{d}}}{K_{\mathrm{L}}K_{\mathrm{Z}}P_0}}=6\times\sqrt[1.14]{\frac{0.14}{1\times 1\times 0.3}}=3.08\mathrm{mm}$$

式中：K_{z}——啮合系数，因 $Z_{\mathrm{m}}\geqslant 6$，取 $K_{\mathrm{z}}=1$；

K_{L}——带长系数，按表可查得 $K_{\mathrm{L}}=1$。

b_{s0}——带基准宽度，查表确定 $b_{\mathrm{s0}}=6\mathrm{mm}$。

根据上式，要求带宽 $b_{\mathrm{s}}\geqslant 3.08\mathrm{mm}$，取 $b_{\mathrm{s}}=9\mathrm{mm}$。

(9) 作用在轴上的力。

紧边张力

$$F_1=\frac{1250P_{\mathrm{d}}}{v}=\frac{1250\times 0.14}{6}=29.2\mathrm{N}$$

松边张力

$$F_2=\frac{250P_{\mathrm{d}}}{v}=5.84\mathrm{N}$$

(10) 带轮的结构设计。

综上，2 轴同步带的型号最终确定为 40 - 3M - 9，可据此选取现有产品，也可按照机械设计手册进行设计。

2) 3 轴的同步带选择

3 轴驱动电机也为 GYS101DC2 - T2C 型，功率 100W，额定转速 3000r/min，传动比 $i=1$。

设计计算与 2 轴类似，带轮直径选为 24mm，则小带轮节圆直径为

$$d_1=\frac{z_1 p_{\mathrm{b}}}{\pi}=\frac{24\times 3}{3.14}=22.93\mathrm{mm}$$

同步带带速计算

$$v=\frac{\pi d_1 n_1}{60\times 1000}=\frac{3.14\times 22.93\times 3000}{60\times 1000}=3.6\mathrm{m/s}$$

初选中心距 C_0 满足下述条件

$$0.7(d_1+d_2)<C_0<2(d_1+d_2)\text{，即 }32.1\mathrm{mm}<C_0<91.7\mathrm{mm}$$

由于结构限制，确定 $C_0=75\mathrm{mm}$。

带长为

$$L_0=2C_0+\frac{\pi(d_1+d\ 2)}{2}+\frac{(d_2-d_1)^2}{4C_0}=222\mathrm{mm}$$

根据圆弧齿同步带长度系列查得，其节线长 $L_{\mathrm{p}}=225\mathrm{mm}$，节线上的齿数 $Z=45$。

同步带的实际中心距为

$$a=\frac{M+\sqrt{M^2-32(d_2-d_1)^2}}{16}$$

式中：$M=4L_p-2\pi(d_2+d_1)=4\times 225-2\times 3.14\times(22.93+22.93)=612$。

代入后得

$$a=\frac{M+\sqrt{M^2-32(d_2-d_1)^2}}{16}=\frac{612+\sqrt{612^2-0}}{16}=76.5\text{mm}$$

小带轮啮合齿数为

$$Z_m=ent\left[\frac{Z_1}{2}-\frac{P_b Z_1}{2\pi^2 C}(Z_2-Z_1)\right]=12\geqslant 6$$

当齿数 24，小带轮转速 3000 时，基本额定功率为 0.16kW，满足设计要求。

要求的带宽为

$$b_s\geqslant b_{s0}\sqrt[1.14]{\frac{P_d}{K_L K_Z P_0}}=6\times\sqrt[1.14]{\frac{0.14}{1\times 1\times 0.3}}=3.08\text{mm}$$

可取带宽 $b_s=9\text{mm}$。

综上，3 轴的同步带型号可确定为 24 - 3M - 9。

7.2.4　机器人控制系统设计

机器人的控制体系结构有两种主要形式，一种是采用专有的控制体系结构的大型专有控制装置，如 FANUC、MOTOMAN 机器人；另一种是开放式的通用运动控制体系结构，例如基于 PC 的运动控制结构，具有开放性、可移植性、可扩展性等优点，而且可以方便的添加网络通信功能。

这里，我们采用基于 PC 的开放式运动控制体系结构进行 SCARA 机器人的控制系统设计，其硬件主要包括通用 PC 或工控机、基于 PCI 总线的高性能多轴运动控制卡、控制电机和电机驱动器、接口电路板以及机器人本体。

我们设计的 SCARA 机器人控制系统采用分层控制结构，如图 7.27 所示。以通用 PC

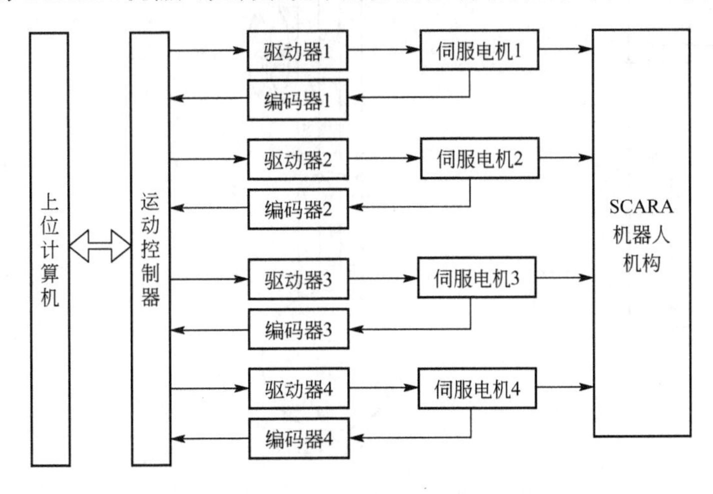

图 7.27　SCARA 机器人控制系统结构

作为主控制器，其上运行机器人控制主程序，提供用户界面接口并完成作业任务规划、运动学正反解和坐标变化等，并按规划得到的机器人关节目标任务控制机器人运动的位置、速度和加速度。以高性能运动控制卡作为底层控制器，运用一定的控制策略完成关节电机的运动控制。主控制器和运动控制卡通过 PCI 总线通信，主控制器调用库函数下达任务并检测命令执行的状态。运动控制卡的控制信号送入各个关节电机驱动器，经过运算放大后驱动机器人本体上的关节电机运动。采用这种层次结构设计使得运动控制体系中的各个层次之间相对独立，主控制器面向的控制对象是机器人的关节(Joint)，运动控制器面向具体的电机控制轴(Axis)，机器人关节和电机控制轴之间的对应关系由机器人模型来确定。

我们采用苏州博实公司生产的 MAC 系列多轴伺服步进运动控制器，可实现四轴机器人的点位及连续轨迹控制。选定的运动控制器型号为 MAC－3002SSP4，同时选择与各电机相配合的电机驱动器为同厂家的富士 RYC 系列驱动器。

根据运动控制器与驱动器的接口定义，可进行 SCARA 机器人的控制系统设计。由于各轴电机属同一系列，驱动器接口定义基本相同，因此，在此以 1 轴为例，给出机器人的控制系统硬件连线图，如图 7.28、7.29 所示。

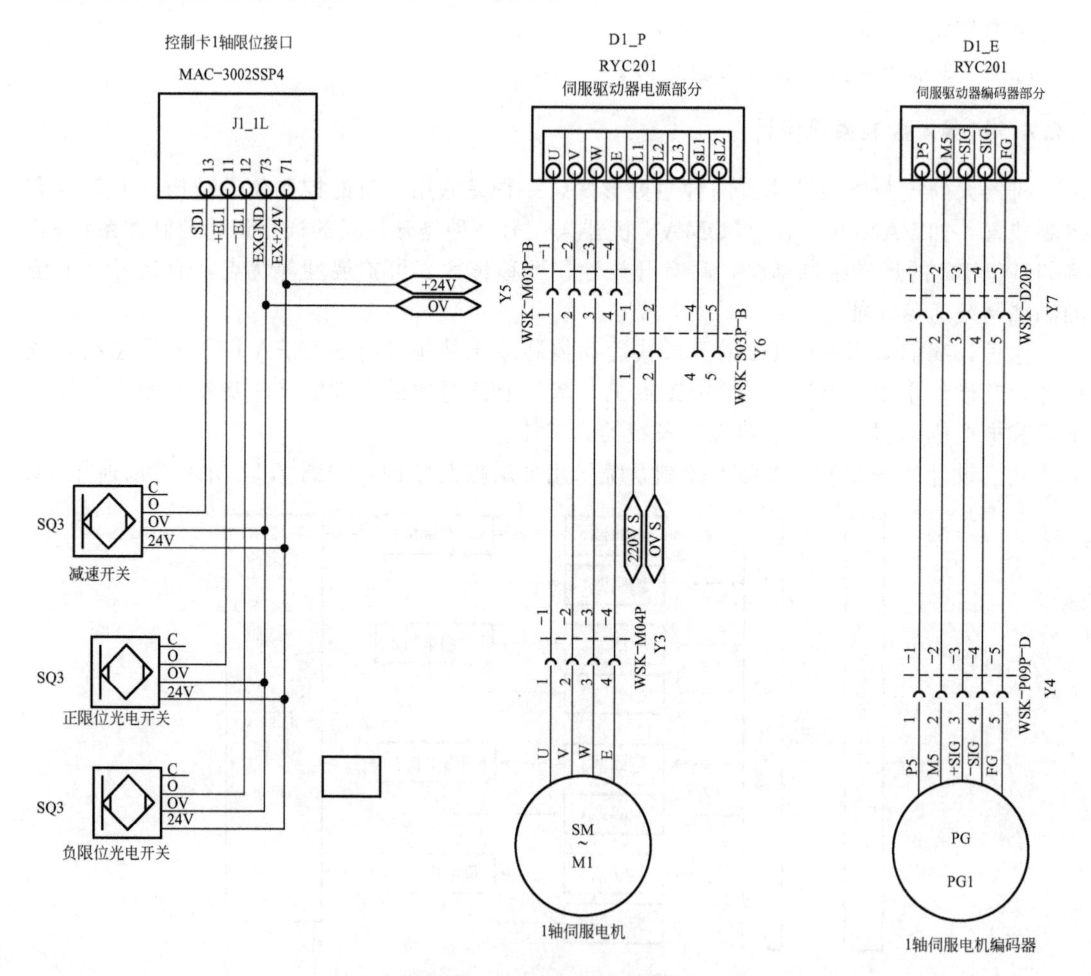

图 7.28　控制系统连线图

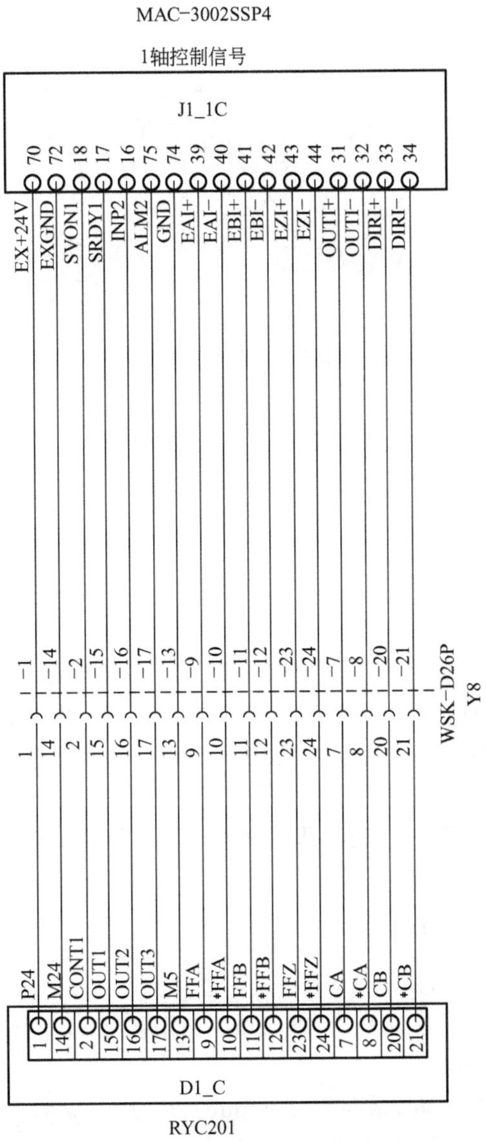

图 7.29 伺服驱动器控制信号连线图

7.3 普通车床的数控化改造

数控车床是我国机械加工领域不可缺少的加工设备，是典型的机电一体化产品。本节以 CA6140 普通车床的数控化改造为例，介绍机电一体化产品设计的相关内容。CA6140 普通车床的外形结构如图 7.30 所示。机床的运动可以分为主轴旋转运动、刀架的横向进给运动和纵向进给运动。被加工的工件通过三爪卡盘、鸡心夹头等与主轴相连，并随主轴一起旋转，刀具则随溜板箱、刀架做纵向或横向移动。在工件与刀具的相对运动过程中实现了零件的加工成形。

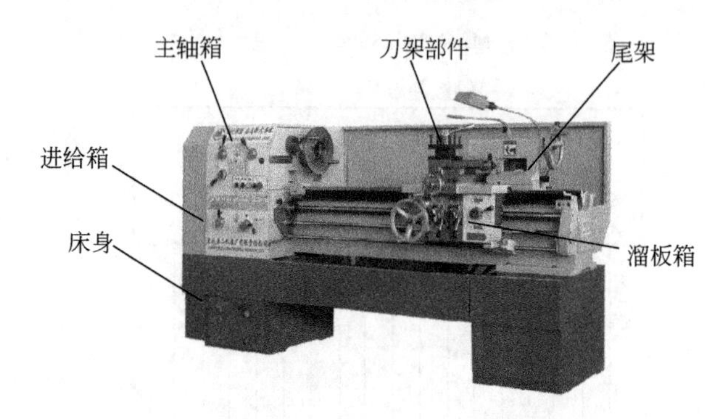

图 7.30　CA6140 普通车床的外形结构

7.3.1　设计任务

1. 设计题目

CA6140 普通车床的数控化改造。

2. 设计要求

将 CA6140 普通车床改造成经济型数控车床。为了减少设计的工作量，也为了使设计者掌握有级变速系统的设计方法，现保留 CA6140 普通车床的主传动系统部分不变，仅对进给系统部分(横向进给和纵向进给)进行数控化改造。要求改造后的机床能够保留原有机床的功能，即车削内外圆柱面、圆锥面、环槽、车削端面、加工螺纹和钻孔等；增加加工圆弧、圆锥的功能。操作控制面板应具备启动、停止、暂停、警停、点动、单步、单段和连续运行等功能。

3. 主要设计参数及技术指标

主要设计参数及技术指标如下。

(1) 工件最大回转直径：在床身上 400mm，在床鞍上 210mm。

(2) 最大工件长度：1000mm。

(3) 快速移动速度：*X* 方向(横向)：2m/min；*Z* 方向(纵向)：4m/min。

(4) 切削进给速度：*X* 方向(横向)：0.0005～0.5m/min；*Z* 方向(纵向)：0.001～1m/min。

(5) 定位精度：*X*/*Z*：0.03/0.04mm。

(6) 重复定位精度：*X*/*Z*：0.012/0.016mm。

(7) 最小进给单位：*X* 方向(横向)：0.005mm/脉冲；*Z* 方向(纵向)：0.01mm/脉冲。

(8) 主轴转速范围：正转：24 级 10～1400r/min；反转：12 级 14～1580r/min。

7.3.2　总体方案设计

1. 数控系统运动控制方式的确定

按照完成的加工制造任务，数控系统可以分为点位控制系统和连续路径控制系统。由于要求 CA6140 能加工复杂轮廓零件，所以数控系统应该设计成连续路径控制型。

2. 伺服进给系统的选择

数控机床的伺服进给系统有开环(图 7.31)、半闭环(图 7.32)和闭环(图 7.33)三种形式。采用直流或交流伺服电机驱动的半闭环或闭环控制方案，尽管可以达到很好的控制精度，能够补偿机械传动中的各种误差，但是结构复杂，技术难度大，成本高。而 CA6140 普通车床经数控化改造后属于经济型数控车床，加工精度要求也不是很高。所以本设计的伺服系统采用由步进电机驱动的开环控制系统。

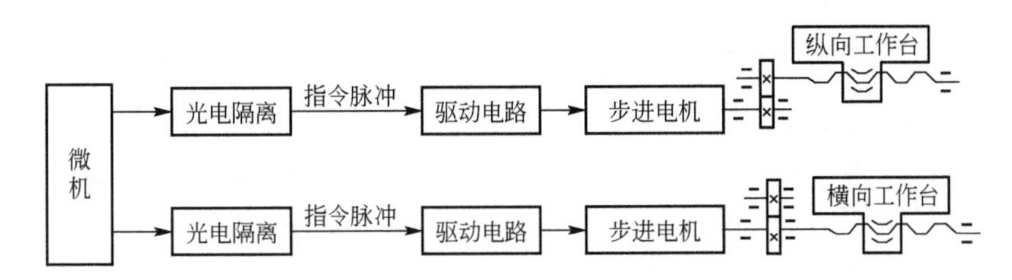

图 7.31　步进电机驱动的开环控制方案

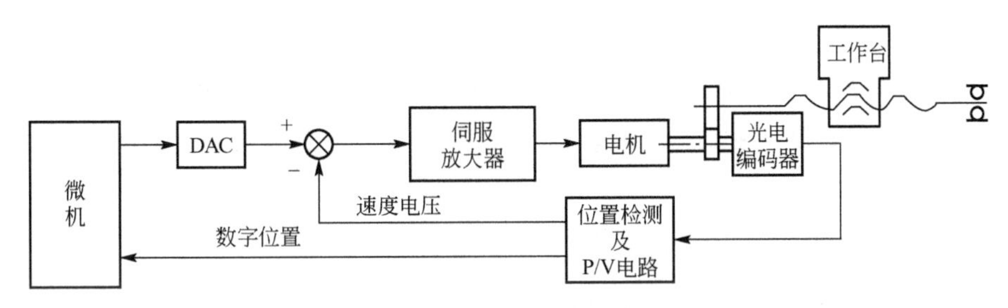

图 7.32　伺服电机驱动的半闭环控制方案

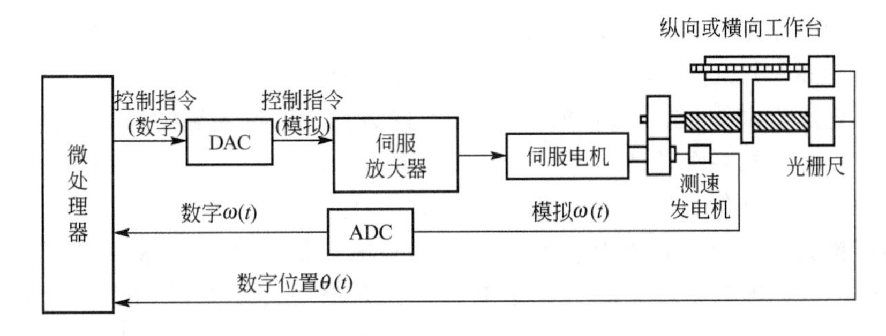

图 7.33　伺服电机驱动闭环控制方案

3. 控制器的选择

由于 CA6140 普通数控机床经数控化改造后，实现控制性能要求的控制算法不是很复杂。所以以 MCS－51 系列的 8 位单片机作为控制器，外扩存储器、D/A 转换器、I/O 接口电路、键盘、显示器等组成改造后机床的控制系统。

4. 进给传动机构

纵向进给机构的改造：拆去原有机床的溜板箱、光杠、丝杠以及安装基座，选用摩擦力小、传动效率和传动精度高的滚珠丝杠副，且由步进电机驱动。横向进给也是换以步进电机驱动的滚珠丝杠副。

5. 主传动系统

保留主传动系统，即保留原有的主传动机构和变速操纵机构。但是主轴的正转、反转和停止可由计算机控制。为了使机床能够加工螺纹，需要安装能够检测主轴位置的编码器。编码器即可以与主轴同轴安装，即直接安装在主轴的后端，也可以通过 1∶1 的同步带轮与主轴连接。

7.3.3 机床主传动系统的设计计算

在进行主传动系统的设计时，首先要根据要求的主轴最高、最低转速以及传动级数确定主轴的各级转速，绘制转速图，确定传动方案。然后根据传动方案、转速图和主轴的计算转速确定其他各轴的计算转速、轴上传动零件的计算转速以及它们的受力分析；最后进行轴、轴上零件和箱体等的设计。现以 12 级转速为例，系统地介绍有级变速系统的设计过程，24 级转速的主传动系统设计方法与此类似。

1. 确定主轴的各级转速

为了使得各级的转速损失率最小，通常主轴的各级转速按等比级数分级。若 R_n 表示主轴的变速范围，n_{max} 表示主轴的最高转速，n_{min} 表示主轴的最低转速，z 表示主轴的变速级数，则

$$R_n=\frac{n_{max}}{n_{min}}=\frac{n_1\phi^{Z-1}}{n_1}=\phi^{Z-1} \tag{7-1}$$

式中：n_1——主轴的第一级转速(最低转速)；

ϕ——公比。

常用的几种公比是：1.12，1.26，1.41，1.58，1.78 和 2。它们可以转换成 1.06 的幂次方：$1.12=1.06^2$，$1.26=1.06^4$，$1.41=1.06^6$，$1.58=1.06^8$，$1.78=1.06^{10}$，$2=1.06^{12}$。

表 7-13 列出了以 1.06 为公比的 1～10000 的数列。根据主轴的最低转速、公比 ϕ 查表 7-13 可获得主轴的各级转速。

例如，若要求主轴的最高转速为 1400r/min，最低转速为 31.5r/min，能实现 12 级有级变速，则根据式(7-1)，公比为 $\phi=1.41\approx1.06^6$。查表 7-13，先从表中找出 31.5，然后从 31.5 开始，每隔 5 个数，取出一个数。因此，该主传动系统的 12 级转速依次为：31.5r/min，45r/min，63r/min，90r/min，125r/min，180r/min，250r/min，355r/min，500r/min，710r/min，1000r/min，1400r/min。若 $\phi=1.58\approx1.06^8$，则每隔 7 个数取出一个数。

表 7-13 公比为 1.06 的 1～10000 标准数列

1.00	2.36	5.6	13.2	31.5	75	180	425	1000	2360	5600
1.06	2.5	6.0	14	33.5	80	190	450	1060	2500	6000
1.12	2.65	6.3	15	35.5	85	200	475	1120	2650	6300
1.18	2.8	6.7	16	37.5	90	212	500	1180	2800	6700
1.25	3.0	7.1	17	40	95	224	530	1250	3000	7100

（续）

1.32	3.15	7.5	18	42.5	100	236	560	1320	2150	7500
1.4	3.35	8.0	19	45	106	250	600	1400	3350	8000
1.5	3.55	8.5	20	47.5	112	265	630	1500	3550	8500
1.6	3.75	9.0	21.1	50	118	280	670	1600	3750	9000
1.7	4.0	9.5	22.4	53	125	300	710	1700	4000	9500
1.8	4.25	10	23.6	56	132	315	750	1800	4250	10000
1.9	4.5	10.6	25	60	140	335	800	1900	4500	
2.0	4.75	11.2	26.5	63	150	355	850	2000	4750	
2.12	5.0	11.8	28	67	160	375	900	2120	5000	
2.24	5.3	12.5	30	71	170	400	950	2240	5300	

2. 确定传动方案

确定传动方案就是要确定从电机到主轴所构成的主传动系统需要多少根轴，以及相邻两轴所需要的传动齿轮副的对数。为此，需要了解结构式、结构网和转速图的概念。

下面以图 7.34 所示的中型普通车床主传动系统图为例，对上述三个概念进行介绍。

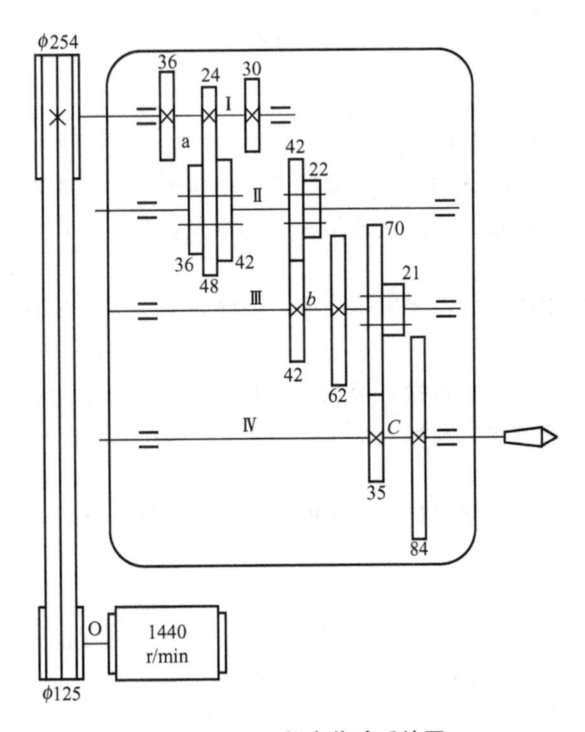

图 7.34　12 级主传动系统图

1）结构式

从图中可以看出，它有五根轴：电机轴和Ⅰ～Ⅳ轴，其中Ⅳ轴为主轴。Ⅰ～Ⅱ轴之间有传动组(变速组)a，它有三对传动副；Ⅱ～Ⅲ轴和Ⅲ～Ⅳ轴之间分别有传动组 b(二对传

动副)和 c(二对传动副)，三个传动组构成 12 级转速。各传动组(变速组)的传动比分别为

变速组 a：$i_{a1}=\dfrac{24}{48}=\dfrac{1}{2}=\dfrac{1}{1.41^2}=\dfrac{1}{\phi^2}$；$i_{a2}=\dfrac{30}{42}=\dfrac{1}{1.41}==\dfrac{1}{\phi}$；$i_{a3}=\dfrac{36}{36}=1$。

变速组 b：$i_{b1}=\dfrac{22}{62}=\dfrac{1}{2.8}=\dfrac{1}{1.41^3}=\dfrac{1}{\phi^3}$；$i_{b2}=\dfrac{42}{42}=1$。

变速组 c：$i_{c1}=\dfrac{21}{84}=\dfrac{1}{4}=\dfrac{1}{1.41^4}=\dfrac{1}{\phi^4}$；$i_{c2}=\dfrac{70}{35}=1.41^2=\phi^2$。

注意：本节所使用的传动比的概念遵循机床中的惯例，即 $i=\dfrac{\text{主动轮的齿数}}{\text{被动轮的齿数}}$。

12 级转速可以写成

$$12=3\times2\times2=3_1\times2_3\times2_6=p_{ax_a}\cdot p_{bx_b}\cdot p_{cx_c} \tag{7-2}$$

式中：p_a、p_b、p_c——变速组中的传动副数；

x_a、x_b、x_c——级比指数。

级比指数反映了同一变速组中相邻两传动比的比值是公比的多少倍。例如，在图 7.34 中 $p_a=3$，$x_a=1$；$p_b=2$，$x_b=3$；$p_c=2$，$x_c=6$。写成通式为

$$Z=p_{ax_a}\cdot p_{bx_b}\cdots p_{ix_i} \tag{7-3}$$

式中：$x_i=p_0\cdot p_1\cdot p_2\cdot\cdots p_{i-1}$

任意一个变速组的变速范围 r_i 为

$$r_i=\frac{i_{i\max}}{i_{i\min}}=\phi^{(p_i-1)x_i} \tag{7-4}$$

式中：$i_{i\max}$——该变速组内的最大传动比；

$i_{i\min}$——该变速组内的最小传动比。

式(7－3)称为传动系统的结构式。它描述了各变速组的传动副数以及同一变速组中相邻两传动比的比值。级比指数为 1 的变速组称为基本组，其后依次称为第一扩大组，第二扩大组……。

在设计机床的变速系统时，在降速传动中，为防止被动齿轮的直径过大而使径向尺寸增大，常限制最小传动比，使 $i_{\min}\geqslant1/4$；在升速传送中，为防止产生过大的振动和噪声，常限制最大传动比使 $i_{\max}\leqslant2$。斜齿圆柱齿轮传动比较平稳，故 $i_{\max}\leqslant2.5$。因此，主传动系统任一变速组的变速范围一般应满足 $r_{\max}=i_{\max}/i_{\min}\leqslant8\sim10$。

2) 结构网

结构式虽然简单，但是不够直观。结构网是结构式的图形化，即通过图形方式反映结构式的内容。

结构网的画法如下。

(1) 确定变速组的数目。n 个变速组，就有 $n+1$ 条表示轴线的竖线。例如，传动系统有三个变速组，则有 4 条间距相等的表示轴的竖线。

(2) 确定主轴变速的级数。m 级就有 m 条表示每一级转速的水平线。例如主轴有 12 级转速，则有 12 条间距相等的水平线。

(3) 画出 $m\times n$ 的网格。

(4) 根据结构式，从左至右按照基本组→第一扩大组→第二扩大组……，依次绘出代表传动比的网线。由于结构网只表示传送的相对关系，各轴的格点并不代表轴的实际转

速，所以表示传动比的网格线可以对称画出。

例如，欲绘制结构式 $12=3_1\times2_3\times2_6$ 的结构网。画法：根据结构式 $12=3_1\times2_3\times2_6$，在Ⅰ～Ⅱ轴之间是基本组，级比指数为 1，有三对传动副，则从Ⅰ轴的中间点 O 点开始，一条是水平线 Ob，一条是向右上方升一格的传动线 Oc，一条是向右下方降一格的传动线 Oa。其他变速组的画法依此类推，最后绘制出的结构网如图 7.35 所示。

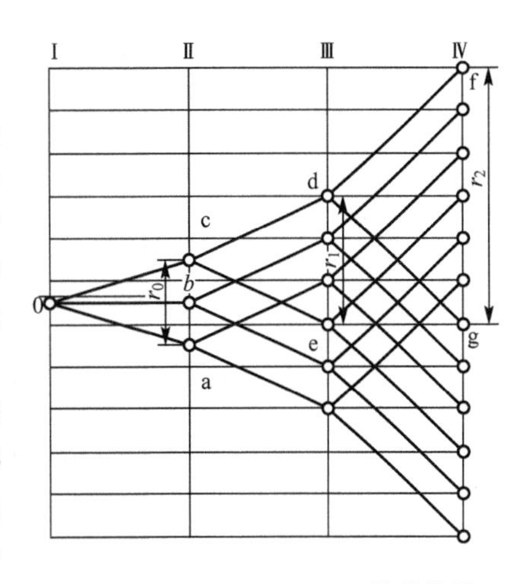

图 7.35　$12=3_1\times2_3\times2_6$ 的结构网

由于在对主轴的 12 级转速进行因式分解时，结构式不止一种，所以对应的结构网也不止一种。图 7.36 列出了 12 级转速的 6 种结构网。其中，图 7.36(a)最合理，因为中间各轴的最高转速不至于太高也不会太低。

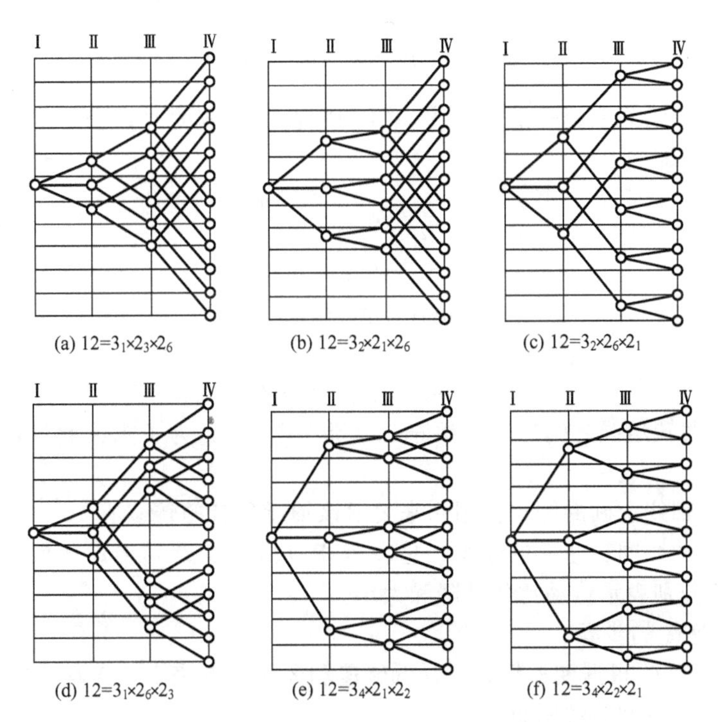

图 7.36　12 级的 6 种结构式和结构网

一般选择结构式时应该遵循是前多后少，前慢后快，基本组在前，扩大组在后的原则。

3) 转速图

(1) 转速图的组成。

转速图在形式上与结构网相似。但是它们的不同之处是：转速图能够反映出每根轴的实际转速，而结构网不行。转速图由轴线、转速线、转速点和传动线四部分组成，现以图 7.37 为例进行说明。

① 轴线：用来表示轴的一组间距相等的直线。将各轴按照传动的顺序，从左到右依次画出，并标出轴号(电机轴为 0)。竖线的间距相等是为了使线图清晰，并不表示轴的中心距相等。

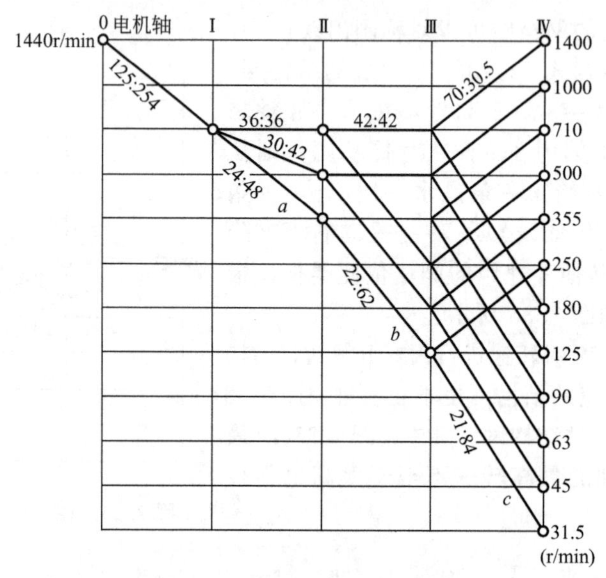

图 7.37　12 级传动系统转速图

② 转速线：一组间距相等的水平线，用它来表示转速的对数坐标。由于主轴的各级转速是等比数列，即

$$\frac{n_2}{n_1}=\phi \quad \frac{n_3}{n_2}=\phi \quad \cdots \quad \frac{n_z}{n_{z-1}}=\phi$$

$$\lg n_2-\lg n_1=\lg\phi$$

$$\lg n_3-\lg n_2=\lg\phi$$

$$\vdots$$

$$\lg n_z-\lg n_{z-1}=\lg\phi \tag{7-5}$$

可见，相邻两转速线之间的间隔相等，等于一个 $\lg\phi$，为了方便起见，不写 lg，只写实际转速。

③ 转速点：轴线上画的圆点。用它来表示该轴所具有的转速值。

④ 传动线：轴线间转速点的连线，它表示相应传动副及其传动比值。传动线的倾斜方向和倾斜程度分别表示传动比的升降和大小。

(2) 拟定转速图的步骤。

① 确定转速数列 根据变速级数、最低转速和公比 ϕ 查表 7-13 确定转速序列。

② 确定传动组数和传动副数。

③ 写出结构式或画结构网。

④ 选电机的转速 手册或样本中给出的是电机的同步转速，电机的满载转速近似为 096 倍的满载转速，绘制转速图时应该取电机的满载转速。

⑤ 定中间轴的转速。

⑥ 按转速图的绘制方法绘制出主传动系统的转速图。

(3) 扩大变速系统变速范围的方法。

在设计转速图时，有时由于极限传送比的限制，常规的设计方法满足不了主轴转速变化范围的要求。例如，若公比 $\phi=1.26$，最后一个变速组的传动副数为 2，主轴的变速级数为 18，则变速范围 $R_n=1.26^{17}=50$，满足不了要求。此时，可以通过下述方法扩大主轴的变速范围。

① 转速重合。在原有的传动链之后再串联一个变速组。但是由于极限传动比的限制，串联变速组的级比指数 x_i 要特殊处理。例如，如果 $\phi=1.26$，要求 $R_n>50$，而结构式为 $3_1\times3_3\times2_9$ 的变速范围 $R_n=50$ 满足不了要求，这时可以在后面再串联一个传动副为 2 的变速组，即 $3_1\times3_3\times2_9\times2_{18}$。但是由于最后一个变速组的变速范围为 $64\gg8$，故只有将 $x_3=18$ 改为 $x_3=9$ 才行，于是结构式变成 $3_1\times3_3\times2_9\times2_9$，主轴转速重合了 9 级，主轴的实际转速 $z=3\times3\times2\times2-9=27$ 级。主轴的变速范围扩大至 $R_n=1.26^{26}=400$。当主轴的转速无法分解因子时也可以采用转速重合的方法解决。

② 背轮机构。背轮机构的使用可参考《机床设计手册》。

在转速图设计好之后，主传动系统的传动方案也就确定了，为后面传动系统图的绘制做好了准备。

3. 确定计算转速

传动系统中各传动件(如轴、齿轮)的尺寸主要根据所传递的最大转矩来计算，而转矩又与它所传递的功率和转速有关。传动件的转速有的是固定的，有的是变化的。因此，对于转速变化的传动件必须确定按照哪个转速进行动力计算。

图 7.38 是通用机床的功率转矩特性曲线。从图中可以看出，机床主轴从 n_{max} 到某一级转速 n_j 之间，主轴传递了全部功率，称为恒功率区Ⅰ。在这区间，转矩随转速的降低而增大。从 n_j 到某一级转速 n_{min} 之间，转矩保持不变，仍为 n_j 时的转速，而功率却随转速的降低而变小，称该区为恒转矩区Ⅱ。可见 n_j 是传递全部功率的最低转速，称为计算转速。

车床主轴的计算转速 $n_j=n_{min}\cdot\phi^{\frac{Z}{3}-1}$，即为主轴的第一个(低的)1/3 转速范围内的最高一级转速。其他机床的计算转速可参考《机床设计手册》。当主轴的计算转速确定后，可以根据传动线和计算转速的概念推出其他轴的计算转速以及轴上传动零件的计算转速。例如，在图 7.39 中，各轴的计算转速见表 7-14。

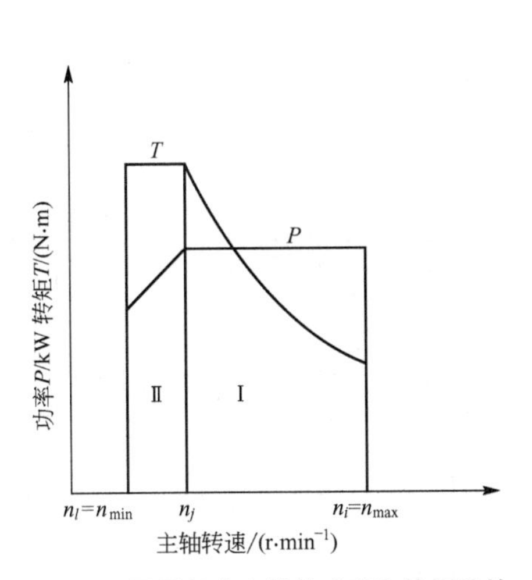

图 7.38　通用机床主轴的功率和转矩特性

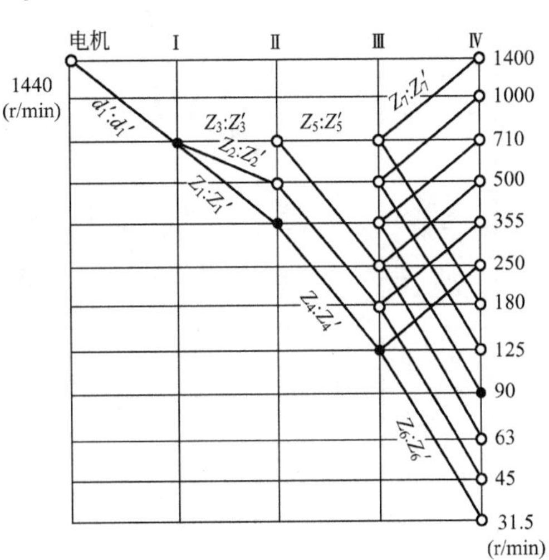

图 7.39　中型车床转速图

表 7-14　各轴的计算转速

轴	Ⅰ	Ⅱ	Ⅲ	Ⅳ
$n_j/(\mathrm{r\cdot min^{-1}})$	710	355	125	90

表 7－15　各种常用传动比的实用齿轮

Si / i	40	41	42	43	44	45	46	47	48	49	50	51	52	53	54	55	56	57	58	59	60	61	62	63	64	65	66	67	68	69	70	71	72	73	74	75	76	77	78	79	Si / i
1.00	20		21		22		23		24		25		26		27		28		29		30		31		32		33		34		35		36		37		38		39		1.00
1.06		20		21		22		23									27		28		29		30		31		32		33		34		35		36		37	38			1.06
1.12	19							23									27		28		29		29		30		31		32		33		34		35		36	36	37	37	1.11
1.19					20		21		22		23		24		25		26		27		28			29	29		30		31		32		33			34	35	35		36	1.19
1.26		18		19		20					22		23		24		25			26		27	28			29	29		30		31		32		33	33		34		35	1.26
1.33	17		18		19			20		21		22			23		24		25			26	27			28			29		30		31			32		33		34	1.33
1.41		17					19		20		21			22		23			24		25			26		27		28	28		29		30	30		31		32		33	1.41
1.50	16					18		19			20		21			22		23			24		25			26		27	27		28		29	29		30		31	31		1.50
1.58		16			17					19			20		21	21		22		23	23		24			25		26			27		28	28		29		30	30		1.58
1.68	15			16					18			19			20		21			22			23		24			25		26	26		27	27		28		29	29		1.68
1.78			15					17			18			19		20		21				22			23			24		25	25		26			27			28		1.78
1.88	14			15			16			17			18			19			20		21	21		22	22		23			24			25			26			27		1.88
2.00			14			15			16			17			18			19			20			21			22			23			24			25			26		2.00
2.11					14			15			16			17			18			19			20			21	21		22	22		23	23		24	24			25		2.11
2.24						14				15			16			17			18				19	19			20			21			22	22		23	23		24	24	2.24
2.37								14				15			16			17				18			19			20	20			21			22			23	23		2.37
2.51							13			14							16				17			18			19	19			20	20		21	21			22	22		2.51
2.66												14				15			16	16			17				18			19	19			20	20			21			2.66
2.82														14	14			15				16				17			18	18			19	19			20	20			2.82
2.99																	14				15				16			17	17			18	18			19	19			20	2.99
3.16																			14				15	15			16	16			17	17				18				19	3.16
3.35																						14				15	15			16	16				17				18	18	3.35
3.55																								14	14				15	15			16	16				17	17		3.55
3.76																											14	14				15	15				16	16			3.76

（续）

i \ Si	80	81	82	83	84	85	86	87	88	89	90	91	92	93	94	95	96	97	98	99	100
1.00	40		41		42		43		44		45		46		47		48		49		50
1.06	39		40	40	41	41	42	42	43	43	44	44	45	45	46	46		47		48	
1.12	38	38		39		40		41		42		43		44	44	45	45	46	46	47	47
1.19		37		38		39	39	40	41	41	41		42		43		44	44	45	45	46
1.26		36	36	37	37		38		40		40	40	41	41		42		43		44	44
1.33	34	35	35		36		37	37	38	38		39		40	40	41	41		42		43
1.41	33		34		35	35		36		37	37	38	38		39		40	40		41	
1.50	32		33	33		34		35	35		36		37	37		38		39	39	40	40
1.58	31		32	32		33	33		34		35	35		36		37	37		38	38	39
1.68	30	30		31		32	32		33	33		34		35	35		36	36		37	37
1.78	29	29		30	30		31			32		33	33		34	34		35	35		36
1.88	28	28		29	29		30	39		31	31		32	32		33	33		34	34	35
2.00		27			28		29	29		30	30		31	31		32	32		33	33	
2.11		26			27			28	28		29	29		30	30		31	31		32	32
2.24		25			26	26		27	27		28	28		29	29			30	30		31
2.37		24			25	25		26	26			27	27		28	28		29	29		
2.51	23	23			24	24		25	25			26	26		27	27			28	28	
2.66	22	22			23	23		24	24			25	25			26	26		27	27	
2.82	21	21			22			23	23			24	24			25	25			26	26
2.99	20			21	21			22	22			23	23			24	24			25	25
3.16	19			20	20			21	21			22	22			23	23			24	24
3.35			19	19			20	20	20			21	21			22	22			23	23
3.55	18	18				19	19			20	20	20			21	21			22		22
3.76	17	17				18	18				19	19				20	20			21	21
3.98	16				17	17				18	18				19	19				20	20
4.22				16	16				17	17				18	18	18			19	19	19

i \ Si	101	102	103	104	105	106	107	108	109	110	111	112	113	114	115	116	117	118	119	120	Si / i
1.00		51		52		53		54		55		56		57		58		59		60	1.00
1.06	46		50		51		52		53	53	54	54	55	55	56	56	57	57	58	58	1.06
1.12		48		49		50		51	51	52	52	53	53	54	54	55	55	56	56	57	1.12
1.19	46		47				49	49	50	50	51	51	52	52		53		54	54	55	1.19
1.26	45	45		46		47	47	48	49	49	50	50		51	51	52	52	53	53		1.26
1.33	43	44	44		45		46	46	47	47		48		49	49	50	50		51		1.33
1.41	42	42	43	43		44	44	45	45	46	46		47	47	48	48		49	49	50	1.41
1.50		41	41	42	42		43	43	44	44		44	45	46	46		47	47	48	48	1.50
1.58	39		40	40		41		42	42		43	43	44	44		45	45	46	46	46	1.58
1.68	38	38		39	39		40	40	41	41		42	42		43	43	44	44	44	45	1.68
1.78		37	37		38	38		39	39		40	40	41	41	42	42		43	43		1.78
1.88	35		36	36		37	37		38	38		39	39		40	40		41	41	42	1.88
2.00	34	34		35	35		36	36		37	37		38	38		39	39	39	40	40	2.00
2.11		33	33		34	34		35	35	35	36	36	36		37	37		38	38		2.11
2.24	31		32	32		33	33	33	34	34	34		35	35		36	36		37	37	2.24
2.37	30	30		31	31		32	32	32		33	33		34	34		35	35	35		2.37
2.51	29	29			30	30		31	31	31		32	32		33	33	33		34	34	2.51
2.66		28	28		29	29	29		30	30	30		31	31		32	32	32		33	2.66
2.82		27	27	27		28	28	28		29	29			30	30			31	31		2.82
2.99			26	26			27	27			28	28			29	29			30	30	2.99
3.16	24		25	25	25		26	26	26			27	27			28	28			29	3.16
3.35	23			14	24			25	25	25		26	26	26			27	27			3.35
3.55	22			23	23			24	24	24			25	25	25		26	26	26		3.55
3.76	21			22	22				23	23			24	24	24			25	25	25	3.76
3.98				21	21				22	22				23	23				24	24	3.98
4.22			20	20	20				21	21				22	22	22			23	23	4.22

4. 确定各变速组中齿轮的齿数

对于相邻两轴之间的变速组，若同组中各齿轮的模数相同，即同组中相互啮合的齿轮对的齿数和相同。那么，根据各级传动比，查表 7-15 可获得各传动组中齿轮的齿数。

在齿轮的齿数确定后，应该确定各轴上齿轮的排列方式。为了避免同一滑移齿轮变速组内的两对齿轮同时啮合，两个固定齿轮的间距，应该大于滑移齿轮的宽度，并且留有间隙量 Δ 为 1～2mm，如图 7.40～图 7.43 所示。

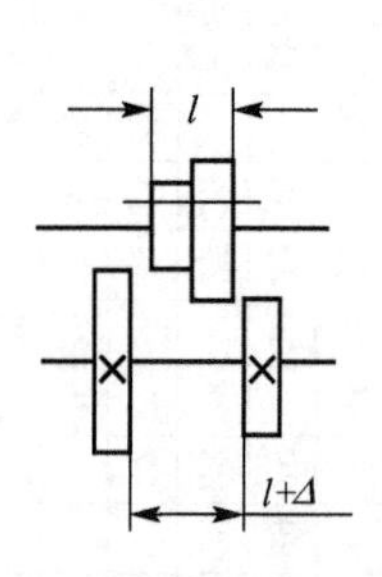

图 7.40　滑移齿轮轴向布置

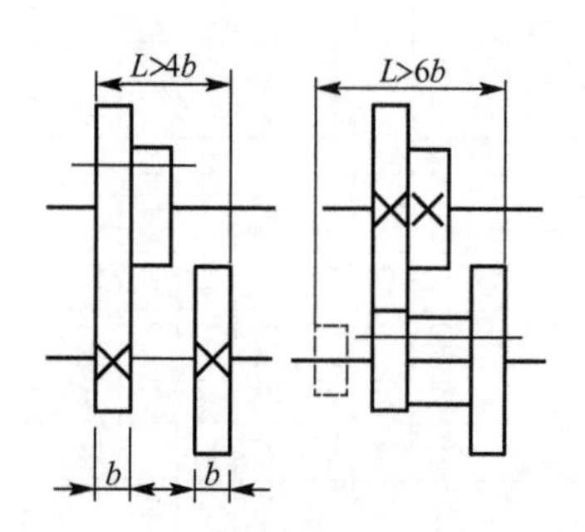

图 7.41　双联滑移齿轮的轴向排列

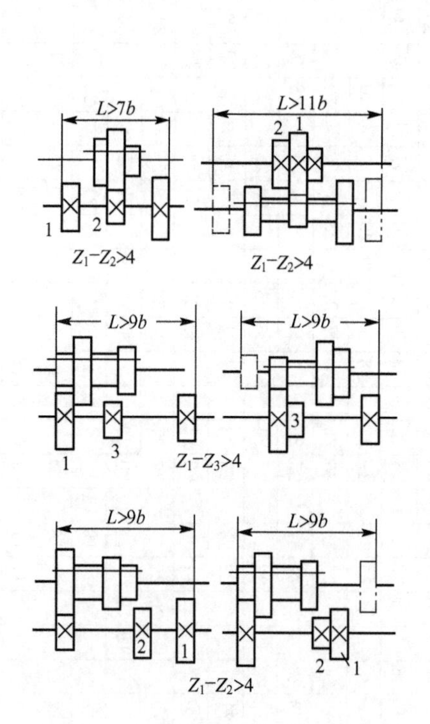

图 7.42　三联滑移齿轮的轴向布置

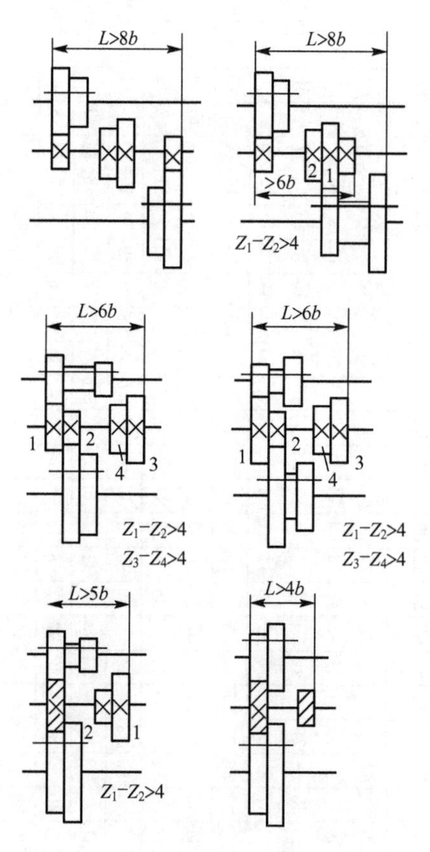

图 7.43　两个变速组的齿轮轴向布置

5. 绘制传动系统图

根据主传动系统的转速图绘制类似图 7.34 的传动系统图。

6. 设计主传动系统的各传动零件

1）确定齿轮的计算转速

根据各轴的计算转速及传动线确定轴上传动零件的计算转速。例如，对于图 7.39 所示的转速图，各齿轮的计算转速见表 7－16。

表 7－16　齿轮的计算转速

齿轮序号	Z_1	Z_1'	Z_2	Z_2'	Z_3	Z_3'	Z_4	Z_4'	Z_5	Z_5'	Z_6	Z_6'	Z_7	Z_7'
$n_j/(\mathrm{r \cdot min^{-1}})$	710	355	710	500	710	710	355	125	355	355	355	90	125	250

2）根据功率和转速计算齿轮的结构尺寸

齿轮结构尺寸的计算参考《机械设计》，在此省略。

3）绘制主传动系统的装配图和零件图

在此仅设计了 CA6140 的主轴，其结构图如图 7.44 所示，其他零部件的设计可参考设计《机械设计手册》。

7.3.4　机床进给系统机械传动部分的设计计算

机床进给系统机械传动部分的设计计算内容包括：确定进给系统所受的载荷、系统的脉冲当量、运动部件的等效负载转动惯量及等效负载转矩的计算，滚珠丝杠副的选择、各传动零部件的设计计算、导轨的设计、电机的选择、绘制进给系统机械传动部分的装配图、零件图等。

下面以纵向进给系统为例进行讨论，横向进给系统的设计方法与此类似，在此略。

1. 确定系统的脉冲当量的设计

一个进给脉冲使机床运动部件产生的位移量称为脉冲当量，是评价数控加工精度的一个基本技术参数。本设计案例已经由设计任务书给出：Z 方向(纵向)是 0.01mm/脉冲。

2. 计算切削力

切削力的计算方法有多种，既可以根据切削用量计算，也可以根据主传动功率计算或根据经验公式计算。

根据主传动功率主传动功率计算法，主切削力 F_z 为

$$F_z=\frac{P_E \cdot \eta_m}{\pi \cdot D \cdot n_j \times 60}\times 10^3\,\mathrm{N} \tag{7-6}$$

式中：P_E——主传动系统的功率(kW)；

η_m——主传动系统的传动效率，通常取 0.8。

n_j——机床主轴的计算转速(r/min)；

D——在床身上工件的最大回转直径(m)。

对于 CA6140 普通车床，$P_E=7.5\mathrm{kW}$，$D=0.4\mathrm{m}$，$n_j=50\mathrm{r/min}$。

所以

$$F_z=\frac{P_E \cdot \eta_m}{\pi \cdot D \cdot n_j \times 60}\times 1000=\frac{7.5\times 0.8\times 1000}{3.1416\times 0.4\times 50\times 60}=5729\mathrm{N}$$

当主切削力计算出来之后，根据经验公式 $F_z:F_x:F_y=1:0.25:0.4$，计算出 F_x 和 F_y

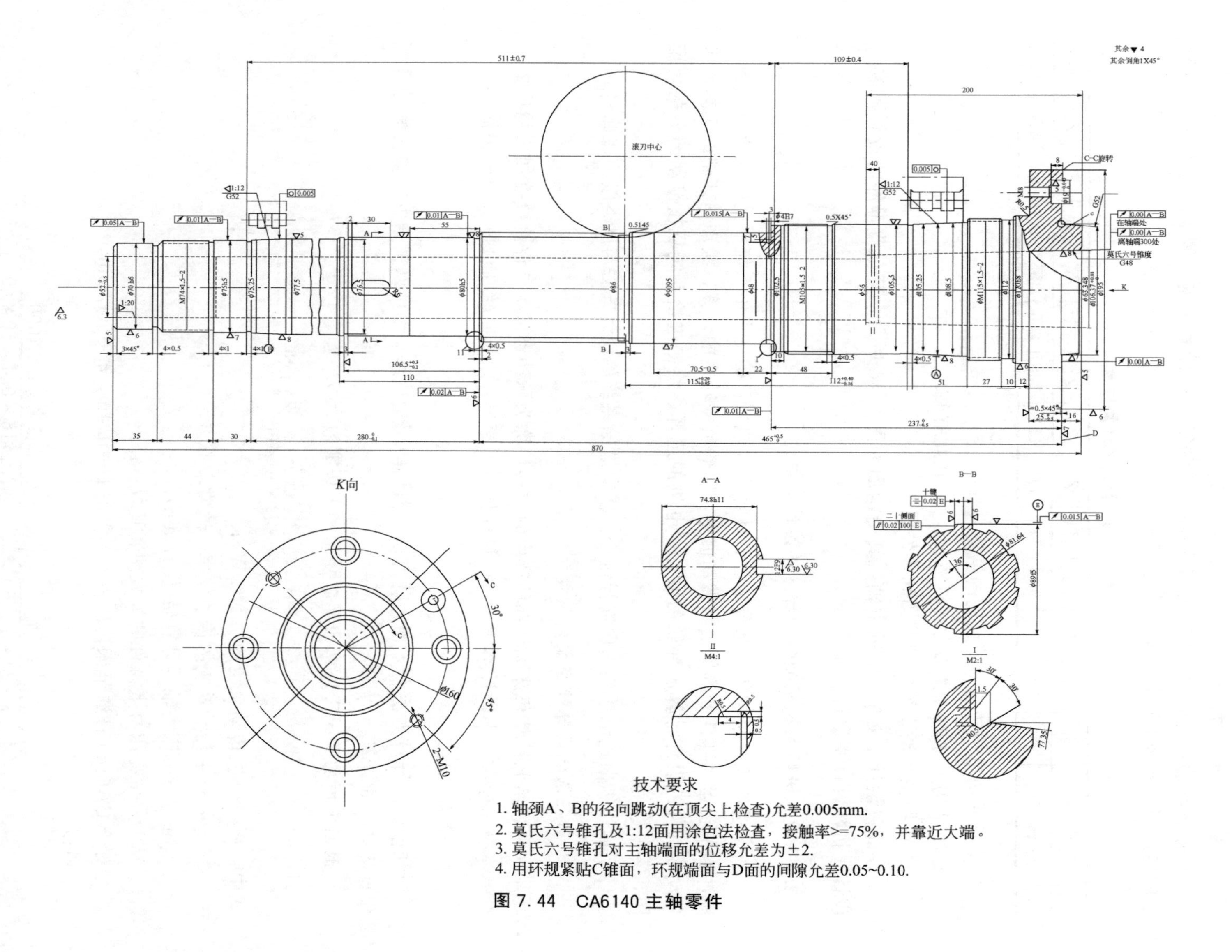

图 7.44　CA6140 主轴零件

$$F_x=5729\times0.25=1432\text{N},\ F_y=5729\times0.4=2292\text{N}$$

小提示：横切端面时的主切削力 F_z' 可取纵向切削力 F_z 的 1/2。

3. 计算丝杠的进给牵引力

因为车刀装夹在拖板上的刀架内，车刀受到的车削抗力将传递到拖板上和导轨上，若 F_l 表示拖板上纵向进给方向上的载荷，F_v 表示拖板上垂直进给方向上的载荷，F_c 表示拖板上横向进给方向上的载荷，则

$$\begin{cases}F_l=F_x\\F_c=F_y\\F_v=F_z\end{cases}\tag{7-7}$$

纵向导轨采用综合型导轨，丝杠的进给牵引力 F_m 为

$$F_m=F_l+\mu(W+f_g+F_v+F_c)\tag{7-8}$$

式中：导轨动摩擦系数 $\mu=0.15$，镶条紧固力 $f_g=1200\text{N}$，拖板及刀架移动部分的重量 $W=1000\text{N}$，则

$$F_m=F_l+\mu(W+f_g+F_v+F_c)=1432+0.15\times(1000+1200+5729+2292)=2965\text{N}$$

4. 计算丝杠的最大动载荷

根据第 3 章滚珠丝杠副的计算公式，丝杠的最大动载荷 C_{am} 为

$$C_{am}=\sqrt[3]{60n_mL_h}\frac{F_mf_w}{100f_nf_c}$$

式中：滚珠丝杠的当量转速 $n_m=\frac{1000\times v_s}{L_0}$，其中 v_s 为最大切削力条件下的进给速度(m/min)，可取最大进给速度的 1/2～1/3。根据给定的设计参数，取 $v_s=\frac{1}{2}\times1=0.5\text{m/min}$，初选丝杠的导程 $L_0=6\text{mm}$，算得 $n_m=83\text{r/min}$，查表 3－18 得载荷系数 $f_w=1.2$，初选丝杠的精度等级为 4 级，查表 3－19 得 $f_n=0.9$，工作时间 $L_h=15000h$，可靠性系数 $f_c=1$，代入 C_{am} 表达式得

$$\begin{aligned}C_{am}&=\sqrt[3]{60n_mL_h}\frac{F_mf_w}{100f_nf_c}\\&=\sqrt[3]{60\times83\times15000}\times\frac{2965\times1.2}{100\times0.9\times1}=16649\text{N}\end{aligned}$$

5. 滚珠丝杠副的选型

根据计算的丝杠的最大动载荷，查产品样本，纵向滚珠丝杠副选用 GD3206－4 内循环固定反向器双螺母垫片预紧式滚珠丝杠副，公称直径为 32mm，丝杠底径 27.2mm，导程 6mm，循环圈数为 4×2，额定动载荷为 18292N，额定静载荷为 47148N。滚珠丝杠副的额定动载荷大于其最大动载荷，满足承载能力的要求。

6. 传动效率计算

滚珠丝杠副的效率为

$$\eta=\frac{\tan\lambda}{\tan(\lambda+\phi)}$$

式中：$\lambda=\arctan[L_0/(\pi d_0)]$，滚珠丝杠副的滑动摩擦系数 $f=0.003\sim0.004$，其摩擦角约等于 $10'$。

$$\lambda=\arctan\left(\frac{6}{\pi\times32}\right)=3.41°,\quad \eta=\frac{\tan(3.41)}{\tan(3.41+10/60)}=95\%。$$

在滚珠丝杠副选择好后还应该进行刚度和稳定性的校核。

7. 刚度验算

纵向滚珠丝杠副的两端均采用向心推力球轴承，且丝杠进行预拉伸。最大进给牵引力为 2966N，左右支承的中心距离约 $L\approx1500$mm。丝杠螺母及轴承均进行预紧，预紧力为最最大轴向载荷的 1/3。

1）计算丝杠的拉伸或压缩变形量 δ_1

受工作载荷 F_m 作用引起的导程的变化量 ΔL 为

$$\Delta L=\frac{F_m\cdot L_0}{E\cdot A}\quad(\text{mm})\tag{7-9}$$

式中：进给牵引力 $F_m=2966$N；丝杠的导程 $L_0=6$mm；钢材料的弹性模量 $E=20.6\times10^4$(N/mm^2)；滚珠丝杠的底径截面积 $A=581$mm^2，代入式(7-9)得

$$\Delta L=\frac{F_m\cdot L_0}{E\cdot A}=\frac{2965\times6}{20.6\times10^4\times581}=1.486\times10^{-4}\text{mm}$$

$$\delta_1'=\frac{\Delta L}{L_0}\times L=\frac{1.486\times10^{-4}}{6}\times1500=0.0371\text{mm}$$

由于丝杠采用了预拉伸，其拉压刚度可以提高 4 倍，故实际变形量为

$$\delta_1=\frac{1}{\delta'_1}=\frac{0.0371}{4}=0.00927\text{mm}$$

2）滚珠与螺纹滚道间的接触变形量 δ_2

有预紧时

$$\delta_2=0.0013\times\frac{F_m}{\sqrt[3]{d_qF_gZ_\Sigma^2}}$$

式中：轴向工作载荷 $F_m=2966$N，预紧力 $F_g=\frac{F_m}{3}=\frac{2966}{3}=988.7$N，滚珠直径 $d_q=3.969$mm，滚珠数量 Z_Σ = 每一圈的滚珠数 $Z\times$ 圈数 $\times$ 列数 $=22\times1\times4\times2=176$，代入 δ_2 表达式得

$$\delta_2=0.0013\times\frac{F_m}{10\times\sqrt[3]{d_qF_gZ_\Sigma^2/10}}=0.0013\times\frac{2966}{10\sqrt[3]{3.69\times988.7\times176^2/10}}=0.00172\text{mm}$$

3）支承滚珠丝杠的轴承的轴向接触变形 δ_3

采用向心推力球轴承时

$$\delta_3=0.0024\times\sqrt[3]{\frac{F_m^2}{d_qZ^2}}=0.0024\times\sqrt[3]{\frac{2966}{3.69\times22^2}}=0.0028\text{mm}$$

总变形量 $\delta=\delta_1+\delta_2+\delta_3=0.00927+0.00172+0.0028=0.01379\text{mm}$。

查第 3 章表 300mm 行程允许的变动量是 0.016mm，故刚度满足要求。

8. 稳定性校核

根据临界载荷 F_c可根据下式计算

$$F_c=\frac{f_z\pi^2 EI}{L^2}\text{N} \tag{7-10}$$

式中：支承方式系数 $f_z=4$；截面惯性矩 $I=\pi d_2^4/64=\frac{\pi\times 27.2^4}{64}=26868.6\text{mm}^4$；钢的弹性模量 $E=20.6\times10^4$；丝杠两支承距离 $L=1500\text{mm}$，代入式(7-10)得

$$F_c=\frac{f_z\pi^2 EI}{L^2}=\frac{4\times\pi^2\times20.6\times10^4\times26868.6}{1500^2}=97115707\text{N}$$

$\frac{F_c}{F_m}=\frac{97115707}{2966}=32742\gg$稳定性安全系数 $[n_k]=2.5\sim4$，故不会失稳。

从几个方面分析结果看初选的滚珠丝杠副满足要求。

7.3.5 机床进给系统步进电机的设计计算与选择

1. 纵向进给减速箱传动比的计算

为使工作台达到 4m/min 的移动速度，所需丝杠的转速为

$$n_{\text{smax}}=\frac{v_{\max}}{L_0}=\frac{4\times1000}{6}=666.67\text{r/min}$$

若步进电机的步距角为 7.5°，为使工作台达到 4m/min 的速度，所需的电机转速为

$$n_{\text{mmax}}=\frac{v_{\max}}{\delta}\times\frac{\theta_b}{360°}=\frac{4000}{0.01}\times\frac{0.75}{360}=833\text{r/min}$$

因此，为了满足脉冲当量的设计要求和增大转矩，同时也为了使传动系统的负载惯量尽可能地减小，在步进电机与丝杠之间采用一级齿轮机构进行降速传动。

设传动比为 i，初选步进电机的步距角为 0.75°，则

$$i=\frac{360\delta}{\theta_b L_0}=\frac{360\times0.01}{0.75\times6}=0.8$$

选定齿轮的齿数：$z_1=20$，$z_2=25$。

参考同类型机床，取齿轮的模数 2mm，则 $d_1=40\text{mm}$，$d_2=50\text{mm}$，齿轮的厚度 $b_1=20\text{mm}$，$b_2=23\text{mm}$。也可以选用同步带轮，即电机轴与丝杠之间采用一级同步带传动，参考图 7.46。

2. 负载的等效换算

1) 负载等效转动惯量的计算

根据公式(4-6)托板及丝杠等折算到电机轴上的等效转动惯量为

$$J_{\text{eq}}=J_1+\left(\frac{z_1}{z_2}\right)^2\cdot\left[(J_2+J_s)+\frac{W}{g}\cdot\frac{L_0^2}{4\pi^2}\right]$$

式中：J_1、J_2——齿轮 1、齿轮 2 的转动惯量；

W——工作台移动部件的重量；

L_0——丝杠的导程；

J_s——丝杠的转动惯量。

各转动惯量计算如下：

$$J_s=\frac{1}{32}\pi d_0^4\cdot L\cdot\rho$$

式中：ρ——钢的密度，$7.8\times10^{-3}\text{kg/cm}^3$；

L——丝杠的长度(cm)；

d_0——丝杠的公称直径(cm)。

代入上式得

$$J_s\approx0.78\times10^{-3}\times d_0^4\times L=0.78\times10^{-3}\times3.2^4\times150=12.268\text{kg}\cdot\text{cm}^2$$

$$J_1=0.78\times10^{-3}\times d_1^4\times L_1=0.78\times10^{-3}\times4^4\times2=0.399\text{kg}\cdot\text{cm}^2$$

$$J_2=0.78\times10^{-3}\times d_2^4\times L_2=0.78\times10^{-3}\times5^4\times2.3=1.121\text{kg}\cdot\text{cm}^2$$

$$\frac{W}{g}\cdot\frac{L_0^2}{4\pi^2}=\frac{3.2^2\times1000}{4\times\pi^2\times9.8}=26.467\text{kg}\cdot\text{cm}^2$$

所以负载总的等效转动惯量为

$$J_{eq}=0.399+\left(\frac{20}{25}\right)^2\cdot[(1.121+12.268)+26.467]=24.313\text{kg}\cdot\text{cm}^2$$

若计入机械传动装置的传动效率，等效转动惯量会略大于上述计算值。查产品样本，初选反应式步进电机 110BYG2602，其转动惯量 $J_m=15\text{kg}\cdot\text{cm}^2$。所以电机的总转定惯量为

$$J_L=J_m+J_{eq}=15+24.313=39.313\text{kg}\cdot\text{cm}^2$$

验算传动系统的转动惯量匹配：$J_L/J_m=39.313/15=2.62<4$，满足惯量匹配的条件。

2）等效负载转矩的计算

机床在不同的工况下，等效到电机轴上的负载转矩不同。

(1) 快速空载启动转矩 T_{eq1}。

在快速空载启动阶段，考虑到传动链的效率，电机的等效负载转矩为

$$T_{eq1}=T_{amax}+T_{f0}+T_0$$

$$T_{amax}=\frac{J_L\cdot\varepsilon}{\eta}=\frac{J_L}{\eta}\cdot\frac{n_{mmax}}{\frac{60}{2\pi}t_a}\times10^{-2}=\frac{J_L\cdot2\pi n_{mmax}}{\eta\times60t_a}\times10^{-2}$$

$$n_{mmax}=\frac{v_{max}}{\delta}\times\frac{\theta_b}{360°}=\frac{4000}{0.01}\times\frac{0.75}{360}=833\text{r/min}$$

取启动加速时间 $t_a=0.3\text{s}$，$\eta=0.8$，代入上式得

$$T_{amax}=\frac{J_L\cdot2\pi n_{mmax}}{\eta\cdot60t_a}\times10^{-2}=\frac{39.313\times2\pi\times833}{0.8\times60\times0.3}\times10^{-2}$$

$$=142.89\text{N}\cdot\text{cm}$$

折算到电机轴上的摩擦力矩 T_{f0} 为

$$T_{f0}=\frac{F_0L_0}{2\pi\eta i}=\frac{f'WL_0}{2\pi\eta z_2/z_1}=\frac{0.16\times1000\times0.6}{2\times3.14\times0.8\times1.25}$$
$$=15.28\text{N}\cdot\text{cm}$$

附加摩擦力矩 T_0 为

$$T_0=\frac{F_{Y0}\cdot L_0}{2\pi\eta\cdot i}(1-\eta_0^2)\text{N}\cdot\text{cm}\quad \eta_0\geqslant0.9$$

式中：滚珠丝杠预加负载 $F_{Y0}=\frac{F_m}{3}=\frac{2966}{3}=988.67\text{N}$；滚珠丝杠未预紧时的传动效率 $\eta_0\geqslant0.9$。

代入上式得

$$T_0=\frac{F_{Y0}\cdot L_0}{2\pi\eta\cdot i}(1-\eta_0^2)=\frac{988.67\times0.6}{2\times3.14\times0.8\times1.28}(1-0.9^2)$$
$$=17.53\text{N}\cdot\text{cm}$$

上述三项合计得

$$T_{eq1}=T_{amax}+T_{f0}+T_0=142.89+15.28+17.53$$
$$=175.7\text{N}\cdot\text{cm}$$

(2) 最大切削负载时所需力矩 T_{eq2}。

$$T_{eq2}=T_f+T_0+T_t=T_f+T_0+\frac{F_1L_0}{2\pi\eta i}$$
$$=137.9+17.53+\frac{1432\times0.6}{2\times3.14\times0.8\times1.25}=292.2\text{N}\cdot\text{cm}$$

施加在电机轴上的最大等效负载转矩为

$$T_{eq}=\max\{T_{eq1},\ T_{eq2}\}=292.2\text{N}\cdot\text{cm}$$

以此作为选择电机的依据。

3. 步进电机性能校核

1) 校核启动转矩

产品样本中给出的电机最大静转矩是20N·m，采用4相8拍通电方式。根据表4-1，步进电机的启动转矩 T_q 为

$$T_q=0.707\cdot T_{jmax}=0.707\times20\times10^2=1414\text{N}\cdot\text{cm}$$

$T_q>T_{eq}$，满足要求。

2) 校核运行频率

计算空载运行频率 f_{max} 为

$$f_{max}=\frac{1000\times v_{max}}{\delta\times60}=\frac{1000\times4}{0.01\times60}=6666.7\text{Hz}$$

计算切削时的运行频率 f_t 为

$$f_t=\frac{1000\times v_s}{\delta\times60}=\frac{1000\times1}{0.01\times60}=1666.7\text{Hz}$$

样本上给出的110BYG2602型永磁感应式步进电机的空载运行频率是20000Hz，大于所需的运行频率，满足要求。

3）校核启动频率

根据前面的计算，电机轴上的总转动惯量 $J_L=39.313\text{kg}\cdot\text{cm}^2$，电机转子的转动惯量 $J_m=15\text{kg}\cdot\text{cm}^2$，查产品样本电机的空载启动频率是1800Hz。

根据式(4－23)，步进电机带惯性负载时的最大启动频率 f_L 为

$$f_L=\frac{f_m}{\sqrt{1+J_L/J_m}}=\frac{1800}{\sqrt{1+39.313/15}}=945.9\text{Hz}$$

显然满足不了带载直接启动的要求，需要采用升降频控制，以保证电机启动时不产生失步现象。

机床纵、横向进给传动系统的结构图如图7.45、图7.46所示。

小提示： 滚珠丝杠螺母副与电机之间的连接方式有直接连接(如伺服电机应用中)，通过一级同步带传动连接(图7.46)和通过一级齿轮减速器连接等多种方式。

7.3.6　控制系统的设计

1. 控制方案

控制系统以8031单片机为控制器。由于8031单片机内部无ROM，128字节的RAM也无法满足要求，所以需要外扩程序存储器和数据存储器。根据控制要求，还需要有键盘、数码显示器、D/A转换器以及一些I/O接口。现采用8155和2764、6264作为I/O接口和存储器扩展芯片。显示器采用LED数码显示。延时可以利用8155的定时器/计数器。整个控制系统应该能够实现如下功能。

(1) 接收键盘数据，控制LED显示；

(2) 接收操作面板的控制开关和按钮信号；

(3) 接收车床限位开关信号；

(4) 接收编码器信号；

(5) 控制 X、Z 向步进电机；

(6) 控制主传动系统的启停和正反转；

(7) 其他。

图7.47是单片机控制系统部分原理图。

2. 控制系统的部分软件设计

1）逐点比较法直线插补

数控机床采用插补器生成运动控制指令。通常，已知运动轨迹的起点和终点坐标以及轨迹的曲线方程，由计算机实时地计算出各中间点的坐标，即通过数控系统的计算“插入、补上”运动轨迹的各中间点坐标，这个过程称为插补。

逐点比较法，顾名思义，就是每走一步都要将加工点的瞬时坐标同规定的图形轨迹相比较，判断其偏差，然后决定下一步的走向，如果加工点走到图形外面去了，那么下一步就要向图形里面走；如果加工点在图形里面，那么下一步就要向图形外面走，以缩小偏差。这样就能得出一个非常接近规定图形的轨迹，最大偏差不超过一个脉冲当量。

在逐点比较法中，每进给一步都需要进行偏差判别、坐标进给、新偏差计算和终点比较四个节拍。

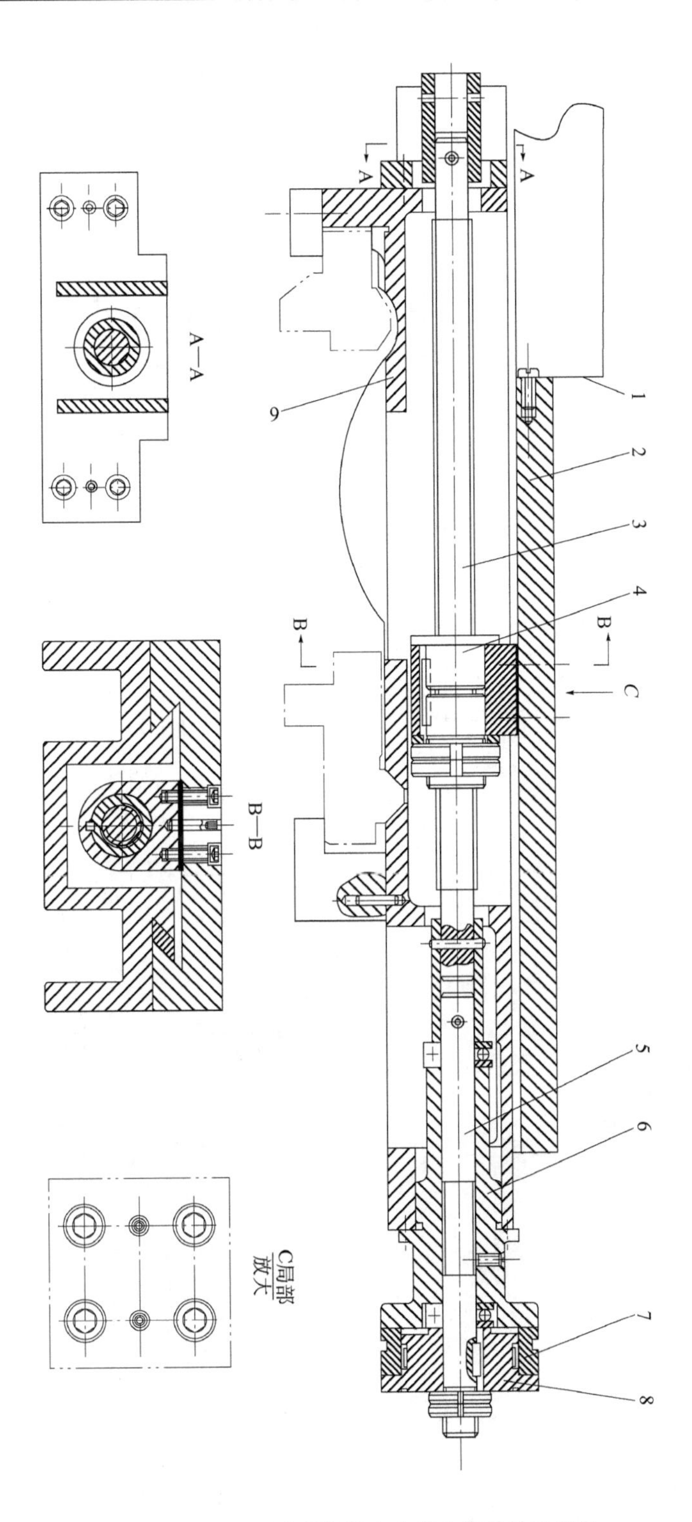

图7.45　C6140简易数控车床横向进给传动机构

1—防尘罩；2—刀架滑板；3—滚珠丝杠；4—丝杠的螺母；
5—轴；6—连接座；7—刻度盘；8—手轮；9—床鞍

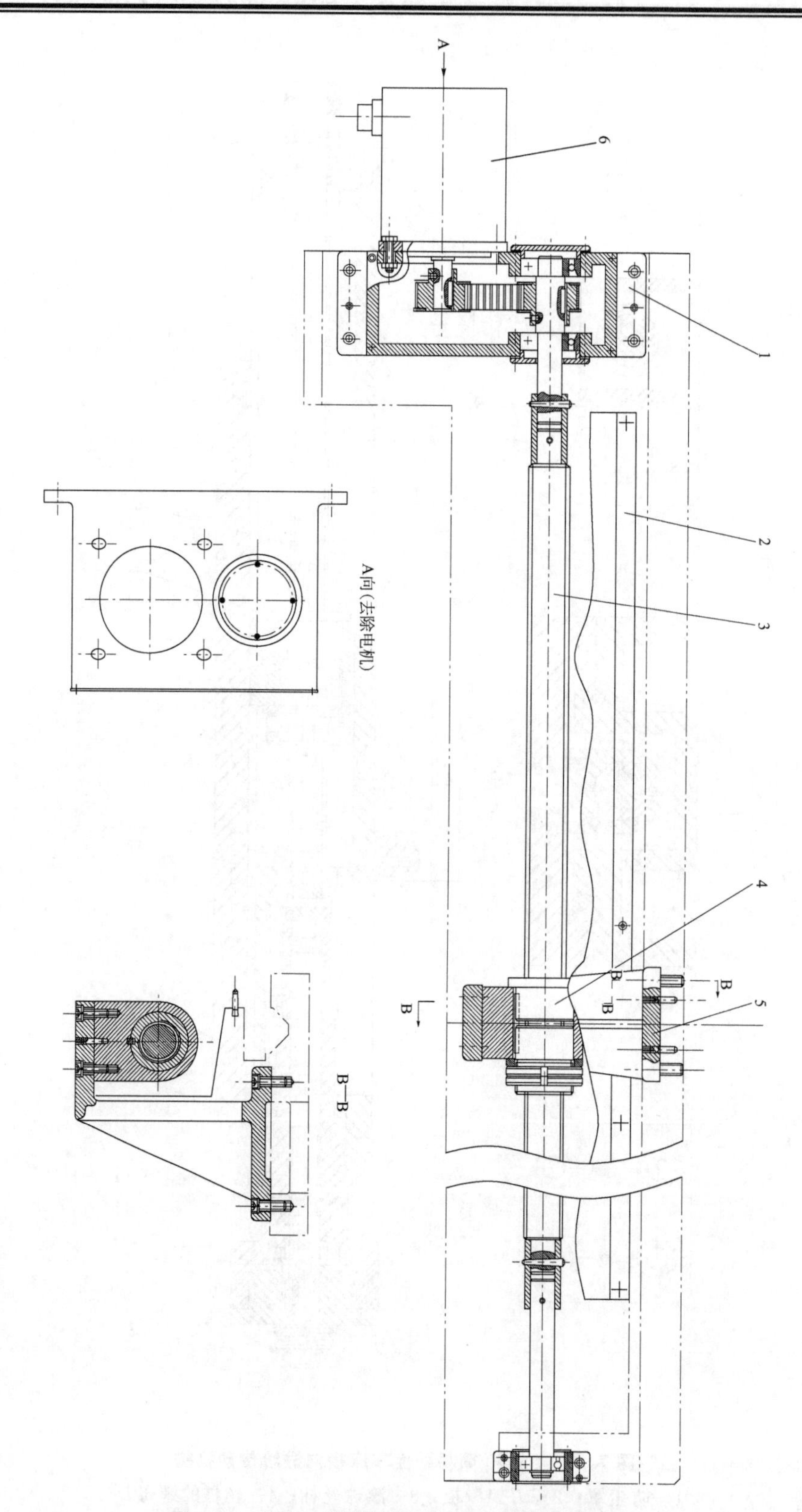

图 7.46 C6140 简易数控车床纵向进给传动机构

1—减速器；2—防护罩；3—滚珠丝杠；4—丝杠的螺母；5—螺母座托架；6—步进电机

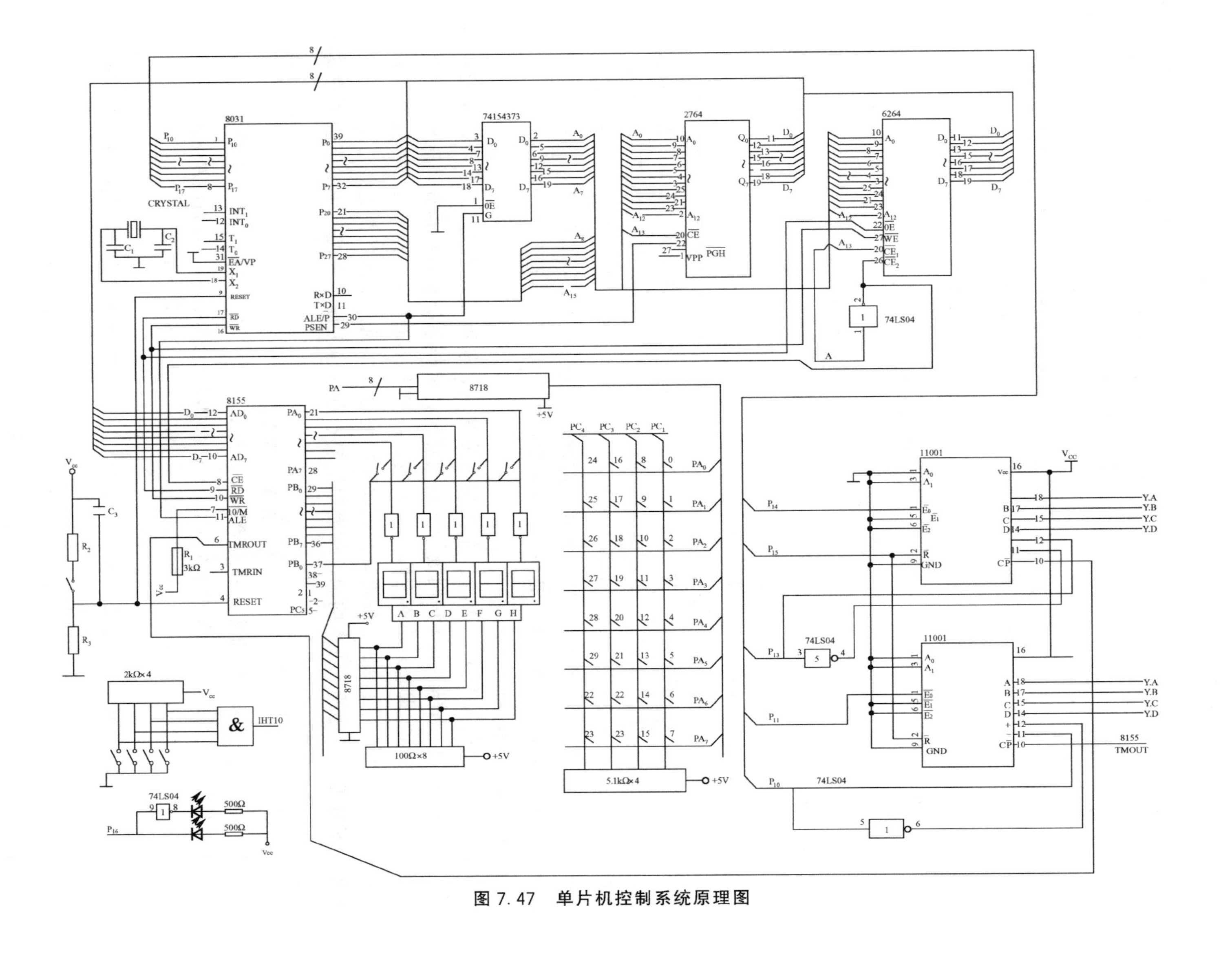

图 7.47　单片机控制系统原理图

(1) 偏差判别和坐标进给。

偏差计算是逐点比较法关键的一步。下面以第Ⅰ象限直线为例导出其偏差计算公式。

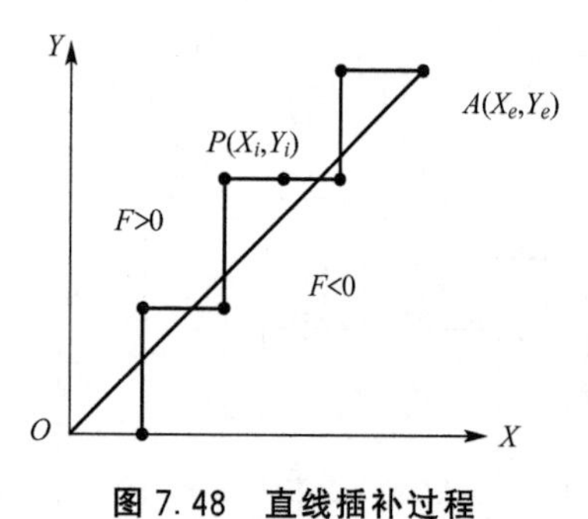

图 7.48　直线插补过程

如图 7.48 所示，设以直线 OA 的起点为坐标原点，终点 A 的坐标为 $A(X_e, Y_e)$，$P(X_i, Y_i)$为加工点，若加工点正好处在直线上，则

$$X_eY_i - X_iY_e = 0$$

若任意点 $P(X_i, Y_i)$ 在直线 OA 的上方(严格地说，在直线 OA 与 Y 轴所成夹角区域内)，则

$$\frac{Y_i}{X_i} > \frac{Y_e}{X_e} \quad 即 \quad X_eY_i - X_iY_e > 0$$

由此可以取偏差判别函数为

$$F = X_eY_i - X_iY_e \tag{7-11}$$

由 F 的数值(称为“偏差”)就可以判别出 P 点与直线的相对位置，即

当 $F=0$ 时，点 $P(X_i, Y_i)$正好落在直线上；

当 $F>0$ 时，点 $P(X_i, Y_i)$落在直线的上方；

当 $F<0$ 时，点 $P(X_i, Y_i)$落在直线的下方。

从图 7.48 可以看出，对于起点在原点，终点为 $A(X_e, Y_e)$的第Ⅰ象限直线 OA 来说，当点 P 在直线上方(即 $F>0$)时，应该向$+X$ 方向发一个脉冲，使机床刀具向$+X$ 方向前进一步，以接近该直线；当点 P 在直线下方(即 $F<0$)时，应该向$+Y$ 方向发一个脉冲，使机床刀具向$+Y$ 方向前进一步，趋向该直线；当点 P 正好在直线上(即 $F=0$)时，既可向$+X$ 方向发一脉冲，也可向$+Y$ 方向发一脉冲。因此通常将 $F>0$ 和 $F=0$ 归于一类，即 $F\geqslant 0$。这样从坐标原点开始，走一步，算一次，判别 F，逐点接近直线 OA。

(2) 偏差计算和终点判别。

对于图 7.48 的加工直线 OA，我们运用上述法则，就可以获得图 7.48 中折线段那样的近似直线。但是按照上述法则进行 F 的运算时，要作乘法和减法运算，这对于计算过程以及具体电路实现起来都不太容易很方便。对于计算机而言，这样会影响速度；对于专用控制机而言，会增加硬件设备。因此应简化运算，通常采用的是迭代法，或称递推法，即每走一步后新加工点的加工偏差值用前一点的加工偏差递推出来。下面推导递推公式。

因为

$$F = X_eY_i = X_iY_e$$

若 $F\geqslant 0$ 时，则向$+X$ 轴发出一进给脉冲，刀具从(X_i, Y_i)点向$+X$ 方向前进一步，到达新加工点 $P(X_{i+1}, Y_i)$，$X_{i+1}=X_i+1$，因此新加工点 $P(X_{i+1}, Y_i)$的偏差值为

$$F_{i+1} = X_eY_i - X_{i+1}Y_e = X_eY_i - (X_i+1)Y_e = F_i - Y_e$$

即

$$F_{i+1} = F_i - Y_e \tag{7-12}$$

当 $F<0$ 时，则向$+Y$ 轴发出一个进给脉冲，刀具从这一点向$+Y$ 方向前进一步，新加工点 $P(X_i, Y_{i+1})$ 的偏差值为

$$F_{i+1} = X_eY_{i+1} - X_iY_e = X_e(Y_{i+1}) - X_iY_e = F_i + X_e$$

即

$$F_{i+1} = F_i + X_e \tag{7-13}$$

由式(7-12)、(7-13)可以看出，新加工点的偏差完全可以用前一加工点的偏差递推出来。

综上所述，逐点比较法的直线插补过程为每走一步要进行判别、进给、运算、比较四个节拍。

① 判别。根据偏差值确定刀具位置是在直线的上方(或线上)，还是在直线的下方。

② 进给。根据判别的结果，决定控制哪个坐标($+X$ 或 $+Y$)移动一步。

③ 运算。计算出刀具移动后的新偏差，提供给下一步作判别依据。每一新加工点的偏差是由前一点偏差推算出来的，并且一直递推下去。由于刚开始加工时是以人工方式将刀具移到加工起点，即所谓“对刀”，所以开始加工点的偏差为零。

④ 比较。在计算偏差的同时，还要进行一次终点比较，以确定是否到达了终点。当两个方向所走的步数和 $A(X_e, Y_e)$终点坐标值相等时，发出终点到达信号，停止插补。

图 7.49 是第一象限直线插补计算程序流程图。

2）逐点比较法圆弧插补

(1) 第一象限逆圆插补的基本原理。

① 偏差判别和坐标进给。根据圆的定义：到定点的距离为定长的点的轨迹的集合。因此，可以用动点到圆心的距离与该圆弧的名义半径进行比较来反映加工偏差。下面我们以第一象限逆圆弧为例来阐述圆弧插补的基本原理。

如图 7.50 所示，设圆心为 $O(0, 0)$，半径为 R，起点为 $S(X_s, Y_s)$，终点为 $E(X_e, Y_e)$。圆弧上任意加工动点为 $N(X_i, Y_i)$。比较加工动点到圆心的距离$\overline{ON}$与圆弧半径 R 的大小，可获得刀具与圆弧轮廓之间的相对位置关系。

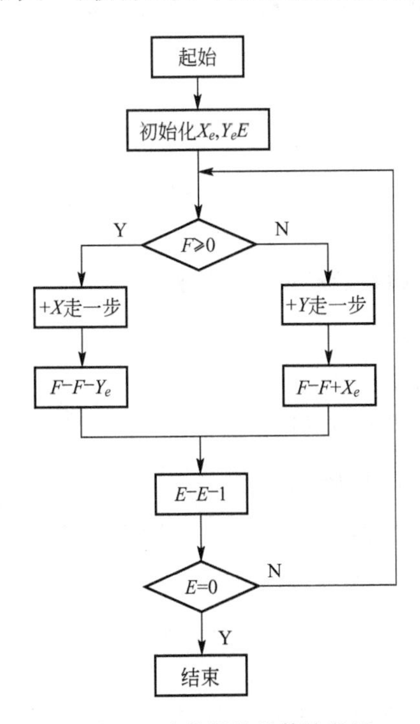

图 7.49　直线插补计算流程图

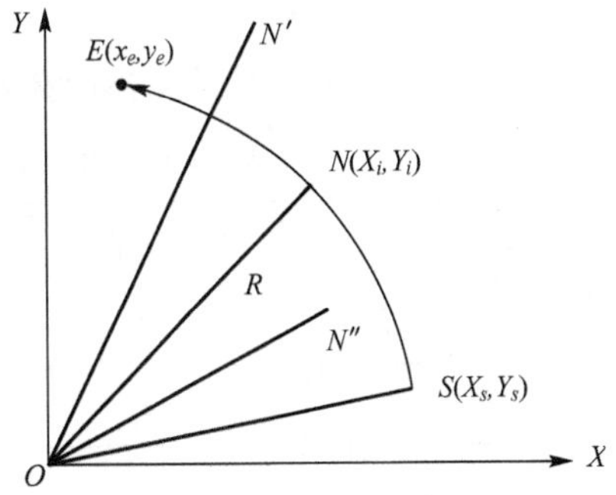

图 7.50　第一象限逆圆与动点之间关系

当动点 $N(X_i, Y_i)$正好在圆弧上时

$$X_i^2+Y_i^2=X_e^2+Y_e^2=R^2$$

当动点 $N(X_i, Y_i)$落在圆弧外侧时

$$X_i^2+Y_i^2>X_e^2+Y_e^2=R^2$$

当动点 $N(X_i, Y_i)$落在圆弧内侧时

$$X_i^2+Y_i^2<X_e^2+Y_e^2=R^2$$

由此可见，逐点比较法圆弧插补的偏差函数可表达为

$$F=X_i^2+Y_i^2-R^2 \tag{7-14}$$

当动点落在圆外时，为了减少加工误差，应向圆内进给，即向$(-X)$轴方向走一步；当动点落在圆内时，应向圆外进给，即向$(+Y)$轴方向走一步。当动点正好落在圆弧上且尚未达到终点时，理论上既可以向$(+Y)$轴方向也可以向$(-X)$轴方向进给，现约定向$(-X)$轴方向进给。

综上所述，现将逐点比较法第一象限逆圆插补规则概括如下：

当 $F>0$ 时，即 $F=X_i^2+Y_i^2-R^2>0$ 时，动点落在圆外，则向$(-X)$轴方向进给一步；

当 $F=0$ 时，即 $F=X_i^2+Y_i^2-R^2=0$ 时，动点落在圆上，则向$(-X)$轴方向进给一步；

当 $F<0$ 时，即 $F=X_i^2+Y_i^2-R^2<0$ 时，动点落在圆内，则向$(+Y)$轴方向进给一步。

② 偏差计算和终点判别。由偏差函数表达式可知，计算偏差 F 值，就必须进行动点坐标和圆弧半径的平方运算。显然，在用汇编语言实现时不太方便。为了简化这些运算，可以推导出插补过程中偏差函数的递推公式。假设第 i 次插补后，动点坐标为 $N(X_i, Y_i)$，其对应的偏差函数为

$$F_i=X_i^2+Y_i^2-R^2$$

当 $F_i\geqslant0$ 时，向$(-X)$方向进给一步，则新的动点坐标为

$$X_{i+1}=X_{i-1}, \quad Y_{i+1}=Y_i, \quad F_{i+1}=X_{i+1}^2+Y_{i+1}^2-R^2=(X_i-1)^2+Y_i^2-R^2$$

即

$$F_{i+1}=F_i-2X_i+1$$

同理，当 $F_i<0$ 时，则向$(+Y)$方向进给一步，则新的动点坐标值为

$$X_{i+1}=X_i, \quad Y_{i+1}=Y_i+1, \quad F_{i+1}=X_{i+1}^2+Y_{i+1}^2-R^2=X_i^2+(Y_i+1)^2$$

即

$$F_{i+1}=F_i-2Y_i+1$$

综上所述，第一象限逆圆弧插补计算公式的总结见表 7-17。

表 7-17　第一象限逆圆弧插补计算公式

偏差函数	动点位置	进给方向	新偏差计算	动点坐标修正
$F_i\geqslant0$	在圆上或圆外	$-X$	$F_{i+1}=F_i-2X_i+1$	$X_{i+1}=X_{i-1}\quad Y_{i+1}=Y_i$
$F_i<0$	在圆内	$+Y$	$F_{i+1}=F_i-2Y_i+1$	$X_{i+1}=X_i\quad Y_{i+1}=Y_i+1$

从表 7-17 可以看出，通过递推形式的偏差计算公式中仅有加减法以及乘 2 的运算，而乘 2 运算可通过二进制数左移一位实现，显然简化了运算。每调用一次插补程序，插补总步数减 1，在同一象限内圆弧插补过程的总步数 Counter$=|X_e-X_s|+|Y_e-Y_s|$。当总步数减至 0 时，插补过程结束。综上所述，第一象限逆圆插补过程流程图如图 7.51 所示。

（2）四个象限圆弧插补。

圆弧插补不仅有象限问题，还有圆弧走向问题，根据第一象限逆圆插补的基本原理，可以推出四个象限顺圆和逆圆的偏差函数计算和动点坐标的修正。现将各种进给情况汇总如图 7.52 所示。

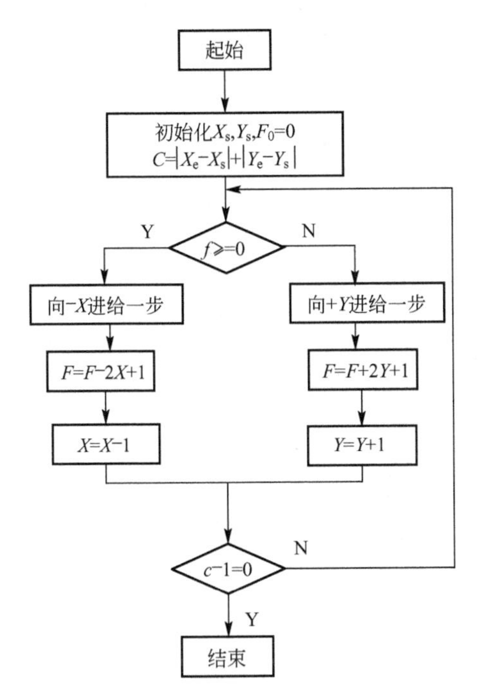

图 7.51　逐点比较法第一象限逆圆弧插补软件流程图

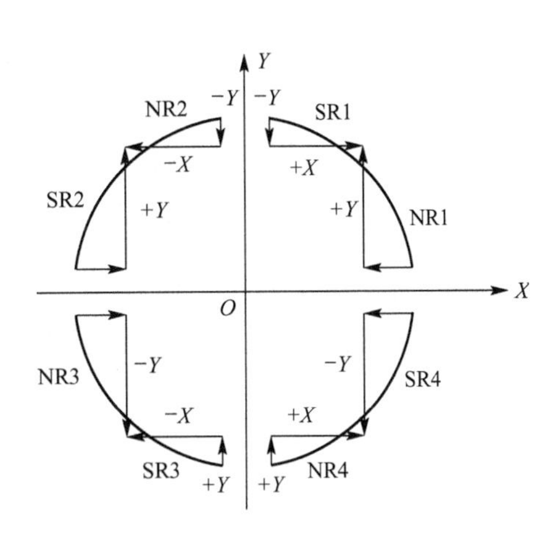

图 7.52　四个象限圆弧插补进给方向

相应的偏差计算见表 7－18。

表 7－18　四个象限圆弧插补偏差计算和进给方向

线型	$F\geqslant 0$		$F<0$	
	偏差计算	坐标进给	偏差计算	坐标进给
SR1	$F=F-2\|Y\|+1$ $\|Y\|=\|Y\|-1$	$-Y$	$F=F+2\|X\|+1$ $\|X\|=\|X\|+1$	$+X$
NR2		$-Y$		$-X$
SR3		$+Y$		$-X$
NR4		$+Y$		$+X$
NR1	$F=F-2\|X\|+1$ $\|X\|=\|X\|-1$	$-X$	$F=F+2\|Y\|+1$ $\|Y\|=\|Y\|+1$	$+Y$
SR2		$+X$		$+Y$
NR3		$+X$		$-Y$
SR4		$-X$		$-Y$

根据图 7.53，可以写出四个象限圆弧插补的软件实现流程图，如图 7.24 所示。

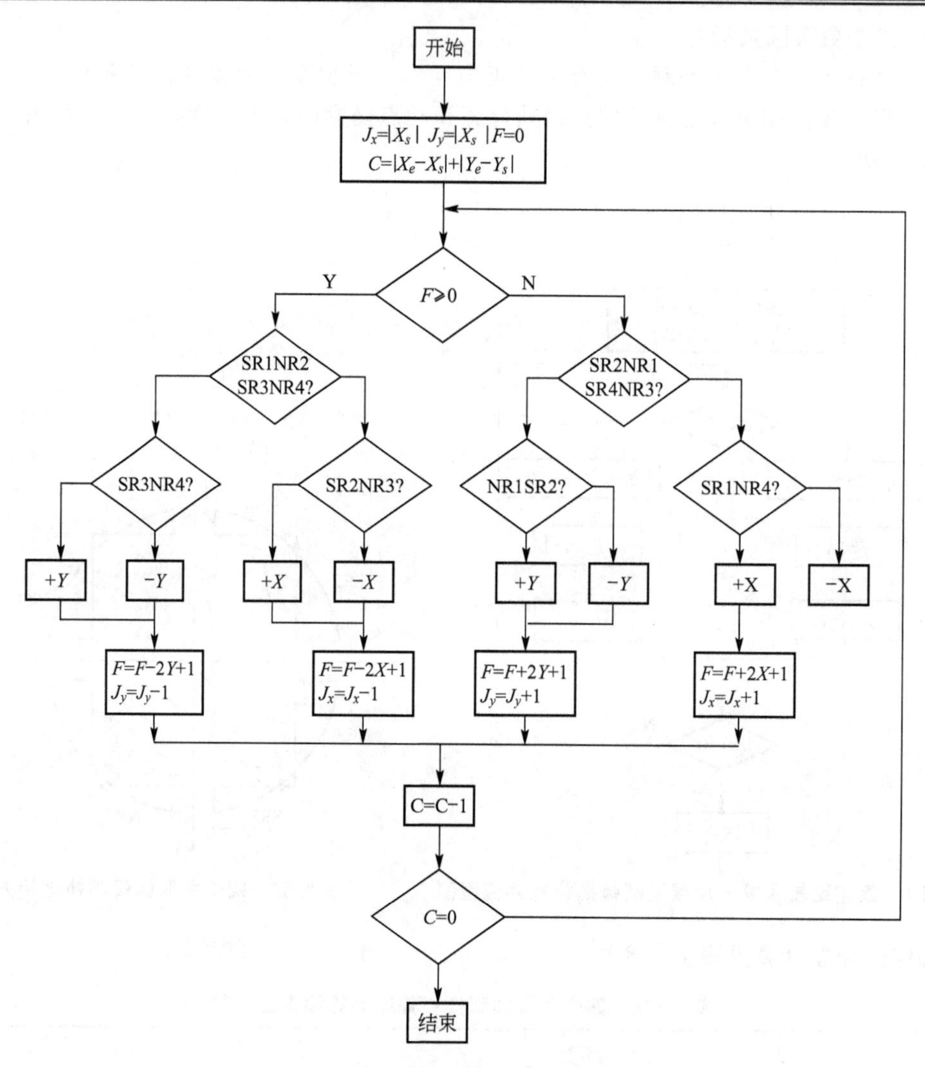

图 7.53　四个象限圆弧插补软件流程图

3）步进电机的单片机控制编程

设以 8051 的 P1 口线接步进电机的绕组，输出控制电流脉冲。其中 $P_{1\text{-}0}$ 接 A，$P_{1\text{-}1}$ 接 B，$P_{1\text{-}2}$ 接 C，下面以双相三拍控制方式为例进行编程说明。双相三拍的控制模型见表 7－19。

表 7－19　双相三拍控制模型

步序	P1 输出状态	绕组	控制字
1	00000011	AB	03H
2	00000110	BC	06H
3	00000101	CA	05H

设有如下工作单元和工作位定义：

R0 为步进数寄存器，PSW 中 F0 为方向标志位，$F_0=0$ 正转，$F_0\neq0$ 反转，则步进电机控制程序流程如图 7.54 所示。

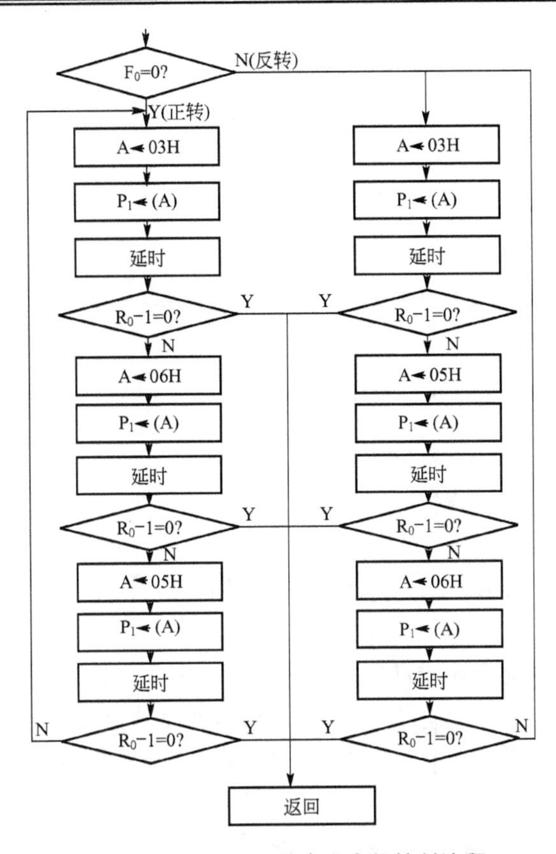

图7.54　双向双三拍步进电机控制流程

参考程序如下。

```
ROUTN:JB     F0,LOOP2     ;判断正反转
LOOP1:MOV     A,# 03H     第一拍控制码
      MOV     P1,A
      LCALL   DELAY       ;延时
      DJNZ    R0,CON1
 CON1:MOV     A,# 06H     ;第二拍控制码
      MOV     P1,A
      LCALL   DELAY
      DJNZ    R0,CON2
      AJMP    DONE
 CON2:MOV     A,# 05H     ;第三拍控制码
      MOV     P1,A        .
      LCALL   DELAY
      DJNZ    R0,CON3
      AJMP    DONE
 CON3:AJMP    LOOP1       ;循环
LOOP2:MOV     A,# 03H     ;反转
      MOV     P1,A
      LCALL   DELAY
```

```
      DJNZ   R0,CON4
      AJMP   DONE
 CON4:MOV    A,# 05H
      MOV    P1,A
      LCALL  DELAY
      DJNZ   R0,CON5
      AJMP   DONE
 CON5:MOV    A,# 06H
      MOV    P1,A
      LCALL  DELAY
      DJNZ   R0,CON6
      AJMP   DONE
 CON6:AJMP   LOOP2       ;循环
DONE: RET                ;返回
```

7.4 立体仓库的堆垛机设计

立体仓库又称为自动化仓库或高层货架仓库，是机电一体化技术典型产品——物流系统的重要组成部分。它以高层立体货架为主要标志，以成套先进的搬运设备为基础，以先进的计算机控制技术为主要手段，是实现搬运、存取机械化和自动化以及储存管理现代化的新型仓库。立体仓库具有占地面积小、储存量大、周转快等优点。作为立体仓库的起重堆垛设备——堆垛机，用货叉攫取、搬运、堆垛和从高层货架上存取单元货物，能够在自动化立体的巷道中来回穿梭运行，并将位于巷道口的货物存入货格或取出货格内的货物运送到巷道口。

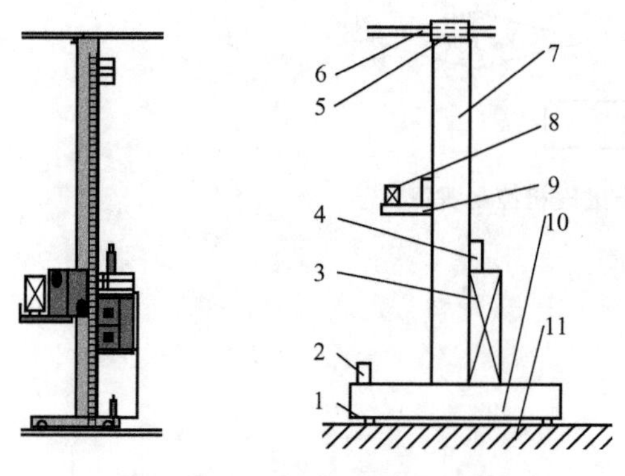

图 7.55 单立柱堆垛机结构图

1—驱动轮；2—水平行走机构；3—控制柜；4—升降机构；5—上横梁；6—天轨；7—立柱；8—货叉机构；9—载货台；10—下横梁；11—地轨

堆垛机的由机架(上横梁、下横梁、立柱)、水平行走机构、提升机构、载货台、货叉及电气控制系统构成，如图 7.55 所示。

7.4.1 设计任务

1. 设计题目

自动化立体仓库单立柱堆垛机设计。

2. 设计要求

设计一款堆垛机，能够满足对某自动化立体仓库中的货物进行搬运、存取要求。货架采用横梁式组合货架。货架规格：6 排×(29 列×6 层+1 列×3 层)，共 1062 个货位。每排货架尺寸为：2050mm×1340mm×1250mm。单元载荷按 500kg 考虑(不含托盘)。

3. 主要设计参数及技术指标

主要设计参数及技术指标如下。

(1) 堆垛机高度：10050mm。

(2) 堆垛机额定净载重量：550kg。

(3) 载货台宽度：1340mm。

(4) 运行速度：5～120m/min。

(5) 起升速度：4～30m/min。

(6) 货叉速度：3～20 m/min。

(7) 停准精度：起升、运行≤±10mm；货叉≤±5mm。

(8) 控制方式：手动/单机自动/联机自动，采用 PLC 控制堆垛机。

(9) 供电方式：安全滑触线供电。

(10) 供电容量：20kW，三相四线制 380V，50Hz。

(11) 通信方式：红外通信。

(12) 表面处理：堆垛机表面处理采用喷漆。

7.4.2　总体方案设计

堆垛机的整体方案设计中要考虑堆垛机的布置方式、机架结构、水平行走机构、升降机构和货叉机构。

1. 堆垛机的布置方式

自动化立体仓库中堆垛机的布置方式有三种：直线式、U 形轨道式和转轨车式。直线式布置要求每个巷道配备一台堆垛机；U 形轨道式布置堆垛机可服务于多条巷道，通过 U 形轨道实现堆垛机的换巷道作业；转轨车式布置堆垛机通过转轨车服务于多条巷道。直线式布置最为常见。但是，当库容量较大，巷道数多，入库频率要求较低时，可以采用后两种方式以减少堆垛机数量。本设计中采用直线式分布，堆垛机在巷道中取其左右单元内的货物。

2. 堆垛机的机架结构

堆垛机的机架结构分为单立柱型和双立柱型。单立柱型适用于起重量 2 吨以下，起升高度不大于 16 米的仓库。双立柱型适用于各种起升高度，高速运行，快速启、制动的仓库，起重量可达 5 吨以上。本设计中，额定载重量为 550kg，故选用自重较轻的单立柱型堆垛机。

3. 堆垛机水平行走机构

堆垛机的水平行走机构可分为地面驱动式、顶部驱动式和中部驱动式等几种。地面驱动式适用广泛。本设计采用此方式。这种方式一般用两个或四个承重轮，沿铺设在地面上的轨道运行。在堆垛机顶部有两组水平天轨用于导向。

4. 堆垛机起升机构

堆垛机的起升机构常用钢丝绳或起重链作为柔性件。采用起重链作为柔性件可以使起升机构结构紧凑。采用钢丝绳作为柔性件，可以选择标准模块，设计过程简化。本设计采用钢丝绳作为柔性件。

5. 堆垛机的货叉机构

堆垛机的货叉机构有三种传动方式：差动齿轮方式、齿轮齿条方式和链条传动方式。其中齿轮齿条方式是齿轮传动与链条传动结合的一种方式。采用差动齿轮方式传动，使货叉结构紧凑，但装配精度较高。链传动方式刚好相反。本设计中采用差动齿轮方式传动。

7.4.3 堆垛机的机械系统设计

1. 载荷

堆垛机所受的载荷包括自重载荷、起重载荷和惯性载荷(包括垂直惯性力与水平惯性力)等。

1) 起重载荷 P_L

$$P_L=\Psi\cdot S_L \quad (7-15)$$

式中：S_L——吊具重量与额定重量之和；

Ψ——冲击系数，它计入了货物正常起吊时的动载冲击作用，Ψ的取值见表7-20。

表7-20 冲击系数 Ψ

载荷＼作业时间	长	中	短
轻	Ⅰ	Ⅰ	Ⅱ
中	Ⅰ	Ⅱ	Ⅲ
重	Ⅱ	Ⅲ	Ⅳ

注：Ⅰ类：$\Psi=1.1$；Ⅱ类：$\Psi=1.25$，Ⅲ类：$\Psi=1.4$，Ⅳ类：$\Psi=1.6$。

2) 水平载荷 S_H

堆垛机沿水平方向加速减速行走或旋转时，必然存在与其加速度有关的水平惯性力。图7.56为堆垛机行走时的加减速度情况。

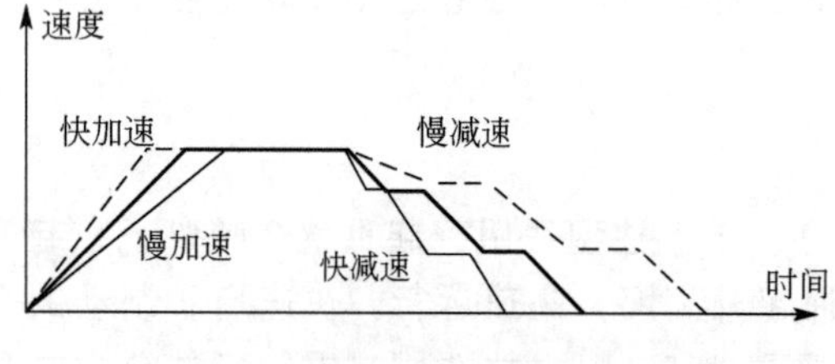

图7.56 堆垛机行走加减速度示意图

$$S_H=\beta\cdot S_L \quad (7-16)$$

式中：S_L——堆垛机沿水平方向加速减速行走或旋转时的水平惯性力；

β——称为动载荷系数，水平行走时$\beta=0.005v$，水平旋转时$\beta=0.004v$，v是额定速度。

3) 风力载荷 S_W

$$S_W=q\times A \quad (7-17)$$

式中：q——风压；

A——受风面积。

堆垛机工作时，风压力$q=1742.7\sqrt[4]{h}$；非工作状态时，风压力$q=148.1\sqrt[4]{h}$，h为吊

具高度。

4）起吊冲击载荷 S_T

在异常情况下，起吊货物的加速度可能很大，这时的冲击载荷比 P_L 大得多。设计时应另行考虑。

堆垛机工作时，所受的承载是上述各种载荷与自重 G_E 的不同组合，分为以下几种情况。

（1）正常工作状态：　$M \cdot (G_E + \Psi \cdot S_L + S_H)$

（2）特殊工作状态：　$M \cdot (G_E + \Psi \cdot S_L + S_H) + S_W$

（3）起吊工作状态：　$G_E + S_L + S_T$

（4）停止：　$G_E + S_W$

在上述表达式中，M 为作业系数，Ⅰ类 $M=1.0$，Ⅱ类 $M=1.05$，Ⅲ类 $M=1.1$，Ⅳ类 $M=1.2$。

2. 循环寿命

堆垛机每完成一次入库或出库操作称为一次工作循环。每一次工作循环所需要的平均时间称为基本作业时间，用 T_O 来表示。若堆垛机开动率(实际开动时间占工作时间的百分比)为 n，堆垛机寿命按10年计每年工作300天，每天工作8h，基本作业时间 $T_O=100s$，开动率 $n=70\%$，则堆垛机的循环寿命为：$10\times300\times8\times3600\times0.7/100\approx6\times10^5$ 次。

3. 堆垛机伸缩货叉机构的设计计算

货叉是堆垛机的主要工作装置，其作用是随载货台沿有轨巷道堆垛机立柱轨道上下升降运动，在作业货位停准定位，进行叉取作业。如果货叉伸出时叉端挠度太大，就会影响堆垛机正常作业，严重时会与货架发生干涉，造成事故。因此，堆垛机货叉设计的基本原则是在保证货叉强度的前提下，使其前端挠度尽量小。

1）堆垛机货叉的结构

堆垛机货叉一般采用三级直线差动机构。这种结构形式的货叉由动力驱动和上、中、底三叉以及导向部分构成。底叉固定在载货台上，中叉可在齿轮齿条的驱动下，相对于底叉向两侧伸出一定距离，上叉安装于中叉上。图7.57为当堆垛机的货叉上叉运行到最大距离时各叉板的支承结构示意图，中叉运行到货叉行程的1/3距离，此时有2个导向轮支承，上叉相对于中叉运行货叉行程的2/3，刚好也有2个导向轮支承，与中叉相连。实例中使用的差动齿轮传动，在中叉中装有四个大齿轮，达到传递运动的目的。当中叉以速度 v 运动时，上叉以速度 $2v$ 运动。

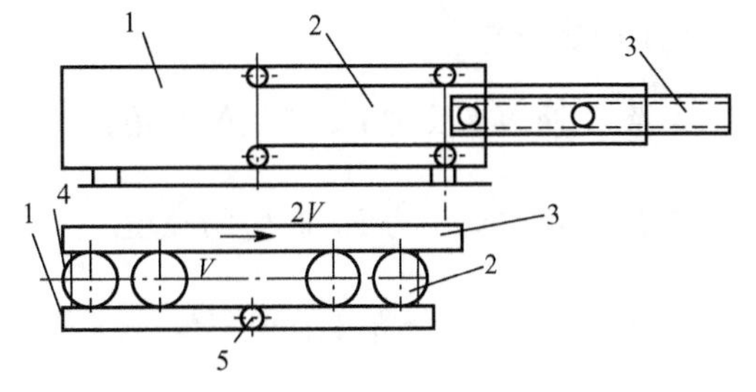

图7.57　叉板之间的支承与传动示意图

1—下叉；2—中叉；3—上叉；
4—差动齿轮；5—传动齿轮

2）货叉机构的受力分析

设堆垛机在运动过程中立柱不发生变形，根据货叉的支承结构，作受力分析简图，如图7.58所示。

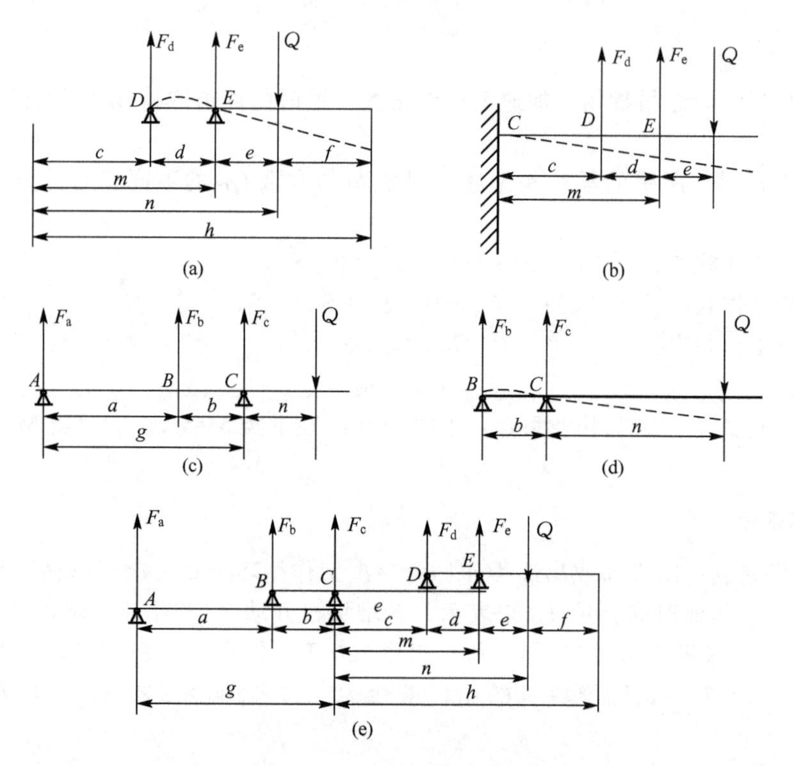

图 7.58　货叉机构的受力分析

3）货叉挠度的计算

设 I_1、I_2、I_3 分别是底叉、中叉、上叉的惯性矩，E 是材料的弹性模量，a、b、c、d、e、f、g、h、m 和 n 分别是各支点的间距。挠度计算过程如下。

(1) 上叉挠度。

载荷 Q 产生的倾角：
$$i_1=-\frac{ed}{6EI_3}Q \tag{7-18}$$

载荷 Q 产生的挠度为：
$$\delta_1=-\frac{ed}{3EI_3}Q(h-m) \tag{7-19}$$

(2) 中叉挠度。

支点 B 处的支反力 F_b 产生的倾角：
$$i_2=-\frac{nb}{3EI_2}Q \tag{7-20}$$

支点 B 处的支反力 F_b 产生的挠度：
$$\delta_2=-\frac{nbh}{3EI_2}Q \tag{7-21}$$

支反力 F_d 产生的货叉前端倾角：
$$i_3=\frac{F_d c^2}{2EI_2}=\frac{ec^2Q}{2EI_2d} \tag{7-22}$$

支反力 F_d 产生的货叉前端挠度：
$$\delta_3=\frac{eQc^2}{6EI_2d}(3h-c) \tag{7-23}$$

支反力 F_e 产生的货叉前端倾角：
$$i_4=-\frac{(e+d)Qm^2}{2EI_2d} \tag{7-24}$$

支反力 F_e 产生的货叉前端挠度：
$$\delta_4=-\frac{(e+d)Qm^2}{6EI_2d}(3h-m) \tag{7-25}$$

3）下叉挠度的计算

各点处的支反力及由支反力所产生的倾角：$i_5=-\dfrac{na(a+b)}{6EI_1 g}Q$ (7-26)

各点处的支反力及由支反力所产生的挠度：$\delta_5=-\dfrac{na(a+g)h}{6EI_1 g}Q$ (7-27)

当载荷台和立柱为刚性时，货叉前端的总倾角和总挠度为上、中、下货叉的总和：

$$i=i_1+i_2+i_3+i_4+i_5 \tag{7-28}$$

$$\delta=\delta_1+\delta_2+\delta_3+\delta_4+\delta_5 \tag{7-29}$$

取 $a=400$mm，$b=800$mm，$c=200$mm，$d=200$mm，$e=400$mm，$g=1200$mm，$m=400$mm，$n=800$mm，$h=1200$mm；上叉、下叉、中叉长度各为：$L_1=L_2=L_3=1200$mm。

货叉的惯性矩：$I_1=14080087.3\text{mm}^4$，$I_2=5762743.3\text{mm}^4$，$I_3=13351850\text{mm}^4$。

代入式(7-18)～式(7-29)得

$$\delta=\delta_1+\delta_2+\delta_3+\delta_4+\delta_5=-\left(\frac{108035.7}{14080087.3}+\frac{10379067.5}{5762743.3}+\frac{2053333.3}{13351850}\right)=-1.96\text{mm}$$

根据设计要求，货叉的定位精度$|\delta|\leqslant 5$mm。

4）货叉动力单元组的计算

根据货叉的伸缩速度为 $v=20\text{m/min}=0.34\text{m/s}$，伸出部分重量为 $W'=1000$N，动力传动效率 $\eta=0.7\times0.9=0.63$，行走阻力 $F_f=(W'+Q)\cdot u=(1000+5500)\times0.03=195$N，最高时速需要的动力 $P=F_f v/\eta=195\times0.34/0.63=0.105$kW；查上海嘉田传动机械有限公司《选型手册》选择 SEW 减速机的型号为 R17 的电机。其输入功率为 0.18～0.75kW，传动比 3.83～74.84，许用扭矩 85N·m，电机选用 Y801-4，满载转速为 1390r/min，4极，功率为 0.55kW，质量为 17kg。

5）齿轮齿条的确定

货叉电机的满载转速为 1390r/min，查《选型手册》，选传动比 $i=11.89$r/min；齿轮的转速为 $n=117$r/min，小齿轮的分度圆直径 $D_1=v/\pi n=20\times1000/117\pi=54.4$mm，圆整 $D_1=54$mm。

货叉机构为一般机械，精度等级选 7(GB 10095—88)。小齿轮和齿条的材料选择 45 钢，硬度为 240HBS。强度极限为 580MPa，屈服极限为 290MPa，选小齿轮的模数 $m=2$mm，齿数 $z_1=27$，齿宽系数 $\Phi_d=0.5$，小齿轮的使用系数 $K_A=1.0$，动载系数 $K_V=1.05$，齿间载荷分配系数 $K_\alpha=1.0$，齿向载荷分布系数 $K_\beta=1.270$，齿轮的载荷系数 $K=1.33$，齿轮的计算载荷 $\rho_{ca}=KF_t/b\cos\alpha=10.2$N/mm，弹性影响系数 $Z_E=188\text{MPa}^{1/2}$。

根据齿面接触疲劳强度进行校核：

$$\sigma_H=\sqrt{10.2/(54\pi)}\times188=46\text{MPa}\leqslant[\sigma_H]=315\text{MPa}$$

根据齿根弯曲疲劳强度进行校核：

$$\sigma_{F1}=10.2\times2.57\times1.6=42\text{MPa}\leqslant[\sigma_F]=188\text{MPa}$$

$$\sigma_{F2}=10.2\times2.06\times1.97=41.3\text{MPa}\leqslant[\sigma_F]=188\text{MPa}$$

在货叉工作中，中间货叉相对固定货叉水平移动 1/3 的固定货叉长度行程；而上叉相对中间货叉水平移动了 2/3 的固定货叉长度行程；相对固定货叉水平移动了一个固定货叉长度行程。本设计中使用的是差动齿轮传动，在中叉中装有四个大齿轮，达到传递运动的目的。大齿轮采用与上述小齿轮相同的材料载荷相同，大齿轮分度圆直径 $D=80$mm，模数 $m=2$mm，齿数 $z=40$，齿宽系数 $\Phi_d=0.4$，计算结果符合设计要求。

4. 堆垛机行走机构的设计计算

堆垛机的驱动形式设计成“下部支承下部驱动型”，该形式的走行装置安装在下梁上，通过减速装置驱动走行轮，走行轮支承堆垛机的全部重量，在单轨上走行。

1）行走装置的SEW减速机的选取

有轨巷道堆垛机的运行机构的电机功率，是根据堆垛机满载稳定运行时的静阻力进行计算。堆垛机总重量估计为W=30000N，滚动阻力系数μ=0.03，动力传动效率η=0.9，行走速度v=2m/s。

行走阻力：

$$F_{\mathrm{f}}=W\cdot\mu=30000\times0.03=900\mathrm{N}$$

最高时速需动力：

$$P=F_{\mathrm{f}}\cdot v/612\eta=900\times2/(612\times0.9)=3.2\mathrm{kW}$$

查《选型手册》，选择型号为的R57SEW减速机。其输入功率为0.18～5.5kW，传动比1.3～5.5，许用扭矩70N·m，电机选用Y132S-4，4极，满载转速1460r/min，额定功率为5.5kW，质量为68kg。

2）堆垛机走行轮的设计计算及其校核

走行轮有主动轮与从动轮各1个，由于堆垛机在操作货叉时的反作用力会对走行轮产生侧压，为了防止走行轮由于侧压脱轨以及走行中的爬行现象，需安装侧面导轮。驱动轮的末端齿轮采用轮轴直接连接的驱动方式。

走行轮的允许载重量等各参数间存在下列关系：

$$F'=KD'(B-2r)\mathrm{kg} \tag{7-30}$$

$$K=\frac{240k}{240+v}\mathrm{kg/cm^2} \tag{7-31}$$

式中：F'——允许载重量(kg)；

D'——车轮的踏面直径(cm)；

B——钢轨宽(cm)；

r——钢轨头部的圆角半径(cm)；

K——许用应力系数($\mathrm{kg/cm^2}$)；

v——走行速度(m/min)；

k——许用应力(球墨铸铁的许用应力为50)($\mathrm{kg/cm^2}$)。

选取$B=6.4\mathrm{cm}$，$r=0.2\mathrm{cm}$，$k=50\mathrm{kg/cm^2}$，$v=120\mathrm{m/min}$，$F'=W/2=3000/2=1500\mathrm{kg}$，代入式(7-30)及式(7-31)得

$$K=33.3\mathrm{kg/cm^2};D'=7.5\mathrm{cm}$$

车轮的轴径为

$$d_{\min}=C\sqrt[3]{P/n}=115\sqrt[3]{P\cdot\pi D'/v}=18\mathrm{mm}$$

取d=50mm，车轮直径可适当取大为D'=100mm，轴上的轴承选取型号为6210的轴承，基本尺寸：d=50mm，D=90mm，B=20mm。

5. 堆垛机升降机构的设计计算

升降机构采用钢丝绳卷筒装置结构，其传动装置(卷扬机—钢丝绳—货台)一般装在下部。卷筒为带沟的圆筒，钢丝绳在沟内缠绕的方向与缠入沟内的钢丝绳方向之间的角度不

超过 4 度。

1）升降机构卷扬机的选取

设载荷 $Q=5500N$，货台的自重 $G=2300N$，速度 $v=30m/min$，则提升时的功率为

$$P=\frac{(Q+G)\cdot v}{612\eta}=\frac{(5500+2300)\times 30}{612\times 0.98}=0.39kW$$

根据上海春风机械公司的《选型手册》，选取型号为 JK1 型的卷扬机，其额定功率是 6kW，5.5 额定拉力为 10kN。

2）定滑轮的轴径与轮径的设计计算

选取滑轮的轮径 $D_1=180mm$，则

滑轮轴经：$d_{min}=115\sqrt[3]{\frac{P\pi D_1}{v}}=115\sqrt[3]{\frac{0.39\times 3.14\times 0.18}{30}}=22.3mm$

滑轮的转速：$n_1=v/\pi D_1=30/0.18\pi=53r/min$

选取卷筒的直径为 $D_2=200mm$，卷筒的轴径取为 $d=80mm$，则

卷筒的转速：$n_2=n_1D_1/D_2=47.7r/min$

每根钢丝绳所承受的拉力：$F=G/4=2300/4=575N$

根据计算，选取第二组 6×19 类钢丝绳，其公称直径为 9mm。

6. 堆垛机门架的结构设计计算

按照结构形式，门架有单柱式和矩形框架式；按支承方式，门架分为安装在货架上的上部支撑式和安装在地面上的下部支撑式。在门架上安装有卷扬、走行等机械装置，以及电气控制开关、控制装置、配线等。本设计中采用单立柱下部支撑形式，需要对堆垛机的柱端振动和立柱强度进行校核。

堆垛机在静止、运行、制动过程中，其立柱不同程度地受到外力的作用，导致立柱产生挠度和振动。通过大量的实验表明，静止时的静挠度是一定的，但是在运行过程中随着加速度的不同，立柱的挠度也逐渐发生变化，立柱的变形与加速度有很大的关系。此时定位装置若安装在立柱及上、下横梁上，误差将会增大，定位精度很难得到保证，容易引起事故。

1）堆垛机外载荷计算

堆垛机的受力情况如图 7.59 所示。若 $G=8042N$，$G_1=210N$，$G_2=860N$，$G_3=1300N$，$G_4=1000N$，$G_5=1200N$，$G_6=1000N$，$l_1=800mm$，$l_2=800mm$，$l_3=1000mm$，$s=100mm$，$Q=5500N$，$H=10050mm\approx 10^4mm$，$h_1=2000mm$，$B=5000mm$，$a=3000mm$，$b=2000mm$，$e=270mm$，当载货台达到最高位置时，取 $h=2500mm$，则

总提升力：$T=Q+G_5+G_6+G_1=7910N$

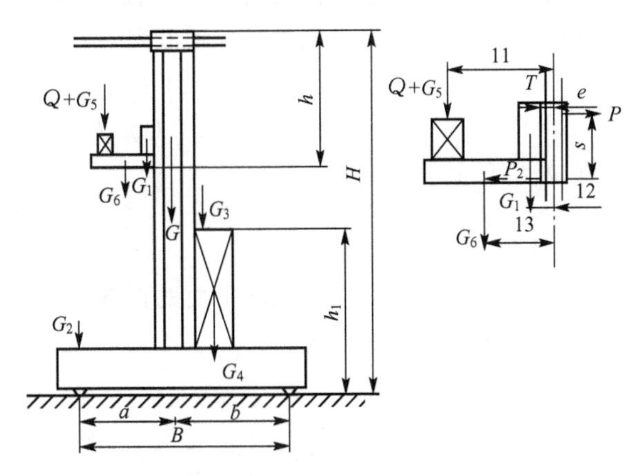

图 7.59　堆垛机外载荷图

G—立柱重量；G_1—货叉电机；驱动系统重量；G_2—水平驱动系统重量；G_3—垂直驱动系统重量；G_4—电器柜重量；G_5—货叉系统重量；G_6—载货台重量；P—滚轮压力；Q—额定载荷

正滚轮压力：$P_1=\frac{1}{s}[(Q+G_5)l_1+G_1l_2+G_6l_3-Te]=44\text{kN}$

侧滚轮压力：$P_2=\frac{1}{s}(Q+G_5)l_1=53.6\text{kN}$

起升载荷：$W=\Psi(G_1+Q+G_5+G_6)=1.25\times(G_1+Q+G_5+G_6)=9.9\text{kN}$

滚轮摩擦力：$F_f=2(P_1+P_2)f=2(P_1+P_2)\times0.05=9.76\text{kN}$

其中 f 为滚动摩擦系数，钢制滚轮 $f=0.08$，尼龙制滚轮 $f=0.05$。

钢丝绳张力：$T_1=(W+F_f)/\eta=20.1\text{kN}$

其中，η 为提升系统效率，取 $\eta=0.98\sim0.99$。

立柱顶部压力：$F=2T_1+G_{滑轮}+G_{上横梁}=42.2\text{kN}$

取 $G_{滑轮}=1000\text{N}$，$G_{上横梁}=1000\text{N}$。

立柱的临界载荷：$F_k=\pi^2EI/4H^2=1668.5\text{kN}$，$a=F/F_k=0.025$。

单立柱采用 GB/T 706—1988 45a 工字钢，其截面面积$=102.446\text{cm}^2$，理论重量$=80.42\text{kg/m}$，$I_x=32200\text{cm}^4$，$W_x=1430\text{cm}^3$

当载货台满载位于最高位置，以最大加(减)速度启(制)动时，立柱处于最不利情况。堆垛机立柱将受到惯性均布力 q、载货台的惯性力 P 以及载货台的偏心力矩 M 作用，各力的计算如下：

$$P=(Q+G_1+G_5+G_6)a=0.2\text{kN}$$

$$q=m_0a=2\text{kg/m}$$

式中，m_0 为立柱单位质量。

$$M=P(H-h-s)+H^2qv/2+P_1s=5.08\text{kN}\cdot\text{m}$$

2）单立柱堆垛机静态刚度分析

立柱的静态刚度是以载货台位于立柱的最高位置时，顶端在巷道纵向平面内的挠度来表征，要求设计挠度应小于许用值，本设计中取挠度许用值 $[f]=10\text{mm}$。

当载货台升至立柱最高位置时，立柱在偏心力矩 M 的作用下，端部产生的水平位移主要由三部分组成：立柱端部的水平位移 f_0，下滚轮处截面的转角 θ_1 引起的端部水平位移 $f_1\approx\theta_1h$，下横梁和立柱连接处截面转角岛引起的立柱顶部水平位移 $f_2=\theta_2H$，即

$$f=f_0+f_1+f_2<[f]。$$

(1) f_0 的计算。

$$f_0=\left[\frac{1}{2}M(H-h)(H+h)\right]/EI_{lz}+\left[\frac{1}{2}\frac{a}{B}Ha\ \frac{2}{3}\frac{b}{B}M+\frac{1}{2}Hb\ \frac{2}{3}\frac{b}{B}M\right]/EI_{lz}=3.74\text{mm}$$

式中：I_{lz}——立柱截面垂直纵向平面的惯性矩；

E——材料弹性模量。

(2) f_1 的计算。

$$\theta_1=[M\ (H-h)]\ /EI_{lz}+\left[M\frac{1}{2}\left(\frac{a^2}{B}\frac{2}{3}\frac{a}{B}+\frac{b^2}{B}\frac{2}{3}\frac{b}{B}\right)\right]/EI_{lz}$$

$$f_1\approx h\theta_1=1.50\text{mm}$$

(3) f_2 的计算。

下横梁支撑上部总质量：$G_0=Q+G+G_1+G_2+G_3+G_4+G_5+G_6=19112\text{N}$

立柱和下横梁连接面转角 θ_2：

$$\theta_2=\frac{1}{EI_{lz}}\left[\frac{1}{2}\frac{ab}{B}G_0 b\ \frac{2}{3}\frac{b}{B}-\frac{1}{2}\frac{ab}{B}G_0 a\ \frac{2}{3}\frac{a}{B}\right]$$

$$f_2\approx\theta_2 H\approx\frac{G_0 H}{3EI_{lz}}\frac{ab}{B^2}(b^2-a^2)=-0.113\text{mm}$$

$f=f_0+f_1+f_2=5.127\text{mm}<[f]=10\text{mm}$，满足设计要求。

如果安装时发现立柱顶部挠度较大时，根据国外经验，可以将行走的从动轮采用可调偏心定轴结构，在现场安装时为立柱预调后倾，这样，当立柱受载变形后基本保持垂直。

7.4.4　堆垛机控制系统设计

1. 系统工作流程

堆垛机接收到仓库管理系统的工作指令后，堆垛机行走电机及升降电机同时运行，通过定位系统，到达目的位置后准确停车→货叉动作，执行存取操作，货叉回位→货叉到位后，堆垛机行走、升降再次运行，到达目的位置后准确停车。

堆垛机作业时，要根据任务信息确定控制方式。作业任务信息包括目标位置、当前货物存或取动作的识别。在自动控制方式下，作业任务信息由上位机提供。

2. 系统硬件选型与电气图设计

堆垛机的控制系统可以有多种不同的实现模式。本设计中主要采用 PLC 作为控制器，实现对堆垛机的行走、升降、伸缩等动作的控制。

1）PLC 的选型

选用西门子公司生产的 S7－200 CPU226 型 PLC。

2）电气控制柜设计及 I\O 点的分配

采用带有声光报警系统的采用三相三线电源；利用复用原理，2 个变频器控制 3 个电机；用于控制柜逻辑控制的 PLC 及相关扩展模块；用于手动控制堆垛机自动控制系统的启停手动操作按钮；用于保护及控制 220 V 交流电源输入的强电电路；用 PLC 逻辑输出控制继电器，再通过继电器控制执行机构的弱电电路；用于控制柜内电气线路的连接的接线端子。

堆垛机自动控制系统中共使用 21 点输入、14 点输出，具体的 I/O 分配见表 7－21。

表 7－21　PLC I/O 分配

输入信号			输出信号	
名称	代号	输入点编号	名称	输入点编号
启动	S0	I0.0	行走变频器向前	Q0.0
手动/自动	LS1	I0.1	行走变频器向后	Q0.1
手动上升	S1	I0.2	（行走变频器）一段速度	Q0.2
手动下降	S2	I0.3	（行走变频器）二段速度	Q0.3
手动向前	S3	I0.4	升降变频器上升	Q0.4
手动向后	S4	I0.5	升降变频器下降	Q0.5
手动伸叉	S5	I0.6	（升降变频器）一段速度	Q0.6
手动缩叉	S6	I0.7	（升降变频器）二段速度	Q0.7

（续）

输入信号			输出信号	
名称	代号	输入点编号	名称	输入点编号
载货台定位	—	I1.0～I1.4	货叉变频器向左	Q1.0
货叉定位	—	I1.5～I1.7	货叉变频器向右	Q1.1
限位 1	LB1	I2.0	叉伸抱闸	Q1.2
限位 2	LB2	I2.1	行走抱闸	Q1.3
限位 3	LB3	I2.2	升降抱闸	Q1.4
限位 4	LB4	I2.3	切换电机	Q1.5
急停	S7	I2.4	—	—

3）配套传感系统

为了保障整个仓库自动化运行，该堆垛机自动控制系统多处采用了传感技术，具体如下。

(1) 进仓货物存在检测：采用普通光电检测有无物体，在立体仓库中起到启动信号的作用。

(2) 货物信息读取：采用条码阅读器或 RFID 读写器采集货物信息。

(3) 堆垛机货台上货监控：采用光电传感器监视堆垛机货台状态。

(4) 进仓货物大小检测：采用测量型光幕实现货物分类的自动化。

(5) 区域安全防护：堆垛机的出口和入口为危险区域，此时可在该区域安装多光束安全光栅防护人体的侵入，并配置实现屏蔽功能的光电开关使光束辨认出进入危险区域的是人体还是货物。

(6) 货架占用情况检测：采用漫反射光电传感器感知货物在货架上的存在或位置。

(7) 货物上架定位：采用带背景抑制的漫反射式光电传感器。

(8) 货物存放在货架上，可能由于异常情况使货物突出货架，导致堆垛机运行障碍或损坏货架，在堆垛机垂直轨道顶端安装长距离光电传感器检测突出的货物。

4）变频调速控制技术

(1) 变频器的选用。

在堆垛机存取货物的过程中，运行系统和货叉系统是按照先后顺序动作的，为减少开支，运行电机和货叉电机使用同一台变频器并联运行，运行电机按照大惯性负载启动的情况考虑。按照变频器总电流不超过额定电流的基本原则，本设计中选用西门子公司生产的 MM440 变频器作为运行电机和货叉电机的变频器。

(2) 点位控制方案。

当要求堆垛机到达某一目的位置时，根据传感器反馈回来的堆垛机和目的位置的距离信号，按照预先设定的控制策略调整变频器的频率值，使堆垛机先以较高的速度接近目的位置，再平稳地减速到较低的速度运行，到达目的位置后抱闸停准。控制方案如图 7.60 所示，采用半闭环控制方式。

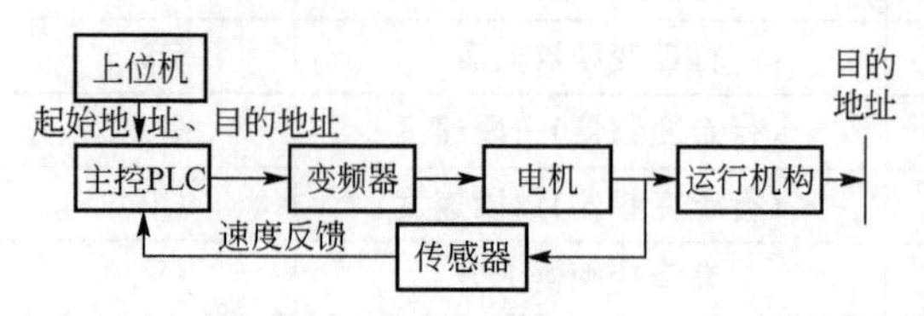

图 7.60　堆垛机自动控制系统点位控制方案

5）电气绘制

升降控制电路与货叉控制电路共用一个变频器，中间通过使用中间继电器 KA4.4 实现电机切换。水平行走控制电路与升降控制电路相同。堆垛机升降及货叉控制电器图如图 7.61 所示，堆垛机控制硬件接线图如图 7.62 所示。

3. 系统软件设计

基于 S7－200 PLC 的堆垛机自动控制系统软件是在 Step7 编程环境下开发的。该软件包括主程序、入库运行程序、出库运行程序和调库运行程序四个模块。入库运行程序完成从进货点启动到入货台停止的过程。图 7.63 是堆垛机存、取货的控制流程，部分程序模块的流程图如图 7.64 所示。

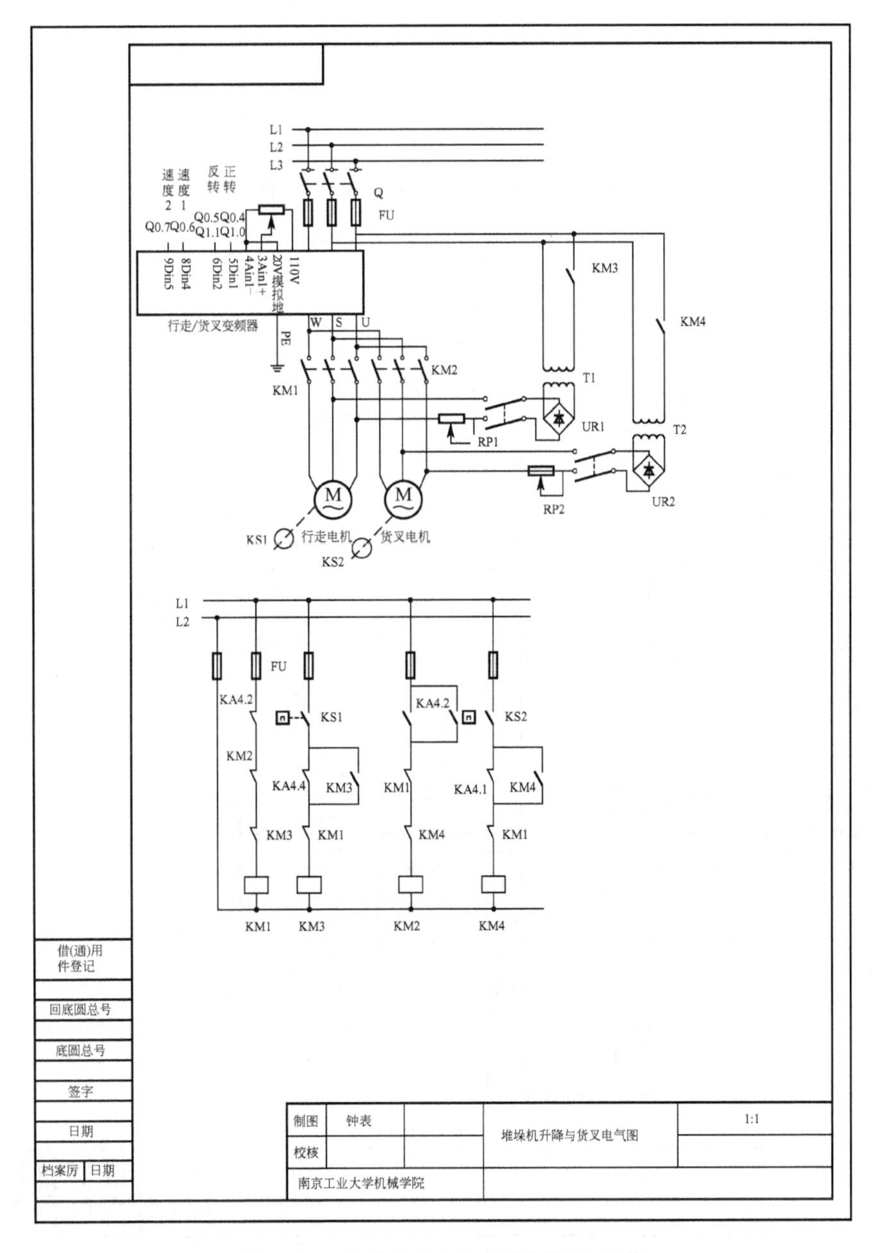

图 7.61　堆垛机升降与货叉控制电器图

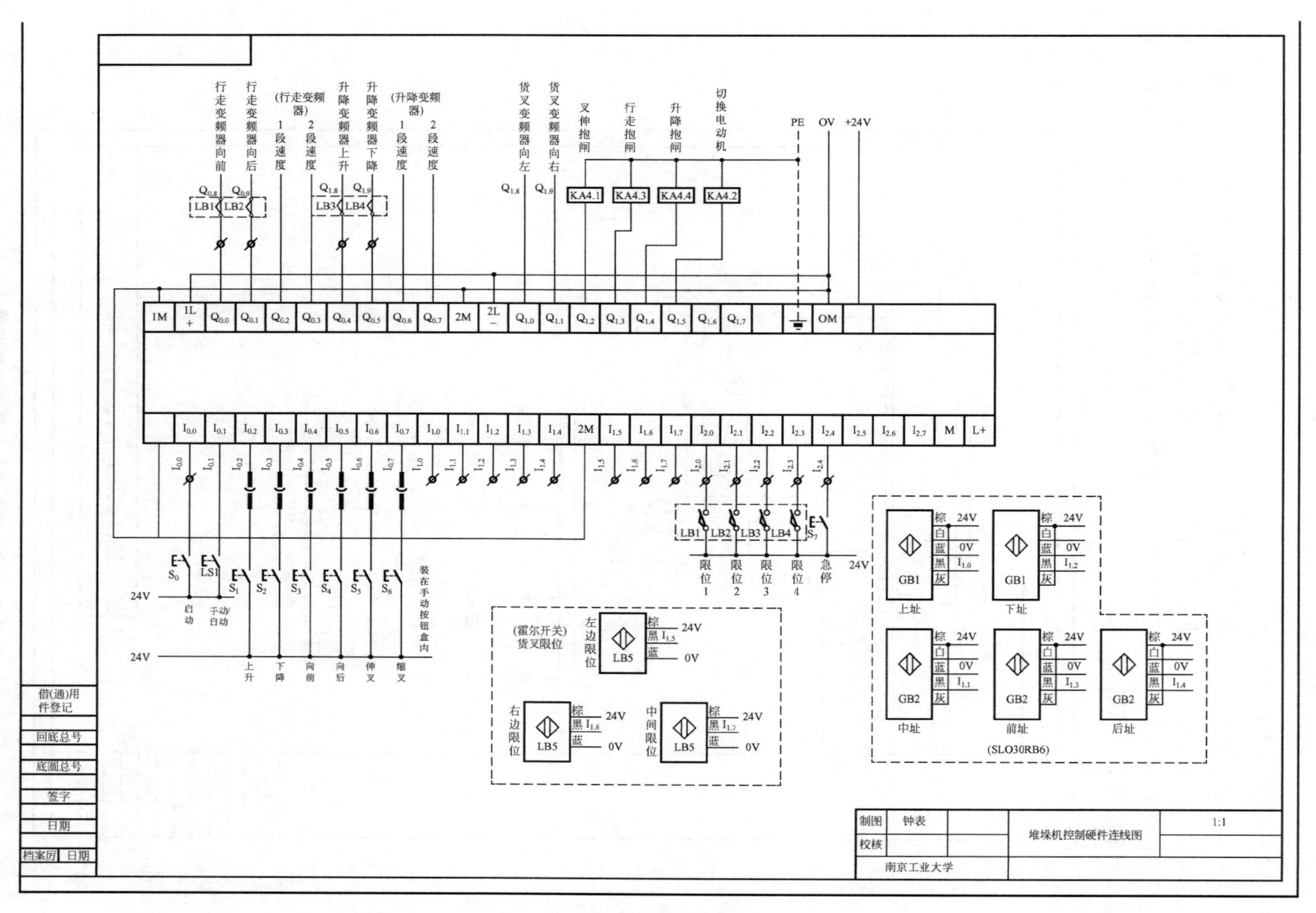

图 7.62　堆垛机控制硬件连线图

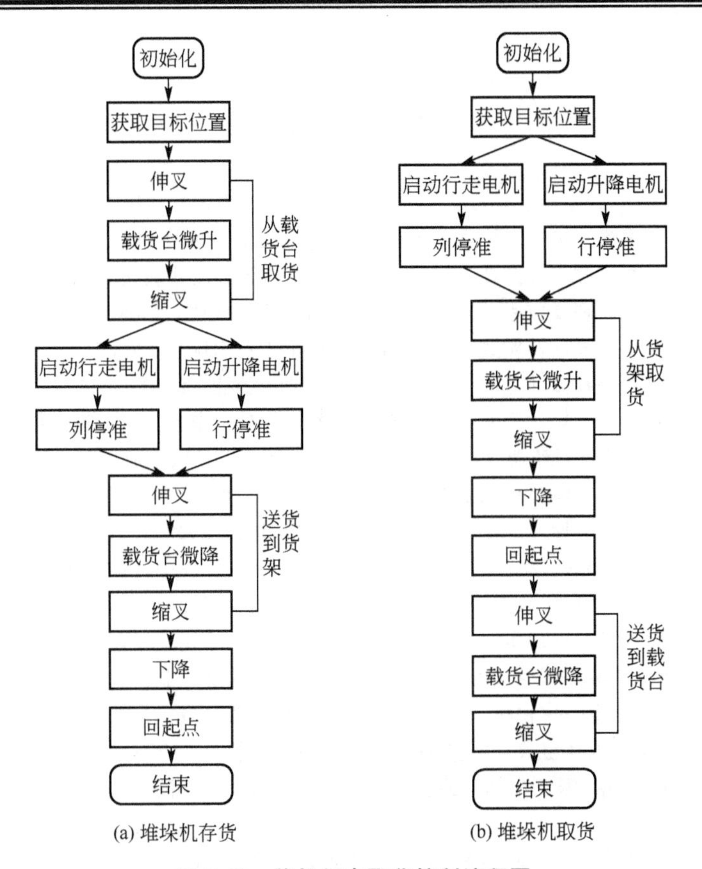

图 7.63　堆垛机存取货控制流程图

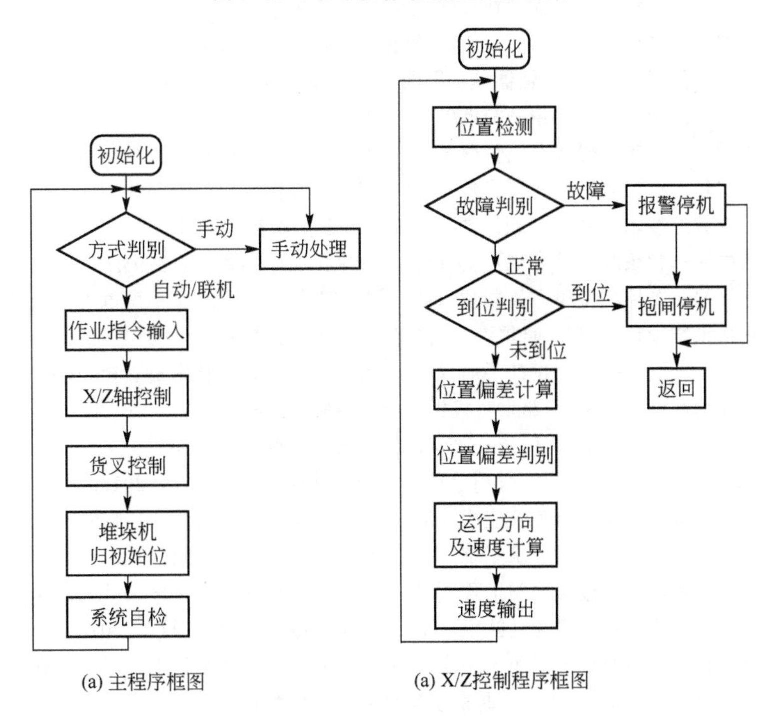

图 7.64　堆垛机程序流程图

参 考 文 献

[1] 冯浩，汪建新，赵书尚. 机电一体化系统设计 [M]. 武汉：华中科技大学出版社，2009.
[2] 范超毅，赵天婵，吴斌方. 数控技术课程设计 [M]. 武汉：华中科技大学出版社，2007.
[3] 芮延年. 机电一体化原理及应用 [M]. 苏州：苏州大学出版社，2008.
[4] 于金. 机电一体化系统设计及实践 [M]. 北京：化学工业出版社，2007.
[5] 尹志强. 机电一体化课程设计 [M]. 北京：机械工业出版社，2010.
[6] 朱孝录. 中国机械设计大典：第 4 卷，机械传动设计 [M]. 南昌：江西科学技术出版社，2002.
[7] 张展. 联轴器、离合器与制动器设计选用手册 [M]. 北京：机械工业出版社，2009.
[8] 赵松年，张奇鹏. 机电一体化机械系统设计 [M]. 北京：机械工业出版社，1996.
[9] 朱林. 机电一体化系统设计 [M]. 北京：石油工业出版社，2008.
[10] 熊良山，严晓光，张福润. 机械制造技术基础 [M]. 武汉：华中科技大学出版社，2009.
[11] 郭庆鼎，王成元. 交流伺服系统 [M]. 北京：机械工业出版社，2007.
[12] 成大先. 机械设计手册(单行本)——机械传动 [M]. 北京：化学工业出版社，2004.
[13] 杨黎明，杨志勤. 机械零部件选用与设计 [M]. 北京：国防工业出版社，2007.
[14] 董景新，赵长德. 机电一体化设计 [M]. 北京：机械工业出版社，2007.
[15] 孙波. 机械专业毕业设计宝典 [M]. 西安：西安电子科技大学出版社，2008.
[16] 张万里. 基于 Windows 系统的圆弧插补汇编程序模块的设计与模拟 [D]. 常州：江苏技术师范学院，2009.
[17] 刘丽荣. 基于 PLC 的全自动纸纱复合制袋机生产线的研究 [D]. 兰州：兰州理工大学，2008.
[18] 张娜. 大型压力容器法兰密封面的在线修复技术的研究 [D]. 兰州：兰州理工大学，2007.
[19] 文斌. 联轴器设计选用手册 [M]. 北京：机械工业出版社，2009.
[20] 《联轴器结构图册》编写组. 联轴器结构图册 [M]. 北京：国防工业出版社，1994.
[21] 郭庆鼎. 直线交流伺服系统的精密控制技术 [M]. 北京：机械工业出版社，2000.
[22] 秦忆，周永鹏，邓忠华. 现代交流伺服系统 [M]. 武汉：华中理工大学出版社，1995.
[23] 闫占辉，刘宏伟. 机床数控技术 [M]. 武汉：华中科技大学出版社，2008.
[24] 王仁德. 机床数控技术 [M]. 2 版. 沈阳：东北大学出版社，2007.
[25] 张建民. 机电一体化系统设计 [M]. 北京：北京理工大学出版社，1996.
[26] 薛迎成，何坚强. 工控机及组态控制技术原理与应用 [M]. 北京：中国电力出版社，2011.
[27] 侯珍秀. 机械系统设计 [M]. 哈尔滨：哈尔滨工业大学出版社，2003.
[28] 顾冠群，万德钧. 机电一体化设计手册 [M]. 南京：江苏科学技术出版社，1996.
[29] 吴圣庄. 金属切削机床 [M]. 北京：机械工业出版社，1980.
[30] 王成军，沈豫浙. 应用创造学 [M]. 北京：北京大学出版社，2010.
[31] 梁福平. 传感器原理及检测技术 [M]. 武汉：华中科技大学出版社，2010.
[32] 胡鸿，姚伯威. 机电一体化原理及应用 [M]. 北京：国防工业出版社，1999.
[33] 高金源，夏洁，张平. 计算机控制系统 [M]. 北京：高等教育出版社，2010.
[34] 梁昭峰，李兵，裴旭东. 过程控制工程 [M]. 北京：北京理工大学出版社，2010.
[35] 潘新民，王艳芳. 微型计算机控制技术 [M]. 北京：电子工业出版社，2010.
[36] 徐世许. 可编程控制器原理·应用·网络 [M]. 合肥：中国科学技术大学出版社，2001.
[37] 李广弟. 单片机基础 [M]. 北京：北京航空航天大学出版社，1994.
[38] 张新义. 经济型数控机床系统设计 [M]. 北京：机械工业出版社，1995.

[39] 王之栎，王大康．机械设计综合课程设计［M］．北京：机械工业出版社，2003.

[40] 现代实用机床设计手册编委会．现代实用机床设计手册［M］，北京：机械工业出版社，2006.

[41] 上海纺织工学院．机床设计图册［M］．上海：上海科技出版社，1979.

[42] 机械设计手册编委会．机械设计手册新版［M］．北京：机械工业出版社，2009.

[43] 阮忠唐．联轴器、离合器设计与选用指南［M］．北京：化学工业出版社，2005.

[44] 赵雪松，赵晓芬．机械制造技术基础［M］．武汉：华中科技大学出版社，2010.

[45] ［日］吉国宏．自动化仓库堆垛机设计［M］．第一机械工业部第四设计院《堆垛机设计》翻译组，译．北京：人民铁道出版社，1979.

[46] 濮良贵，陈庚梅．机械设计教程［M］．西安：西北工业大学出版社，2006.

[47] 梁奎．堆垛机3层货叉直线差动机构的设计［J］．起重运输机械，2005(3).

[48] 沈治．基于S7-200PLC的堆垛机自动控制统的设计［J］．工矿自动化，2010(3).

[49] 贾争现．堆垛机钢结构的强度与刚度设计［J］．维普资讯，2003(5).

[50] 田效伍．电气控制与PLC应用技［M］．北京：机械工业出版社，2009.

[51] 孙桓，傅则绍．机械原理［M］．北京：高等教育出版社，1989.

[52] JB/T 2661—1999．ZCF系列直流测速发电机技术条件［S］．北京：国家机械工业局，1999.

[53] GB 13633—92．永磁直流测速发电机通用技术条件［S］．北京：国家技术监督局，1992.

[54] ［日］谷腰欣司．直流电机实际应用技巧［M］．李益全，译．北京：科学出版社，2006.

[55] 富士公司．富士AC伺服系统FALDIC-W系列用户手册［M］．富士公司，2009.

[56] 熊青春．四自由度教学机器人的研制［D］．合肥：合肥工业大学，2006.

[57] 赵学，张娜，巩建荣．大型压力容器法兰密封面现场修复加工装置的设计［J］．兰州理工大学学报，2006．32(4).

[58] 许果，王峻峰，何岭松．一种基于SCARA机器人机械结构设计［J］．机械工程师，2005 (4)：65-67.

[59] N. Furuya，K. Soma，E. Chin. Research and development of Selective Compliance Assembly Robot Arm. Ⅱ. Hardware and software of SCARA controller [J]. J. Japan Society of Precision Engineering/Seimitsu Kogaku Kaishi，1983，49(7).

[60] Hao ying. Theory and application of a novel fuzzy PID controller using a simplified Takagi-Sugeno rule scheme [J]. Information Sciences，2000.

北京大学出版社教材书目

✧ 欢迎访问教学服务网站www.pup6.com，免费查阅已出版教材的电子书(PDF版)、电子课件和相关教学资源。

✧ 欢迎征订投稿。联系方式：010-62750667，童编辑，13426433315@163.com，pup_6@163.com, 欢迎联系。

序号	书　　名	标准书号	主　　编	定价	出版日期
1	机械设计	978-7-5038-4448-5	郑　江，许　瑛	33	2007.8
2	机械设计(第2版)	978-7-301-28560-2	吕　宏　王　慧	47	2018.8
3	机械设计	978-7-301-17599-6	门艳忠	40	2010.8
4	机械设计	978-7-301-21139-7	王贤民，霍仕武	49	2014.1
5	机械设计	978-7-301-21742-9	师素娟，张秀花	48	2012.12
6	机械原理	978-7-301-11488-9	常治斌，张京辉	29	2008.6
7	机械原理	978-7-301-15425-0	王跃进	26	2013.9
8	机械原理	978-7-301-19088-3	郭宏亮，孙志宏	36	2011.6
9	机械原理	978-7-301-19429-4	杨松华	34	2011.8
10	机械设计基础	978-7-5038-4444-2	曲玉峰，关晓平	27	2008.1
11	机械设计基础	978-7-301-22011-5	苗淑杰，刘喜平	49	2015.8
12	机械设计基础	978-7-301-22957-6	朱　玉	59	2014.12
13	机械设计课程设计	978-7-301-12357-7	许　瑛	35	2012.7
14	机械设计课程设计(第2版)	978-7-301-27844-4	王　慧，吕　宏	42	2016.12
15	机械设计辅导与习题解答	978-7-301-23291-0	王　慧，吕　宏	26	2013.12
16	机械原理、机械设计学习指导与综合强化	978-7-301-23195-1	张占国	63	2014.1
17	机电一体化课程设计指导书	978-7-301-19736-3	王金娥　罗生梅	49	2013.5
18	机械工程专业毕业设计指导书	978-7-301-18805-7	张黎骅，吕小荣	32	2015.4
19	机械创新设计	978-7-301-12403-1	丛晓霞	32	2012.8
20	机械系统设计	978-7-301-20847-2	孙月华	39	2012.7
21	机械设计基础实验及机构创新设计	978-7-301-20653-9	邹旻	28	2014.1
22	TRIZ理论机械创新设计工程训练教程	978-7-301-18945-0	蒯苏苏，马履中	45	2011.6
23	TRIZ理论及应用	978-7-301-19390-7	刘训涛，曹　贺等	35	2013.7
24	创新的方法——TRIZ理论概述	978-7-301-19453-9	沈萌红	28	2011.9
25	机械工程基础	978-7-301-21853-2	潘玉良，周建军	34	2013.2
26	机械工程实训	978-7-301-26114-9	侯书林，张　炜等	52	2015.10
27	机械CAD基础	978-7-301-20023-0	徐云杰	34	2012.2
28	AutoCAD工程制图	978-7-5038-4446-9	杨巧绒，张克义	20	2011.4
29	AutoCAD工程制图	978-7-301-21419-0	刘善淑，胡爱萍	38	2015.2
30	工程制图	978-7-5038-4442-6	戴立玲，杨世平	27	2012.2
31	工程制图	978-7-301-19428-7	孙晓娟，徐丽娟	30	2012.5
32	工程制图习题集	978-7-5038-4443-4	杨世平，戴立玲	20	2008.1
33	机械制图(机类)	978-7-301-12171-9	张绍群，孙晓娟	32	2009.1
34	机械制图习题集(机类)	978-7-301-12172-6	张绍群，王慧敏	29	2007.8
35	机械制图(第2版)	978-7-301-19332-7	孙晓娟，王慧敏	38	2014.1
36	机械制图	978-7-301-21480-0	李凤云，张　凯等	36	2013.1
37	机械制图习题集(第2版)	978-7-301-19370-7	孙晓娟，王慧敏	22	2011.8
38	机械制图	978-7-301-21138-0	张　艳，杨晨升	37	2012.8
39	机械制图习题集	978-7-301-21339-1	张　艳，杨晨升	24	2012.10
40	机械制图	978-7-301-22896-8	臧福伦，杨晓冬等	60	2013.8
41	机械制图与AutoCAD基础教程	978-7-301-13122-0	张爱梅	35	2013.1
42	机械制图与AutoCAD基础教程习题集	978-7-301-13120-6	鲁　杰，张爱梅	22	2013.1
43	AutoCAD 2008 工程绘图	978-7-301-14478-7	赵润平，宗荣珍	35	2009.1
44	AutoCAD实例绘图教程	978-7-301-20764-2	李庆华，刘晓杰	32	2012.6
45	工程制图案例教程	978-7-301-15369-7	宗荣珍	28	2009.6
46	工程制图案例教程习题集	978-7-301-15285-0	宗荣珍	24	2009.6
47	理论力学(第2版)	978-7-301-23125-8	盛冬发，刘　军	49	2016.9
48	理论力学	978-7-301-29087-3	刘　军，阎海鹏	45	2018.1
49	材料力学	978-7-301-14462-6	陈忠安，王　静	30	2013.4
50	工程力学(上册)	978-7-301-11487-2	毕勤胜，李纪刚	29	2008.6
51	工程力学(下册)	978-7-301-11565-7	毕勤胜，李纪刚	28	2008.6
52	液压传动(第2版)	978-7-301-19507-9	王守城，容一鸣	38	2013.7
53	液压与气压传动	978-7-301-13179-4	王守城，容一鸣	32	2013.7

序号	书　　名	标准书号	主　　编	定价	出版日期
54	液压与液力传动	978-7-301-17579-8	周长城等	34	2011.11
55	液压传动与控制实用技术	978-7-301-15647-6	刘　忠	36	2009.8
56	金工实习指导教程	978-7-301-21885-3	周哲波	30	2014.1
57	工程训练(第4版)	978-7-301-28272-4	郭永环，姜银方	54	2017.6
58	机械制造基础实习教程(第2版)	978-7-301-28946-4	邱　兵，杨明金	45	2017.12
59	公差与测量技术	978-7-301-15455-7	孔晓玲	25	2012.9
60	互换性与测量技术基础(第3版)	978-7-301-25770-8	王长春等	35	2015.6
61	互换性与技术测量	978-7-301-20848-9	周哲波	35	2012.6
62	机械制造技术基础	978-7-301-14474-9	张　鹏，孙有亮	28	2011.6
63	机械制造技术基础	978-7-301-16284-2	侯书林　张建国	32	2012.8
64	机械制造技术基础(第2版)	978-7-301-28420-9	李菊丽，郭华锋	49	2017.6
65	先进制造技术基础	978-7-301-15499-1	冯宪章	30	2011.11
66	先进制造技术	978-7-301-22283-6	朱　林，杨春杰	30	2013.4
67	先进制造技术	978-7-301-20914-1	刘　璇，冯　凭	28	2012.8
68	先进制造与工程仿真技术	978-7-301-22541-7	李　彬	35	2013.5
69	机械精度设计与测量技术	978-7-301-13580-8	于　峰	25	2013.7
70	机械制造工艺学	978-7-301-13758-1	郭艳玲，李彦蓉	30	2008.8
71	机械制造工艺学(第2版)	978-7-301-23726-7	陈红霞	45	2014.1
72	机械制造工艺学	978-7-301-19903-9	周哲波，姜志明	49	2012.1
73	机械制造基础(上)——工程材料及热加工工艺基础(第2版)	978-7-301-18474-5	侯书林，朱　海	40	2013.2
74	制造之用	978-7-301-23527-0	王中任	30	2013.12
75	机械制造基础(下)——机械加工工艺基础(第2版)	978-7-301-18638-1	侯书林，朱　海	32	2012.5
76	金属材料及工艺	978-7-301-19522-2	于文强	44	2013.2
77	金属工艺学	978-7-301-21082-6	侯书林，于文强	32	2012.8
78	工程材料及其成形技术基础(第2版)	978-7-301-22367-3	申荣华	69	2016.1
79	工程材料及其成形技术基础学习指导与习题详解(第2版)	978-7-301-26300-6	申荣华	28	2015.9
80	机械工程材料及成形基础	978-7-301-15433-5	侯俊英，王兴源	30	2012.5
81	机械工程材料(第2版)	978-7-301-22552-3	戈晓岚，招玉春	36	2013.6
82	机械工程材料	978-7-301-18522-3	张铁军	36	2012.5
83	工程材料与机械制造基础	978-7-301-15899-9	苏子林	32	2011.5
84	控制工程基础	978-7-301-12169-6	杨振中，韩致信	29	2007.8
85	机械制造装备设计	978-7-301-23869-1	宋士刚，黄　华	40	2014.12
86	机械工程控制基础	978-7-301-12354-6	韩致信	25	2008.1
87	机电工程专业英语(第2版)	978-7-301-16518-8	朱　林	24	2013.7
88	机械制造专业英语	978-7-301-21319-3	王中任	28	2014.12
89	机械工程专业英语	978-7-301-23173-9	余兴波，姜　波等	30	2013.9
90	机床电气控制技术	978-7-5038-4433-7	张万奎	26	2007.9
91	机床数控技术(第2版)	978-7-301-16519-5	杜国臣，王士军	35	2014.1
92	自动化制造系统	978-7-301-21026-0	辛宗生，魏国丰	37	2014.1
93	数控机床与编程	978-7-301-15900-2	张洪江，侯书林	25	2012.10
94	数控铣床编程与操作	978-7-301-21347-6	王志斌	35	2012.10
95	数控技术	978-7-301-21144-1	吴瑞明	28	2012.9
96	数控技术	978-7-301-22073-3	唐友亮　余　勃	56	2014.1
97	数控技术(双语教学版)	978-7-301-27920-5	吴瑞明	36	2017.3
98	数控技术与编程	978-7-301-26028-9	程广振　卢建湘	36	2015.8
99	数控技术及应用	978-7-301-23262-0	刘　军	59	2013.10
100	数控加工技术	978-7-5038-4450-7	王　彪，张　兰	29	2011.7
101	数控加工与编程技术	978-7-301-18475-2	李体仁	34	2012.5
102	数控编程与加工实习教程	978-7-301-17387-9	张春雨，于　雷	37	2011.9
103	数控加工技术及实训	978-7-301-19508-6	姜永成，夏广岚	33	2011.9
104	数控编程与操作	978-7-301-20903-5	李英平	26	2012.8
105	数控技术及其应用	978-7-301-27034-9	贾伟杰	46	2016.4
106	数控原理及控制系统	978-7-301-28834-4	周庆贵，陈书法	36	2017.9
107	现代数控机床调试及维护	978-7-301-18033-4	邓三鹏等	32	2010.11
108	金属切削原理与刀具	978-7-5038-4447-7	陈锡渠，彭晓南	29	2012.5
109	金属切削机床(第2版)	978-7-301-25202-4	夏广岚，姜永成	42	2015.1
110	典型零件工艺设计	978-7-301-21013-0	白海清	34	2012.8
111	模具设计与制造(第3版)	978-7-301-26805-6	田光辉	68	2021.1
112	工程机械检测与维修	978-7-301-21185-4	卢彦群	45	2012.9
113	工程机械电气与电子控制	978-7-301-26868-1	钱宏琦	54	2016.3

序号	书　　名	标准书号	主　　编	定价	出版日期
114	工程机械设计	978-7-301-27334-0	陈海虹，唐绪文	49	2016.8
115	特种加工(第 2 版)	978-7-301-27285-5	刘志东	54	2017.3
116	精密与特种加工技术	978-7-301-12167-2	袁根福，祝锡晶	29	2011.12
117	逆向建模技术与产品创新设计	978-7-301-15670-4	张学昌	28	2013.1
118	CAD/CAM 技术基础	978-7-301-17742-6	刘　军	28	2012.5
119	CAD/CAM 技术案例教程	978-7-301-17732-7	汤修映	42	2010.9
120	Pro/ENGINEER Wildfire 2.0 实用教程	978-7-5038-4437-X	黄卫东，任国栋	32	2007.7
121	Pro/ENGINEER Wildfire 3.0 实例教程	978-7-301-12359-1	张选民	45	2008.2
122	Pro/ENGINEER Wildfire 3.0 曲面设计实例教程	978-7-301-13182-4	张选民	45	2008.2
123	Pro/ENGINEER Wildfire 5.0 实用教程	978-7-301-16841-7	黄卫东，郝用兴	43	2014.1
124	Pro/ENGINEER Wildfire 5.0 实例教程	978-7-301-20133-6	张选民，徐超辉	52	2012.2
125	SolidWorks 三维建模及实例教程	978-7-301-15149-5	上官林建	30	2012.8
126	SolidWorks 2016 基础教程与上机指导	978-7-301-28291-1	刘萍华	54	2018.1
127	UG NX 9.0 计算机辅助设计与制造实用教程(第 2 版)	978-7-301-26029-6	张黎骅，吕小荣	36	2015.8
128	CATIA 实例应用教程	978-7-301-23037-4	于志新	45	2013.8
129	Cimatron E9.0 产品设计与数控自动编程技术	978-7-301-17802-7	孙树峰	36	2010.9
130	Mastercam 数控加工案例教程	978-7-301-19315-0	刘　文，姜永梅	45	2011.8
131	应用创造学	978-7-301-17533-0	王成军，沈豫浙	26	2012.5
132	机电产品学	978-7-301-15579-0	张亮峰等	24	2015.4
133	品质工程学基础	978-7-301-16745-8	丁　燕	30	2011.5
134	设计心理学	978-7-301-11567-1	张成忠	48	2011.6
135	计算机辅助设计与制造	978-7-5038-4439-6	仲梁维，张国全	29	2007.9
136	产品造型计算机辅助设计	978-7-5038-4474-4	张慧姝，刘永翔	27	2006.8
137	产品设计原理	978-7-301-12355-3	刘美华	30	2008.2
138	产品设计表现技法	978-7-301-15434-2	张慧姝	42	2012.5
139	CorelDRAW X5 经典案例教程解析	978-7-301-21950-8	杜秋磊	40	2013.1
140	产品创意设计	978-7-301-17977-2	虞世鸣	38	2012.5
141	工业产品造型设计	978-7-301-18313-7	袁涛	39	2011.1
142	化工工艺学	978-7-301-15283-6	邓建强	42	2013.7
143	构成设计	978-7-301-21466-4	袁涛	58	2013.1
144	设计色彩	978-7-301-24246-9	姜晓微	52	2014.6
145	过程装备机械基础(第 2 版)	978-301-22627-8	于新奇	38	2013.7
146	过程装备测试技术	978-7-301-17290-2	王毅	45	2010.6
147	过程控制装置及系统设计	978-7-301-17635-1	张早校	30	2010.8
148	质量管理与工程	978-7-301-15643-8	陈宝江	34	2009.8
149	质量管理统计技术	978-7-301-16465-5	周友苏，杨　飒	30	2010.1
150	人因工程	978-7-301-19291-7	马如宏	39	2011.8
151	工程系统概论——系统论在工程技术中的应用	978-7-301-17142-4	黄志坚	32	2010.6
152	测试技术基础(第 2 版)	978-7-301-16530-0	江征风	30	2014.1
153	测试技术实验教程	978-7-301-13489-4	封士彩	22	2008.8
154	测控系统原理设计	978-7-301-24399-2	齐永奇	39	2014.7
155	测试技术学习指导与习题详解	978-7-301-14457-2	封士彩	34	2009.3
156	可编程控制器原理与应用(第 2 版)	978-7-301-16922-3	赵　燕，周新建	33	2011.11
157	工程光学(第 2 版)	978-7-301-28978-5	王红敏	41	2018.1
158	精密机械设计	978-7-301-16947-6	田　明，冯进良等	38	2011.9
159	传感器原理及应用	978-7-301-16503-4	赵　燕	35	2014.1
160	测控技术与仪器专业导论(第 2 版)	978-7-301-24223-0	陈毅静	36	2014.6
161	现代测试技术	978-7-301-19316-7	陈科山，王　燕	43	2011.8
162	风力发电原理	978-7-301-19631-1	吴双群，赵丹平	49	2011.10
163	风力机空气动力学	978-7-301-19555-0	吴双群	40	2011.10
164	风力机设计理论及方法	978-7-301-20006-3	赵丹平	45	2012.1
165	计算机辅助工程	978-7-301-22977-4	许承东	38	2013.8
166	现代船舶建造技术	978-7-301-23703-8	初冠南，孙清洁	33	2014.1
167	机床数控技术(第 3 版)	978-7-301-24452-4	杜国臣	49	2016.8
168	工业设计概论(双语)	978-7-301-27933-5	窦金花	35	2017.3
169	产品创新设计与制造教程	978-7-301-27921-2	赵　波	31	2017.3